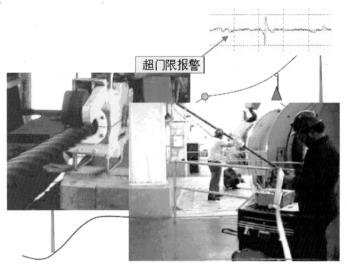

超门限报警

U0369181

滤波器的应用案例：旅游索道钢缆检测

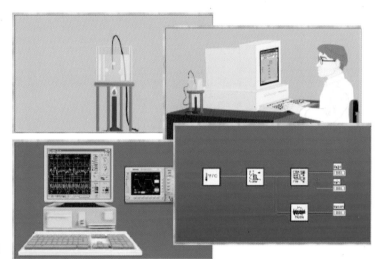

虚拟仪器构成的液体温度测试系统

工业过程的流量温度检测试验台

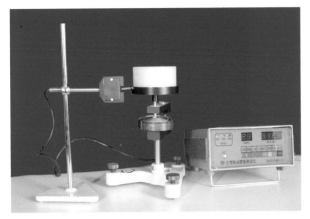

扭摆

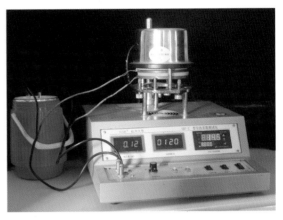

导热系数测量装置

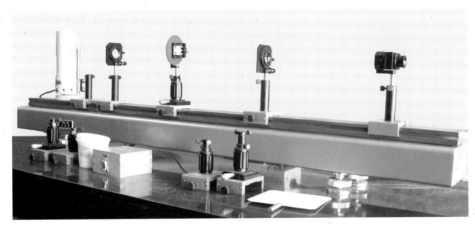

光具座

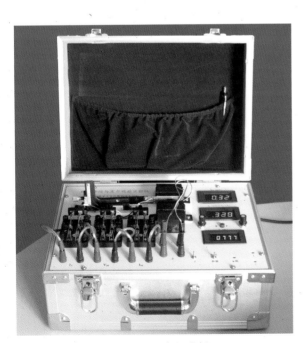

磁致伸缩与霍尔效应测试仪

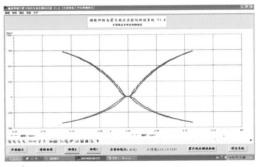

磁致伸缩样品曲线

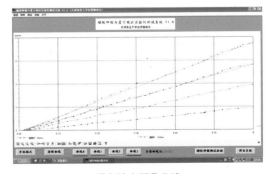

霍尔效应样品曲线

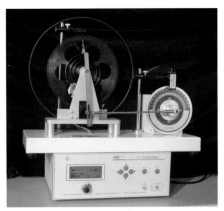

波尔共振实验装置

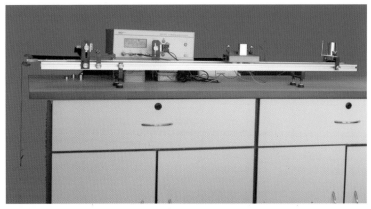

多普勒效应实验仪

原子力暨扫描隧道显微镜

原子力暨扫描隧道显微镜实验装置

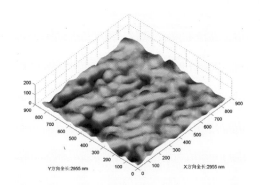

不锈钢表面形态图

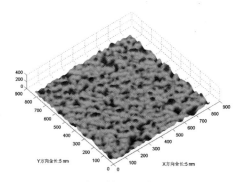

ZnO的分子结构形态图

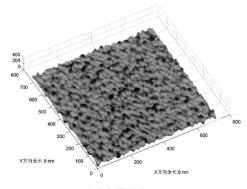

胶木表面形貌图

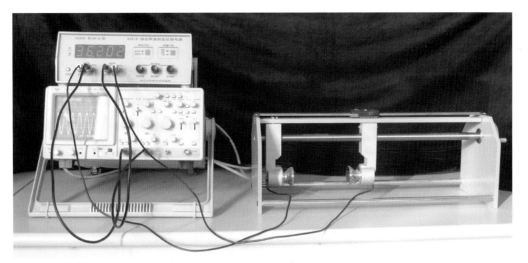

声速测量实验装置

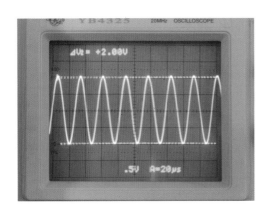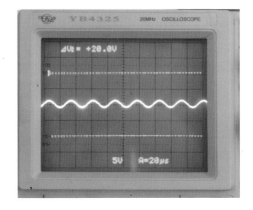

驻波法测量声速实验现象

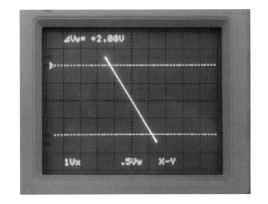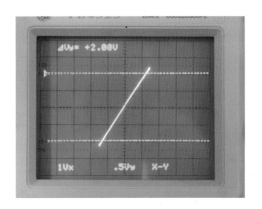

相位法测量声速实验现象

21 世纪全国高等院校实用规划教材

大学物理实验
（第 2 版）

主　编　刘　跃　张志津

副主编　祝　威　张丽芳

参　编　马巧云　周　严

　　　　田雅丽　黄书彬

北京大学出版社

PEKING UNIVERSITY PRESS

内 容 简 介

大学物理实验是为理、工科各专业学生独立设置的一门必修课程，是学生进入大学后系统接受科学实验能力培养的开端，是进行科学实验方法和实验技能训练的重要基础。

本书是编者在多年物理实验教学实践的基础上编写而成的。全书内容共分为5篇：第1篇不确定度与数据处理基础，第2篇力学及热学实验，第3篇电磁学实验，第4篇光学实验，第5篇近代物理和综合实验。本书实验项目总计59个。

本书可作为高等院校物理及其他各专业大学物理实验课程的教学用书，也可供相关人员参考。

图书在版编目(CIP)数据

大学物理实验/刘跃，张志津主编. —2 版. —北京：北京大学出版社，2010.2
(21 世纪全国高等院校实用规划教材)
ISBN 978-7-301-16920-9

Ⅰ. 大… Ⅱ.①刘…②张… Ⅲ. 物理学—实验—高等学校—教材 Ⅳ.04-33

中国版本图书馆 CIP 数据核字(2010)第 020525 号

书　　　　名：	大学物理实验(第2版)
著作责任者：	刘　跃　张志津　主编
责 任 编 辑：	郭穗娟　童君鑫
标 准 书 号：	ISBN 978-7-301-16920-9/O · 0810
出　版　者：	北京大学出版社
地　　　址：	北京市海淀区成府路 205 号　　　邮编：100871
网　　　址：	http://www.pup.cn　　http://www.pup6.cn
电　　　话：	邮购部 62752015　　发行部 62750672　　编辑部 62750667　　出版部 62754962
电 子 邮 箱：	pup_6@163.com
印　　　刷：	北京宏伟双华印刷有限公司
发　行　者：	北京大学出版社
经　销　者：	新华书店
	787mm×1092mm　　16 开本　22.25 印张　彩插 2　519 千字
	2007 年 2 月第 1 版　2010 年 2 月第 2 版　2023 年 6 月第 12 次印刷
定　　　价：	45.00 元

绪　言

1. 物理实验的地位和作用

实验是在人工控制的条件下，使现象反复重演，并进行观测研究的过程。科学实验和现代科学发展之间存在着本质的联系。科学实验是科学理论的源泉，是工程技术的基础，是研究自然规律、认识客观世界、改造客观世界的基本手段。新的规律要靠实验来发现，科学理论要由实验来检验，工程技术和生产实践中的实际问题要用实验方法来解决。没有严格的科学实验，科学真理便失去了检验的标准，现代科学技术就失去了源泉。实验不仅可以使科学工作者获得最可靠的第一手资料，还可以培养人们的基本科学素养和严肃、认真、实事求是的治学精神。重理论、轻实践的思想倾向，是与科技现代化的需要相背离的。

物理实验在物理学的创立和发展过程中，占有十分重要的地位。物理学中许多概念的确立、物理规律的发现，都以实验为基础，并受到实验检验。例如，早在 16 世纪末，伽利略就应用实验方法发现了落体运动定律、斜面运动定律和单摆运动定律，从而在力学中引进了速度、加速度的概念，建立了惯性定律。

物理实验对现代物理学各个学科和应用技术的发展也起着决定性的作用。例如，1908 年荷兰莱登实验室将氦液化，发现在超低温条件下，物质具有超导性、抗磁性和超流性。近年来，超导体材料和超导体技术的研究进一步蓬勃开展着，为无能耗储电、输电及制造高效能电气元件等创造了极其有利的条件。激光虽然源于爱因斯坦在 1916 年提出的受激辐射原理，但它主要是在实验中产生和发展起来的。从 1960 年迈曼首次制成红宝石激光器以后，激光以其方向性强、能量密度大和相干性高等优点，发展十分迅速，各种高效能激光器不断出现。目前，激光技术已广泛应用于测距、机加工、医疗手术和一些新式武器上。

实验—理论—实验，这是一个经过科学史证明的科研准则，至今不失其重大意义。物理实验是现代科学理论持续发展的必要保证。任何物理理论都是相对正确的，每向前发展一步都必须经受新实验的考验。例如，李政道和杨振宁以 K 介子衰变的实验事实为根据，提出了弱相互作用过程中存在宇称不守恒的假设，他们建议用 β 放射的实验来验证自己提出的理论。这个实验由吴健雄等完成，在这个基础上才初步建立了弱相互作用的理论。

当然，理论具有重要的指导作用，物理实验问题的提出、设计、分析和概括也必须应用已有的理论。总之，物理学的发展是在实验和理论两方面相互推动和密切配合下进行的。要学好物理学，不仅要有丰富的理论知识，也必须重视实验课的学习，提高现代实验能力，二者不可偏废，才能适应科技飞速发展的需要，才能作出有创造性的成果。

2. 物理实验课的目的和任务

物理实验课是对高等学校理、工科学生进行科学实验基本训练的一门独立的必修基础课程，是工科学生进入大学后接受系统实验方法和实验基本训练的开端，是对理、工类专业学生进行科学实验训练的重要基础。本课程的具体任务是：

(1) 培养和提高学生的物理实验技术水平，通过对实验现象的观察、分析和对物理量的测量，加深对物理学原理的理解。

(2) 培养和提高学生的科学实验能力。包括：能够自行阅读实验教材或资料，并正确理解原理，能够借助于教材或仪器说明书，正确使用常用仪器，熟悉基本实验方法和测量方法，并能测试常用的物理量；能够正确记录和处理实验数据，说明实验结果并撰写合格的实验报告；能够运用物理学理论对实验现象进行初步分析，并作出判断；能够自行完成简单的设计性实验。

(3) 培养和提高学生的科学实验素养。要求学生具有理论联系实际和实事求是的科学作风、严肃认真的工作态度，主动研究的探索精神和遵守纪律、爱护公共财产的优良品德。

3. 物理实验课的程序

(1) 课前预习是做好实验的前提。通过预习要求达到：清楚本次实验的目的、基本原理和实验方案的思路，对实验步骤有个总体观念。如观察什么现象、测量哪些物理量、如何去测量、关键问题何在及如何去解决。在此基础上写出预习报告，其内容包括：实验名称、实验仪器、实验原理(简写)、实验步骤(简写)记录数据的表格。预习报告在做实验前由教师进行检查，不预习者不准进行实验。

(2) 课堂实验。学生进入实验室后，要自觉遵守实验规则，认真听取教师的指导，回答教师的提问。实验前清点所用仪器，弄清仪器的使用方法及注意事项，做到正确使用，防止损坏，未经许可不准自行换用。如仪器损坏或出现故障应立即报告教师处理。

实验过程中，要能较好地控制实验的物理过程或物理现象，有条不紊地操作，仔细地观察，及时而准确地测量并记录数据。

实验完毕，将数据交教师审阅、签字后，再将仪器整理复原。

(3) 写实验报告。写实验报告是学生对该实验进行总结、提高，深化实验收获的过程，要独立完成，不得抄袭或涂改数据。实验报告要求字迹清楚、文理通顺，图表、数据处理正确。

实验报告的内容包括以下几方面：

① 实验名称；

② 实验目的；

③ 实验仪器(必要时应注明仪器规格、型号及仪器编号等)；

④ 实验原理(要用简洁扼要的语言说明实验所依据的原理和公式及原理图)；

⑤ 实验步骤(简写)；

⑥ 数据记录与数据处理(包括原始数据、表格、实验曲线、主要计算步骤、测量结果及其不确定度)；

⑦ 问题讨论(回答思考题，对实验中观察到的异常现象进行记录及对为何出现异常现象进行解释，对实验结果进行分析，对实验装置和方法的改进提出建议及记录心得体会等。

目 录

第1篇

不确定度与数据处理基础

用实验方法研究物理现象，必须进行大量的观测，获得大量的数据，然后将所得数据进行处理，找出数据之间的相互关系；另一方面，还必须对所测结果进行分析，估算结果的可靠程度，并对所测数据给予合理的解释。为此，必须掌握有关的误差理论、不确定度与实验数据处理的基本知识。

1.1　测量与误差的基本概念

物理学是一门实验科学，进行物理实验时主要是进行各种测量，不仅要定性地观察物理变化的过程，而且还要定量地测定物理量的大小。

1. 测量

测量是把被测量和体现计量单位的标准量作比较的过程。通过比较，确定出被测量是计量单位的若干倍，该倍数值和单位一起表示被测量的测量值(数据)。因此，记录数据时测量值的大小和单位缺一不可。

测量分为直接测量和间接测量两类。

1) 直接测量

用量具或仪表直接读出测量结果的，称为直接测量。直接测量常用的方法有直读法和比较法两种。直读法是使用具有相应分度的量具或仪表直接读取被测量的测量值(如用米尺测量长度、用电流表测量电流等)，比较法是把被测对象直接与体现计量单位的标准器进行比较(如用电桥测电阻、电位差计测电动势、用标准信号源和示波器测频率等)。

2) 间接测量

由直接测量结果经过公式计算才能得出结果的，称为间接测量。对大多数被测物理量来说，没有直接读数用的量具或仪表，只能用间接的方法进行测量，即根据被测物理量与若干可直接测量的物理量的关系，先测出这些可直接测量的物理量的测量值，再通过相关的物理公式进行计算而得出。例如，要测量圆柱体的体积，可先直接测出圆柱体的直径和高的测量值，然后通过相关的公式进行计算后就可得出。其中，圆柱体的直径和高是可直接测量的量。

此外，根据测量条件的不同，测量又可分为等精度测量和不等精度测量。

等精度测量是指在测量过程中，影响测量的诸多因素相同的测量，即在测量条件相同的情况下进行的一系列测量。例如，由同一个人在同一地点、用同一台仪器和同样的测量方法对同一被测物理量进行的连续多次测量。不等精度测量是指在测量条件部分相同或完全不同的情况下进行的一系列测量。等精度测量的数据处理比较简单，常为大多数实验采用，本书只讨论等精度测量方面的问题。

2. 测量误差

任何被测对象都具有各种各样的特性，反映这些特性的物理量都有其客观真实的值。被测物理量的客观真实数值，称为被测量的真值。测量的目的就是力图得到该真值。但是，由于测量仪器、实验条件及种种不确定因素伴随在测量过程之中，测量结果具有一定程度的不确定性，因此，被测量的真值是不能通过测量得出的。测量结果只能给出被测量的近真值或最佳值，并给出其不确定度。有关不确定度的概念及其估算将在1.3节中介绍，本节和1.2节的内容只介绍有关误差的基本知识。

测量值与被测量的真值之差，称为测量误差。

测量误差反映的是测量值偏离被测量真值的大小和方向，因此也常称为绝对误差或真误差。若被测量的测量值为 x，被测量的真值为 x_0，则测量误差为：

$$\Delta = x - x_0 \tag{1-1-1}$$

与绝对误差相对应，相对误差的定义为：

$$E_r = \frac{\Delta}{x_0} \times 100\% \tag{1-1-2}$$

3. 误差的种类

根据误差产生的原因和性质的不同，误差可分为两类。

1) 系统误差

在相同条件下，多次测量同一物理量时，测量值对真值的偏离(包括大小和方向)总是相同的，这类误差称为系统误差。

系统误差的主要来源有：

(1) 测量仪器本身的固有缺陷。如刻度不准、砝码未经校正等。

(2) 测量方法或理论公式的近似性，或测量方法有缺陷。如用伏安法测电阻时，若不考虑电表内阻的影响，就会使测量结果产生误差。

(3) 个人习惯与偏向。如用秒表计时，掐表的反应能力(提前或滞后的倾向)。

(4) 测量过程中，环境条件(温度、气压等)的变化。如尺长随温度的变化。

系统误差使测量结果具有一定的偏向，或者偏大、或者偏小、或者按一定的规律变化，其来源又是多方面的。消减系统误差是个比较复杂的问题。要很好地分析整个实验中依据的原理及测量的每一环节和所用仪器，才能找出产生系统误差的种种原因。系统误差的特点是稳定性，不能用增加测量次数的方法使它减小。学生应该在实验中不断提高对系统误差的分析和处理能力。

消减和修正系统误差的措施如下：

(1) 消减产生系统误差的根源。例如，采用符合实际的理论公式；保证仪器装置良好且满足规定的使用条件等。

(2) 找出修正值对测量结果进行修正。如用标准仪器校准一般仪器，作出校正曲线进行修正；对理论公式进行修正，找出修正项大小；修正千分尺的零点等。

(3) 在系统误差值不易被确切地找出时，可选择适当的测量方法设法抵消它的影响。如替换法、交换法、对称观测法、半周期偶数观测法，等等。这些测量方法后续章节将结合有关实验加以介绍。

(4) 培养实验者的良好习惯。

2) 随机误差

在相同条件下，多次测量同一物理量时，每次出现的误差的大小、正负没有确定的规律，以不可预知的方式变化着，这类误差称为随机误差。

大多数情况下，随机误差是由对测量值影响不大的、相互独立的多种变化因素造成的综合效果。如各种实验条件在控制范围内的波动使测量仪器和测量对象产生的微小起伏变化；重复测量中实验者每次在对准、估读、判断、辨认上产生的微小差异；其他一些未知的偶然因素的影响等。在多次测量中，由于随机误差具有时大时小、时正时负的特点，因此，把多次测量值取平均值，必然会抵消掉部分影响。

在采用多次重复测量的方法取得大量数据以后，需加以分析。分析表明：虽然每一个数据中所含随机误差是不可预知的，但大量数据中所含随机误差是服从统计学分布规律的。随机误差的特点是随机性。如果在相同的宏观条件下，对某一物理量进行多次测量，当测量次数足够多时，便可以发现这些测量值呈现出一定的规律性。

在一个实验中，随机误差和系统误差一般同时存在。除此以外，还可能存在因实验者的粗心大意而造成的错误，如读错数、记错数等。这些错误虽然不属于误差，但是实验者必须避免的。

1.2　随机误差的估算

本节中，假定系统误差已经被减弱到足以被忽略的程度。

1. 随机误差的统计学分布规律

如前所述，随机误差是由一些不确定的因素或无法控制的随机因素引起的。这些因素使得每一次测量中误差的大小和正负没有规律，从表面上看纯属偶然。但是，大量实践证明：当对某个被测量物重复进行测量时，测量结果的随机误差却服从一定的统计学分布规律。

常见的一种是随机误差服从正态分布(高斯分布)规律，其分布曲线如图 1-2-1 所示。该分布曲线的横坐标 Δ 为误差，纵坐标 $f(\Delta)$ 为误差的概率密度分布函数。分布曲线的含义是：在误差 Δ 附近，单位误差范围内误差出现的概率。即误差出现在 $\Delta \sim \Delta + \mathrm{d}\Delta$ 区间内的概率为 $f(\Delta) \cdot \mathrm{d}\Delta$。

由图 1-2-1 可见，服从正态分布的随机误差具有以下特点。

(1) 单峰性：绝对值小的误差出现的概率比绝对值大的误差出现的概率大。

(2) 对称性：绝对值相同的正负误差出现的概率相同。

(3) 有界性：绝对值很大的误差出现的概率接近于零。

(4) 抵偿性：随机误差的算术平均值随着测量次数的增加而减少，最后趋于零。

由此可见，增加测量次数可以减少随机误差。在实验中常常采取多次测量方法的原因就在于此。但是，当测量次数有限时，随机误差是不能消除的，测量后必须进行误差估算。为定量估算，下面进一步考查正态分布曲线。

理论研究表明，正态分布的误差概率密度分布函数 $f(\Delta)$ 可表示为：

$$f(\Delta) = \frac{1}{\sqrt{2\pi}\sigma} e^{-\frac{\Delta^2}{2\sigma^2}}$$ (1-2-1)

在某一次测量中，随机误差出现在 $a \sim b$ 内的概率应为：

$$P = \int_a^b f(\Delta) \cdot d\Delta$$ (1-2-2)

给定的区间不同，P 也不同。给定的区间越大，误差越过此范围的可能性就越小。显然，在 $-\infty \sim +\infty$ 内，$P = 1$，即有：

$$\int_{-\infty}^{+\infty} f(\Delta) \cdot d\Delta = 1$$ (1-2-3)

由理论可进一步证明，$\Delta = \pm\sigma$ 是曲线的两个拐点的横坐标值。当 $\Delta \to 0$ 时，$f(0) \to \frac{1}{\sqrt{2\pi}}$。

由图 1-2-2 可见，σ 越小，必有 $f(0)$ 越大，分布曲线中部上升越高，两边下降越快，表示测量的离散性小；与此相反，σ 越大，必有 $f(0)$ 越小，分布曲线中部下降较多，误差的分布范围就较宽，测量的离散性大。因此，σ 这个量在研究和计算随机误差时是一个很重要的特征量。σ 被称为标准误差。

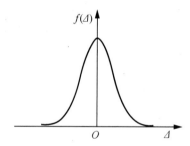

图 1-2-1　正态分布的误差概率密度分布

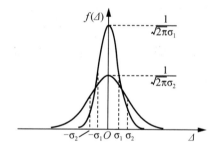

图 1-2-2　标准误差分布

2. 标准误差的统计意义

理论上，标准误差由式(1-2-4)表示

$$\sigma = \sqrt{\frac{\sum_{i=1}^n (x_i - x_0)^2}{n}}$$ (1-2-4)

式中，n 为测量次数；x_i 为第 i 次测量的测量值；x_0 为被测量的真值。

该式成立的条件是要求测量次数 $n \to \infty$。某次测量的随机误差出现在 $-\sigma \sim +\sigma$ 内的概率，可以证明为 $P = \int_{-\sigma}^{\sigma} f(\Delta) \cdot d\Delta = 0.683$。同理可求，随机误差出现在 $-2\sigma \sim +2\sigma$ 和 $-3\sigma \sim 3\sigma$ 内的概率分别为：

$$P = \int_{-2\sigma}^{2\sigma} f(\Delta) \cdot d\Delta = 0.955$$

$$P = \int_{-3\sigma}^{3\sigma} f(\Delta) \cdot d\Delta = 0.997$$

由此可见标准误差 σ 所表示的统计意义为：对被测量 x 任作一次测量时，误差落在 $-\sigma \sim +\sigma$ 内的可能性为 68.3%，误差落在 $-2\sigma \sim +2\sigma$ 内的可能性为 95.5%，误差落在 $-3\sigma \sim +3\sigma$ 内的可能性为 99.7%。因此，近年来标准误差 σ 被广泛地用在随机误差的估算中。

3. 随机误差的估算

众所周知，实际测量的次数是不可能达到无穷大的，且被测量的真值也是不可能得到的，因此标准误差 σ 的计算只有理论上的意义。物理实验中随机误差的估算方法如下所述。

1）被测量的算术平均值

在相同条件下，对被测量 x 进行 n 次测量，测量值分别为 $x_1, x_2, \cdots, x_n$，则被测量 x 的算术平均值定义为：

$$\bar{x} = \frac{1}{n}\sum_{i=1}^{n} x_i \tag{1-2-5}$$

根据随机误差的抵偿性，随着测量次数的增大，算术平均值越接近真值。因此，测量值的算术平均值为近真值或测量结果的最佳值。

2）偏差

测量值与算术平均值之差，称为偏差。上述某一次测量的偏差可表示为 $x_i - \bar{x}$。

3）标准偏差

在有限次数的测量中，可用标准偏差 s 作为标准误差 σ 的估计值。标准偏差 s 的计算公式如下：

$$s(x) = \sqrt{\frac{\sum\limits_{i=1}^{n}(x_i - \bar{x})^2}{n-1}} \tag{1-2-6}$$

标准偏差 s 有时也称为标准差，它具有与标准误差 σ 相同的概率含义。式(1-2-6)称为贝塞尔公式。

被测量 x 的有限次测量的算术平均值 $\bar{x}$，也是一个随机变量。即对 x 进行不同组的有限次测量，各组测量结果的算术平均值是不会相同的，彼此之间有所差异。因此，有限次测量的算术平均值也存在标准偏差。如用 $s(\bar{x})$ 表示算术平均值的标准偏差，可以证明，$s(\bar{x})$ 与 $s(x)$ 之间有如下关系：

$$s(\bar{x}) = \frac{s(x)}{\sqrt{n}} \tag{1-2-7}$$

或表示为：

$$s(\bar{x}) = \sqrt{\frac{\sum\limits_{i=1}^{n}(x_i - \bar{x})^2}{n(n-1)}} \tag{1-2-8}$$

被测量 x 的有限次测量的算术平均值及其标准偏差 $s(\bar{x})$ 被求得以后，意味着被测量 x 的真值 x_0 落在 $\bar{x} - s(\bar{x}) \sim \bar{x} + s(\bar{x})$ 内的可能性为 68.3%；落在 $\bar{x} - 2s(\bar{x}) \sim \bar{x} + 2s(\bar{x})$ 内的可能性为 95.5%，落在 $\bar{x} - 3s(\bar{x}) \sim \bar{x} + 3s(\bar{x})$ 内的可能性为 99.7%。

【例 1-2-1】 对某一长度 l 测量了 10 次，测得数据为 63.57，63.58，63.55，63.56，63.56，63.59，63.55，63.54，63.57，63.57(单位：cm)。求其算术平均值 $\bar{l}$ 及标准偏差 $s(l)$、$s(\bar{l})$。

解：算术平均值为：

$$\bar{l} = \frac{1}{10} \sum_{i=1}^{10} l_i = 63.564 \text{cm}$$

标准偏差 $s(l)$ 为：

$$s(l) = \sqrt{\frac{\sum_{i=1}^{n}(l_i - \bar{l})^2}{n-1}} = \sqrt{\frac{2040 \times 10^{-6}}{9}} \text{cm} = 0.015 \text{cm}$$

算术平均值 $\bar{l}$ 的标准偏差为：

$$s(\bar{l}) = \frac{s(l)}{\sqrt{n}} = \frac{0.015}{\sqrt{10}} \text{cm} = 0.0048 \text{cm}$$

1.3 测量的不确定度

长期以来，在报告测量的结果时，由于不同国家和不同学科有不同的规定，影响了国际的交流和对成果的相互利用。为加速与国际惯例接轨，原国家技术监督局(现为国家质量监督检验检疫总局)于 1999 年 1 月 11 日颁布了新的计量技术规范 JJF 1059—1999《测量的不确定度与表示》，代替了 JJF 1027—1991《测量误差及数据处理》中的误差部分，并于 1999 年 5 月 1 日起实行。为了培养面向新世纪的高科技人才，物理实验课程中正在逐步推行用不确定度来评价测量结果的质量，以适应国内外形势发展的需要。

1. 测量的不确定度的基本概念

测量的不确定度(简称为不确定度)是对被测量的真值所处量值范围的评定。它反映了被测量的平均值附近的一个范围，而真值以一定的概率落在其中。不确定度越小，标志着误差的可能值越小，测量值的准确程度越高；不确定度越大，标志着误差的可能值越大，测量值的准确程度越低。

测量结果与很多量有关，所以不确定度来源于许多因素，这些因素对测量结果形成若干不确定度分量。因此，不确定度一般由若干分量组成。

如果这些分量只用标准误差给出，称为标准不确定度，用符号 u(通常带有作为序号的下角标)表示。按照评定方法的不同，标准不确定度可分为两类：一类是用统计的方法评定的不确定度，称为 A 类标准不确定度；另一类由其他方法和其他信息的概率分布(非统计的方法)来估计的不确定度，称为 B 类标准不确定度。

计算 A 类标准不确定度的方法有多种，如贝塞尔法、最大偏差法、极差法等；而 B 类标准不确定度常用估计方法，要估计适当，需要确定分布规律，需要参照标准，更需要估计者的学识水平、实践经验等。因此，在物理实验课的教学中，将计算进行理想化和简单化的处理，以利于教学。

2. A 类标准不确定度的评定

用贝塞尔法计算 A 类标准不确定度时，就是直接对多次测量的数值进行统计计算，求其平均值的标准偏差。因此，在物理实验课的教学中，A 类标准不确定度的计算方法如下：

对被测量 x，在相同条件下，测量 n 次，以其算术平均值 $\bar{x}$ 作为被测量的最佳值。它的 A

类标准不确定度为：

$$u_A(x) = s(\overline{x}) = \frac{s(x)}{\sqrt{n}} \qquad (1\text{-}3\text{-}1)$$

式中的 $s(x)$ 可由贝塞尔公式即式(1-2-6)求出。

在特殊情况下，对被测量 x 只测量一次时，测量结果的 A 类标准不确定度为：

$$u_A(x) = s(x) \qquad (1\text{-}3\text{-}2)$$

式中，$s(x)$ 是在本次测量的"先前的多次测量"(实验者本人或其他实验人员完成或生产厂家、检定单位完成)时得到的。当然，本次测量的测量条件与"先前的多次测量"时的测量条件一致。

3. B 类标准不确定度的评定

B 类标准不确定度的评定中往往依据的是计量器具的检定书、标准、技术规范、手册上提供的技术数据及国际上公布的常数与常量等。这些信息也是通过统计方法得出的，但是，给出的信息不完全，依据这些信息进行估算，往往比较复杂。在物理实验课的教学中，B 类标准不确定度主要体现在对测量仪器的最大允许误差的处理上。

1) 测量仪器的最大允许误差

生产厂家在制造某种仪器时，在其技术规范中预先设计、规定了最大允许误差(又称为极限允许误差、误差界限、允差等)，终检时，凡是误差不超过此界限的仪器均为合格品。因此，最大允许误差是生产厂家为一批仪器规定的技术指标(过去常用的仪器误差、示值误差或准确度，实际上都是最大允许误差)。它不是某台仪器实际存在的误差或误差范围，也不是使用该仪器测量某个被测量值时所得到的测量结果的不确定度。在物理实验课的教学中，测量仪器的最大允许误差通常用 $\Delta_仪$ 表示。

测量仪器的最大允许误差是一个范围，某种仪器的最大允许误差为 $\Delta_仪$，表明凡是合格的该种仪器，其误差必定在 $-\Delta_仪 \sim +\Delta_仪$ 范围之内。它的给出方式有如下两种：

(1) 以绝对误差形式给出；

(2) 以引用误差形式给出，即以绝对误差与特定值之比的百分数来表示，"特定值"指的是量程值或其他值。

如量程为 1mA、1.0 级直流毫安表的 $\Delta_仪 = \pm(mA \times 1.0\%) = \pm 0.01mA$。其引用误差为 0.01mA/1mA=1.0%，以"1.0"在表盘上表示。

又如数字式电压表的最大允许误差为 $\Delta_仪 = \pm(级别\% \times 读数 + n \times 最低位数值)$。其中 n 代表仪器固定项误差，相当于最小量化单位的倍数，只取 1，2，3，…例如，某台数字式电压表的级别为 0.02，读数为 1.1666V，$n=2$，则 $\Delta_仪 = \pm(0.02\% \times 1.1666 + 2 \times 0.0001)V = \pm 4.3 \times 10^{-4}V$。

2) B 类标准不确定度的估计

在物理实验课的教学中，B 类标准不确定度的估计方法是：

对误差服从正态分布的仪器，B 类标准不确定度为 $u_B = \frac{|\Delta_仪|}{3}$；

对误差服从均匀分布的仪器，B 类标准不确定度为 $u_B = \frac{|\Delta_仪|}{\sqrt{3}}$。

所谓均匀分布是指测量值的某一范围内，测量结果取任一可能值的概率相等，而在该范围外的概率为零。若对某类仪器的分布规律一时难以判断，可近似按均匀分布处理。在物理实验课教学中，一般规定(除非另有说明)：均按均匀分布处理。

4. 合成标准不确定度

如上所述，在测量结果的质量评定中，标准不确定度有两类分量。总的标准不确定度是由各标准不确定度分量合成而来。由各标准不确定度分量合成而来的标准不确定度称为合成标准不确定度。在直接测量的情况下，合成标准不确定度的计算比较简单；在间接测量的情况下，间接被测量往往由若干量以一定的方式合成而来，合成标准不确定度的计算则比较复杂。这是因为，不仅仅要考查"若干量"中的每个量，而且要考查"若干量"中的每个量之间的相关性。

在物理实验课的教学中，合成标准不确定度的估计方法简化如下：

(1) 当被测量量 y 是直接测量量 x 时，即 $y = x$ 时，合成标准不确定度为

$$u_c(y) = u(x) \tag{1-3-3}$$

$u(x)$ 的来源有 A 类、B 类无数个标准不确定度分量，分别为 $u_1(x)$，$u_2(x)$，$\cdots$如果这些分量是相互独立的，即不相关的，则有

$$u(x) = \sqrt{u_1^2(x) + u_2^2(x) + \cdots} \tag{1-3-4}$$

即合成标准不确定度等于各标准不确定度分量的平方和的根(方和根法)。

【例 1-3-1】 用螺旋测微器(测量范围为 0~25mm、$\Delta_仪 = \pm 0.004mm$)测量钢丝的直径 d，5 次测量的数据为 0.575，0.576，0.574，0.576，0.577(单位：mm)，求钢丝的直径 d 的算术平均值 $\overline{d}$ 及合成标准不确定度 $u_c(d)$。

解：钢丝的直径 d 的算术平均值为：

$$\overline{d} = \frac{1}{n}\sum_{i=1}^{n} d_i = \frac{1}{5} \times (0.575 + 0.576 + 0.574 + 0.576 + 0.577)mm = 0.5756mm$$

测量的 A 类标准不确定度分量为：

$$u_A(d) = s(\overline{d}) = \sqrt{\frac{\sum_{i=1}^{n}(d_i - \overline{d})^2}{n(n-1)}} = \sqrt{\frac{[(-0.6)^2 + 0.4^2 + (-1.6)^2 + 0.4^2 + 1.4^2] \times 10^{-6}}{5 \times (5-1)}}mm$$

$$= 0.1 \times 10^{-3}mm$$

测量的 B 类标准不确定度分量为：

$$u_B(d) = \frac{\Delta_仪}{\sqrt{3}} = \frac{0.004}{\sqrt{3}}mm = 2 \times 10^{-3}mm$$

测量的合成标准不确定度为：

$$u_c(d) = u(d) = \sqrt{u_A^2(d) + u_B^2(d)} = \sqrt{(0.1)^2 + (2)^2} \times 10^{-3}mm = 2 \times 10^{-3}mm$$

(2) 被测量量 J 是若干个直接测量量 x，y，z，$\cdots$的函数时，即 $J = f(x, y, z, \cdots)$。

若 x，y，z，$\cdots$彼此无关，则合成标准不确定度可按方和根法求得，即：

$$u_c(J) = \sqrt{c_x^2 u^2(x) + c_y^2 u^2(y) + c_z^2 u^2(z) + \cdots} \tag{1-3-5}$$

式中，c_x，c_y，c_z，$\cdots$称为不确定度的传播系数，其数值分别为：

$$c_x = \left|\frac{\partial J}{\partial x}\right|, \quad c_y = \left|\frac{\partial J}{\partial y}\right|, \quad c_z = \left|\frac{\partial J}{\partial z}\right|, \cdots \tag{1-3-6}$$

【例 1-3-2】 求例 1-3-1 中钢丝的横截面积 S 的最佳值 $\overline{S}$ 及其合成标准不确定度 $u_c(S)$。

解: 钢丝的横截面积 S 的最佳值 $\overline{S}$ 为:

$$\overline{S} = \frac{\pi}{4}\overline{d}^2 = \frac{\pi}{4} \times (0.5756)^2 \text{mm}^2 = 0.065 \text{mm}^2$$

其合成标准不确定度为:

$$u_c(S) = \sqrt{c_d^2 \cdot u^2(d)} = \sqrt{\left|\frac{\partial S}{\partial d}\right|^2 \cdot u^2(d)} = \frac{2\pi}{4}\overline{d} \times 2.3 \times 10^{-3} = \frac{\pi}{2} \times 0.5756 \times 2.3 \times 10^{-3} \text{mm}^2$$

$$= 2 \times 10^{-3} \text{mm}^2$$

【例 1-3-3】 已知圆柱体直径 d 的 $\overline{d}$、$u(d)$,圆柱体高 h 的 $\overline{h}$、$u(h)$,求该圆柱体体积 V 的 $\overline{V}$、$u_c(V)$。

解: 圆柱体体积 V 的最佳值为:

$$\overline{V} = \frac{\pi}{4} \cdot \overline{d}^2 \cdot \overline{h}$$

圆柱体体积 V 的合成标准不确定度 $u_c(V)$ 为:

$$u_c(V) = \sqrt{c_d^2 \cdot u^2(d) + c_h^2 \cdot u^2(h)}$$

式中, $c_d = \left|\frac{\partial V}{\partial d}\right| = \frac{\pi}{4} \cdot 2 \cdot \overline{d} \cdot \overline{h} = \frac{\pi}{2}\overline{d} \cdot \overline{h}$; $c_h = \left|\frac{\partial V}{\partial h}\right| = \frac{\pi}{4}\overline{d}^2$。

当 $J = f(x, y, z, \cdots)$ 为乘除或方幂的函数关系时,采用相对不确定度(不确定度与被测量的最佳值之比)可以大大简化合成标准不确定度的运算。方法是先取对数后再作方和根合成,即

$$\frac{u_c(J)}{J} = \sqrt{\left(\frac{\partial \ln f}{\partial x}\right)^2 \cdot u^2(x) + \left(\frac{\partial \ln f}{\partial y}\right)^2 \cdot u^2(y) + \cdots} \tag{1-3-7}$$

【例 1-3-4】 在例 1-3-3 中,如果还测得该圆柱体质量 m 的 $\overline{m}$ 及 $u(m)$,求出该圆柱体密度 ρ 的 $\overline{\rho}$ 及 $u_c(\rho)$。

解: 该圆柱体密度的最佳值为:

$$\overline{\rho} = \frac{\overline{m}}{\overline{V}} = \frac{\overline{m}}{\frac{\pi}{4}\overline{d}^2 \cdot \overline{h}} = \frac{4\overline{m}}{\pi \overline{d}^2 \cdot \overline{h}}$$

$$\frac{u_c(\rho)}{\overline{\rho}} = \sqrt{\left(\frac{\partial \ln \rho}{\partial d}\right)^2 \cdot u^2(d) + \left(\frac{\partial \ln \rho}{\partial m}\right)^2 \cdot u^2(m) + \left(\frac{\partial \ln \rho}{\partial h}\right)^2 \cdot u^2(h)}$$

因为 $\ln \rho = \ln\frac{4}{\pi} + \ln m - \ln h - 2\ln d$, 所以 $\frac{\partial \ln \rho}{\partial d} = -\frac{2}{\overline{d}}$, $\frac{\partial \ln \rho}{\partial m} = \frac{1}{\overline{m}}$, $\frac{\partial \ln \rho}{\partial h} = -\frac{1}{\overline{h}}$

代入式(1-3-7)可得:

$$\frac{u_c(\rho)}{\overline{\rho}} = \sqrt{\frac{4}{\overline{d}^2} \cdot u^2(d) + \frac{1}{\overline{m}^2} \cdot u^2(m) + \frac{1}{\overline{h}^2} \cdot u^2(h)}$$

常用函数的合成标准不确定度的计算见表 1-3-1。

表 1-3-1   常用函数的合成标准不确定度的计算

函　　数	合成标准不确定度
$J = x \pm y$	$u_c(J) = \sqrt{u^2(x) + u^2(y)}$
$J = x \cdot y$	$\dfrac{u_c(J)}{\overline{J}} = \sqrt{\left[\dfrac{u(x)}{x}\right]^2 + \left[\dfrac{u(y)}{y}\right]^2}$
$J = \dfrac{x}{y}$	$\dfrac{u_c(J)}{\overline{J}} = \sqrt{\left[\dfrac{u(x)}{x}\right]^2 + \left[\dfrac{u(y)}{y}\right]^2}$
$J = \dfrac{x^k \cdot y^m}{z^n}$	$\dfrac{u_c(J)}{\overline{J}} = \sqrt{k^2\left[\dfrac{u(x)}{x}\right]^2 + m^2\left[\dfrac{u(y)}{y}\right]^2 + n^2\left[\dfrac{u(z)}{z}\right]^2}$
$J = kx$	$u_c(J) = ku(x)$
$J = \sqrt[k]{x}$	$\dfrac{u_x(J)}{\overline{J}} = \dfrac{1}{k} \cdot \dfrac{u(x)}{x}$
$J = \sin x$	$u_c(J) = \cos x \cdot u(x)$
$J = \ln x$	$u_c(J) = \dfrac{u(x)}{x}$

5. 扩展标准不确定度

扩展标准不确定度是确定测量结果分散区间的参数。它所给出的置信空间有更高的置信水平，它常用标准不确定度的倍数表示，即扩展标准不确定度由合成标准不确定度乘以因子 k 得出。用 U 代表扩展标准不确定度，则有

$$U = k \cdot u_c(J) \tag{1-3-8}$$

式中，k 为包含因子或覆盖因子。

k 把合成标准不确定度 $u_c(J)$ 扩展了 k 倍。在物理实验课的教学中，一般取 $k=2$ 或 $k=3$。在大多数情况下，$k=2$ 时，区间的置信概率为 95.5%；$k=3$ 时，区间的置信概率为 99.7%。

1.4   有效数字及测量结果的表示

由于测量误差的存在，实验中用仪器直接测得的数值都有一定的不确定度，因此，测出的数据只能是近似数。由这些近似数经过计算而求出的间接测量量也是近似数。显然，几个近似数的运算并不能使运算结果更准确些。因此，测量数据的记录、运算和测量结果的表达都有一些规则，以便体现测量结果的近似性。那么，在一般情况下测量值能准确到哪一位？从哪一位开始有误差？在数据处理的计算中应该用几位数字表示运算结果才比较合理？怎样做才能既不减小又不夸大实际测量的不确定度？这些都是学者要研究的有关有效数字的课题。

1. 有效数字

测量读数时，一般要根据量仪和测量条件的实际情况，估计到仪器最小刻度的下一位，即使是 0 也要读出。这就是说，读数的最后一位是估计出来的，是存疑数字。

例如，用米尺测量物体的长度，如图 1-4-1 所示。将待测物的 A 端与尺子的零点对齐，而 B 端则落在 13—14mm 之间，因此，读数的准确数字应为 13mm。根据读数规则，其超出整刻度部分应进行估读，因 B 端约对应 13—14mm 之间一个分度值的 7/10，所以可将 AB 的长度记为 13.7mm。显然 7 是估计的数字，是欠准确的，但它却在一定程度上反应了客观实际，表明 AB 的长度可能在 13.6—13.8mm 之间的某一数值。由于观测者分辨能力的限制，在估计读数中可能会产生 ±0.1mm 的误差。

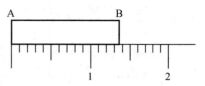

图 1-4-1　用米尺测量物体长度

包括一位存疑(可疑)数字在内的所有从仪器上直接读出的数字称为有效数字。

有效数字的最后一位虽然可疑，但它还是在一定程度上反映了客观真实，它也是有效的。因此，在记录原始测量数据时，有效数字的位数不能随意多写或少写，在运算和表达测量结果时都应遵从一定的规则。

有效数字的几点说明：

(1) "0"的位置。"0"在非零数字中间或最末一位都"有效"，不能随意添加或略去；而表示小数点位置的"0"不是有效数字。如 0.602 00kg 和 602.00g 都是五位有效数字。而不能写成 602g。

(2) 有效数字的位数与十进制单位的变换无关。这从上例不难看出。

(3) 为避免混淆，并使记录和计算方便，当数字很大或很小，但有效数字位数较少时，一般采用科学表达式。例如，0.000 012km 可写成 1.2×10^{-5} km，以米为单位时，写成 1.2×10^{-2} m。

(4) 参与计算的常数，如 π、e、$\sqrt{2}$、1/3 等，其有效数字的位数可以认为是无限多位，可以根据运算需要选取其位数。

2. 如何确定有效数字

(1) 当给出(或求出)不确定度时，测量结果的有效数字由不确定度来确定。依据条件的不同，一般不确定度的有效数字位数可以取一位或两位。测量结果的最后一位要与不确定度的最后一位取齐，例如，(2.03 ± 0.13)cm。一次直接测量结果的有效数字可以由仪器最大允许误差的不确定度来确定；多次直接测量结果(算术平均值)的有效数字，由计算得到的算术平均值的不确定度来确定；对于间接测量结果的有效数字，也是先算出结果的不确定度，再由不确定度来确定。

(2) 当未给出(或未求出)不确定度时，运算结果的有效数字也不能任意选取。

对于直接测量量，在一般情况下，有效数字取决于仪器的最小分度，是否由估读取值以及估读取值的近似程度。

对于间接测量量，其有效数字位数由参与运算的各直接测量量的有效数字位数及运算方式来估计。例如，3.2+0.2231，第一个数的误差在十分位上，已远大于第二个数的误差，因此运算结果应写为 3.4 而不应写为 3.4231。

对于加减类型的运算，由于运算结果的不确定度总是大于或等于各分量中最大的不确定度，所以运算结果的有效数字位数应由这个具有最大不确定度的分量来决定，即运算结果的末位应与末位最高的数的末位取齐。例如，234.3+0.1234-1=233。

对于乘除类型的运算，由于运算结果的相对不确定度总是大于或等于有效数字位数最少的分量的相对不确定度,所以运算结果的有效数字位数应与有效数字位数最少的分量相同。

例如,$\dfrac{36 \times 2.1256}{1.21^2} = 52$。

当运算结果的第一位是1、2、3时,可以多保留一位有效数字。例如,$5.3 \times 2.3 = 12.2$。

应当指出,以上运算规则是粗略的,只是对有效数字的一种估计。只有不确定度才是决定有效数字位数的严格依据。

3. 测量结果的表示

在物理实验课中,测量结果的表示方式规范如下:

$$被测量的符号 = 测量结果的值 \pm 不确定度的值 \quad 单位$$

或

$$被测量的符号 = 测量结果的值(不确定度的值) \quad 单位$$

不确定度的有效数字位数一般取一或二位有效数字。相对不确定度的有效数字位数一律也取一位或二位有效数字。测量数值的有效数字位数根据求出的不确定度的有效数字位数决定。即不确定度定到了哪一位,测量数值也应定到这一位。

例 1-3-1 中钢丝直径 d 的 $\overline{d} = 0.5756\text{mm}$、$u_c(d) = 2.3 \times 10^{-3}$,测量结果表示为:

$$d = \overline{d} \pm u_c(d) = 0.5756 \pm 0.0023\text{mm}$$

或

$$d = 0.5756(0.0023)$$

在表示测量结果时,还常常使用相对不确定度这一概念,其定义为:

$$相对不确定度 = \dfrac{不确定度}{测量的平均值}$$

1.5　实验数据处理方法

实验的数据处理,是从带有随机性的观测值中用数学方法导出规律性的过程。在不少实验中,现象的随机性十分突出,使物理过程的规律性往往被现象的随机性所掩盖。因此,运用适当的数据处理方法才能恰当地设计实验,才能由实验数据得出正确的结论。

在物理实验中常用的数据处理方法有列表法、作图法、逐差法、平均法及最小二乘法等。在本节中只介绍这些方法的特点和一般原则,以后将在实验中根据情况选用这些方法。

1. 列表法

列表法是指在记录数据时,把数据列成表,是记录数据的基本方法。数据列表后不仅简明醒目,还有助于看出物理量之间的对应关系,有助于发现实验中的问题。而且表格设计得当,还可使数据计算比较方便。

列表法的要求:

(1) 列表并不是把所有数据填入一个表内,写入表内的通常是些主要的原始数据,计算过程中的一些中间结果也可列入表内。有些个别的或与其他量关系不大的数据,可以不列入表内,而是写在表格的上方或下方。

(2) 设计表格时要注意数据间的联系及计算顺序,设法做到有条理、完整而又简明。

(3) 把单位与物理量的名称(或符号)组成一个项目,不必在每个数据后都写上一个单位。自定义的符号要说明它代表什么。

(4) 表中数据的写法应注意整齐统一,同一列的数值,小数点应上、下对齐。若数据的有效数字位数较多,但在表中只有后几位有变化,则只有第一个数据需要写出全部数位,以后的各数可只写出变化的数位。

2. 作图法

作图法能将物理量之间的关系用图线表示出来,既简单又直观。有了图线以后(例如,设函数关系为 $y = f(x)$),则可在图线范围内得到任意 x 值对应的 y 值(内插法)。在一定的条件下,也可以从图线的延伸部分得到测量数据以外的数据(外推法)。若不通过图线,要想获得以上数据还要做很多的计算或重新观测。此外,利用图线可求某些物理量(例如,图线为直线时,通过求截距和斜率,可求出有关物理量)。运用图解法还可由图线建立相应的经验公式。

1) 作图规则

(1) 作图一律用坐标纸(直角坐标纸或对数坐标纸等)。坐标纸的大小和坐标轴的比例应根据所测数据的有效数字位数和结果的需要而定。原则是,测量数据中的可靠数字在图中应为准确的,最后一位存疑数字在图中应是估计的。即坐标纸的最小格对应测量数据中的最后一位可靠数字。

(2) 选轴:以横轴代表自变量,纵轴代表因变量,并画两条粗细适当的线表示横轴和纵轴。在轴的末端近旁注明所代表的物理量及单位,中间用逗号分开。对于每个坐标,在相隔一定的距离上用整齐的数字来标度。横、纵轴的标度可以不同,两轴的交点也可以不从零开始,而取比数据最小值再小些的整数开始标值,以便调整图线的大小和位置,使图线占据图纸大部分而不偏于一角或一边。若数据特别大或特别小,可以提出乘积因子(如 10^{-5} 、 10^2 等),并标在坐标轴上最大值的右面。

(3) 标点:根据测量数据,用削尖的铅笔在图上标出各测量数据点,并以该点为中心,用"+""×""⊙"等符号中的任一种标明。符号在图上的大小,由这两个物理量的最大绝对误差决定。同一图线上的观测点要用一种符号。如果图上有两条图线,则应用两种不同符号加以区别,并在图纸的空白处注明符号所代表的内容。

(4) 连线:除了画校正图线要把相邻两点用直线连接以外,一般连线时,应尽量使图线紧贴所有的观测点而过(但应舍弃严重偏离图线的某些点),并使观测点均匀分布于图线的两侧。方法是:一面移动透明的直尺或曲线板,一面用眼注视着所有的观测点,当直尺或曲线板的某一段跟观测点的趋向一致时,用削尖的铅笔连成光滑曲线。如欲将此图线延伸到观测数据范围之外,则应依其趋势用虚线表示。

(5) 写图名:在图纸顶部附近空白位置写出简洁而完整的图名。一般将纵轴代表的物理量写在前面,横轴代表的物理量写在后面,中间用符号"-"连接。在图名的下方允许附加必不可少的实验条件或图注。

2) 求直线的斜率和截距

物理实验中遇到的图线大多数属于普通曲线,因此这些曲线大都可用一个方程式来表示。与图线对应的方程式一般称为经验公式。现在先讨论实验图线为直线的情况。

设经验公式为 $y = a + bx$，则该直线的斜率 b 为：

$$b = \frac{y_2 - y_1}{x_2 - x_1} \tag{1-5-1}$$

式中，(x_1, y_1)、(x_2, y_2) 分别为图中直线上两点的坐标，这两个点不允许使用原标观测点。

若 x 轴起点为零，则可直接从图上读出截距 a（因 $x = 0$ $x = 0$ 时，$y = a$）。如 x 轴起点不为零，则可在求出 b 后，再选图线上任一点(x_3, y_3)代入 $y = a + bx$ 中，即可求出截距 a 为：

$$a = y_3 - bx_3 \tag{1-5-2}$$

(x_3, y_3) 点也不允许使用原标观测点。应当指出，这是一种粗略地求 a、b 的方法，较准确的方法后面再加以介绍。

3) 曲线改直

实验中物理量之间的关系往往不是线性的，因而若直接用测得的变量数据作图，图线往往是曲线，这样不仅由图求值困难，而且不易判断结论是否正确。因此，往往进行适当的变量代换，使变量之间成线性关系，图线也由曲线转化为直线，这样一来可使问题大为简化。

例如，为验证玻义耳定律 $pv = c$，由测得的 pv 数据作 $v-p$ 图，如图 1-5-1 所示。如果定律正确，所得曲线应为双曲线，但要判断所作曲线是否为双曲线并不很容易。但是可进行变量代换，将纵轴变量改为 $\frac{1}{v}$，作 $\frac{1}{v}-p$ 图，如图 1-5-2 所示。那么玻义耳定律正确时，所得图线应为一直线，这样就容易判断了。有关 p，v，$\frac{1}{v}$ 实验数据请参考表 1-5-1。

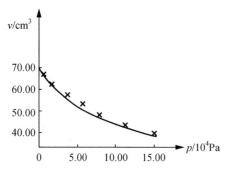

图 1-5-1　$v-p$ 曲线

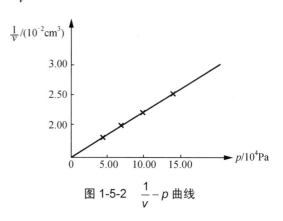

图 1-5-2　$\frac{1}{v}-p$ 曲线

表 1-5-1　p，v，$\frac{1}{v}$ 实验数据

$p/10^4\,\mathrm{Pa}$	7.87	8.36	9.22	10.14	11.41	12.76	14.80
v/cm^3	64.00	60.00	55.00	50.00	45.00	40.00	35.00
$\frac{1}{v}/10^{-2}\,\mathrm{m}^{-3}$	1.56	1.67	1.82	2.00	2.22	2.50	2.86

当物理量之间的关系不太清楚时，有时可从实验图线大致判断它们所具有的函数关系，再进行适当的变量代换，将原图线转化为直线。

例如，设经验公式为 $y = ax^n$。式中，a、n 为未知常数。将方程两边取对数，可得

$$\lg y = n\lg x + \lg a$$

　　这样，以变量的对数代替变量作图，在坐标纸上以 $\lg y$ 为纵轴，以 $\lg x$ 为横轴，则可得一直线。直线的斜率、截距分别为欲求的常数 n 和 $\lg a$，从而 a 也可求出。更简便的办法是直接在对数坐标纸上作图，这时不必查对数就可直接在坐标纸上标点。

　　综上所述，作图法可以直观地表达出物理量之间的关系，根据图线也可以找出经验公式。但是由于图纸大小受到限制，连线也具有较大的主观任意性，因此，作图法仅仅是一种粗略的方法。下面再介绍几种较准确的计算方法。

3. 逐差法(环差法)

　　逐差法是常用的数据处理方法之一，常常用它求一般线性方程(例如 $y = a + bx$)中的待定系数(例如 a、b)。

　　若实验中，自变量 x 作等差变化(等间距变化)，测量数据的对应关系为

$$
\begin{cases}
y_0 = a + bx_0 \\
y_1 = a + bx_1 \\
\vdots \\
y_n = a + bx_n
\end{cases}
$$

　　一般只测两组数据，由两个方程相减求差就可求出 b，进而求出 a。但是，为了减少误差，现在测了 n 组。怎样求差才能充分利用数据？下面先采用每两个相邻的方程相减求差的方法。由每两个相邻的方程相减求差后，有

$$
\begin{cases}
\Delta y_1 = y_1 - y_0 = b(x_1 - x_0) = b\Delta x_1 \\
\Delta y_2 = y_2 - y_1 = b(x_2 - x_1) = b\Delta x_2 \\
\vdots \\
\Delta y_n = y_n - y_{n-1} = b(x_n - x_{n-1}) = b\Delta x_n
\end{cases}
$$

将等式两边取平均，可得：

$$
b = \frac{\overline{\Delta y}}{\overline{\Delta x}} = \frac{y_n - y_0}{x_n - x_0}
$$

这是因为：

$$
\overline{\Delta y} = \frac{1}{n}\sum_{i=1}^{n}\Delta y_i = \frac{1}{n}\left[(y_1 - y_0) + (y_2 - y_1) + \cdots + (y_n - y_{n-1})\right] = \frac{1}{n}(y_n - y_0)
$$

同理，

$$
\overline{\Delta x} = \frac{1}{n}(x_n - x_0)
$$

　　这样一来，只有首、末两组数据起作用，而中间的数据都一一抵消了。上述相减求差的方法是不可取的，它没有充分利用数据。下面介绍一种特殊的求差方法。

　　将多次测量的数据分成数目相同的前、后两组，然后将前、后两组的相应项依次相减求差，这种方法称作逐差法(环差法)。为讨论方便，设测量数据共有 $2n$ 组，每组 n 个方程

$$
\text{前组}\quad
\begin{cases}
y_1 = a + bx_1 \\
y_2 = a + bx_2 \\
\vdots \\
y_n = a + bx_n
\end{cases}
\qquad
\text{后组}\quad
\begin{cases}
y_{n+1} = a + bx_{n+1} \\
y_{n+2} = a + bx_{n+2} \\
\vdots \\
y_{2n} = a + bx_{2n}
\end{cases}
$$

将前、后两组的对应项依次相减求差得：

$$\begin{cases} \Delta y_1 = y_{n+1} - y_1 = b(x_{n+1} - x_1) = b\Delta x_1 \\ \Delta y_2 = y_{n+2} - y_2 = b(x_{n+2} - x_2) = b\Delta x_2 \\ \quad\quad\quad\vdots \\ \Delta y_n = y_{2n} - y_n = b(x_{2n} - x_n) = b\Delta x_n \end{cases}$$

等式两边取平均，得：

$$b = \frac{\overline{\Delta y}}{\overline{\Delta x}} = \frac{\frac{1}{n}\sum_{i=1}^{n}\Delta y_i}{\frac{1}{n}\sum_{i=1}^{n}\Delta x_i} = \frac{\sum_{i=1}^{n}(y_{n+i} - y_i)}{\sum_{i=1}^{n}(x_{n+i} - x_i)} \tag{1-5-3}$$

为求 a ，再由式(1-5-4)：

$$\sum_{i=1}^{2n} y_i = 2na + \sum_{i=1}^{2n} bx_i = 2na + b\sum_{i=1}^{2n} x_i$$

可得：

$$a = \frac{1}{2n}\left(\sum_{i=1}^{2n} y_i - b\sum_{i=1}^{2n} x_i\right) \tag{1-5-4}$$

应该指出，上述求 a、b 的方法为一次逐差法。当求一元二次方程的系数时，还应对测量数据连续分两次计算，即采用二次逐差法。在此不再赘述，可查阅有关文献。

总之，逐差法充分利用测量数据，具有对数据取平均的效果，比作图法精确，减少了误差，因此在物理实验中，常被采用。但是，用逐差法处理的问题只限于多项式形式的函数关系，而且自变量需等间距变化，这是该方法的局限性。

4. 平均法

平均法也是在处理方程组数目多于变量个数时，求系数的一种方法。设一方程含 k 个系数，用平均法求此 k 个系数的步骤为如下：

(1) 将所测 n 组观测值代入方程，得 n 个方程；

(2) 将所得 n 个方程分成 k 组，每组中所含方程数大致相等；

(3) 将每组方程各自相加，分别合并为一式，共得个方程；

(4) 解此 k 个方程，得 k 个系数值。

实验表明，分组方式不同时，会有不同的结果。方程分组时，以前后顺序(按数值的大小)分组为好。

5. 最小二乘法

当在实验中测得自变量 x 与因变量 y 的 n 个对应数据 (x_1, y_1)，(x_2, y_2)，…，(x_i, y_i)，…，(x_n, y_n) 时，要找出已知类型的函数关系 $y = f(x)$，使 $y_i - f(x_i)$(称为残差)的平方和：

$$\sum_{i=1}^{n}[y_i - f(x_i)]^2 = \min (最小) \tag{1-5-5}$$

这种求 $f(x)$ 的方法，称为最小二乘法。

本书只讨论简单线性函数的最小二乘法，考查当独立变量只有一个，即函数关系为 $y = a + bx$ 时，如何用最小二乘法求出待定系数 a、b 。

设

$$Q = \sum_{i=1}^{N} \left[y_i - (a + b x_i) \right]^2$$

由数学分析知,欲使残差的平方和 Q 取值最小,要满足的条件是 $\frac{\partial Q}{\partial a} = 0$、$\frac{\partial Q}{\partial b} = 0$,且其二阶导数大于 0。因此,对 Q 求导,并令其为零,可得两个联立方程:

$$\begin{cases} \dfrac{\partial Q}{\partial a} = -2 \sum_{i=1}^{n} \left[y_i - (a + b x_i) \right] = 0 \\ \dfrac{\partial Q}{\partial b} = -2 \sum_{i=1}^{n} x_i \left[y_i - (a + b x_i) \right] = 0 \end{cases}$$

整理后,可写为:

$$\begin{cases} \overline{x} \cdot b + a = \overline{y} \\ \overline{x^2} \cdot b + \overline{x} \cdot a = \overline{xy} \end{cases}$$

式中, $\overline{x} = \dfrac{1}{n} \sum_{i=1}^{n} x_i$; $\overline{y} = \dfrac{1}{n} \sum_{i=1}^{n} y_i$ 。

$$\overline{x^2} = \frac{1}{n} \sum_{i=1}^{n} x_i^2 \qquad\qquad \overline{xy} = \frac{1}{n} \sum_{i=1}^{n} (x_i \cdot y_i)$$

方程的解为:

$$b = \frac{\overline{x} \cdot \overline{y} - \overline{xy}}{\overline{x}^2 - \overline{x^2}} \tag{1-5-6}$$

$$a = \overline{y} - b \overline{x} \tag{1-5-7}$$

进一步的计算表明,上述 a、b 值,使 Q 的二阶导数大于零,即满足 Q 为最小的条件。这样,用最小二乘法得出了方程 $y = a + bx$ 中 a、b 的值。与作图法、平均法、逐差法相比,最小二乘法是确定待定系数的最好方法。

注意: 运用最小二乘法确定待定系数时要求每个数据的测量都是等精度的,而且,假定 x_i、y_i 中只有 y_i 是有测量误差的。在实际处理问题时,可以把相对来说误差较小的变量作为 x。

在数理统计学中,本处讲述的方法属于一元线性回归,且只是一元线性回归处理数据的方法之一,有关线性回归的完整知识,不再多述,可查阅有关文献。

习　　题

1. 指出下列情况属于随机误差还是系统误差:

(1) 米尺刻度不均匀;

(2) 游标卡尺零点不准;

(3) 米尺因温度改变而伸缩;

(4) 最小分度后一位的估计;

(5) 实验者读数时的习惯偏向;

(6) 测质量时,天平未调水平。

2．比较下列三个量的不确定度的大小，相对不确定度哪个大？

(1) $u_1 = 54.98 \pm 0.12\text{V}$ ；(2) $u_2 = 0.550 \pm 0.012\text{V}$ ；(3) $u_3 = 0.0055 \pm 0.0012\text{V}$ 。

3．量程为 10V、级别为 0.5 的电压表，其读数的 B 类标准不确定度是多少？

4．用秒表(最大允许误差为 0.01s)测时 5 次：测得值为 10.75s、10.78s、10.76s、10.80s、10.77s。求 $\bar{t}$、$u_c(t)$、$U(t)(k=3)$，并表示该测量结果。

5．导出下面几个函数的合成标准不确定度和相对不确定度的计算式：

$$J = x - y，\quad J = x/y，\quad J = x^m y^n / z^l，\quad y = \ln x，\quad y = \sin x，\quad y = x^{\frac{1}{k}}。$$

6．根据有效数字的含义、运算规则，改正以下错误：

(1) L=12.832±0.22；   (2) L=12.8±0.22；   (3) L=12.832±0.2222；

(4) 18cm=180mm；   (5) 266.0=2.66×10^2；   (6) 0.028×0.166=0.004648；

(7) $\dfrac{150 \times 2000}{13.60 - 11.6} = 150000$ 。

第 2 篇

力学及热学实验

2.1 力学及热学实验基础知识

普通物理实验各个部分所用的仪器不尽相同，如热学部分常用到温度计，电学部分常用到电表和电阻箱，而利用游标卡尺和螺旋测微器原理制成的读数设备也常出现在光学实验中。下面仅将力学实验和热学实验的测量仪器、量具及器件进行介绍。

严格地说，能够用于对实验现象进行定量描述的测量工具并不都称为测量仪器，测量仪器应具有指示器和在测量过程中可以运动的测量元件，如螺旋测微器、温度计等。而没有上述特点的则称为量具，如米尺、标准电阻和标准电池等。所以，测量仪器和器具也可合称为测量器具。各种测量器具在使用时，必须符合规定的正常工作条件。

2.1.1 长度测量器具

1. 米尺

常用的米尺量程大多是 0~100cm，分度值为 1mm。测量长度时常可估计至 1 分度的 1/10(0.1mm)。测量过程中，一般不用米尺的边缘端作为测量的起点，以免由于边缘磨损而引入测量误差，而可以选择某一刻度线(例如 10cm 刻度线等)作为起点。由于米尺具有一定的厚度，测量时必须使米尺刻度面紧挨待测物体，以免由于测量者视线方向不同而引入测量误差(即视差)。

根据国家标准 GB/T 9056—2004 规定，钢直尺的示值误差限为 $\Delta=(0.05+0.015L)$mm，式中，L 是以 m 为单位的长度值，当长度不是 m 的整数倍时，取最接近的较大整数倍。例如，所测长度为 40.6mm，取 $L=1$，则 $\Delta=0.065$mm，其中 $\Delta=(0.05+0.015\times1)$mm。所测长度为 168.7cm 时，取 $L=2$，则 $\Delta=0.08$mm，其中 $\Delta=(0.05+0.015\times2)$mm。

根据 QB/T 2443—1999 的规定，使用钢卷尺测量时，自零端点起到任意线纹的示值误差限为：

$$\text{I 级} \quad \Delta=(0.1+0.1L)\text{mm}$$
$$\text{II 级} \quad \Delta=(0.3+0.2L)\text{mm}$$

式中，L 是以 m 为单位的长度值，当长度不是 m 的整数倍时，取最接近的较大整数倍。例如，使用 I 级钢卷尺测量长度为 786.3mm 时，计算 Δ 的公式中取 $L=1$，则 $\Delta=(0.1+0.1\times1)\text{m}=0.2\text{m}$。

由于使用钢直尺和钢卷尺测量长度(或距离)不可避免地会出现尺的线纹与被测长度的起点和终点对准条件不好，尺与被测长度倾斜，以及视差等原因而引起的测量不准确度要比尺本身示值误差限引入的不准确度更大一些，所以常需要根据实际情况合理估计测量结果的不确定度。

2. 游标卡尺

由于米尺的分度值(mm)不够小，常不能满足测量的需要。为了提高测量的精度，人们设计了游标卡尺，即在主尺旁再加一把副尺，而构成游标卡尺。游标卡尺有几种规格，常用的游标卡尺有 10、20、50 三种分度，对应的分度值为 0.1mm、0.05mm、0.02mm。

在正确使用游标卡尺测量时，如被测对象稳定，测量不确定度主要取决于游标卡尺的示值误差限。

符合国家标准 GB/T 1214.1—1996 规定的游标卡尺，其示值误差限见表 2-1-1。

表 2-1-1　有关国家标准中的游标卡尺示值误差限表　　　　mm

测量长度	游标分度值		
	0.02	0.05	0.10
	示值误差限		
0~150	0.02	0.05	0.01
150~200	0.03	0.05	
200~300	0.04	0.08	
300~500	0.05	0.08	
500~1000	0.07	0.10	0.15

3. 螺旋测微器

螺旋测微器(千分尺)是比游标卡尺更精密的长度测量仪器，常用的螺旋测微器的量程为 0~25mm，分度值为 0.01mm。它是将测微螺杆的角位移转变为直线位移的方法来测量长度的。量程为 0~25mm 的一级螺旋测微器分度值为 0.01mm，示值误差限见表 2-1-2。

表 2-1-2　螺旋测微器示值误差表　　　　mm

测量长度	示值误差限
0~100	±0.004
100~150	±0.005
150~250	±0.006

2.1.2　时间测量仪器

时间是基本物理量之一。在时间计量中，按测量内容划分，可分为时段测量和时刻测量。例如，机械秒表是用来测量时段的仪器，而时钟是测量时刻的仪器。在物理实验中，常用的计时仪有机械秒表、电子秒表、数字毫秒仪和频率计等。

1. 机械秒表

1) 简介

机械秒表简称秒表，它分为单针和双针两种，单针秒表只能测量一个过程所经历的时段；双针秒表分别测量两个同时开始但不同时结束的过程所经历的时段。机械秒表由频率较低的机械振荡系统、锚式擒纵调速器、操纵秒表启动/制动和指针回零的控制机构(包括按钮、发条及齿轮)等机械零件组成。一般秒表的表盘最小分度为 0.1s 或 0.2s，测量范围是 0～15min 或 0～30min。有的秒表还有暂停按钮，用来进行累积计时。秒表的外形如图 2-1-1 所示。

2) 使用方法

(1) 秒表使用前，须先检查发条的松紧程度。如发现发条相当松，应当上紧发条，但不宜过紧。最上端是控制按钮，按一下开始计时，再按一下停止计时，这时秒表指示的时间为终止时刻到起止时刻的差值，记下时段数值后再按一下，指针又复位到零位。

(2) 秒表工作时的准确与否对计时影响很大，所以在实验前，须将秒表与一只标准钟或晶体振荡式的标准电子计时仪进行校对。使用秒表进行计时测量所产生的误差应分为两种情况考虑：

① 短时间测量(几十秒以内)，其误差主要来源于启动、制动停表时的操作误差，其值约为 0.2s，有时还会更大些。

② 长时间的测量，测量误差除了掐表操作误差外，还有秒表的仪器误差。为了减小仪器误差，实验前可以用高精度计时仪器如数字毫秒计等对秒表进行校准。

2. 电子秒表

1) 简介

电子秒表是电子计时器的一种，由电子元件组成，利用石英振荡器的振荡频率作为时间基准，用液晶数字器显示时间。电子秒表比机械秒表的功能多，除显示分秒外，还能显示日期、星期，具有 1/100s 计数功能，可连续累计时间 59min 59.99s。其外形结构如图 2-1-2 所示。

图 2-1-1　秒表的外形

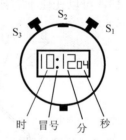

图 2-1-2　电子秒表外形

2) 使用方法

电子秒表有三个按钮，S_1 为调正按钮，S_2 为变换按钮，S_3 为秒表按钮。平时，电子秒表正常显示的计时状态为"时、分、秒"，电子秒表在计时显示的情况下，持续按 S_3 约 2s，即可呈现秒表功能，此时按一下 S_1，即可开始自动计秒，当再次按 S_1 时秒表停止。这时液晶屏显示的时段值，便是需要的时间间隔。若需要恢复到平时的计时状态，再持续按 S_1 约 2s 即可。

3. 数字毫秒计

数字毫秒计又称电子计时仪,在实验室气垫导轨实验中使用的(MUJ-IIB 电脑通用计数器)和扭摆法测转动惯量实验中使用的(TH-2 型转动惯量测试仪)就属于数字毫秒计。数字毫秒计利用高精度的石英振荡器输出的方波作为时标信号,因而计时准确度较高、测量范围较广。数字毫秒计以 1MHz、100kHz、10kHz 石英振荡器输出的信号的周期作为标准时间单位,即 0.001ms、0.01ms 或 0.1ms。数字毫秒计一般由整形电路计数门、计数器、译码器、振荡器、分频器、复原系统、触发器等组成。自动计时的开始计时和停止计时的控制信号由光电元件产生,脉冲信号从开始计时到停止计时的时间间隔内推动计数器计数,计数器所显示的脉冲个数就是以标准时间为单位的被测时间。"光控"有两种计时方法:一种是记录遮光时间,即光敏二极管的光照被遮挡的时间;另一种是记录两遮光信号的时间间隔,即遮挡一下光敏二极管的光照计数器,开始计时,再遮挡一下,计数器便停止计时,两次遮光信号的时间间隔由数码管显示出来。

2.1.3 质量测量仪器

物体的质量也是表现物体本身固有性质的一个物理量。一般的物体质量都可以用天平来称衡。天平是一种等臂杠杆,一般按其称衡的精确程度划分等级,精确度低的是"物理天平",精确度高的是"分析天平",不同精确程度的天平配置不同等级的砝码。

1. 物理天平

物理天平的结构和各部件功能:物理天平的结构如图 2-1-3 所示,它的主要部分是一个等臂杠杆,其支点 A 在横梁 1 的中点,B、C 分别为杠杆的重点和力点,为提高灵敏度,A、B、C 三点都是用钢制刀口支在各自的玛瑙刀垫上。B、C 刀口向上,固定在横梁的两端,其刀垫固定在吊架 2 上,两个称盘挂在各自的挂钩上。中刀口 16 的刀口向下,固定在横梁的中点,中刀垫 3 固定在升降杆上端。主柱 4 与底座 5 垂直。底座后面有水平仪 6,调节水平调节螺旋 7(左右各一个)使水平仪的气泡处于中圈内时,底座呈水平而立柱呈铅直状态。横梁的两端有两个平衡螺母,用于天平空载时调节平衡。横梁上装有游码,用于 1mg 以下的称衡。支柱左边的杯托盘 13,可以托住不需被称衡的物体。

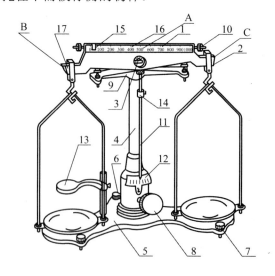

图 2-1-3　物理天平结构示意

当旋转手轮 8 时，可带动藏在立柱中的升降杆上升或下降。顺时针旋转手轮时，中刀垫通过刀口 16 将横梁托起，使之脱离止动架 9，同时刀口 17 也承担起称盘的质量，天平灵敏地摆动起来。该操作称为启动天平。如空载时天平两臂不平衡，可调节横梁两端的平衡螺母 10，使指针 11 指在刻度尺 12 的中心不动或做等幅摆动。

当逆时针旋转手轮时，横梁下降，并落在立柱上方的止动架上，中刀口与中刀垫脱离，同时两称盘也落在底座上，从而使刀口 17 不再受力，以减少刀口与刀垫的磨损或磕碰。 该操作称为止动天平。

杯托盘 13 不用时应把它转至称盘外固定好，指针上固定有感量砣 14，产品出厂时已调好，除校准灵敏度外，不必动它，否则影响天平的灵敏度。

不同精度级别的天平配有不同等级的砝码。根据 JJG 99—1972《砝码检查规程》规定，砝码的精度分为 5 等，各种砝码允差见表 2-1-3。

表 2-1-3　砝码的允差(极限允许误差)

公差级别 / 公差 / 砝码等级	一等	二等	三等	四等	五等
500g	±2	±3	±10	±25	±120
200g	±0.5	±1.5	±4	±10	±50
100g	±0.4	±1.0	±2	±5	±25
50g	±0.3	±0.5	±2	±3	±15
20g	±0.15	±0.3	±1	±2	±10
10g	±0.10	±0.2	±0.8	±2	±10
5g	±0.05	±0.15	±0.6	±2	±10
2g	±0.05	±0.10	±0.4	±2	±10
1g	±0.05	±0.10	±0.4	±2	±10
500mg	±0.03	±0.05	±0.2	±1	±5
200mg	±0.03	±0.05	±0.2	±1	±5
100mg	±0.03	±0.05	±0.2	±1	±5
50mg	±0.02	±0.05	±0.2	±1	—
20mg	±0.02	±0.05	±0.2	±1	—
10mg	±0.02	±0.05	±0.2	±1	—
5mg	±0.01	±0.05	±0.2	—	—
2mg	±0.01	±0.05	±0.2	—	—
1mg	±0.01	±0.05	±0.2	—	—

2. 分析天平

(1) 简介。分析天平的称衡方法基本与物理天平相同，但因为分析天平比物理天平更为精密，所以操作要求比物理天平更高。

分析天平的结构与物理天平相似，如图 2-1-4 所示，也有一只游码，利用装在天平玻璃框座右壁上的机械装置可以把游码吊起，根据需要再移放在横梁的各个齿槽内。分析天平1g以下的砝码是制成片状的，称为片码。横梁上的零刻度恰在中央，游码放在左臂上，相当于将砝码加在左盘内；如放在右臂上，则相当于在右盘中加砝码；将游码移至梁的最左端或最右端，均相当于在盘中放10mg的砝码，梁上每分度值为0.2mg。此外，在称衡时，为了使天平横梁的摆动能受到阻尼而很快地停下来，通常在秤盘上部装有空气阻尼装置，这种天平称为空气阻尼分析天平。

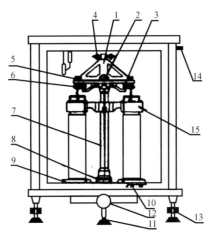

图 2-1-4　空气阻尼分析天平结构示意

1. 横梁；2. 支点刀；3. 支点销；4. 平衡砣；5. 吊耳；6. 折叶；7. 指针；8. 标牌；

9. 称盘；10. 托盘；11. 垫脚；12. 旋钮；13. 螺旋脚；14. 骑码执手；15. 阻尼器

(2) 使用方法及注意事项。使用分析天平时，除了物理天平的一些注意点外，还要注意下列各项：

① 分析天平是放置在一玻璃框座内的，操作者不能直接接触天平装置。如需调节天平的平衡螺母等物，必须戴手套操作。

② 调零时，游码应放在横梁中央的齿槽中。

③ 旋转制动旋钮必须缓慢小心。放置砝码后，启动横梁时不能将制动旋钮拧放到底，而只能放开到恰能确定指针向哪一边偏转，然后立即关闭制动器使横梁下降(在尚未平衡时，如制动器完全打开，分析天平的横梁往往会产生严重滑移现象，并常会导致部件跌落下来及刀口受损等后果)。

④ 在称衡时，秤盘不应振动，若有振动，应将制动器轻轻关闭，然后再打开，这样做几次，就可以消除振动。

⑤ 在观察天平是否平衡时，应将玻璃框座的门关好，以防空气对流，影响称衡。开、关玻璃门也应仔细，以免扰动调整好的天平。取、放物体和砝码时，一般使用框座的侧门，尽量不使用前门。

2.1.4　温度测量仪器

温度是物体冷热程度的表示，是基本物理量之一，许多物质的特征数都与温度有着密切的关系。所以在一些科学研究和工农业生产中，温度的控制和测量显得特别重要。测量温度有以下几种仪器。

1. 汞(水银)温度计

(1) 简介。汞温度计是以汞为测温物质的玻璃棒式液体温度计，主要是用汞的热胀冷缩性质来测量温度的。温度计下端是一球泡，内盛汞，上接一内径均匀的毛细管，液体受热后，毛细管中的液柱就会上升，从管壁的标度可以读出相应的温度值。当汞温度计受热时，汞和玻璃都要膨胀，但由于汞的膨胀系数远大于玻璃的膨胀系数，所以温度计能显示出汞体积随温度升高而膨胀的现象。毛细管中液柱长度的变化来自汞与玻璃体积变化之差。温度计也可以用乙醇或其他有机液体为测温物质，但多数温度计用汞作为测温物质，因为它有以下优点：

① 汞不润湿玻璃。

② 在 1 个标准大气压下(1atm=101.325kPa)可在-38.87℃(汞凝固点)～356.58℃(汞沸点)较广的温度范围内保持液态。

③ 汞随温度上升而均匀的膨胀，其体积改变量与温度改变量基本成正比，热传导性能良好，并且比较纯净，可作为较精密的液体温度计使用。

(2) 一些玻璃汞温度计的规格介绍。

① 标准汞温度计。一等标准汞温度计和二等标准汞温度计是用以校正各类温度计的标准仪表。一等标准汞温度计总测温范围在-30 ～300℃之间，其分度值为 0.05℃，每套由 9 支或 13 支测温范围不同的温度计组成，用于检定或校正二等标准汞温度计。二等标准汞温度计是用以校正各种常用玻璃液体温度计的标准仪表，测温范围也为-30 ～300℃，但分度值为 0.1℃或 0.2℃。标准温度计出厂时，每支温度计均有检定证书。

② 实验玻璃汞温度计。在实验室和工业中需要较精确地测量温度时，可采用实验玻璃汞温度计，其总测温范围为-30 ～250℃，同样由 6 支不同测温范围的温度计组成，分度值为 0.1℃或 0.2℃，采用全浸式读数。

③ 普通汞温度计。测温范围分 0～50℃、0～100℃、0～150℃多种，分度值一般为 1℃，多数采用局浸式读数。

2. 热电偶温度计

(1) 结构原理。热电偶也称温差电偶，是由 A、B 两种不同成分的金属丝的端点彼此紧密接触而形成的。当两个连接点处于不同温度(见图 2-1-5)时，在回路中就有直流电动势产生，该电动势称温差电动势或热电动势。它的大小与组成热电偶的两根金属丝的材料、热端温度 t 和冷端温度 t_0 这三个因素有关。t 和 t_0 相差越大，电动势也越大。一般地，可使冷端温度保持某一恒定值，例如将冷端放在冰点槽中。确定材料的热电偶，温差电动势大小仅由热端和冷端的温差$(t-t_0)$ 决定。由电动势大小和冷端温度值 t_0，可以算出热端所处的温度。可以证明，在 A、B 两种金属之间插入第三种金属 C 时，若它与 A、B 的两连接点处于同一温度 t_0 (见图 2-1-6)，则该闭合回路的温差电动势与上述只有 A、B 两种金属组成回路时的数值完全相同。所以，通常把 A、B 两根不同化学成分的金属丝(一根为铂，另一为铂-铑合金)的一端焊在一起，构成热电偶的热端(工作端)；将另两端各与铜引线(即第三种金属 C)焊接，构成两个同温度(t_0)的冷端(自由端)，铜引线又与测量直流电动势的仪表相连接(见图 2-1-7)，这样就组成一个热电偶温度计。将热端置于待测温度处，即可测得相应的温差电动势，再根据事先校正好的曲线或数据来求出温度 t_0。热电偶温度计的优点是热容量小，灵敏度高，反应迅速，且可配以精密的直流电位差计，测量准确度较高。

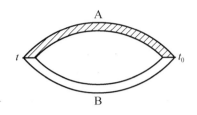
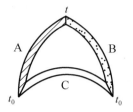

图 2-1-5　A、B 两连接点处于不同的温度　　　　图 2-1-6　A、B 两连接点处于同一温度

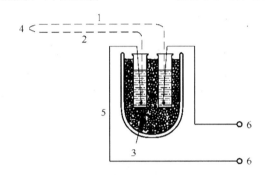

图 2-1-7　热电偶温度计结构原理

1. 金属丝 A；2. 金属丝 B；3. 冷端接头；4. 被测温度接头；5. 铜引线；6. 电位差计或毫伏计接头

(2) 使用时的注意事项。

① 热电偶的标定是在冷端保持 0℃的条件下进行的，但冷端温度很难保持恒定不变，这时一般应采取温度补偿措施来消除由于冷端实际温度与定表时冷端温度(0℃)有差异而引起的误差。

② 为了延长热电偶的使用寿命和保证热电偶两金属丝间有良好的绝缘，应将两根金属丝用开有两只孔道的磁管套起来。

③ 热电偶丝不能拉伸和扭曲，否则热电偶容易断裂，并且有可能产生温差电动势，影响热电偶的测温正确性。

在"导热系数的测定"实验中，就使用热电偶测量温差电动势。

2.2　实验 2-1　长度的测量

常用的测量长度的量具有米尺、游标卡尺、螺旋测微器和测量显微镜等。表示这些仪器的主要规格是量程和分度值等，量程表示仪器的测量范围，分度值表示仪器所能准确读到的最小数值。由于它们所测范围和准确度各不相同，故在使用时须看被测对象及其条件加以选择。米尺的分度值为 1mm，用米尺测量长度时只能准确地读到毫米位，毫米以下的数是估计数。使用游标卡尺和螺旋测微器可以精确测量出毫米以下的长度，分别可以读到 0.05mm 和 0.01mm。如果微米(10^{-6} m)数量级或更小长度，需要更精密的测量仪(如阿贝比长仪)，或者采用其他方法(如用光的干涉或衍射法等)来测量。在测长距离时，则有光学测距仪、激光测距仪、无线电测距仪等。

【实验目的】

(1) 学会游标卡尺和螺旋测微器的正确使用方法。

(2) 掌握游标卡尺和螺旋测微装置的原理及正确读数方法。

(3) 学习正确记录数据、处理数据。

【实验仪器】

游标卡尺、螺旋测微器、空心圆柱、小圆柱。

【实验原理】

1. 游标卡尺

游标卡尺的外形如图 2-2-1 所示。

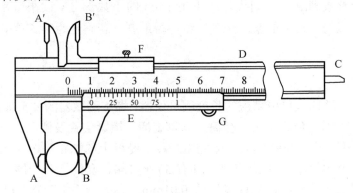

图 2-2-1 游标卡尺外形

它由主尺、游标(E)、尾尺(C)、内量爪(A′、B′)、外量爪(A、B)、紧固螺钉(F)六部分组成。

外量爪(A、B)：用来测量物体的长度、外径(即物体的外部尺寸)。

内量爪(A′、B′)：用来测量物体的内径或内部长度。

紧固螺钉：在测量物体时，用来固定游标，便于读数。

为了提高卡尺的精度，在卡尺上附有一个可以沿主尺移动的游标。下面以 20 分度的游标尺为例，简单说明其原理。10 分度及 50 分度的游标尺的原理与此相似。

所谓 20 分度游标就是将游标卡尺进行 20 等分，使其总长等于主尺的 39 个最小分度的长度，如图 2-2-2 所示。当卡尺的量爪合拢时，游标的零刻线与主尺的零刻线相对齐，游标上的第 20 根刻度线与主尺的第 39 根分度线对齐，如果主尺上每两个分度值为 2mm，显然游标上每分度值为 1.95mm，即游标上每小格与主尺每两个分度值相差 0.05mm。

图 2-2-2 20 分度游标卡尺

游标卡尺的读数原理：游标上 n 个分度的总长 nx 与主尺上 $(cn-1)$ 个分度之长相等。即 $nx = (cn-1)y$，式中，n 为游标分度(游标刻线格数)；c 为游标上一个格对应的最接近主尺的格数(模数)；y 为主尺上的刻线间距(主尺分度值)；x 为游标上的刻线间距(游标分度值)。

本实验室使用的是 20 分度的游标卡尺，如图 2-2-2 所示，即游标 20 分度(刻线格数为 20 格，长与主尺 39mm 长相等)，取 $c = 2$，则有：

$$x = \left(2 - \frac{1}{20}\right)y = 1.95\text{mm}$$

$$\delta = \frac{y}{n} = \frac{1}{20}\text{mm} = 0.05\text{mm}$$

式中，δ 为游标卡尺的最小分度值。

游标卡尺的规格是量程为 0~125mm，准确度为 0.05mm。

读测量值时应分两步：首先读出游标 0 刻度线左边所对主尺上毫米的整数部分 l_0，然后再读出由主尺毫米整数到游标 0 刻线之间不足 1mm 的小数部分。读小数部分时，要仔细观察哪一条游标刻度线与主尺上的某一条刻度线对得最齐，若确定为第 K 条，则测量结果便是 $l = l_0 + K\delta$。

2. 螺旋测微器

螺旋测微器是比游标卡尺更精密的长度测量仪器。螺旋测微器的外形如图 2-2-3 所示。它由尺架、微动螺杆、固定套筒、微分套筒、棘轮旋柄、锁紧装置及测砧七部分组成，用将测微螺杆的角位移转变为直线位移的方法来测量长度。螺杆上的螺距是 0.5mm，与螺杆连成一体的微分套筒圆周上均匀地刻着 50 条线，共有 50 个分格，套筒旋转一周，螺杆即前进(或后退)0.5mm，而旋过一个分格时，螺杆仅移动 0.01mm，在另一固定套管上(与螺母和测量面 F 相连)，还刻了一条与螺杆转轴平行的细刻线 S，在细线上方刻有 25 个分格，每分格为 1mm，在细线下方，从与上方"0"刻度线错开 0.5mm 处开始，也刻有 24 个分格，可标志着半毫米读数，这样在与螺母和测量面 F 相连的固定套管上形成了一把主尺，其分度值为 0.5mm。在 E、F 两测量面之间可放置待测物。微分套筒的周缘边线 H 可作为主尺上毫米和半毫米的读数指示线。S 线用来指示套筒圆周上 0.5mm 以内的读数值。

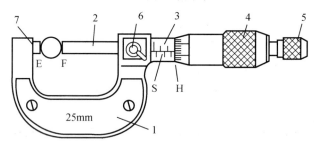

图 2-2-3 螺旋测微器外形

1. 尺架；2. 微动螺杆；3. 固定套筒；4. 微分套筒；5. 棘轮旋柄；6. 锁紧装置；7. 测砧

读数方法如下：

测量前首先应该校对零点，旋进微分套筒使两测量面 E、F 轻轻吻合，再旋转 5 所示部位，听到"咔咔"两声响即可。此时微分套筒的周缘 H 应与主尺的 0 刻度线重合，而圆周上的 0 刻度线与 S 线重合。但是，用游标卡尺或螺旋测微器测长度时，读出的数有时并不是要测量的长度值，而与实际长度差一个值，这个值就是在开始时零点的读数。测量实际长度时要减去这个数值，这就是零点校准，可以用下面的公式进行零点校准：

$$l_{实} = l - l_0$$

式中，$l_{实}$ 是实际长度，即要测量的长度；l 是直接读的数；l_0 是测量面接触时零刻度线的读数，可正可负。

还可以引进一个数轴来判断其正负，数轴上的 0 正对主尺上零刻度线的位置。如果两测量面接触时读数大于零，即副尺的 0 刻度线在数轴的正方向上，则 l_0 是正的，如图 2-2-4(a) 所示。反之则是负的，如图 2-2-4(b) 所示。

(a) 正值   (b) 负值

图 2-2-4　游标卡尺读数示例

记下零点读数后，后退螺杆，在 E、F 间放置待测物体，再旋进微分套筒使待测物与 E、F 密合，此时可依如下顺序读数：先以 H 线为准，读出 H 线左侧主尺读数，再以 S 线为准，读出 S 线指在套筒圆周刻线的微分读数；如果 S 线没有正好指在微分套筒刻度线上，则要估读。最后将主尺读数与微分套筒读数相加，即是待测物体的长度，如图 2-2-5 所示。

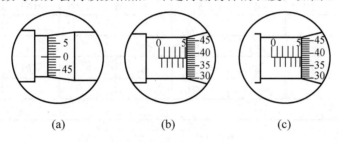

(a)   (b)   (c)

图 2-2-5　螺旋测微器读数示例

其中，图 2-2-5(a) 的读数为 0.000mm；图 2-2-5(b) 的读数为 5.382mm；图 2-2-5(c) 的读数为 5.882mm。

在螺旋测微器的尾端，有一棘轮装置，其作用是防止测量面 E、F 把待测物夹得太紧，以致损坏物体和损坏螺旋测微器内部的精密螺纹。因此在使用时，当 F 将与物体接触时，或在读取零读数过程中，E、F 即将直接吻合时，不要再旋转套筒，而应慢慢旋转棘轮，直至听到"咔咔"声为止，表明棘轮打滑，无法带动螺杆前进，此时可以读数。

测量完毕后，移去待测物，在两测量面 E、F 之间留有间隙，以免螺旋测微器热膨胀时，E、F 吻合过度而使螺旋测微器受损。

常用的螺旋测微器的量程是 0~25mm，分度值为 0.01mm，示值误差限为 0.004mm，通常被实验室所用。

【实验内容与步骤】

(1) 测量前确定所用仪器的量程、示值误差、零点读数。

(2) 用游标卡尺测空心圆柱体的外径 D、内径 d 各六次，并将数据填入表 2-2-1。

(3) 用螺旋测微器测小圆柱的外径 d 和高 h 各六次，并将数据填入表 2-2-2。

(4) 计算小圆柱的体积 V、相对不确定度 $\dfrac{u_c(V)}{V}$、标准不确定度 $u_c(V)$。

【数据记录与处理】

表 2-2-1　游标卡尺示值误差 $\Delta=0.05\text{mm}$，量程 0～125mm，零点读数 d_0　　　　mm

圆柱内径 d/mm									
1	2	3	4	5	6	$\bar{d}$	$s(d)$	$s(\bar{d})$	$u_c(\bar{d})$

$d=$

圆柱外径 D/mm									
1	2	3	4	5	6	$\bar{D}$	sD	$s(\bar{D})$	$u_c(\bar{D})$

$D=$

表 2-2-2　螺旋测微器示值误差 $\Delta=0.004\text{mm}$，量程 0～25mm，零点读数 d_0　　　　mm

$d=d_测-d_0$									
1	2	3	4	5	6	$\bar{d}$	$s(d)$	$s(\bar{d})$	$u_c(\bar{d})$

$h=h_测-h_0$									
1	2	3	4	5	6	$\bar{h}$	$s(h)$	$s(\bar{h})$	$u_c(\bar{h})$

$\bar{V}=$

$\dfrac{u_c(V)}{\bar{V}}=$　　　　　　　$u_c(V)=$

$V=$

【思考题】

(1) 有一任意游标装置，如何确定从游标上读出的是最小值？要求写出计算过程。

(2) 用 10、20、50 分度游标卡尺测量长度时，读数末位有何特点？

(3) 使用螺旋测微器时应注意哪些问题？为什么？

2.3　实验 2-2　物体密度的测定

　　密度是物体本身的重要特性之一，不同物体的密度一般也不同。密度的测量不仅为许多实验工作所需要，而且在工农业生产中也常用作原料成分的分析和纯度的鉴定。因此，学会密度的测量是十分重要的。

　　物体密度的测量方法不是唯一的，可以用密度计直接测量，也可通过对其质量和体积进行测量，然后经过计算获得。本实验练习用流体静力称衡法分别测量一种固体和一种液体的密度。

【实验目的】

(1) 掌握测定规则与不规则物体及液体密度的一种方法。

(2) 掌握物理天平的使用方法。

(3) 熟悉游标卡尺和螺旋测微器的使用方法。

【实验仪器】

分析天平和物理天平各一台(带砝码),待测规则及不规则物体各一个,待测液体、游标卡尺、螺旋测微器、量杯一个。

【实验原理】

1. 密度的测量

物体的密度是指在某一温度时物体单位体积的质量。即若一物体的质量为 m,体积为 V,则其密度 ρ 为

$$\rho = \frac{m}{V} \tag{2-3-1}$$

对于规则物体,只要用天平测出它的质量 m,用游标卡尺或螺旋测微器测出其几何尺寸并计算出物体的体积 V,即可由式(2-3-1)求出其密度 ρ。

对于不规则物体,可以采用流体静力称衡法来测定其密度 ρ,测量原理如下:

当忽略空气产生的浮力时,如在空气中用天平称得一不规则物体质量为 m_1,则其重量 W_1 为

$$W_1 = m_1 g$$

将该物体放入密度为 ρ_0 的液体中后,称得其质量(即物体在液体中的表观质量)为 m_2,重量为 W_2。根据阿基米德(Archimedes,公元前 287—公元前 212)原理,浸在液体中的物体受到向上的浮力,其大小等于排开液体的重量。故二次称得的该物体的重量差应等于其所排开的液体的重量,即:

$$W_2 = m_1 g - \rho_0 V g$$

将 W_1 与 W_2 相减,得:

$$W_1 - W_2 = \rho_0 V g$$

式中,V 为该不规则物体的体积;g 为重力加速度。

将以上各式代入式(2-3-1)中可得:

$$\rho = \rho_0 \frac{W_1}{W_1 - W_2} \tag{2-3-2}$$

同理,如果用一规则物体(设其体积为 V,V 可用长度测量的方法测得),用天平在空气中称得该物体的质量为 m_1,将该物体全部浸入密度为 ρ 的液体中后,称得其质量(表观质量)为 m_2。则该液体的密度 ρ 为:

$$\rho = \frac{m_1 - m_2}{V} \tag{2-3-3}$$

2. 天平

有关天平的结构请参见力学常用仪器简介一节，这里着重讨论一下天平的调整与使用。

1) 天平的规格

天平的规格除了等级以外，还有三个主要参量。

(1) 感量：指天平平衡时，使指针从标尺零点即平衡位置上(这时天平两个称盘上的质量相等，指针在标尺中央)偏转一个最小分度格时，天平两个称盘上的质量之差，一般来说感量的大小，应该与天平砝码(游码)读数的最小分度值适应(如相差不超过一个数量级)。

(2) 灵敏度：指天平平衡时，在一个盘中加单位质量的负载(常取 1mg)后指针偏转的格数，在空载时，天平的灵敏度最高，此灵敏度的倒数即为感量。

(3) 称量：是指天平允许称衡的最大质量。

2) 天平的不等臂性误差

等臂天平两臂的长度应该是相等的，但由于制造、调节状况和温度不均匀等原因，会使天平的两臂长度不是严格相等。因此，当天平平衡时，砝码的质量并不完全与待称物体的质量相等。由于这个原因造成的偏差称为天平的不等臂性误差。不等臂性误差属于系统误差，它随载荷的增加而增大。按计量部门规定，天平的不等臂性误差不得大于 6 个分度值。

为了消除不等臂性误差，可以利用复称法来进行精密称衡。

3) 天平的示值变动性误差

示值变动性误差表示在同一条件下多次开启天平，其平衡位置的再现性，是一种随机误差。它是由于天平的调整状态、操作情况、温差、气流、静电等原因造成的重复称衡时各次的平衡位置产生的微小差异。合格天平的示值变动性误差不应大于一个分度值。

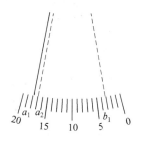

图 2-3-1　摆动法确定停点位置

4) 天平停点的确定

为了迅速、准确地确定天平平衡时指针在刻度尺上的读数(称为停点)，可采用摆动法确定其位置，而不必等指针摆动停止后才去读数。具体方法是：连续读取指针奇数次(3 次、5 次或 7 次，这里取 3 次)摆动到偏转最大刻度时的读数 a_1、b_1、a_2，如图 2-3-1 所示。这时其停点的位置为

$$e = \frac{\frac{1}{2}(a_1 + a_2) + b_1}{2} \tag{2-3-4}$$

读数可以从任一边摆动开始，但必须估计一位(估读到 1/10 分度)。

5) 天平零点的确定

首先调节天平的底脚螺钉，使天平水平(支柱铅直)。然后，启动制动旋钮，观察平衡点是否能在标尺中央(图 2-3-1 中格 10)附近，如果指针基本上在标尺中央附近摆动，便可采用式(2-3-4)中介绍的摆动法确定零点的位置。即：若天平空载时连续读取指针三次摆动到偏转最大刻度时的读数为 a_{01}、b_{01}、a_{02}，则其零点的位置 e_0 为

$$e_0 = \frac{\frac{1}{2}(a_{01} + a_{02}) + b_{01}}{2} \tag{2-3-5}$$

当指针在 $e_0 = (10.0 \pm 0.5)$ 分度范围内时，即可认为 e_0 就是天平空载时的停点——零点。如

果 e_0 不在上述范围内，应重新调节平衡螺母，使 e_0 处在 10.0 ± 0.5 分度范围内。称衡过程中，空载停点会有一些变动，故应随时检查空载停点。

6) 天平的空载分度值和灵敏度

设天平空载时测出的停点为 e_0，如在右盘上加 1mg 砝码(或用游码)，此时指针的停点变为 e_1，则天平的分度值为：

$$g = \frac{1}{e_1 - e_0} \text{(毫克/格)} \tag{2-3-6}$$

它的倒数 $S = (e_1 - e_0)$ (格/毫克) 就是空载灵敏度。

7) 称衡方法

(1) 单称法：当天平的零点 e_0 确定后，便可测量物体的质量了。单称法一般是指将被称量的物体放在左秤盘中央，砝码放在右秤盘中，选用砝码的次序应遵循由大到小，逐个试用，逐次逼近的原则，直至最后指针停点 e 接近零点 e_0，但一般很难使 $e = e_0$，于是 e 与 e_0 之间有一微小的偏差，说明砝码的质量 m 与物体的质量 M 相应有一质量差 x，可根据灵敏度的概念求出 x，为此，在左或右盘中放入一微小砝码 m' (在感量的五倍以下，本实验中取 1mg)，此时，指针的停点由 e 变为 e' (注意：此时要对小砝码 m' 之值和承载盘加以选择，使 e_0 介于 e' 和 e 之间)，根据灵敏度的定义，$S_1 = \dfrac{|e' - e|}{m'}$，$S_1$ 就是在荷载下天平的灵敏度。在指针摆角不太大的情况下，可按 x 与 $(e - e_0)$ 成正比处理，于是有 $x = \dfrac{e - e_0}{S_1}$，x 就是与偏离 $(e - e_0)$ 个分度相当的质量。由式 $x = \dfrac{e - e_0}{S_1}$ 可以看出：

① 若 $e > e_0$，即 x 为正(物体放在左盘、砝码放在右盘，标尺分度从右到左是 0～20)，说明停点 e 在零点 e_0 左方，就是说砝码的质量 m 大于被称物体质量 M，因此，被测物体的质量可按式(2-3-7)计算：

$$M = m - x = m - \frac{e - e_0}{S_1} = m - \frac{e - e_0}{|e' - e|} m' \tag{2-3-7}$$

② 若 $e < e_0$，说明砝码的质量 m 小于物体的质量 M，故被称物体质量 $M = m + x$，但此时由于 $(e - e_0) < 0$，所以为负，因此式(2-3-7)仍成立。式(2-3-7)就是称衡质量公式。

(2) 复称法(高斯法)：单称法只有在两臂等长时，才能精确地称衡物体的质量。往往因加工工艺等原因，天平不等臂，结果砝码的质量与被称衡的物体质量也不相等，为消除这一不确定因素的影响，常采用复称法。

复称法又称交换称衡法，其方法是：第一次将被测物体放在左盘中，第二次放在右盘中，设左右两臂长分别为 L_1 及 L_2，两次砝码的质量分别为 m_1 及 m_2，则有下列关系：

第一次：$\qquad\qquad ML_1 = m_1 L_2$

第二次：$\qquad\qquad ML_2 = m_2 L_1$

其中，M 为被测物体质量。

将上面两式两边相乘得：

$$M^2 L_1 L_2 = m_1 m_2 L_1 L_2$$

即：

$$M = \sqrt{m_1 m_2} \qquad (2\text{-}3\text{-}8)$$

令 $m_2 = m_1 + a$(两次砝码的质量一般是不相等的)，则：

$$M = \sqrt{m_1 m_2} = \sqrt{m_1^2 \left(1 + \frac{a}{m_1}\right)} = m_1 \left(1 + \frac{a}{m_1}\right)^{\frac{1}{2}}$$

因为一般 m_1、m_2 相差不多，即 $\dfrac{a}{m_1} \ll 1$，将 $\left(1 + \dfrac{a}{m_1}\right)^{\frac{1}{2}}$ 按二项式定理展开为：

$$\left(1 + \frac{a}{m_1}\right)^{\frac{1}{2}} = 1 + \frac{1}{2} \cdot \left(\frac{a}{m_1}\right) + \left(-\frac{1}{8}\right) \cdot \left(\frac{a}{m_1}\right)^2 + \cdots$$

略去二次项及高次项，则有：

$$M = m_1 \left(1 + \frac{a}{m_1}\right)^{\frac{1}{2}} \approx m_1 \left(1 + \frac{a}{2m_1}\right) = \frac{m_1 + (m_1 + a)}{2} = \frac{m_1 + m_2}{2} \qquad (2\text{-}3\text{-}9)$$

为消除天平的不等臂因素的影响可采用 $M = \sqrt{m_1 m_2}$ 或 $M \approx \dfrac{m_1 + m_2}{2}$ 来计算 M。

如果用 m_1、e_1 及 m_2、e_2 分别表示采用复称法时，将被称衡物体分别放在左盘及右盘时的砝码质量与停点，则被称衡物体的质量 M 可用式(2-3-10)计算：

$$M = \frac{m_1 + m_2}{2} - \frac{e_1 - e_2}{2S_1} \qquad (2\text{-}3\text{-}10)$$

虽然式(2-3-10)中无 e_0，但仍然需要测定 e_0，这是因为 $x_1 = \dfrac{e_1 - e_0}{S_1}$ 只有在($e_1 - e_0$)很小时才成立。$\dfrac{e_1 - e_0}{S_1}$ 是一个修正量，因此 x 越小越好，这就要求 e_1、e_2 均接近 e_0。

【实验内容与步骤】

1. 天平的使用

天平的操作规程：

天平及砝码都是精密仪器，如果使用不当不仅会使称衡达不到应有的准确度，而且还会损坏天平、降低天平的灵敏度和砝码的准确度。因而使用时须遵守下列操作规程。

(1) 使用天平前先要看清仪器的型号规格,注意载荷量不要超过最大称量,检查天平横梁、砝码盘及挂钩安装是否正常。

(2) 调节天平底螺钉，使底座上的"水准泡"处于中央，以保证天平的底盘水平、立柱铅直。检查空载时的停点，确定是否需要调节平衡螺钉。

(3) 称衡时一般将被测物体放在左盘、砝码放在右盘(复称法除外)，增减砝码须在天平制动后进行，旋转制动旋钮须缓慢小心，在试放砝码过程中不可将横梁完全支起，只要能判定指针向哪边偏斜就立即将天平制动。

(4) 取用砝码必须使用镊子，异组砝码不得混用，读数时须读一次总值，为避免读错数据，在将砝码由秤盘放回砝码盒时再复核一次。

(5) 在观察天平是否平衡时，应将玻璃框门关上，以防空气对流影响称衡。取放物体和砝码时一般使用侧门。

(6) 使用天平时如发现故障(例如横梁、秤盘滑落等)要找老师解决，不得自行处理。

2. 测量规则物体的密度

(1) 测出天平空载时的零点 e_0 及空载分度值 g 和灵敏度 S。

(2) 用天平采用复称法测出规则圆柱体的质量 M。

(3) 用螺旋测微器测量圆柱体外径 d，在不同部位测五次，将结果填入表 2-3-1 中。

(4) 用游标卡尺测量圆柱体的高 h，在不同的方位测五次，将结果填入表 2-3-1 中。

(5) 求出该圆柱体外径 d 及高度 h 的平均值 $\bar{d}$、$\bar{h}$，计算出其体积 $\bar{V} = \dfrac{\pi}{4}\bar{d}^2\bar{h}$，将求得的 $\bar{V}$ 及 M 代入式(2-3-1)中，求出其密度 ρ 及合成标准不确定度 $u_c(\rho)$。

3. 测量不规则物体密度

(1) 将待测物体用细线系好后挂在天平的小钩上(连同秤盘一起)，称出其在空气中的质量 m_1。

(2) 将盛有大半杯水的杯子放在天平左端的托盘上，然后将该物体全部浸入水中(注意不要让物体触到杯子)，称出该物体在水中的质量(表观质量) m_2。

(3) 由附表查出室温下纯水的密度 ρ_0，由式(2-3-2)求出该物体密度 ρ 并计算出 ρ 的标准不确定度 $u_c(\rho)$。

4. 测量液体密度

(1) 将盛有待测液体的杯子放在天平左端的托盘上。

(2) 将 2 中所测的规则圆柱体用细线系好后挂在天平的小钩上(连同秤盘一起)，然后将该物体全部浸入待测液体中(注意不要让物体触到杯子)，称出该物体在待测液体中的质量(表观质量) m_2。

(3) 由式(2-3-3)求出待测液体的密度 ρ 及合成标准不确定度 $u_c(\rho)$。

【思考题】

(1) 如待测固体的密度小于水的密度，现欲采用流体静力称衡法测定其密度，应怎样做？试简要回答。

(2) 若求一批用同一物质做成的、体积相等的微小球粒的直径，应采用本实验中的哪一种方法可以得到比较准确的结果？

表 2-3-1　规则圆柱体测量结果

位置　　数据　　次数	1	2	3	4	5	平均
外径 d_i /mm						
高度 h_i /mm						

【实验 2-2 附录】测量规则物体密度的不确定度的计算方法

(1) 测量规则圆柱体体积 V 的标准不确定度

测量圆柱体外径 d 的标准不确定度为：

$$u_c(d) = \sqrt{S^2(\overline{d}) + \left(\frac{\Delta_{仪}}{\sqrt{3}}\right)^2}$$

$$S(\overline{d}) = \sqrt{\frac{\sum\limits_{i=1}^{5}\left(d_i - \overline{d}\right)^2}{5(5-1)}}$$

式中，$S(\overline{d})$ 为测量圆柱体外径 d 的 A 类标准不确定度；$\Delta_{仪}$ 为螺旋测微器的最大允许误差；$\dfrac{\Delta_{仪}}{\sqrt{3}}$ 为外径 d 测量的 B 类标准不确定度。

(2) 测量圆柱体高 h 的标准不确定度为：

$$u_c(h) = \sqrt{S^2(\overline{h}) + \left(\frac{\Delta_{仪}}{\sqrt{3}}\right)^2}$$

式中，$S(\overline{h})$ 为测量圆柱体高 h 的 A 类标准不确定度，$\Delta_{仪}$ 为游标卡尺的最大允许误差；$\dfrac{\Delta_{仪}}{\sqrt{3}}$ 为测量圆柱体高 h 的 B 类标准不确定度。

(3) 圆柱体体积 V 的相对不确定度为：

$$\frac{u_c(V)}{V} = \sqrt{4\left(\frac{u_c(d)}{\overline{d}}\right)^2 + \left(\frac{u_c(h)}{\overline{h}}\right)^2}$$

(4) 规则圆柱体质量 m 的标准不确定度为：

$$u_c(m) = \sqrt{\left(\frac{1}{2}\cdot\frac{m_2}{m_1}\right)^2 u_c^2(m_1) + \left(\frac{1}{2}\cdot\frac{m_1}{m_2}\right)^2 u_c^2(m_2)}$$

式中，m_1、m_2 为将待测物体分别放在左盘、右盘中相应两次砝码的质量；$u_c(m_1)$、$u_c(m_2)$ 为采用复称法测量圆柱质量时，左称和右称时质量测量的不确定度函数：

$$u_c(m_1) = u_c(m_2) = \sqrt{u_{B_1}^2 + u_{B_2}^2}$$

上式中 u_{B_1} 是由砝码公差 $\Delta(m)$ (同一级别下不同质量的砝码，其公差 $\Delta(m)$ 的大小不同。参见表 2-3-3 引起的质量测量的不确定度，它属于 B 类不确定度：

$$u_{B_1} = \sqrt{\sum n_i \left(\frac{\Delta(m_i)}{\sqrt{3}}\right)^2}$$

式中，$\Delta(m_i)$ 是质量为 m_i 的砝码的均差；n_i 为称衡时使用该质量砝码的个数。

u_{B_2} 是天平的示值变动性误差引起的质量测量的不确定度，它可通过多次测量用统计方法求得，在实验中只测量了一次，可以认为此误差不会超过天平的一个分度(格)。u_{B_2} 可由天平空载时实测的感量 g 由下式求得：

$$u_{B_2} = \frac{g}{\sqrt{3}}$$

(5) 规则圆柱体密度的相对不确定度为：

$$\frac{u_c(\rho)}{\overline{\rho}} = \sqrt{\left(\frac{u_c(V)}{\overline{V}}\right)^2 + \left(\frac{u_c(m)}{\overline{m}}\right)^2}$$

规则圆柱体密度测量的标准不确定度 $u_c(\rho)$ 为：

$$u_c(\rho) = \frac{u_c(\rho)}{\overline{\rho}} \cdot \overline{\rho}$$

(6) 规则圆柱体密度的测量结果为：

$$\rho = \overline{\rho} \pm u_c(\rho)\ \text{kg/m}^3$$

2.4　实验 2-3　气垫导轨上滑块的速度和加速度的测定

【实验目的】

(1) 了解气垫技术的原理，掌握气垫导轨和电脑通用计数器的使用方法。
(2) 观察匀速直线运动，测量滑块的运动速度。
(3) 验证牛顿第二定律。

【实验仪器】

气垫导轨及附件、MUJ-IIB 型电脑通用计数器、气泵、物理天平。

【实验原理】

1. 速度的测量

物体做直线运动时，其瞬时速度定义为：

$$v = \lim_{\Delta t \to 0} \frac{\Delta s}{\Delta t} = \frac{ds}{dt} \tag{2-4-1}$$

根据这个定义进行计算实际是不可能的，因为 $\Delta t \to 0$ 时，同时 $\Delta s \to 0$，测量上具有困难，因此只能取很小的 Δt 及相应的 Δs，用其平均速度来代替瞬时速度。

物体所受的合外力为零时，物体保持静止或以一定的速度做匀速直线运动。本实验被研究的物体(滑块)在气垫导轨上作"无摩擦的阻力"运动，滑块上装有一个一定宽度的挡光片，当滑块经过光电门时，挡光片前沿挡光，计时器开始计时；挡光片后沿挡光时，计时立即停止。计数器上显示出两次挡光所间隔的时间 Δt；Δs 是挡光片同侧边沿之间的宽度，它是已知的，如图 2-4-1 所示。根据平均速度公式，就可算出滑块通过光电门的平均速度。即：

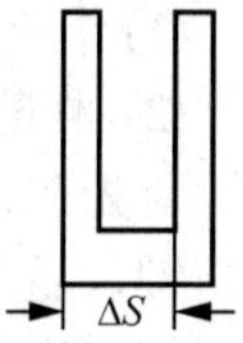

图 2-4-1　挡光片

$$\overline{v} = \frac{\Delta s}{\Delta t} \tag{2-4-2}$$

可见，Δs 越小，在 Δs 范围内，滑块的速度变化也越小，则平均速度 $\overline{v}$ 越能准确反映在该位置上滑块运动的瞬时速度(瞬时速度是平均速度的极限)。若滑块做匀速直线运动，则任一点的瞬时速度与任两点之间的平均速度相等。

2. 加速度的测量

当滑块在水平方向上受一恒力作用时，滑块将作匀加速直线运动。滑块的加速度为：

$$a = \frac{v_2^2 - v_1^2}{2s} \tag{2-4-3}$$

式中，s 为两个光电门之间的距离；v_1 和 v_2 分别是滑块经过两个光电门时的速度。

根据上述测量速度的方法，只要测出滑块通过第一个光电门的初速度 v_1，第二个光电门的末速度 v_2，将两光电门之间的距离 s 读出(以指针为准)，这样根据式(2-4-3)就可算得滑块的加速度。

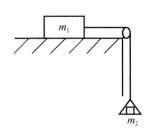

图 2-4-2　验证牛顿第二定律示例

3. 验证牛顿第二定律

牛顿第二定律是力学中的一个基本定律，其内容是物体受外力作用时，物体获得的加速度的大小与合外力的大小成正比，并与物体的质量成反比。

如图 2-4-2 所示，滑块质量为 m_1，砝码盘和砝码的总质量是 m_2，细线的张力是 T，则有

$$m_2 g - T = m_2 a$$

$$T = m_1 a$$

合外力为：

$$F = m_2 g = (m_1 + m_2)a$$

令 $M = m_1 + m_2$，则有：

$$F = Ma \tag{2-4-4}$$

由式(2-4-4)可以看出：F 越大，加速度 a 也越大；且 $\dfrac{F}{a}$ 是一常量；在恒力作用下，M 大的物体，对应的加速度小，反之亦然。由此可以验证牛顿第二定律。

【实验内容与步骤】

实验前要仔细阅读本节附录1，2，弄清仪器结构和使用方法。

(1) 气垫导轨的水平调节(参照本实验附录 1 气垫导轨简介)。

(2) 测量速度。

首先在计数器上设定挡光片的宽度。方法是：在打开计数器电源开关后，用手指按住"转换"键，显示屏上立即显示"1.0，3.0，5.0，…"。当显示"1.0"时，立即松开手指，实际所用挡光片宽度即已设定为 1.0cm。本实验所用挡光片的宽度是 1.0cm。

然后使滑块在导轨上运动，计数器功能设定在"计时"功能，显示屏上依次显示出滑块经过光电门的时间，以及经过两光电门的速度 v_1 和 v_2。将实验数据填入表 2-4-1 中。

(3) 测量加速度。

按动计数器"功能"键，将功能设定在"加速度"位置。

利用图 2-4-2 装置，在滑块挂钩上系一细线，绕过导轨末端的滑轮，线的另一端系在砝码盘(砝码盘和单个砝码的质量均为 $m_0=5g$)，估计线的长度，使砝码盘在落地前，滑块能顺利通过两光电门。

将滑块移至远离滑轮的一端，稍静置后，自由释放。滑块在合外力 F 的作用下从静止开始，做匀加速运动。此时计数器屏上依次显示出滑块经过两光电门的速度 v_1、v_2 和加速度 a。

验证牛顿第二定律：物体质量不变，加速度与合外力成正比。

按如图 2-4-2 所示安置滑块，并在滑块上加四个砝码，将滑块移至远离滑轮一端，使其从静止开始做匀加速运动，记录通过两个光电门之间的加速度，再将滑块上的砝码分四次从滑块上移至砝码盘上。重复上述步骤，将实验数据填入表 2-4-2 中。

注意：计数器功能设定在"加速度"位置。

验证物体所受合外力不变时，加速度大小与物体质量成反比。

按如图 2-4-2 所示安置滑块，测量当 $m_2=10\text{g}$ 时滑块由静止做匀加速运动时的加速度，再依次将四个配重块(每个配重块的质量为 $m'=50\text{g}$)逐次加在滑块上，测量出对应的加速度。将实验数据填入表 2-4-3 中。

有关量的测量：用物理天平分别称出滑块的质量 $m_{模块}$，砝码的质量 m_0、配重块的质量 m'；用游标卡尺测出滑块上挡光片的宽度 Δs。

【数据记录与处理】

1. 实验数据表格

表 2-4-1 速度测量数据

$\Delta S=$ _____cm

次数	滑块向左滑动			滑块向右滑动		
	$v_1/$ (cm/s)	$v_2/$ (cm/s)	$\|v_2-v_1\|/$ (cm/s)	$v_1/$ (cm/s)	$v_2/$ (cm/s)	$\|v_2-v_1\|/$ (cm/s)
1						
2						
3						
4						
5						

表 2-4-2 验证加速度与合外力关系的数据表格

$S=$ _____cm，$\Delta S=$ _____cm，$M=m_{滑块}+5m_0=$ _____g

次数	$m_2=m_0$ $\alpha/(\text{cm/s}^2)$	$m_2=2m_0$ $\alpha/(\text{cm/s}^2)$	$m_2=3m_0$ $\alpha/(\text{cm/s}^2)$	$m_2=4m_0$ $\alpha/(\text{cm/s}^2)$	$m_2=5m_0$ $\alpha/(\text{cm/s}^2)$
1					
2					
3					
4					
5					
$\bar{a}/(\text{cm/s}^2)$					

表 2-4-3　验证加速度与质量关系的数据表格

$S=$＿＿＿cm，$\Delta S=$＿＿＿cm，$m_2=$＿＿＿g，$m'=$＿＿＿g

次数	$M=$ $m_{滑块}+m_2$	$M=$ $m_{滑块}+m_2+m'$	$M=$ $m_{滑块}+m_2+2m'$	$M=$ $m_{滑块}+m_2+3m'$	$M=$ $m_{滑块}+m_2+4m'$
	$a/(cm/s^2)$	$a/(cm/s^2)$	$a/(cm/s^2)$	$a/(cm/s^2)$	$a/(cm/s^2)$
1					
2					
3					
4					
5					
$\bar{a}\ (cm/s^2)$					

注：表 2-4-3 中忽略了滑轮折合质量。若用细线绕过气垫滑轮牵引滑块，则必须考虑滑轮转动的影响。因此，运动质量 M 还应包括滑轮转动时的折合质量，其折合质量 m'' 可用下式计算：

$$m'' = \frac{m(D^2 + d^2)}{2d'^2}$$

式中，m 为滑轮的质量；D 为滑轮的外半径；d 为滑轮的内半径；d' 为线槽的中半径。

2. 实验数据处理

利用作图法处理数据。

(1) 质量一定时，作出 a-F 曲线。

(2) 合外力一定时，作出 a-$\dfrac{1}{M}$ 曲线。

【思考题】

(1) 怎样调整导轨水平？能否认为滑块经过光电门的时间 $\Delta t_1 = \Delta t_2$，导轨才算调平，为什么？

(2) 式(2-3-4)中的质量包括哪几个物体的质量？作用在质量 M 上的作用力 F 是什么力？怎样保证质量不变？

(3) 在验证物体质量不变，物体的加速度与外力成正比时，为什么把实验过程中用的砝码放在滑块上？

【实验 2-3 附录 1】气垫导轨简介

力学实验最困难的问题就是摩擦力对测量的影响。气垫导轨就是为消除摩擦而设计的力学实验仪器。它通过导轨表面上均匀分布的小孔喷出气流，在导轨表面和滑块之间形成一层空气层即气垫，将滑块浮起，这样滑块在导轨表面的运动几乎可以看成"无摩擦"的。利用滑块在气垫上的运动可以进行许多力学实验，如测定速度、加速度、验证牛顿第二定律、动量守恒定律、机械能守恒定律、研究简谐振动等。

气垫导轨的结构及附件如下所述。

1. 导轨

气垫导轨由导轨、滑块和气源几部分组成，气垫导轨的结构如图 2-4-3 所示。导轨是用一根平直、光滑的三角形铝合金制成，固定在一根刚性较强的工字钢梁上。导轨长为 1.5m，轨面上均匀分布着孔径为 0.6mm 的两排喷气小孔，导轨一端封死，另一端装有进气嘴。当压缩空气经管道从进气嘴进入腔体后，就从小气孔喷出，托起滑块，滑块漂浮的高度，视气流大小及滑块质量而定。为了避免碰伤，导轨两端及滑块上都装有缓冲弹簧。在工字钢架的底部装有三个底脚螺旋，分居在导轨的两端，双脚端的螺旋用来调节轨面两侧线高度，单脚端螺旋用来调节导轨水平。或者将不同厚度的垫块放在导轨底脚螺旋下，以得到不同的斜度。导轨一侧固定有毫米刻度的米尺，便于定位光电门位置。滑轮和砝码用于对滑块施加外力。

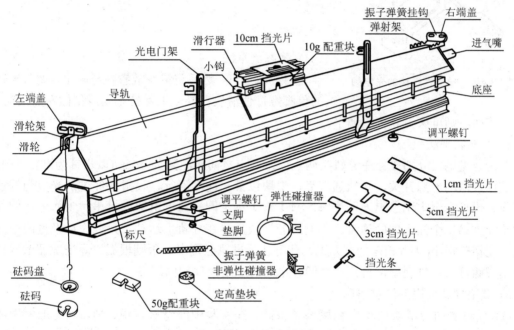

图 2-4-3 气垫导轨全貌

2. 滑块

滑块是导轨上的运动物体，长度有 120mm 和 240mm 两种，也是用铝合金制成，其下表面与导轨的两侧面精密吻合，如图 2-4-4 所示。根据实验需要，滑块上可以加装挡光片、配重块、尼龙搭扣、缓冲弹簧等附件。滑块必须保持纵向及横向的对称性，要使其质心处于导轨的中心线上。

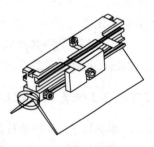

图 2-4-4 滑块

3. 光电转换系统

光电转换系统由光电门与电脑计数器组成，MUJ-ⅡB 通用电脑计数器采用单片微处理器，程序化控制，可用于各种计时、计频、计数、测速等，并具备多组实验数据的记忆存储功能。单边式结构的光电门，如图 2-4-5 所示，固定在导轨带刻度尺的一侧，光敏二极管和聚光灯泡呈上下安装。小灯点亮时，正好照在光敏二极管上，光敏二极管在光照时电阻为几千欧至几十千欧；无光照时电阻为兆欧级以上。

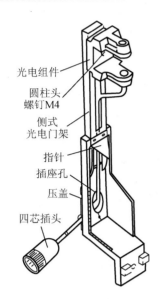

光电组件

圆柱头
螺钉M4

侧式
光电门架

指针

插座孔

压盖

四芯插头

图 2-4-5　单边式结构的光电门

利用光敏二极管在两种状态下电阻的突变所产生的脉冲信号来控制计数器，使其计数或停止计数，从而实现对时间间隔的测量。

4. 气源

本实验采用专用小型气源，体积小，价格便宜，移动方便，适用于单机工作。若温度升高，则不宜长时间连续使用。接通电源(220V)即有气流输出，通过橡皮管从进气嘴进入导轨，轨面气孔即有气喷出。使用时要严禁进气口或出气口堵塞，否则将烧坏电动机。工作 150h～200h 后，应清洗或更换滤料。

5. 气轨的调整

1) 静态调平法

先将导轨通气，然后将滑块放置在导轨上，调节导轨一端的单脚螺钉使滑块在导轨上保持不动或稍微左右摆动，而无定向移动，则可认为导轨已调平。

2) 动态调平法

将两个光电门分别放置在导轨某两点处，两点之间相距约为 50cm(以指针为准)。打开通用电脑计数器的电源开关，导轨通气后，滑块以某一速度滑行，设滑块经过两光电门的速度分别为 v_1 和 v_2。由于空气阻力的影响，对于处于水平的导轨，滑块经过第一个光电门的速度略大于经过第二个光电门的速度。因此，若滑块反复在导轨上运动，只要先后经过两个光电门的速度相差很小(两者相差 5%以内)，就可认为导轨已调平。否则根据实际情况调节导轨下面的单脚螺钉，反复观察，直到经过两光电门的速度大体相同即可。

3) 气垫导轨使用的注意事项

(1) 导轨表面与滑块内表面精度要求很高，在实验中严禁敲、碰、划，以免加大表面粗糙度。

(2) 导轨没通气时，决不允许将滑块放在导轨上，更不允许在导轨上来回滑动。更换或调整遮光片在滑块上的位置时，必须把滑块从导轨上拿下来，待调整后再把滑块放到导轨上。要牢记先通气后放滑块，先拿下滑块后断气源的操作要求。

(3) 滑块要轻拿轻放，切记摔碰。

(4) 实验结束后，一定要把滑块从导轨上取下来以免导轨变形。

【实验 2-3 附录 2】 MUJ-ⅡB 型电脑通用计数器

本机以 51 系列单片微处理器为中央处理器，并编入与气垫导轨实验相适应的数据处理程序，且具备多组实验的记忆存储功能；功能选择复位键输入指令；数值转换键设定所需数值；数据提取键提取记忆存储的实验数据，P1、P2 光电输入口采集数据信号，由中央处理器处理；LED 数码管显示各种测量结果。图 2-4-6 分别是 MUJ-ⅡB 型电脑通用计数器的前面板图和后面板图。

【使用和操作】

根据实验需要选择所需光电门数量，将光电门线插入 P1、P2 插口，按下电源开关，按功能选择复位键，选择所需要的功能。注：当光电门未挡光时，依面板排列顺序，每按键一次，依次转换一种功能，发光管显示出对应的功能位置。如计时、加速度、碰撞等七种功能。当光电门挡光后，按下功能选择复位键，则复位清零(例如，重复测量)，屏上显示"0"。

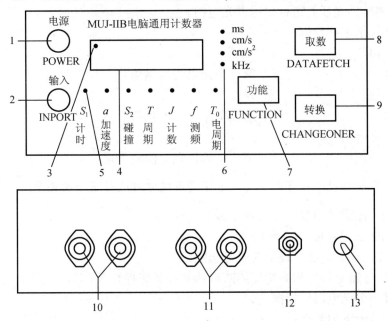

图 2-4-6　MUJ-IIB 型电脑通用计数器的前面板示意和后面板示意

1. 电源开关；2. 测频输入口；3. 溢出指示；4. LED 显示屏；5. 功能转换指示灯；

6. 测量单位指示灯；7. 功能选择复位键；8. 数值提取键；9. 数值转换键；

10. P1 光电门插口；11. P2 光电门插口；12. 电源保险；13. 电源线

开机时，机内自动设定挡光片宽度为 1.0cm，周期自动设定为 10 次。若需要重新选择所需要挡光片宽度，例如，设定挡光片宽度为 5.0cm，其操作方法是：用手指按住转换键，显示屏上立即显示"1.0，3.0，5.0，…"。当显示"5.0"时，立即松开手指，所用挡光片宽度设定完毕。当功能键选择设定在周期上时，同样用上述方法设定周期。

滑块在导轨上运动，若连续经过几个光电门，显示屏上依次连续显示所测时间或速度。滑块停止运动时，显示屏上重复显示各种数据，若需提取某数据，手指按住数据提取键，待显示出所提取数据时，松开手指即可记录。若按功能选择复位键，显示数据被清除。

(1) 计时(s_1)：测量 P1 插口或 P2 插口两次挡光时间间隔及滑块通过 P1、P2 插口两只光电门的速度。

① 将光电门连接线接驳可靠。

② 按下功能选择复位键，设定在计时功能。

③ 让带有凹形挡光片的滑行器通过光电门，即可显示所需的测量数据。

此项实验可连续测量。本仪器可以记忆前 20 次的测量结果，按数据提取键将显示 E1(表示第一次测量)，然后显示测量数据，再显示 E2…全部数据显示完毕后将显示按数值提取键前的测量值。如只想看第 10 次测量的数据，按下数值提取键将显示 E1，E2，…，E10。放开按键即显示所需要数据。

(2) 加速度(a)：测量滑块通过每个光电门的速度及通过相邻光电门的时间或这段路程的加速度 a。

① 将选择的 2～4 个光电门接驳可靠。

② 按功能选择复位键，设定在加速度功能。

③ 让带有凹形挡光片的滑行器通过光电门。

本机会循环显示下列数据：

第一个光电门

×××××   第一个光电门测量值

第二个光电门

×××××   第二个光电门测量值

第一至第二光电门

×××××   第一至第二光电门测量值

注意：本机具有保护功能，只有按下功能选择复位键方可选择下一次测量。

(3) 碰撞(s_2)：测量等质量、不等质量碰撞。

① 将 P1、P2 插口各接一只光电门。

② 按下功能选择复位键，设定在碰撞功能。

③ 在两只滑行器上装好相同宽度的凹形挡光片和碰撞弹簧，让滑行器从气轨两端向中间运动，各自通过一个光电门后相撞。

本机会循环显示下列数据：

P1.1   P1 插口光电门第一次通过

×××××   P1 插口光电门第一次测量值

P1.2   P1 插口光电门第二次通过

×××××   P1 插口光电门第二次测量值

P2.1   P2 插口光电门第一次通过

×××××   P2 插口光电门第一次测量值

P2.2   P2 插口光电门第二次通过

×××××   P2 插口光电门第二次测量值

为提高循环显示效率，本机将只显示遮过光的光电门的测量值。

如滑块三次通过 P1 插口，本机将不显示 P2.2 而显示 P1.3；

如滑块三次通过 P2 插口，本机将不显示 P1.2 而显示 P2.3。

注意：本机具有保护功能，只有按下功能选择复位键方可选择下一次测量。本仪器除显示本
　　　次实验数据还可以记忆存储前四次实验的测量值。提取数据、清除数据的操作参见有
　　　关章节。

(4) 周期(T)：测量简谐振动 1～100T 的时间。

① 滑行器装好挡光片，接驳好光电门接口。

② 按下功能选择复位键，设定在周期(T)功能。

③ 按下数值转换键不放，确认到所需周期数放开此键即可。

④ 简谐运动每完成一个周期，显示的周期数会自动减 1，当最后一次遮光结束，本机自动显示累计时间值。

当需要重新测量时，按功能选择键复位。

本仪器可以记忆存储本次实验前 20 周期每个周期的测量值，按数据提取键将显示 E1(表示第一个周期)，××××(表示第一个周期的时间)，E2(表示第二个周期)，××××(表示第二个周期的时间)，…

(5) 计数(J)：测量遮光次数。

① 将光电门接驳可靠。

② 按下功能选择复位键，设定在计数功能。

③ 滑块安装好挡光片，并通过光电门开始计数。

(6) 测频(f)：可测量正弦波、方波、三角波、调幅波。

① 按下功能选择复位键，设定在测频功能。

② 将本机附带的信号线接驳在前面板测频输入口上，另一端的红黑两色夹子分别夹在被测信号的输出端及公用地线上。

当被测信号大于 1MHz，如显示 5628.86kHz，按提取键将会在显示屏左端显示 ×。则此次测量值应为 5628.86kHz。

(7) 电周期(T_0)：

① 按功能选择复位键设定在电周期功能。

② 接驳方法详见测频章节。

③ 在测量过程中根据被测周期的不同倍率会自动设定。

本机的自检：

本机具有自检功能，按住数据提取键不放，再开启电源开关，数码管循环显示，执行自检，最终显示 37.36m/s。按下数值转换键显示 26.77cm/s，表示本机工作正常。若整机无计时功能，则检查光电门是否正常。

2.5　实验 2-4　气垫导轨上动量守恒定律的研究

【实验目的】

(1) 在弹性碰撞和完全非弹性碰撞两种情况下，验证动量守恒定律，了解其各自特点。
(2) 学习一种简化处理数据的方法。
(3) 学习使用气垫导轨和 MUJ-ⅡB 电脑通用计数器。

【实验仪器】

气垫导轨、滑块两个、MUJ-ⅡB 电脑通用计数器一台、物理天平等。

【实验原理】

1. 动量守恒定律

系统受到的合外力若等于零，则组成该系统的各物体的动量矢量和保持不变，即总动量

应为：

$$\vec{P} = \sum_{i=1}^{n} m_i \vec{v_i} = 恒量 \qquad (2\text{-}5\text{-}1)$$

式中，m_i、$\vec{v_i}$ 为系统中第 i 个物体的质量和速度；n 为系统中的物体总数。

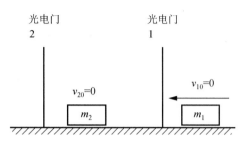

图 2-5-1　验证动量守恒定律原理示意

若系统所受的合外力在某个方向上的分量等于零，则系统在该方向上的总动量守恒。本实验研究两个滑块在水平气轨上沿直线发生的碰撞，如图 2-5-1 所示。由于气垫的漂浮作用，滑块受到的摩擦力可忽略不计，这样当发生碰撞时，系统(即两个滑块)仅受内力的相互作用，而在水平方向上不受外力，系统的动量守恒，即得：

$$m_1 \vec{v_{10}} + m_2 \vec{v_{20}} = m_1 \vec{v_1} + m_2 \vec{v_2}$$

在给定的方向上，矢量式可写成标量式：

$$m_1 v_{10} + m_2 v_{20} = m_1 v_1 + m_2 v_2 \qquad (2\text{-}5\text{-}2)$$

式中，m_2 分别为两个滑块的质量；v_{10}、v_{20}、v_1、v_2 分别为两个滑块碰撞前后的速度。

若取 $v_{20}=0$，式(2-5-2)则简化为：

$$m_1 v_{10} = m_1 v_1 + m_2 v_2 \qquad (2\text{-}5\text{-}3)$$

本实验利用式(2-5-2)或式(2-5-3)来验证动量守恒定律。在实验中，若能使两物体在接近水平面内运动(让重力的分力与空气的黏滞阻力相互抵消)，使物体在碰撞方向上保持匀速，则可以更好地满足碰撞时合外力为零的条件。

2. 碰撞的性质和动能的损耗

动量守恒定律的条件只是要求系统(物体系)所受合外力为零，不论何种碰撞动量守恒定律都应成立。但碰撞中机械能是否守恒，则除了在碰撞过程中与外力是否对系统做功有关外，还与碰撞的性质有关，碰撞的性质可以用恢复系数：

$$e = \frac{v_2 - v_1}{v_{10} - v_{20}} \qquad (2\text{-}5\text{-}4)$$

来表达。完全弹性碰撞时，$e=1$，机械能守恒；完全非弹性碰撞时，$e=0$，机械能损耗最大；一般情况下，即非完全弹性碰撞时，$0 < e < 1$。

(1) 完全弹性碰撞：其特点是动量守恒，机械能也守恒。方法是在两个滑块的相碰撞端装上缓冲弹簧，则滑块在气轨上相碰时，由于弹簧发生弹性形变(在弹性限度内)后恢复原状，系统的机械能(动能)可近似地看作没有损失。即碰撞前后，两个滑块总动能保持不变，于是有：

$$\frac{1}{2} m_1 v_{10}^2 + \frac{1}{2} m_2 v_{20}^2 = \frac{1}{2} m_1 v_1^2 + \frac{1}{2} m_2 v_2^2 \qquad (2\text{-}5\text{-}5)$$

若取 $m_1 = m_2$，并使 $v_{20}=0$，则由式(2-5-5)与式(2-5-2)可得 $v_1 = 0$，$v_2 = v_{10}$，即两滑块彼此交换速度。

若取 $m_1 \neq m_2$，并仍使 $v_{20}=0$，则有：

$$m_1 v_{10} = m_1 v_1 + m_2 v_2$$
$$m_1 v_{10}^2 = m_1 v_1^2 + m_2 v_2^2$$

可得：
$$v_1 = \frac{m_1 - m_2}{m_1 + m_2} v_{10}, \quad v_2 = \frac{2m_1}{m_1 + m_2} v_{10}$$

(2) 完全非弹性碰撞：其特点是动量守恒，机械能不守恒。在两滑块的相碰撞端装上尼龙搭扣或橡胶泥，则碰撞后两滑块不分开并以同一速度运动，因尼龙搭扣或橡胶泥在碰撞中发生的形变不能恢复原状，故两滑块碰撞前后的动能不守恒。设两滑块在完全非弹性碰撞后的共同速度为 v，即 $v_1 = v_2 = v$，由式(2-5-2)可得

$$m_1 v_{10} + m_2 v_{20} = (m_1 + m_2) v$$

当 $v_{20} = 0$ 时，则有：

$$m_1 v_{10} = (m_1 + m_2) v \tag{2-5-6}$$

若 $m_1 = m_2$ 时，且有 $v_{20} = 0$，则有：

$$v = \frac{1}{2} v_{10}$$

3. 简化处理数据的方法

完全弹性碰撞：设滑块 I 的质量为 m_1，其上的挡光片宽度为 δs_1，碰撞前挡光时间为 δt_{10}，碰撞后挡光时间为 δt_1，则 $v_{10} = \frac{\delta s_1}{\delta t_{10}}$，$v_1 = \frac{\delta s_1}{\delta t_1}$；

滑块 II 的质量为 m_2，其上的挡光片宽度为 δs_2，碰撞前静止，碰撞后挡光时间为 δt_2，则 $v_{20} = 0$，$v_2 = \frac{\delta s_2}{\delta t_2}$，令 $D_1 = \frac{m_2}{m_1}$，$D_2 = \frac{\delta s_2}{\delta s_1}$，则式(2-5-3)变换为：

$$m_1 \cdot \frac{\delta s_1}{\delta t_{10}} = m_1 \frac{\delta s_1}{\delta t_1} + m_2 \frac{\delta s_2}{\delta t_2}$$

$$\frac{m_2}{D_1} \cdot \frac{\frac{\delta s_2}{D_2}}{\delta t_{10}} = \frac{m_2}{D_1} \cdot \frac{\frac{\delta s_2}{D_2}}{\delta t_1} + m_2 \frac{\delta s_2}{\delta t_2}$$

$$\frac{m_2}{D_1} \cdot \frac{\delta s_2}{D_2 \delta t_{10}} = \frac{m_2}{D_1} \cdot \frac{\delta s_2}{D_2 \delta t_1} + m_2 \frac{\delta s_2}{\delta t_2}$$

$$\frac{1}{D_1 D_2 \delta t_{10}} = \frac{1}{D_1 D_2 \delta t_1} + \frac{1}{\delta t_2}$$

$$\frac{1}{\delta t_{10}} = \frac{1}{\delta t_1} + D_1 \cdot D_2 \frac{1}{\delta t_2} \tag{2-5-7}$$

碰撞前后总动量百分偏差为：

$$\frac{P - P'}{P} = \frac{m_1 v_{10} - (m_1 v_1 + m_2 v_2)}{m_1 v_{10}} = \frac{\frac{1}{\delta t_{10}} - \left(\frac{1}{\delta t_1} + D_1 \cdot D_2 \frac{1}{\delta t_2} \right)}{\frac{1}{\delta t_{10}}}$$

$$= 1 - \left(\frac{1}{\delta t_1} + D_1 \cdot D_2 \frac{1}{\delta t_2} \right) \delta t_{10} \tag{2-5-8}$$

碰撞后动能损耗为：

$$\frac{E-E'}{E}=\frac{\frac{1}{2}m_1v_{10}^2-\left(\frac{1}{2}m_1v_1^2+\frac{1}{2}m_2v_2^2\right)}{\frac{1}{2}m_1v_{10}^2}$$

$$=1-\left(\frac{1}{\delta t_1^2}+D_1\cdot D_2^2\frac{1}{\delta t_2^2}\right)\delta t_{10}^2$$

$$=\left(\frac{D_2}{\delta t_2}-\frac{1}{\delta t_1}\right)\delta t_{10} \tag{2-5-9}$$

根据式(2-5-4)可得：

$$e=\frac{v_2-v_1}{v_{10}-v_{20}}$$

$$=\frac{D_2\frac{\delta s_1}{\delta t_2}-\frac{\delta s_1}{\delta t_1}}{\frac{\delta s_1}{\delta t_{10}}}=\frac{\frac{D_1}{\delta t_2}-\frac{1}{\delta t_1}}{\frac{1}{\delta t_{10}}}$$

$$=\left(\frac{D_2}{\delta t_2}-\frac{1}{\delta t_1}\right)\delta t_{10} \tag{2-5-10}$$

当 $m_1=m_2$ 时，$D_1=\frac{m_2}{m_1}=1$，$v_1=0$，则有：

$$\frac{P-P'}{P}=\frac{m_1v_{10}-(m_1v_1+m_2v_2)}{m_1v_{10}}=\frac{m_1v_{10}-m_2v_2}{m_1v_{10}}$$

$$=1-\frac{m_2v_2}{m_1v_{10}}=1-D_1\frac{v_2}{v_{10}}=1-\frac{v_2}{v_{10}}$$

$$=1-\frac{\delta s_2/\delta t_2}{\delta s_1/\delta t_{10}}=1-\frac{\delta s_2\delta t_{10}}{\delta s_1\delta t_2}=1-D_2\frac{\delta t_{10}}{\delta t_2}$$

$$\frac{E-E'}{E}=\frac{\frac{1}{2}m_1v_{10}^2-\left(\frac{1}{2}m_1v_1^2+\frac{1}{2}m_2v_2^2\right)}{\frac{1}{2}m_1v_{10}^2}(因为m_1=m_2,v_1=0)$$

$$=1-\left(\frac{v_2}{v_{10}}\right)^2=1-\left(\frac{\delta s_2/\delta t_2}{\delta s_1/\delta t_{10}}\right)^2=1-\left(\frac{\delta s_2\delta t_{10}}{\delta s_1\delta t_2}\right)^2$$

$$=1-\left(D_2\frac{\delta t_{10}}{\delta t_2}\right)^2$$

$$e=\frac{v_2-v_1}{v_{10}-v_{20}}=\frac{v_2}{v_{10}}=\frac{\frac{\delta s_2}{\delta t_2}}{\frac{\delta s_1}{\delta t_{10}}}=\frac{\frac{\delta s_2}{\delta t_{10}}}{\frac{\delta s_1}{\delta t_2}}D_2\frac{\delta t_{10}}{\delta t_2}$$

$$\left.\begin{array}{l} \dfrac{P-P'}{P}=1-D_2\cdot\dfrac{\delta t_{10}}{\delta t_2} \\[3mm] \dfrac{E-E'}{E}=1-\left(D_2\dfrac{\delta t_{10}}{\delta t_2}\right)^2 \\[3mm] e=D_2\dfrac{\delta t_{10}}{\delta t_2} \end{array}\right\} \tag{2-5-11}$$

完全非弹性碰撞：完全非弹性碰撞后，m_1 和 m_2 粘在一起运动，并且测量碰撞前后的速度是用滑块 m_1 上的同一个挡光片测量而得，故由式(2-5-6)可知，$m_1v_{10}=(m_1+m_2)v$，可得：

$$v_{10}=\dfrac{m_1+m_2}{m_1}v$$

在与完全弹性碰撞相同的假设条件下，有：

$$\dfrac{\delta s_1}{\delta t_{10}}=\left(1+\dfrac{m_2}{m_1}\right)\dfrac{\delta s_1}{\delta t}$$

$$\dfrac{1}{\delta t_{10}}=(1+D_1)\dfrac{1}{\delta t}$$

且有：

$$\dfrac{P-P'}{P}=\dfrac{m_1v_{10}-(m_1+m_2)v}{m_1v_{10}}$$

$$=1-\dfrac{(m_1+m_2)v}{m_1v_{10}}=1-\left(\dfrac{v}{v_{10}}+\dfrac{m_2}{m_1}\cdot\dfrac{v}{v_{10}}\right)$$

$$=1-\left(\dfrac{\dfrac{\delta s_1}{\delta t}}{\dfrac{\delta s_1}{\delta t_{10}}}+D_1\dfrac{\dfrac{\delta s_1}{\delta t}}{\dfrac{\delta s_1}{\delta t_{10}}}\right)$$

$$=1-(1+D_1)\dfrac{\delta t_{10}}{\delta t}$$

$$\dfrac{E-E'}{E}=\dfrac{\dfrac{1}{2}m_1v_{10}^2-\left(\dfrac{1}{2}m_1v^2+\dfrac{1}{2}m_2v^2\right)}{\dfrac{1}{2}m_1v_{10}^2}$$

$$=1-\dfrac{(m_1+m_2)v^2}{m_1v_{10}^2}=1-\dfrac{(m_1+m_2)}{m_1}\left(\dfrac{\dfrac{\delta s_1}{\delta t}}{\dfrac{\delta s_1}{\delta t_{10}}}\right)^2$$

$$=1-(1+D_1)\left(\dfrac{\delta t_{10}}{\delta t}\right)^2$$

即

$$
\left.\begin{array}{l}
e = 0 \\
\dfrac{P - P'}{P} = 1 - (1 + D_1)\dfrac{\delta t_{10}}{\delta t} \\
\dfrac{E - E'}{E} = 1 - (1 + D_1)\left(\dfrac{\delta t_{10}}{\delta t}\right)^2 \\
e = 0
\end{array}\right\}
\qquad (2\text{-}5\text{-}12)
$$

若 $m_1 = m_2$ 时，$D_1 = 1$，则式(2-5-12)就更简单了 m_1。

验证动量守恒定律，只要比较等式(2-5-7)和式(2-5-12)两边是否相等，只要各量单位一致，不必计算动量数值。在式(2-5-11)与式(2-5-12)中，只要把多次出现的量如 D_1、D_2 等先计算出来，进行大量重复计算时，可大大简化计算，在处理数据时有现实意义。

【实验内容与步骤】

实验之前，安装好光电门，光电门指针之间的距离在 50cm，设定挡光片宽度为 5.00cm。将气垫导轨调成水平，并使 MUJ-ⅡB 型电脑通用计数器功能设定在"碰撞"位置(参看实验 2-3 附录 1 和附录 2)。

1. 在完全弹性碰撞的情形下验证动量守恒定律

(1) 在质量相等(即 $m_1 = m_2$)的两个滑块上，分别装上挡光片，务必使挡光边与滑块运动方向垂直。将光电门放置在能记下最接近碰撞前后滑块速度的位置，保证挡光片在碰撞过程中不改变姿态并使挡光片的同一部位通过不同的光电门。接通气源后，将一个滑块(m_2)置于两个光电门中间，并令它静止($v_{20} = 0$)。

(2) 将另一个滑块(m_1)放在气轨的任一端，轻轻将它推向滑块 m_2，记下滑块 m_1 通过光电门 1 的速度 v_{10}。

(3) 两滑块相碰后，滑块 m_1 静止，而滑块 m_2 以速度 v_2 向前运动，记下 m_2 经过光电门 2 的速度 v_2(按上述步骤重复数次，将所测数据填入数据表)。

(4) 在滑块上加一个砝码(或在两边加砝码)，使 $m_1 > m_2$，重复上述步骤，记下滑块 m_1 在碰撞前经过光电门 1 的速度 v_{10} 以及碰撞后 m_2 和 m_1 先后经过光电门 2 的速度 v_1 和 v_2。(注意：在滑块 m_2 经过光电门 2 运动到气轨一端时，应使它静止，否则反弹回来，碰撞 m_1 则影响测量速度 v_1。)重复数次，将所测数据填入数据表 2-5-1。

(5) 在上述 $v_{20} = 0$，$m_1 = m_2$ 及 $m_1 > m_2$ 的条件下，验证动量守恒定律，计算动量百分偏差，计算恢复系数。

2. 在完全非弹性碰撞情形下验证动量守恒定律

参照实验内容 1，自行安排实验。在两个滑块的相碰端安置尼龙搭扣，碰撞后两滑块黏在一起运动。验证下列两种情况下，动量是否守恒。

(1) $v_{20} = 0$，$m_1 = m_2$ 时；$\dfrac{\mathrm{d}^3 X}{\mathrm{d}x^3}\Big|_{x=l} = 0$

(2) $v_{20} = 0$，$m_1 > m_2$ 时。

将实验数据填入数据表 2-5-2，比较完全非弹性碰撞前后的速度(用同一个挡光片测量速度)，计算动量百分偏差、动能损耗率。

【数据记录与处理】

表 2-5-1 弹性碰撞

$m_1 =$____kg，$m_2 =$____kg，$v_{20} =0$

次数	碰 前		碰 后					百分偏差
	v_{10} /(m/s)	$P=m_1 v_{10}$ / (kg·m·s^{-1})	v_1 /(m/s)	$P'_1=m_1 v_1$ / (kg·m·s^{-1})	v_{10} /(m/s)	$P=m_1 v_{10}$ / (kg·m·s^{-1})	v_1 /(m/s)	$B=\dfrac{P-P'}{P}\times100\%$
1								
2								
3								
4								
5								

注：若 $P< P'$ 时为不合理数据，应当剔除(请思考原因)。

表 2-5-2 完全非弹性碰撞

$m_1 =$____kg，$m_2 =$____kg，$v_{20} =0$

次数	碰前		碰后		百分偏差
	v_{10} /(m/s)	$P=m_1 v_{10}$ /(kg·m·s^{-1})	v /(m/s)	$P' =(m_1 + m_2) v$ /(kg·m·s^{-1})	$B=\dfrac{P-P'}{P}\times100\%$
1					
2					
3					
4					
5					

【思考题】

(1) 在完全弹性碰撞情形下，当 $m_1 > m_2$，$v_2 =0$ 时，两个滑块碰撞前后的总动能是否相等？试用数据表中的测量数据验算一下。若不完全相等，试分析产生误差的原因。

(2) 在完全非弹性碰撞实验中，为什么碰撞前后的速度要用同一个挡光片来测量？

2.6 实验 2-5 气垫导轨上简谐振动的研究

振动现象广泛地存在于自然界中，例如，钟摆的运动、被拨动的吉他琴弦的振动、列车通过桥梁的运动等都是振动。除了机械振动外，还有电磁振动，例如，交流电路中电流或电压的振动、无线电波中的电场和磁场的振动，等等。

由振动的物体与对它施力引起其振动的周围物体所构成的系统称为振动系统，通常的振

动系统是很复杂的。为了简化问题，人们引进了一个理想的振动模型，即简谐振子。简谐振子的运动是一种特别简单的周期运动，称为简谐振动。弹簧振子的振动是最简单的简谐振动，可以证明，一切复杂的周期振动都可表示为多个简谐振动的和。因此，通过熟悉弹簧振子的简谐振动的规律及其特征，来理解复杂振动的规律，是非常必要的。

【实验目的】

(1) 观察简谐振动现象，测定简谐振动的周期。
(2) 观察简谐振动的周期随振子质量和弹簧劲度系数而变动的情形。
(3) 学习使用气垫导轨和计时仪器。

【实验仪器】

气垫导轨、MUJ-ⅡB 电脑通用计数器、弹簧、滑块、气源。

【实验原理】

如图 2-6-1 所示，在水平气垫导轨上的滑块两端连接两根弹簧，两弹簧的另一端分别固定在气垫导轨的两端点。以水平方向向右作 X 轴的正方向，当滑块处于平衡位置 O 时，滑块所受的合外力为零。当把滑块从 O 点向右移动距离 x 时，左边的弹簧被拉长，右边的弹簧被压缩，如果两弹簧的劲度系数分别为 k_1、k_2，则滑块所受到的弹性力 F 为

$$F = -(k_1 + k_2)x \tag{2-6-1}$$

式中的负号是因为弹性力 F 的方向跟位移 x 的方向相反。

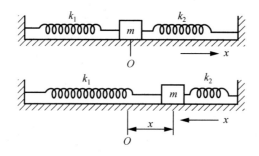

图 2-6-1　气垫导上简谐振动示例

在弹性力 F 的作用下，滑块要向左运动。令 $k = k_1 + k_2$，按照牛顿第二定律($ma = F$)，可得

$$m\frac{\mathrm{d}^2 x}{\mathrm{d}t^2} = -kx$$

令

$$\omega^2 = \frac{k}{m}$$

则有

$$\frac{\mathrm{d}^2 x}{\mathrm{d}t^2} = -\omega^2 x \tag{2-6-2}$$

式(2-6-2)是振动物体的动力学方程，对此微分方程求解，可得

$$x = x_0 \cos(\omega t + \varphi_0) \tag{2-6-3}$$

式(2-6-3)表明：滑块的运动是简谐振动。式中 x_0 称为振幅，表示滑块运动的最大位移；ω 为振动的角频率，它只与滑块的质量和弹簧的劲度系数有关，φ_0 称为初相位。

滑块所做的运动是周期运动，周期用 T 表示：

$$T = \frac{2\pi}{\omega} = 2\pi\sqrt{\frac{m}{k}} \tag{2-6-4}$$

可见，如果弹簧的劲度系数 k 或滑块的质量 m 改变，则周期 T 也会随着改变。

将式(2-6-3)对时间求导，可得滑块的运动速度：

$$v = \frac{\mathrm{d}x}{\mathrm{d}t} = -\omega x_0 \sin(\omega t + \varphi) \tag{2-6-5}$$

弹簧振子的能量包括滑块动能 E_k 和弹簧的势能 E_p，分别为

$$E_k = \frac{1}{2}mv^2 = \frac{1}{2}m\omega^2 x_0^2 \sin^2(\omega t + \varphi) \tag{2-6-6}$$

$$E_p = \frac{1}{2}kx^2 = \frac{1}{2}kx_0^2 \cos^2(\omega t + \varphi) \tag{2-6-7}$$

振子的总能量为

$$E = E_k + E_p = \frac{1}{2}m\omega^2 x_0^2 \sin^2(\omega t + \varphi) + \frac{1}{2}kx_0^2 \cos^2(\omega t + \varphi)$$

因为 $\omega^2 = \frac{k}{m}$，则

$$E = \frac{1}{2}m\omega^2 x_0^2 = \frac{1}{2}kx_0^2$$

由此可见，弹簧振子的能量包括动能和势能，而动能和势能均随时间作周期性变化，动能大时势能就小，动能小时势能就大，从而保持系统的总能量不变。

以上讨论是在忽略滑块所受的摩擦力和空气阻力，忽略弹簧质量的前提下进行的，但不论阻力多么微小，最终将使滑块停止。实际上，滑块的运动是一种阻尼振动。由于振幅衰减得较慢，把滑块的运动看做近似的简谐振动是可以的。

【实验内容与步骤】

实验之前，应仔细阅读附录，熟悉气垫导轨的使用方法和通用电脑计数器的使用方法。

1. 测定弹簧的劲度系数

(1) 将气垫导轨调成水平(参阅实验 2-3 附录 1)，打开气源。

(2) 如图 2-6-2 所示，把弹簧的一端接到气垫导轨一端，另一端接一个滑块。滑块的另一端接一个带砝码盘的细线，使细线通过滑轮垂下。

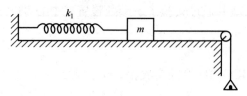

图 2-6-2 测定弹簧劲度系数

(3) 记下滑块的位置 x_0，然后在砝码盘里依次放上 10g, 20g, 30g, 40g, 50g 的砝码，分别记下滑块的位置。用逐差法算出弹簧的劲度系数。计算时注意加上砝码盘的质量。

(4) 换另一根弹簧重复上面的实验。

(5) 用物理天平测出滑块的质量 m，按式(2-6-4)算出振动的周期 T。

2. 测定弹簧振子的振动周期

(1) 如图 2-6-1 所示，将振动系统放到水平气垫导轨上，将通用电脑计数器的光电门放到初始位置处，记下滑块的初始位置，将功能选择设定在周期(T)功能，设定所测周期数为 20 次，用手推动一下滑块，使其振动，测量 20 次周期的时间，并求出周期。

(2) 改变振动的振幅共测五次，观察周期有什么变化。

(3) 在滑块上放置 20g，40g，60g，80g，100g 的砝码，分别测出振动的周期。

3. 验证机械能守恒

将光电门放在平衡位置处，拉开滑块 20cm，测滑块在平衡位置的速度，然后将光电门移至距平衡位置 5cm，10cm，15cm，20cm 处，测量各处的速度。注意滑块每次都要拉至 20cm 处。根据式(2-6-6)和式(2-6-7)可以算出各处的动能和势能，总能量 $E = E_k + E_p$。

【数据记录与处理】

(1) 用逐差法分别求出弹簧的劲度系数 k_1、k_2，振动系统的劲度系数为 $k = k_1 + k_2$，按式(2-6-4)求出周期。

(2) 求出五次周期的平均值，并求出不确定度。

(3) 画出振动周期与滑块质量的关系曲线。

(4) 用式(2-6-6)和式(2-6-7)分别算出各处的 E_k 和 E_p，验证机械能守恒。

【思考题】

(1) 如果把劲度系数分别为 k_1 和 k_2 的两根弹簧串联起来,合成的弹簧劲度系数为多大呢？如果并联起来，劲度系数又为多大？

(2) 在振动系统中，何处速度最大，何处加速度最大？

(3) 如果气垫导轨未调节到水平状态，对测量结果有无影响，为什么？

2.7 实验 2-6 固体线膨胀系数的测定及温度的 PID 调节

【实验目的】

(1) 测量金属的线膨胀系数。

(2) 学习 PID 调节的原理并通过实验了解参数设置对 PID 调节过程的影响。

【实验仪器】

金属线膨胀实验仪，ZKY-PID 温控实验仪、千分表。

【实验原理】

1. 线膨胀系数

设在温度为 t_0 时固体的长度为 L_0，在温度为 t_1 时固体的长度为 L_1。实验指出当温度变化范围不大时，固体的伸长量 $\Delta L=L_1-L_0$ 与温度变化量 $\Delta t=t_1-t_0$ 及固体的长度 L_0 成正比，即

$$\Delta L = \alpha L_0 \Delta t \qquad (2\text{-}7\text{-}1)$$

式中，比例系数 α 称为固体的线膨胀系数，由式(2-7-1)知：

$$\alpha = \Delta L / L_0 \cdot 1 / \Delta t \qquad (2\text{-}7\text{-}2)$$

可以将 α 理解为当温度升高 1℃时，固体增加的长度与原来长度之比。多数金属的线膨胀系数在 $(0.8\sim2.5)\times10^{-5}/℃$ 之间。

线膨胀系数是与温度有关的物理量。当 Δt 很小时，由式(2-7-2)测得的 α 称为固体在温度为 t_0 时的微分线膨胀系数。当 Δt 是一个不太大的变化区间时，近似认为 α 是不变的，由式(2-7-2)测得的 α 称为固体在 $t_0\sim t_1$ 温度范围内的线膨胀系数。

由式(2-7-2)知，在 L_0 已知的情况下，固体线膨胀系数的测量实际归结为温度变化量 Δt 与相应的长度变化量 ΔL 的测量。由于 α 数值较小，在 Δt 不大的情况下，ΔL 也很小，因此准确地控制 t、测量 t 及 ΔL 是保证测量成功的关键。

2. PID 调节原理

PID 调节是自动控制系统中应用最为广泛的一种调节规律，自动控制系统的原理可用图 2-7-1 说明。

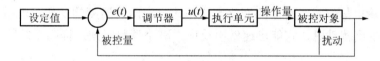

图 2-7-1 自动控制系统框图

若被控量与设定值之间有偏差 $e(t)=$ 设定值－被控量，调节器依据 $e(t)$ 及一定的调节规律输出调节信号 $u(t)$，执行单元 $u(t)$ 输出操作量与被控对象，使被控量逼近直至最后等于设定值。调节器是自动控制系统的指挥机构。

在温度控制系统中，调节器采用 PID 调节，执行单元是由晶闸管控制加热电流的加热器，操作量是加热功率，被控对象是水箱中的水，被控量是水的温度。

PID 调节是按偏差的比例(proportional)、积分(integral)、微分(differential)、进行调节，其调节规律可表示为

$$u(t) = K_P \left[e(t) + \frac{1}{T_I} \int_0^t e(t)\mathrm{d}t + T_D \frac{\mathrm{d}e(t)}{\mathrm{d}t} \right] \qquad (2\text{-}7\text{-}3)$$

式中，第一项为比例调节，K_P 为比例系数；第二项为积分调节，T_I 为积分时间常数；第三项为微分调节，T_D 为微分时间常数。

PID 温度控制系统在调节过程中温度随时间的一般变化关系可用图 2-7-2 表示。控制效果可用稳定性、准确性和快速性评价。

系统重新设定(或受到扰动)后经过一定的过渡能够达到新的平衡状态，则为稳定的调节过程；若被控量反复振荡，甚至振幅越来越大，则为不稳定调节过程，不稳定调节过程是有害而不能采用的。准确性可用被控量的动态偏差和静态偏差来衡量，二者越小，准确性越高。快速性可用过渡时间表示，过渡时间越短越好。实际控制系统中，上述三方面指标常常是互相制约，互相矛盾的，应结合具体要求综合考虑。

如图 2-7-2 所示，系统在达到设定值后一般并不能立即稳定在设定值，而是超过设定值后经一定的过渡过程才重新稳定，产生超调的原因可从系统惯性、传感器滞后和调节器特性等方面予以说明。系统在升温过程中加热器温度总是高于被控对象温度，在达到设定值后，即使减小或切断加热功率，加热器存储的热量在一定时间内仍然会使系统升温降温有类似的反向过程，这称为系统的热惯性。传感器滞后是指由于传感器本身热传导特性或是由于传感器安装位置的原因，传感器测量到的温度比系统实际的温度在时间上滞后，系统达到设定值后调节器无法立即做出反应，产生超调。对于实际的控制系统，必须依据系统特性合理整定 PID 参数，才能取得好的控制效果。

由式(2-7-3)可见，比例调节项输出与偏差成正比，它能迅速对偏差做出反应，并减小偏差，但它不能消除静态偏差。这是由于任何高于室温的稳态都需要一定的输入功率维持，而比例调节项只有偏差存在时才输出调节量。增加比例调节系数 K_p 可减小静态偏差，但在系统有热惯性和传感器滞后时，会使超调加大。

积分调节项输出与偏差对时间的积分成正比，只要系统存在偏差，积分调节作用就不断积累，输出调节量以消除偏差。积分调节作用缓慢，在时间上总是滞后于偏差信号的变化。增加积分作用(减小 T_I)可加快消除静态偏差，但会使系统超调加大，增加动态偏差，积分作用太强甚至会使系统出现不稳定状态。

微分调节项输出与偏差对时间的变化率成正比，它阻碍温度的变化，能减小超调量，克服振荡。在系统受到扰动时，它能迅速做出反应，减小调整时间，提高系统的稳定性。

【实验仪器】

1. 金属线膨胀实验仪

仪器外形如图 2-7-3 所示。金属棒的一端用螺钉连接在固定端，滑动端装有轴承，金属棒可在此方向自由伸长。通过流过金属棒的水加热金属，金属的膨胀量用千分表测量。支架都用隔热材料制作，金属棒外面包有绝热材料，以阻止热量向基座传递，保证测量准确。

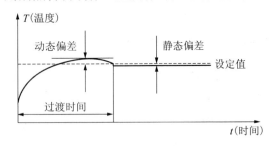

图 2-7-2　PID 调节系统过渡过程

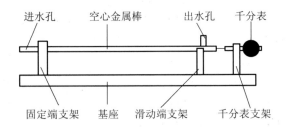

图 2-7-3　金属线膨胀实验仪

2. 开放式 PID 温控实验仪

温控实验仪包含水箱、水泵、加热器、控制及显示电路等部分。本温控实验仪内置微处理器，带有液晶显示屏，具有操作菜单化，能根据实验对象选择 PID 参数以达到最佳控制，能显示温控过程的温度变化曲线和功率变化曲线及温度和功率的实时值，能存储温度及功率变化曲线，控制精度高等特点，仪器面板如图 2-7-4 所示。

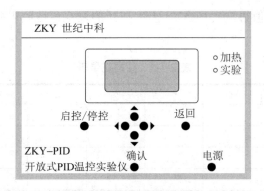

图 2-7-4　温控实验仪面板

开机后，水泵开始运转，显示屏显示操作菜单，可选择工作方式，输入序号及室温，设定温度及 PID 参数。使用◀ ▶键选择项目，▲▼键设置参数，按确认键进入下一屏，按返回键返回上一屏。

进入测量界面后，屏幕上方的数据栏从左至右依次显示序号、设定温度、初始温度、当前温度、当前功率、调节时间等参数。图形区以横坐标代表时间，纵坐标代表温度(功率)，并可用▲▼键改变温度坐标值。仪器每隔 15s 采集一次温度及加热功率值，并将采得的数据标示在图上。温度达到设定值并保持 2min 温度波动小于 0.1℃，仪器自动判定达到平衡，并在图形区右边显示过渡时间 t(单位：s)，动态偏差 σ，静态偏差 e。一次实验完成退出时，仪器自动将屏幕按设定的序号存储(共可存储 10 幅)，以供必要时分析比较。

3. 千分表

千分表是用于精密测量位移量的量具，它利用齿条—齿轮传动机构将线位移转变为角位移，由表针的角度改变量读出线位移量。大表针转动一圈(小表针转动一格)，代表线位移 0.2mm，最小分度值为 0.001mm。

【实验内容与步骤】

1. 检查仪器后面的水位管，将水箱水加到适当值

平常加水从仪器顶部的注水孔注入。若水箱排空后第一次加水，应该用软管从出水孔将水经水泵加入水箱，以便排出水泵内的空气，避免水泵空转(无循环水流出)或发出"嗡嗡"声。

2. 设定 PID 参数

可按以下的经验方法设定 PID 参数：

$$K_P = 3(\Delta T)^{1/2}, \qquad T_I = 30, \qquad T_D = 1/99$$

ΔT 为设定温度与室温之差，参数设置好后，用启控/停控键开始或停止温度调节。

3. 测量线膨胀系数

实验开始前检查金属棒是否固定良好，千分表安装位置是否合适。一旦开始升温即读数，避免再触动实验仪。

为保证实验安全，温控仪最高设置温度为 60℃。若决定测量 n 个温度点，则每次升温范围为 $\Delta T=(60-室温)/n$。为减小系统误差，将第一次温度达到平衡时的温度及千分表读数分别

作为 T_0、l_0。温度的设定值每次提高 ΔT，温度在新的设定值达到平衡后，记录温度及千分表读数于表 2-7-1 中。

表 2-7-1　数据记录表

次数	0	1	2	3	4	5	6	7
温度/℃								
千分表读数								
$\Delta T_i = T_i - T_0$								
$\Delta L_i = L_i - L_0$								

【数据记录与处理】

根据 $\Delta L = \alpha L_0 \Delta t$，由表 2-7-1 中数据用线性回归法或作图法求出 ΔL_i-ΔT_i 直线的斜率 K，已知固体样品长度 $L_0 = 500\,\text{mm}$，则可求出固体线膨胀系数 $\alpha = K / L_0$。

【注意事项】

(1) 进行本实验温度不要太高。

(2) 实验做完后如 1～2 周不再做，应把水箱中的水倒掉。

2.8　实验 2-7　动力学法测定材料的杨氏弹性模量

杨氏弹性模量是描述固体材料抵抗形变能力的重要物理量，是工程技术中常用的设计参数之一。杨氏弹性模量的测定可采用静力学拉伸法和动力学共振法。前者常用于大变形、常温下的测量，其缺点是不能真实地反映材料内部结构的变化，而且不能对脆性材料进行测量，也不能测量材料在不同温度时的杨氏弹性模量。后者不仅克服了前者的上述缺陷，而且更具实用价值，它也是国家标准 GB/T 2105—1991 所使用的测量方法。本实验采用后者测定材料的杨氏弹性模量。

【实验目的】

(1) 理解动态法测量杨氏弹性模量的基本原理。

(2) 学会用动态悬挂法测定材料的杨氏弹性模量。

(3) 培养学生综合运用知识和使用常用实验仪器的能力。

【实验仪器】

YM-2 型动态杨氏弹性模量测试仪、YM-2 型动态杨氏弹性模量信号发生器、ST-16 型示波器、试样棒(铜、不锈钢等材料)、连接线等。

【实验原理】

根据弹性力学原理，一根细长棒(长度远大于直径)作横向自由振动(又称弯曲振动)时，满足下列动力学方程：

$$\frac{\partial^4 y}{\partial x^4} + \frac{\rho S}{EJ} \cdot \frac{\partial^2 y}{\partial t^2} = 0 \tag{2-8-1}$$

棒的轴线沿 x 方向，式中， ρ 为棒的密度； S 为棒的横截面积； E 为材料的杨氏弹性模量，单位为 N/m^2； J 为某一截面的转动惯量。用分离变量法解方程，设：

$$y(x,t) = X(x)T(t)$$

代入式(2-8-1)，并在方程两边同除以 $X(x)T(t)$，得：

$$\frac{1}{X} \cdot \frac{\mathrm{d}^4 X}{\mathrm{d}x^4} = -\frac{\rho S}{EJ} \cdot \frac{1}{T} \cdot \frac{\mathrm{d}^2 T}{\mathrm{d}t^2}$$

等式两边分别是变量 x 和 t 的函数，只有在等式两端都等于同一个任意常数时等式才有可能成立，设此常数为 K^4，则可得到以下两个方程：

$$\frac{\mathrm{d}^4 X}{\mathrm{d}x^4} - K^4 X = 0$$

$$\frac{\mathrm{d}^2 T}{\mathrm{d}t^2} + \frac{K^4 EJ}{\rho S} T = 0$$

如果棒中每点都做简谐振动，这两个线性常微分方程的通解分别为：

$$X(x) = B_1 chKx + B_2 shKx + B_3 \cos Kx + B_4 \sin Kx$$

$$T(t) = A\cos(\omega t + \varphi)$$

于是式(2-8-1)的通解为：

$$y(x,t) = (B_1 chKx + B_2 shKx + B_3 \cos Kx + B_4 \sin Kx)\, A\cos(\omega t + \varphi)$$

式中：

$$\omega = \left(\frac{K^4 EJ}{\rho S}\right)^{\frac{1}{2}} \tag{2-8-2}$$

式(2-8-2)称为频率公式，对不同边界条件任意形状截面的试样都成立。只要根据特定的边界条件定出常数 K，代入特定截面的转动惯量 J，就可以得到具体条件下的关系式。

对于用细线悬挂起来的棒，如果悬点在试样的节点(处于共振状态的棒中位移恒为零的位置)附近，则棒的两端处于自由状态，此时边界条件如下。

自由端横向作用力：

$$F = -\frac{\partial M}{\partial x} = -EJ\frac{\partial^3 y}{\partial x^3} = 0$$

弯矩：

$$M = EJ\frac{\partial^2 y}{\partial x^2} = 0$$

即

$$\frac{\mathrm{d}^3 X}{\mathrm{d}x^3}\bigg|_{x=0} = 0, \quad \frac{\mathrm{d}^3 X}{\mathrm{d}x^3}\bigg|_{x=l} = 0$$

$$\frac{\mathrm{d}^2 X}{\mathrm{d}x^2}\bigg|_{x=0} = 0, \quad \frac{\mathrm{d}^2 X}{\mathrm{d}x^2}\bigg|_{x=l} = 0$$

式中， l 为棒长。

将通解代入边界条件，得到：

$$\cos kl \cdot chkl = 1$$

用数值解法求得 K 和棒长 l 应满足如下关系：

$$Kl = 0,\ 4.730,\ 7.853,\ 10.966,\ 14.137,\ \cdots$$

由于其中第一个根"0"对应于静止状态，因此将第二个根 4.730 记为第一个根，记做 $K_1 l$。 $K_1 l$ 对应的振动频率 f_1 称为基振频率(基频)或称固有频率。在上述 $K_m l$ 值中，第 1，3，5，… 个数值对应着"对称形振动"，第 2，4，6，… 个数值对应着"反对称形振动"。最低级次的对称形和反对称形振动的波形如图 2-8-1 所示。从图 2-8-1 可以看出试样在作基频振动时，存在两个节点，它们的位置距端面分别为 0.224 l 和 0.776 l。

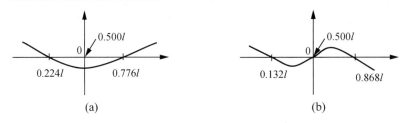

图 2-8-1　二端自由棒基频弯曲振动波形

将 $K = \dfrac{4.730}{l}$ 代入式(2-8-2)，可知棒做基频振动的固有频率为：

$$\omega = \left[\frac{(4.730)^4 EJ}{\rho l^4 S} \right]^{\frac{1}{2}}$$

解出杨氏弹性模量：

$$E = 1.9978 \times 10^{-3} \frac{\rho l^4 S}{J} \omega^2$$

$$= 7.8870 \times 10^{-2} \frac{l^3 m}{J} f^2$$

式中，m 为棒的质量。

对于圆棒($d \ll L$)，则：

$$J = \int y^2 \mathrm{d}S = S \left[\frac{d}{4} \right]^2$$

式中，d 为圆棒的直径。

可得：

$$E = 1.6067 \frac{l^3 m}{d^4} f^2 \tag{2-8-3}$$

对于矩形棒，则有：

$$J = \frac{bh^3}{12}$$

式中，b 为棒宽；h 为棒厚。

可得：

$$E = 0.9464 \frac{l^3 m}{bh^3} f^2 \tag{2-8-4}$$

本实验中所用试样为圆棒，式(2-8-3)为圆棒杨氏弹性模量的计算公式，式中，l 为棒长，m 为棒的质量，d 为圆棒的直径。如果实验中测定了试样棒在不同温度时的固有频率 f，即可算出试样棒在不同温度时的杨氏弹性模量 E。在国际单位制中杨氏弹性模量的单位为牛顿·米$^{-2}$(N·m^{-2})。

注意：式(2-8-3)是在 $d \ll l$ 的条件下推出的，实际试样的径长比不可能趋于零，从而给求得的弹性模量带来了系统误差，这就要对求得的弹性模量作修正，E(修正)=KE(未修正)，K 为修正系数。当材料泊松比为 0.25 时，对基频波修正系数随径长比的变化见表 2-8-1。

表 2-8-1 基频波修正系数随径长比的变化

径长比 d/l	0.01	0.02	0.03	0.04	0.05	0.06	0.08	0.10
修正系数 K	1.001	1.002	1.005	1.008	1.014	1.019	1.033	1.051

【实验内容与步骤】

1. 测量试样的直径、长度和质量

(1) 用游标卡尺测量试样的直径，在不同部位测量 5 次，取平均值。

(2) 用米尺测量试样的长度，测量 5 次，取平均值。

(3) 用天平测量棒的质量，测量 5 次，取平均值。

2. 测量试样棒在室温时的共振频率 f

1) 安装试样棒

如图 2-8-2 所示，首先选择一个试样棒，将其小心地悬挂于两悬丝之上，要求悬丝与试样棒轴向垂直，试样棒保持横向水平，两悬丝挂点到试样棒端点距离相同，并处于静止状态。

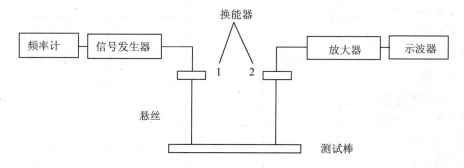

图 2-8-2 动态杨氏弹性模量共振检测装置框图

2) 仪器的连接

按图 2-8-2 所示连接各仪器。由信号发生器输出的等幅正弦波信号加在换能器 1 上，通过换能器 1 把电信号转变为机械振动，再由悬线把机械振动传递给试样，使试样受迫做横向振动。机械振动沿试样以及另一端的悬线传递给换能器2，这时机械振动又变成电信号。该信号经放大后输入到示波器中显示。

3) 开机

分别打开示波器、动态杨氏弹性模量信号发生器的电源开关，电源指示灯亮。调整示波器使其处于正常工作状态，选择正弦波形，适当选取输出衰减的大小。调整动态杨氏弹性模量信号发生器，调节信号幅值旋钮于适当的位置，按下频率范围按钮，调节频率旋钮显示当前输出频率。

4) 测量

试样棒稳定之后，调节信号估算发生器频率旋钮，在估算的参考频率范围内扫描，寻找试样棒的共振频率 f。可用如下方法：当信号发生器的频率不等于试样的共振频率时试样不发生振动，示波器上几乎没有波形信号或波形很小。当信号发生器的频率等于试样的共振频率时试样发生振动，示波器荧光屏上出现共振现象(正弦振幅突然变大)，再微调信号发生器的频率旋钮。因试样共振状态的建立需要一个过程，且共振峰十分尖锐，因此在共振点附近调节频率时必须十分缓慢地进行。当波形振幅达到极大值时记下这时的频率值 f。若这时的正弦信号的振幅太小或太大，可以适当调节信号发生器的正弦波形幅度旋钮或示波器的 Y 轴增幅，以使波形大小合适。

若测量不同材料的杨氏弹性模量，可以仿照上述方法进行测量。

【数据记录与处理】

将测量数据记入表 2-8-2 中。

表 2-8-2　室温：　　　　　　实验日期：

次数 材质	1	2	3	4	5
铜棒截面直径 d/mm					
铜棒长度 l/mm					
铜棒质量 m/g					
铜棒共振频率 f/Hz					
不锈钢截面直径 d/mm					
不锈钢长度 l/mm					
不锈钢质量 m/g					
不锈钢共振频率 f/Hz					
铝棒截面直径 d/mm					
铝棒长度 l/mm					
铝棒质量 m/g					
铝棒共振频率 f/Hz					

将所测各量的值代入式(2-8-3)，计算出该试样棒的杨氏弹性模量 E。分析计算铜棒共振频率和钢棒共振频率的不确定度。

【注意事项】

(1) 千万不能用力拉悬丝，否则会损坏膜片或换能器。
(2) 试样棒不可随处乱放，一定要保持其清洁，拿放时要特别小心。
(3) 安装试样棒时，应先移动支架到既定位置，然后再悬挂试样棒。
(4) 更换试样棒一定要细心，轻拿轻放，避免把悬丝弄断或损坏试样棒。
(5) 实验时，一定要待试样棒稳定之后才可以正式进行测量。
(6) 使用游标卡尺和天平时，请参考有关说明及注意事项。

【思考题】

(1) 物体的固有频率和共振频率有什么不同？它们之间有何关系？
(2) 本实验是否可以使用李萨如图形法？若可以，应该如何连线？

YM-2 型信号发生器的前后面板如图 2-8-3 所示。

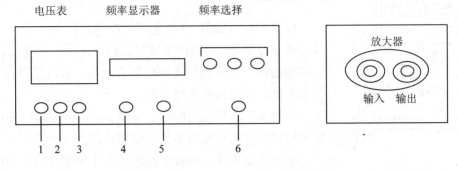

图 2-8-3 YM-2 型信号发生器的面板示意

1. 输出 I；2. 输出 II；3. 幅度调节；4. 频率调节；5. 频率微调；6. 电源调节

电压表：指示输出电压的幅值，其值由幅度调节钮调节。

输出 I 和输出 II 两路并联输出，可用随机提供的专用导线与传感器、示波器等连接。

频率选择分三挡：500Hz～1kHz，1～1.5kHz，1.5～2kHz。

频率调节和频率微调：频率调节为频率粗调，频率微调为频率细调，调节幅度为 ±0.1Hz。实验时两者必须配合使用。频率值由五位数码管显示。

放大器(在信号发生器的后面板上)：如果使用的示波器灵敏度较低，可将换能器输出的信号经放大后与示波器连接。

2.9 实验 2-8 扭摆法测定物体转动惯量

转动惯量是刚体转动时惯性大小的量度，是表明刚体特性的一个物理量。刚体转动惯量除了与物体质量有关外，还与转轴的位置和质量分布(即形状、大小和密度分布)有关。如果刚体形状简单，且质量分布均匀，可以直接计算出它绕特定转轴的转动惯量。对于形状复杂，质量分布不均匀的刚体，例如机械部件，电动机转子和枪炮的弹丸等，计算将极为复杂，通常采用实验方法来测定。

转动惯量的测量，一般都是使刚体以一定形式运动，通过表征这种运动特征的物理量与转动惯量的关系，进行转换测量。本实验使物体作扭转摆动，由摆动周期及其他参数的测定计算出物体的转动惯量。

【实验目的】

(1) 用扭摆测定几种不同形状物体的转动惯量和弹簧的扭转常数，并与理论值进行比较。

(2) 验证转动惯量平行轴定理。

【实验仪器】

TH-2 型智能转动惯量测试仪、扭摆及几种有规则的待测转动惯量的物体(空心金属圆筒、

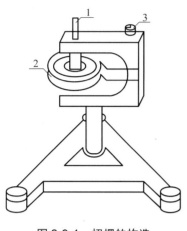

图 2-9-1　扭摆的构造

实心高矮塑料圆柱体、木球、验证转动惯量平行轴定理用的金属细杆、杆上有两块可以自由移动的金属滑块)。

【实验原理】

扭摆的构造如图 2-9-1 所示,在垂直轴 1 上装有一根薄片状的螺旋弹簧 2,用以产生恢复力矩。在轴的上方可以装上各种待测物体。垂直轴与支座间装有轴承,以降低摩擦力矩。3 为水平仪,用来调整系统平衡。

将物体在水平面内转过一角度 θ 后,在弹簧的恢复力矩作用下物体就开始绕垂直轴做往返扭转运动。

根据胡克定律,弹簧受扭转而产生的恢复力矩 M 与所转过的角度 θ 成正比,即:

$$M = -K\theta \tag{2-9-1}$$

式中,K 为弹簧的扭转常数,根据转动定律:

$$M = I\beta$$

式中,I 为物体绕转轴的转动惯量,β 为角加速度。

由式(2-9-1)得:

$$\beta = \frac{M}{I} \tag{2-9-2}$$

令 $\omega^2 = \dfrac{K}{I}$,忽略轴承的摩擦阻力矩,由式(2-9-1)、式(2-9-2)得:

$$\beta = \frac{\mathrm{d}^2\theta}{\mathrm{d}t^2} = -\frac{K}{I}\theta = -\omega^2\theta$$

上述方程表示扭摆运动具有角简谐振动的特性,角加速度与角位移成正比,且方向相反。此方程的解为:

$$\theta = A\cos(\omega t + \phi)$$

式中,A 为谐振动的角振幅,ϕ 为初相位;ω 为角速度。

此简谐振动的周期为:

$$T = \frac{2\pi}{\omega} = 2\pi\sqrt{\frac{I}{K}} \tag{2-9-3}$$

或写成:

$$I = \frac{T^2 \cdot K}{4\pi^2}$$

由式(2-9-3)可知,只要实验测得物体扭摆的摆动周期,并在 I 和 K 中任何一个量已知时即可计算出另一个量。

本实验用一个几何形状规则的物体,它的转动惯量可以根据其质量和几何尺寸用理论公式直接计算得到,再算出本仪器弹簧的扭转常数 K 值。若要测定其他形状物体的转动惯量,只需将待测物体安放在本仪器顶部的各种夹具上,测定其摆动周期,由式(2-9-3)即可算出该物体绕转动轴的转动惯量。

【实验内容与步骤】

1. 实验内容

(1) 熟悉扭摆的构造及使用方法，以及转动惯量测试仪的使用方法。

(2) 测定扭摆的扭转常数(弹簧的扭转常数)K。

(3) 测定塑料圆柱体、金属圆筒、木球与金属细杆的转动惯量，并与理论值比较，求百分误差。

改变滑块在金属细杆上的位置，验证转动惯量平行轴定理。

2. 实验步骤

测量前调整扭摆支座底脚螺钉，使水准仪气泡居中，注意这时扭摆仪的位置不能再改变。装上金属载物盘，并将其转轴固定拧紧，不能有相对运动，这时调整光电探头的位置，使载物盘上挡光杆处于光电探头缺口中央，且能遮住发射、接收红外光线的小孔，挡光杆与光电探头缺口不能磕碰，这时可以测定摆动周期 T。

1) 测弹簧扭转常数 K

由于弹簧扭转常数 K 值不是固定常数，它与摆动角度略有关系，摆角在 90° 左右基本相同，在角度小时变小，因此，为了降低实验时由于摆动角度变化带来的系统误差，在测量 K 值及各种待测物体的摆动周期时，摆动角度要保持一致，在 90° 左右，摆幅不要过大也不要过小。

载物盘的摆动周期:

$$T_0 = 2\pi^2 \sqrt{\frac{I_0}{K}}$$

$$T_0^2 = 4\pi^2 \frac{I_0}{K} \tag{2-9-4}$$

载物盘+圆柱的摆动周期:

$$T_1 = 2\pi \sqrt{\frac{I_1' + I_0}{K}}$$

$$T_1^2 = 4\pi^2 \frac{I_1' + I_0}{K} \tag{2-9-5}$$

式中，I_0 为盘对轴的转动惯量；I_1' 为圆柱对转动轴的转动惯量。

由式(2-9-4)、式(2-9-5)消去 I_0 得:

$$K = 4\pi^2 \frac{I_1'}{T_1^2 - T_0^2} \tag{2-9-6}$$

式中，$I_1' = \frac{1}{8} m_1 D_1^2$，$I_1'$ 是圆柱的转动惯量理论值(其中圆柱的质量 m_1 和直径 D_1 均可测量)。代入式中得:

$$K = \frac{\pi^2 \cdot m_1 D_1^2}{2(T_1^2 - T_0^2)} \tag{2-9-7}$$

只要通过实验测出 T_0、T_1，即可求出 K 值。

2) 测定均匀金属杆对中心轴的转动惯量 I_2

将载物盘取下，把均匀金属杆与转轴固定拧紧，将光电探头缺口中央对准金属杆端头，并能遮光且不磕碰，将金属杆顺时针转动摆角 90° 左右，测量摆动周期 T_2。此时，可得:

$$T_2 = 2\pi\sqrt{\frac{I_2 + I_支}{K}}$$

$$I_2 = \frac{T_2^2 \cdot K}{4\pi^2} - I_支$$

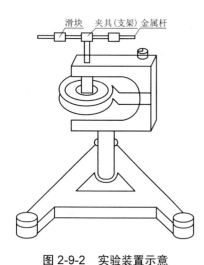

图 2-9-2　实验装置示意

式中，T_2 可以测出，K 值已经测出，$I_支$ 为金属杆的支架对轴的转动惯量(由实验室给出)。因此，由上式可计算出均匀金属杆对中心轴的转动惯量 I_2，并与理论值 $I_2' = \frac{1}{12}m_2 l^2$ 比较。

3) 验证转动惯量平衡轴定理

理论分析证明，若质量为 m 的物体绕通过质心轴的转动惯量为 I_c' 时，当转轴平行移动距离 x 时，则两滑块对新轴的转动惯量变为：

$$I_3' = I_c + 2mx^2$$

这称为转动惯量的平行轴定理，式中 $I_c = 2I_c'$。

实验中将转动惯量(绕质心)为 I_c' 的二滑块对称放到图 2-9-2 中的金属细杆上，设其质心到转轴的距离为 x，系统的转动惯量为 I，此时 I 中包括金属杆的支架和金属杆对中心轴的转动惯量 $I_2+I_支$ 和两滑块绕转轴的转动惯量 I_3。即

$$I = I_2 + I_支 + I_3$$

$$I_3 = I - (I_支 + I_2) \tag{2-9-8}$$

为验证平行轴定理，将滑块对称放置在金属杆两边的凹槽内，使滑块质心与转轴的距离分别为 5.00cm，10.00cm，15.00cm，20.00cm，25.00cm，测量对应于不同距离时的摆动周期。

测得：

$$T = 2\pi\sqrt{\frac{I}{K}}$$

可得：

$$I = \frac{T^2 \cdot K}{4\pi^2}$$

由式(2-9-8)可得 I_3，并将 I_3 与理论值 $I_3' = I_c + 2mx^2$ 比较。

【数据记录与处理】

(1) 确定弹簧扭转常数 K 和各物体转动惯量 I，数据记录于表 2-9-1，弹簧扭转常数

$$K = 4\pi^2 \frac{I_1'}{\overline{T_1}^2 - \overline{T_0}^2}$$

(2) 验证转动惯量平衡轴定理，数据记录于表 2-9-2。

【注意事项】

(1) 弹簧的扭转常数 K 值不是固定常数，它与摆动角度略有关系，摆角在 90°左右基本相同，在小角度时变小。

(2) 为了降低实验时由于摆动角度变化过大带来的系统误差，在测定各种物体的摆动周期时，摆角不宜过小，也不宜过大，摆幅也不宜变化过大。

(3) 光电探头宜放置在挡光杆平衡位置处，挡光杆不能和它相接触，以免增大摩擦力矩。

(4) 机座应保持水平状态，不要随意挪动。

(5) 安装待测物体时，其支架必须全部套入扭摆主轴，并将止动螺钉旋紧，否则扭摆不能正常工作。

(6) 为提高测量精度，应先让扭摆自由摆动，然后按"执行"键进行测量。

表 2-9-1　　$K = 4\pi^2 \dfrac{I'_1}{\overline{T_1^2} - \overline{T_0^2}} = $ _____ N·m

物体名称	已知量	周期 T/s	转动惯量理论值/ (10^{-4} kg·m^2)	转动惯量实验值/(10^{-4}kg·m^2)
金属载物盘	—	T_0		$I_0 = \dfrac{K\overline{T_0^2}}{4\pi^2}$ $=$
		$\overline{T_0}$		
塑料圆柱体	$m_1 = 0.358\text{kg}$ $D_1 = 10.00 \times 10^{-2}\text{m}$	T_1	$I'_1 = \dfrac{1}{8}mD_1^2$ $=$	$I_1 = \dfrac{K\overline{T_1^2}}{4\pi^2} - I_0$ $=$
		$\overline{T_1}$		
金属杆	$m_2 = 0.132\text{kg}$ $l = 61.00 \times 10^{-2}\text{m}$ $I_支 = 0.232 \times 10^{-4}\text{kg·m}^2$	T_2	$I'_2 = \dfrac{1}{12}ml_1^2$ $=$	$I_2 = \dfrac{K\overline{T_2^2}}{4\pi^2} - I_支$ $=$
		$\overline{T_4}$		

将实验值 I_2 和理论值 I'_2 比较。

表 2-9-2

X /(10^{-2}m)	5.00	10.00	15.00	20.00	25.00	已知量
摆动周期 T/s						
$\overline{T}$ /s						
$I = \dfrac{K}{4\pi^2}T^2$ 实验值/(10^{-4} kg · m^2)						
$I_3 = I - (I_支 + I_2)$/(10^{-4} kg · m^2)						
理论值/(10^{-4} kg · m^2) $I'_3 = I_c + 2mx^2$						$I_c = 0.820 \times 10^{-4}\text{kg · m}^2$ $m = 0.240\text{kg}$

将实验值 I_3 和理论值 I'_3 进行比较。

【实验 2-7 附录 2】　TH-2 型智能转动惯量测试仪的使用方法

TH-2 型智能转动惯量测试仪测试面板图如图 2-9-3 所示。

(1) 开启主机电源后摆动指示灯亮，参量显示"P1"，数据显示"－－－－"。若情况异常(死机)，可按"复位"键，即可恢复正常。按 "功能""置数""执行""查询""自检""返回"键有效。开机默认状态为"摆动"，默认周期数为 10。

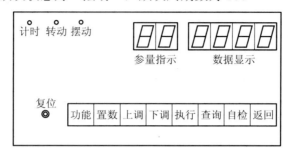

图 2-9-3　TH-2 型智能转动惯量测试仪面板示意

(2) 功能选择。按"功能"键，可以选择扭摆、转动两种功能(开机及复位默认值为摆动)。

(3) 置数。按"置数"键，参量显示"n="，数据显示"10"，按"上调"键，周期数依次加 1，按"下调"键，周期数依次减 1，周期数能在 1～20 范围内任意设定；再按"置数"键确认，显示"F1 end"或"F2 end"。周期数一旦预置完毕，除复位和再次置数外，其他操作均不改变预置的周期数。

(4) 执行。以摆动为例将刚体水平旋转约 90° 后让其自由摆动，按"执行"键，此时仪器显示"P1 000.0"，当被测物体上的挡光杆第一次通过光电门时开始计时，同时，状态指示的计时指示灯点亮，随着刚体的摆动，仪器开始连续计时，直到周期数等于设定值时，停止计时，计时指示灯随之熄灭，此时仪器显示第一次测量的总时间。重复上述步骤，可进行多次测量。本机设定重复测量的最多次数为 5 次，即 P1、P2、P3、P4、P5。"执行"键还具有修改功能，例如要修改第三组数据，按"执行"键直到出现"P3 000.0"后，重新测量第三组数据。

(5) 查询。按"查询"键，可查询每次测量的周期(C_1～C_5)和多次测量的周期平均值 C_A，及当前的周期数 n，若显示"NO"表示没有数据。

(6) 自检。按"自检"键，仪器应依次显示"n=N-1"，"2n=N-1"，"SC GOOD"，并自动复位到"P1----"，表示单片机工作正常。

(7) 返回。按"返回"键，系统将无条件的回到最初状态，清除当前状态的所有执行数据，但预置周期数不改变。

(8) 复位。按"复位"键，实验所得数据全部清除，所有参量恢复初始时的默认值。

【注意事项】

(1) 在使用过程中，若遇强磁场等原因而使系统死机，可按"复位"键或关闭电源重新启动，但以前的一切数据都将丢失。

(2) 为提高测量精度，应先让扭摆自由摆动，然后按"执行"键进行计时。

2.10　实验 2-9　落球法测定液体在不同温度下的黏度

【实验目的】

(1) 用落球法测量不同温度下蓖麻油的黏度。

(2) 了解 PID 温度控制的原理。

(3) 练习用秒表计时，用螺旋测微器测直径。

【实验仪器】

变温黏度测量仪、ZKY-PID 温控实验仪、秒表、螺旋测微器、钢球若干。

【实验原理】

1. 用落球法测定液体的黏度

一个在静止液体中下落的小球受到重力、浮力和黏滞阻力三个力的作用，如果小球的速度 v 很小，且液体可以看成在各个方向上都是无限广阔的，则从流体力学的基本方程可以导出表示黏滞阻力的斯托克斯公式：

$$F = 3\pi\eta v d \tag{2-10-1}$$

式中，d 为小球直径。

由于黏滞阻力与小球速度 v 成正比，小球在下落很短的一段距离后(参见附录的推导)，所受三力达到平衡，小球将以 v_0 匀速下落，此时有

$$\frac{1}{6}\pi d^3 (\rho - \rho_0) g = 3\pi\eta v_0 d \tag{2-10-2}$$

式中，ρ 为小球密度；ρ_0 为液体密度。

由式(2-10-2)可解出黏度 η 的表达式

$$\eta = \frac{(\rho - \rho_0) g d^2}{18 v_0} \tag{2-10-3}$$

本实验中，小球在直径为 D 的玻璃管中下落，液体在各方向无限广阔的条件不满足，此时黏滞阻力的表达式可加修正系数$(1+2.4d/D)$，而式(2-10-3)可修正为

$$\eta = \frac{(\rho - \rho_0) g d^2}{18 v_0 (1 + 2.4 d / D)} \tag{2-10-4}$$

当小球的密度较大，直径不是太小，而液体的黏度值又较小时，小球在液体中的平衡速度 v_0 会达到较大的值。奥西恩-果尔斯公式反映出了液体运动状态对斯托克斯公式的影响：

$$F = 3\pi\eta v_0 d \left(1 + \frac{3}{16} Re - \frac{19}{1080} Re^2 + L\right) \tag{2-10-5}$$

式中，Re 称为雷诺数，是表征液体运动状态的无量纲参数。

$$Re = v_0 d \rho_0 / \eta \tag{2-10-6}$$

当 Re 小于 0.1 时，可认为式(2-10-1)和式(2-10-4)成立。当 $0.1 < Re < 1$，应考虑式(2-10-5)中一级修正项的影响，当 Re 大于 1 时，还要考虑高次修正项。

考虑式(2-10-5)中一级修正项的影响及玻璃管的影响后，黏度 η_1 可表示为

$$\eta_1 = \frac{(\rho - \rho_0) g d^2}{18 v_0 (1 + 2.4 d / D)(1 + 3 Re / 16)} = \eta \frac{1}{1 + 3 Re / 16} \tag{2-10-7}$$

由于 Re 是远小于 1 的数，将$1/(1 + 3Re/16)$ 按幂级数展开后近似为 $1 - 3Re/16$，式(2-10-7)又可表示为

$$\eta_1 = \eta - \frac{3}{16}v_0 d\rho_0 \qquad\qquad (2\text{-}10\text{-}8)$$

已知或测量得到 ρ、ρ_0、D、d、v 等参数后，由式(2-10-4)计算黏度 η，再由式(2-10-6)计算 Re，若需计算 Re 的一级修正，则由式(2-10-8)计算经修正的黏度 η_1。

在国际单位制中，η 的单位是 Pa·s(帕[斯卡]·秒)，在厘米-克-秒单位制中，η 的单位是 P(泊)或 cP(厘泊)，它们之间的换算关系是：

$$1\text{Pa·s} = 10\text{P} = 1000\text{cP} \qquad\qquad (2\text{-}10\text{-}9)$$

【实验仪器】

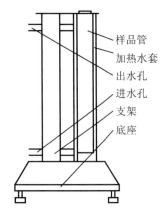

图 2-10-1　变温黏度测量仪外形

1. 落球法变温黏度测量仪

变温黏度仪的外形如图 2-10-1 所示。待测液体装在细长的样品管中，能使液体温度较快的与加热水温达到平衡，样品管壁上有刻度线，便于测量小球下落的距离。样品管外的加热水套连接到温控仪，通过热循环水加热样品。底座下有调节螺钉，用于调节样品管的铅直。

2. 秒表

PC396 电子秒表具有多种功能。按功能转换键，待显示屏上方出现符号"……"且第一和第六、七段横线闪烁时，即进入秒表功能。此时按开始/停止键可开始或停止计时，多次按开始/停止键可以累计计时。一次测量完成后，按暂停/回零键使数字回零，准备进行下一次测量。

【实验内容与步骤】

(1) 检查仪器后面的水位管，将水箱内的水加到适当值。

平常加水从仪器顶部的注水孔注入。若水箱排空后第一次加水，应该用软管从出水孔将水经水泵加入水箱，以便排出水泵内的空气，避免水泵空转(无循环水流出)或发出"嗡嗡"声。

(2) 设定 PID 参数。

若对 PID 调节原理及方法感兴趣，可在不同的升温区段有意改变 PID 参数组合，观察参数改变对调节过程的影响，探索最佳控制参数。

若只是把温控实验仪作为实验工具使用，则保持仪器设定的初始值，也能达到较好的控制效果。

(3) 测定小球直径。

由式(2-10-1)及式(2-10-4)可见，当液体黏度及小球密度一定时，雷诺数 $Re \propto d^3$。在测量蓖麻油的黏度时建议采用直径 1~2mm 的小球，这样可不考虑雷诺修正或只考虑一级雷诺修正。

用螺旋测微器测定小球的直径 d，将数据记入表 2-10-1 中。

表 2-10-1　小球的直径

次数	1	2	3	4	5	6	7	8	平均值
$d/(10^{-3}\text{m})$									

(4) 测定小球在液体中下落速度并计算黏度。

温控实验仪温度达到设定值后再等约 10min，使样品管中的待测液体温度与加热水温完全一致，才能测液体黏度。

用镊子夹住小球沿样品管中心轻轻放入液体，观察小球是否一直沿中心下落，若样品管倾斜，应调节其铅直。测量过程中，尽量避免对液体的扰动。

用秒表测量小球下落一段距离的时间 t，并计算小球速度 v_0，用式(2-10-4)或式(2-10-8)计算黏度 η，记入表 2-10-2 中。

表 2-10-2　黏度的测定 $\rho = 7.8 \times 10^3 \text{kg/m}^3$，　$\rho_0 = 0.95 \times 10^3 \text{kg/m}^3$，　$D = 2.0 \times 10^{-2}\text{m}$

η/(Pa·s) 温度/℃	时间/s						速度 /(m/s)	η/(Pa·s) 测量值	*η/(Pa·s) 标准值
	1	2	3	4	5	平均			
10									2.420
15									
20									0.986
25									
30									0.451
35									
40									0.231
45									
50									
55									

表 2-10-2 中列出了部分温度下黏度的标准值，可将这些温度下黏度的测量值与标准值比较，并计算相对误差。将表 2-10-2 中的 η 测量值在坐标纸上作图，表明黏度随温度的变化关系。

实验全部完成后，用磁铁将小球吸引至样品管口，用镊子夹入蓖麻油中保存，以备下次实验使用。

【注意事项】

实验做完后，应把油倒回瓶里，或把样品管用封条封住，以防杂质侵入。

【思考题】

(1) 实验中如果温度不稳定，会有什么现象产生，如何改进？

(2) 实验一下，使小球偏离量筒中轴线而贴近筒壁下落，下落速度将如何变化？为什么会有这样的变化？

(3) 试描述一下，当小球在液体中下落时液体将怎样运动。

(4) 为了避免小球下落时产生漩涡，应使小球收尾速度小一些，由式(2-10-3)可以看出，小球直径越小，它的收尾速度也越小。那么在本实验中是否小球的直径越小越好？

【实验2-9附录】小球在达到平衡速度之前所经路程 L 的推导

由牛顿运动定律及黏滞阻力的表达式，可列出小球在达到平衡速度之前的运动方程：

$$\frac{1}{16}\pi d^3 \rho \frac{\mathrm{d}v}{\mathrm{d}t} = \frac{1}{6}\pi d^3(\rho - \rho_0)g - 3\pi\eta dv \tag{2-10-10}$$

经整理后得：

$$\frac{\mathrm{d}v}{\mathrm{d}t} + \frac{18\eta}{d^2\rho}v = \left(1 - \frac{\rho_0}{\rho}\right)g \tag{2-10-11}$$

这是一个一阶线性微分方程，其通解为：

$$v = \left(1 - \frac{\rho_0}{\rho}\right)g \cdot \frac{d^2\rho}{18\eta} + Ce^{-\frac{18\eta}{d^2\rho}t} \tag{2-10-12}$$

设小球以零初速放入液体中，代入初始条件($t=0$，$v=0$)，定出常数 C 并整理后得：

$$v = \frac{d^2 g}{18\eta}(\rho - \rho_0)\left(1 - e^{-\frac{18\eta}{d^2\rho}t}\right) \tag{2-10-13}$$

随着时间的增大，式(2-10-13)中的负指数项迅速趋近于零，由此得平衡速度：

$$v_0 = \frac{d^2 g}{18\eta}(\rho - \rho_0) \tag{2-10-14}$$

式(2-10-14)与正文中的式(2-10-2)是等价的，平衡速度与黏度成反比。设从速度为零到速度达到平衡速度的99.9%这段时间为平衡时间 t_0，即令：

$$e^{-\frac{18\eta}{d^2\rho}t} = 0.001 \tag{2-10-15}$$

由式(2-10-15)可计算平衡时间。

若钢球直径为 $10^{-3}\mathrm{m}$，代入钢球的密度 ρ，蓖麻油的密度 ρ_0 及 40℃时蓖麻油的黏度 $\eta = 0.231\mathrm{Pa \cdot s}$，可得此时的平衡速度 $v_0 = 0.016\mathrm{m/s}$，平衡时间约为 $t_0=0.013\mathrm{s}$。

平衡距离 L 小于平衡速度与平衡时间的乘积，在实验条件下，小于 1mm，基本可认为小球进入液体后就达到了平衡速度。

2.11 实验 2-10 拉伸法测定金属丝的杨氏弹性模量

【实验目的】

(1) 学会测量杨氏弹性模量的方法。
(2) 掌握用光杠杆法测量微小伸长量的原理。
(3) 学会用逐差法处理数据。

【实验仪器】

杨氏弹性模量测定仪、光杠杆、望远镜(附标尺)、米尺、螺旋测微器、钢丝等。

【实验原理】

任何物体当受到外力作用时，其形状、大小都将发生变化，物体的这种变化，称为形变。形变通常可分为弹性形变和范性形变两类：当作用于物体的外力撤除后，如果物体的形状能够完全复原，这种形变称为弹性形变；如果加在物体上的外力过大，以致外力撤除后，物体形状不能完全复原，留下剩余形变，这种形变称为范性形变。在本实验中，只研究弹性形变，并且只研究其中的一种——拉伸形变。

如图 2-11-1 所示的一棒状物体，将其一端固定于空间一点 O，设其长度为 L，横截面面积为 S。现沿其轴线方向向下施一力 F，在力 F 作用下，棒长变化了 ΔL，$\dfrac{F}{S}$ 代表了物体内部单位横截面积上所受的力，因为棒是均匀的，故 $\dfrac{F}{S}$ 在棒内处处相同，$\dfrac{F}{S}$ 称为物体内部的胁强，$\dfrac{\Delta L}{L}$ 表示长度变化的相对值，一般称之为胁变。那么一个物体中胁强与所发生的胁变之间有什么联系呢？胡克定律建立了它们之间的联系。

胡克定律：在弹性限度内，物体的胁强与胁变成正比，即：

$$\frac{F}{S} = E\frac{\Delta L}{L} \tag{2-11-1}$$

式(2-11-1)中，E 为一比例系数，称为该种材料的杨氏弹性模量。这里应该指出的是，物质的杨氏弹性模量与胁强及胁变的大小无关，是标志该材料物理特性的一个物理量。

杨氏弹性模量的测量方法有静态法和动态法，本实验采用的是静态法。即按照式(2-11-1)有关杨氏弹性模量的定义来进行测量，将式(2-11-1)变化一下得到：

$$E = \frac{\dfrac{F}{S}}{\dfrac{\Delta L}{L}} \tag{2-11-2}$$

从式(2-11-2)可以看出，要想得到间接测得量 E，需测量 4 个物理量 F、S、L、ΔL，其中 F、S、L 可用常规的测量方法得到，唯独 ΔL，因其变化较小，故采用一般的方法很难测准，为此，本实验采用了光杠杆法。

光杠杆法基本原理如图 2-11-2、图 2-11-3 所示，在图 2-11-2 中，AB 为待测金属丝，BC 为光杠杆，长度为 b，将其 B 端与待测金属丝链接在一起，在 C 端与光杠杆垂直连接了一平面反射镜 M，在平面反射镜 M 的对面与其法线垂直方向上设有标尺 FE 及望远镜 G，平面反射镜 M 围绕 C 点可以转动。设初始时，调节整个系统达到以下要求：

望远镜轴线与反射镜 M 垂直等高，同时使标尺上与望远镜等高的一点 h_1 发出的光经 M 反射后能够到达望远镜，则此时观察者通过望远镜能够看到 h_1 点的像，然后保持系统状态不变，在 B 点沿 AB 方向向下加一力 F，则在力 F 作用下，金属丝 AB 伸长了 ΔL，相应光杠杆 BC 转过了一个角度 θ，如图 2-11-2 所示，反射镜 M 的法线也转过了角度 θ，由 n_0 转 n_1，此时标尺上 h_2 点发出的光能够到达望远镜 G，换句话说，此时望远镜后的观察者能够看到 h_2 点的像。下面来看一下 ΔL 与 $\Delta h = h_2 - h_1$ 之间的联系。

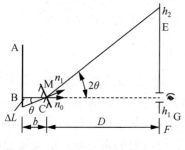

图 2-11-1 棒状物体

图 2-11-2 侧视

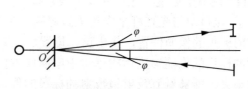

图 2-11-3 俯视

对由光杠杆 BC 两次位置构成的小三角形，有：

$$\tan\theta = \frac{\Delta L}{b} \qquad (2\text{-}11\text{-}3)$$

对 $\triangle h_1 h_2 C$ 有：

$$\tan 2\theta = \frac{\Delta h}{D} \qquad (2\text{-}11\text{-}4)$$

由于 ΔL 较小，故 θ 值很小，所以有：

$$\tan\theta \approx \theta, \quad \tan 2\theta \approx 2\theta$$

因此，式(2-11-3)和式(2-11-4)可近似为：

$$\begin{cases} \theta = \dfrac{\Delta L}{b} \\[2mm] 2\theta = \dfrac{\Delta h}{D} \end{cases} \qquad (2\text{-}11\text{-}5)$$

上述二式消去 θ 得：

$$\Delta h = \frac{2D}{b}\Delta L \qquad (2\text{-}11\text{-}6)$$

由式(2-11-6)可见，Δh 与 ΔL 之间差了一个因子 $\dfrac{2D}{b}$，当系统确定以后，$\dfrac{2D}{b}$ 就是一个常数。显然，只要 $\dfrac{2D}{b}>1$，就有 $\Delta h > \Delta L$，即将 ΔL 放大了 $\dfrac{2D}{b}$ 倍。在本实验中，$D=1.5\text{m}$，$b=7\text{cm}$，所以 $\dfrac{2D}{b}=40$ 倍，即将 ΔL 放大了 40 倍。

这就是实验中常用的一种方法——放大法，其优点是使得物理量的微小变化变得较为醒目，容易观测，从而可使测量精度提高。

【实验内容与步骤】

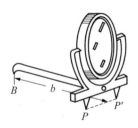

图 2-11-4 光杠杆

仪器装置如图 2-11-4、图 2-11-5 所示，实验步骤如下：

(1) 为使待测金属丝处于铅垂位置，将水准仪放在固定平台上，调节杨氏弹性模量测定仪三脚架的底脚螺钉，使小平台水平，则此时金属丝处于铅垂方向。

(2) 调节管形测力计的示值为 20N。

(3) 将光杠杆放在平台上，尖脚 P 与 P′ 放在平台前面的横槽中，主杆尖 B 放在小圆台的上面，且不与钢丝相碰。调节光杠杆镜面大致垂直。望远镜及标尺放在光杠杆镜面前 1.5m～2m 处。调节望远镜三脚架底脚螺钉，使望远镜大致沿水平方向，且使标尺沿铅直方向。

(4) 调节望远镜、光杠杆及标尺系统。

① 保持眼与光杠杆平面镜大致等高。左右移动头部，同时用眼望着反射镜，寻找反射镜反射的标尺的像的位置，找出这一位置后，参照图 2-11-2 的光路图，判断出此时要使平面镜反射的标尺的像能够到达望远镜中应向何方向移动标尺，直到从望远镜外侧沿望远镜的轴线方向望去，能够看到反射镜反射的标尺的像，则此时反射镜反射的来自标尺的光线已经到达了望远镜。

② 保持望远镜位置不动，调节望远镜目镜，使叉丝像最清晰，然后调节望远镜物镜使得从望远镜中看到的标尺的像清晰，消除视差。

(5) 记下标尺的初始读数 h_0。

(6) 调节拉力装置 B，依次使管形测力计 D 的示值分别为 20N、40N、60N、80N、100N、120N，每增加 20N，记下标尺的读数值 h_i 填入数据表中(数据表可参照表 2-11-1 或自行设计)。

(7) 当管形测力计的示值为 120N 并记下此时标尺的读数 h_5 后，再依次减小管形测力计的示值，每次减小 20N 并记下标尺相应的高度值 h_i'，直至管形测力计的示值为 20N。

(8) 测出钢丝直径 d(测五次)、长度 L、光杠杆的长度 b 及标尺到反射镜的距离 D。

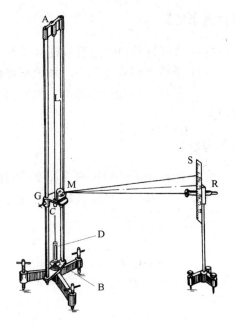

图 2-11-5 望远镜三脚架与测定仪三脚架

【数据记录与处理】

按以下步骤求值，将数据填到表 2-11-1 中。

(1) 取相同重荷 W_i 下二次标尺的读数值 h_i、h_i'，按式(2-11-7)计算，

$$\overline{h_i} = \frac{h_i + h_i'}{2} \tag{2-11-7}$$

求出在该重荷下标尺读数的平均值 $\overline{h_i}$。

(2) 按照逐差法(参见数据处理方法一节)，求出 Δh 的平均值 $\overline{\Delta h}$ (当 F 变化了 60 N 时)，即

$$\overline{\Delta h} = \frac{1}{3}(\Delta h_1 + \Delta h_2 + \Delta h_3)$$
$$= \frac{1}{3}\left[(\overline{h_3} - \overline{h_0}) + (\overline{h_4} - \overline{h_1}) + (\overline{h_5} - \overline{h_2}) \right] \tag{2-11-8}$$

(3) 将此 $\overline{\Delta h}\left(\overline{S} = \dfrac{\pi \overline{d}^2}{4} \right)$ 及式(2-11-6)代入式(2-11-1)中求出：

$$\overline{E} = \frac{8FLD}{\pi \overline{d}^2 b \overline{\Delta h}} \tag{2-11-9}$$

(4) 求出本实验的标准不确定度 $U_c(E)$，并给出实验结果。

表 2-11-1 实验数据记录

F 增(减)荷/N　　　标尺高度	20	40	60	80	100	120
h_i/cm						
h_i'/cm						
$\overline{h_i}$/cm						

【注意事项】

(1) 光杠杆顶尖一定要放在与待测金属丝相连的小圆台上，且不与钢丝相碰。

(2) 在整个测量过程中，系统不得移动。

(3) 在测量过程中读数时，要注意是否经过标尺的零点，如经过，则要考虑相应的正负问题。

【思考题】

(1) 材料相同，但粗细、长度不同的两根钢丝，它们的杨氏弹性模量是否相同？

(2) 光杠杆有什么优点？如何提高光杠杆测量微小长度变化的灵敏度？

第 3 篇

电磁学实验

3.1 电磁学实验基础知识

电学实验离不开电源和各种仪器、仪表，所以在实验之前，必须了解实验室常用设备(电源、仪表等)的性能及其使用方法，掌握仪器的布置规则和常用电路，并牢记要遵守电学实验的操作规则。

3.1.1 实验室常用设备

1. 电源

电源是能够产生和维持一定的电动势并能够提供一定电流的设备。电源分为直流和交流两类。

(1) 直流电源：①晶体管直流稳压电源。这种电源稳定性好，内阻小，输出连续可调，功率也较大，使用方便。例如实验室常用的双路 DH1718D-4 型电源，最大输出电压 64V，最大输出电流 3A。在对电源稳定性要求更高时，可在公用稳压电源的基础上再加稳压电路。

② 蓄电池：有铅蓄电池和铁镍电池两大类。铅蓄电池的电动势为 2V，额定电流 2A，输出电压比较稳定。铁镍电池的电动势为 1.4V，额定电流 10A，输出电压的稳定性较差，但坚固耐用，适用于大电流下工作，但要经常充电，维护较麻烦。

③ 干电池：每节干电池的电动势为 1.5V，额定电流为 100mA。用旧的干电池内阻可增大到 1Ω 以上，此时虽测得出电压，却没有电流了。其在功率小、稳定度又要求不高时是很方便的直流电源。

另外，标准电池是电动势的参考标准，不能作为电源用。它是一种汞镉电池，按电解液的浓度可分为饱和式和不饱和式两种。前者的电动势最稳定，但随温度变化比后者显著得多。若已知 20℃时的电动势 E_{20}，则 t℃时的电动势应由下式算出：

$$E \approx E_{20} - 4 \times 10^{-5}(t-20) - 10^{-6}(t-20)^2 \text{V}$$

不饱和式则不必作温度修正。

标准电池的结构有 H 型封闭玻璃管式的，也有单管式的，前者只能直立。作为国际标准的是饱和 H 型管式的标准电池。按准确度分为 I、II、III 三个等级。I、II 级的最大容许电流为 $1\mu A$，内阻不应大于 1000Ω；III 级的最大容许电流为 $10\mu A$，内阻不应大于 600Ω。每个标准电池的电动势在 1.018V 左右。

(2) 交流电源：为供电电网电源，是 50 周的正弦交流电，生活中常用的 220V 交流电是一根相线(俗称火线)与地线之间的电压。若要得到 220V 以外的其他电压值，可通过变压器将 220V 升压或降压至所需值。生活中经常使用的是用自耦变压器进行调压。改变转柄位置，可使输出电压在 0～240V 之间连续改变。在使用中必须根据所需的电压、电流(或功率)大小选择或设计合适的变压器。

使用电源应注意以下几点：

① 必须注意电压的大小。一般来讲 64V 以下对人身是安全的，可以直接操作，大于 64V 的电压，人体不得随便触及，以免发生危险。常用电网电压为交流 220V 或 380V，必须使用绝缘工具或采取其他绝缘措施，否则，人体任何部位不得直接触及。

② 直流电源正负极之间和交流电源的相线与地线之间不得短路。使用中还要注意电源的最大输出电流不得超过允许值。

③ 使用直流电源要注意正负极性，不得接错。

2. 电表

按读数的显示方法不同，电表可分成数字式和偏转式两大类。

在数字式电表中，用了一套电子学线路，将测量结果直接以多位的数字形式显示出来。偏转式电表，也就是靠指针或光点在刻度尺上的偏转位置来读数的电表。按其工作原理可分为磁电式、电磁式、电动式……

普通物理实验室所用电表，基本上都是磁电式电表。它的基本结构是：通电线圈在磁场中受到电磁力矩而偏转，电磁力矩和电流大小成正比；与此同时，与线圈转轴连接的游丝则产生反抗线圈偏转的力矩，反抗力矩与线圈转过的角度成正比。因此，当线圈通过一定的电流，线圈转到一定角度时，电磁力矩与游丝的反抗力矩达到平衡，固定在线圈上的指针指示出转过的角度。该转角与电流成正比，故磁电式电表的刻度是均匀的。其特点是灵敏度高，但是它只能用来测量直流电或用来测量单向脉冲电流的平均值。(由于正弦交流电的平均值为零，用磁电式电表测量时，电表指示永远为零，故其不能直接用来反映交流电的大小)。

磁电式电表一般分为以下四种：

(1) 检流计(电流计)：经常用来检查电路中有无电流，因此允许通过的电流很小(台式检流计约为 10^{-5} 安/格，光斑复射式检流计约为 10^{-9} 安/格)。在检测小于微安数量级的电流时，常用灵敏电流计。除了内阻、满度电流等这些静态的性能指标外，还要注意它的动态特性，这反映在它的自由振荡周期 T 和临界电阻 R_c 上。使用时，应通过选择合适的 R_c 或在外电路上串、并联一定大小的电阻等方法使电流计尽可能工作在临界状态附近，以提高测量效率。

(2) 电流表：一般将检流计加上(并联)分流电阻扩大其量程就成为电流表，用来测量电路中电流的大小。分流电阻越小其量程就越大。一般按量程的数量级分为微安表、毫安表、安培表。其主要规格如下。

① 量程：即指针偏转满度时的电流值。例如，对于 C30-mA 型，量程写为 1.5mA，7.5mA，15mA，30mA 则表示为毫安表有四个量程，第一个量程是 1.5mA，依此类推分别为 7.5mA、15mA、30mA，此为多量程电流表。

② 内阻：一般电流表内阻都在 0.1Ω 以下，毫安表、微安表的内阻可达一二百欧到一二千欧。

③ 电表的仪器误差：仪器误差是指电表在正常条件下使用时，测量值与被测量真实值之间可能产生的最大误差。例如，用电表测量 5.00A 的电流，电表读数是 4.95A，那么电表的仪器误差是 0.05A，这是因为电表的仪器误差与电表的级别和量程有关。用电表的基本误差的百分数值表示电表的准确度等级。例如，一块 0.5 级的电表其最大基本误差为±5%。电表级别分七类：0.1、0.2 级多用作标准来校正其他电表；0.5、1.0 级表用于准确度较高的测量中；1.0、2.5、5.0 级为一般电表之用。用电表的准确度等级 a 及电表的量程 X_m 可以求出电表的最大允许误差 ΔX_m。$\Delta X_m = a\% \cdot X_m$，电表的标度尺上所有分度线上的基本误差都不能超过 ΔX_m。其中，ΔX_m 为仪器正常条件下使用时可能发生的最大误差(即仪器误差)；a 为准确度级别(也称精度，通常省略了百分号)；X_m 为仪器的量程。

例如，准确度级别为 0.5 级的电表，量程为 15mA。该电表的仪器误差为 $\Delta X_m = 0.5/100 \times 15 = 0.075mA \approx 0.08mA$。使用电表时，当电表选定后，该量程的仪器误差已知，进一步就可以计算出因仪器不准对应的不确定度。如上例中，测量结果的不确定度为 $\delta_B = \Delta X_m = 0.08mA$，可见电表测量结果的不确定度与测量示值无关，要使测量结果的误差小，通常应使示值大于量程的 2/3。

(3) 电压表：一般将检流计或小量程电流表加上(串联)倍压电阻即可用来测量电路中两点之间的电压。倍压电阻越大，电压表量程也越大。它的主要规格如下。

① 量程：即指针偏转满度时的电压值。

② 内阻：即电表两端之间的电阻。同一电压表量程不同内阻不同，但同一电压表它的每伏欧姆数是相同的，为电表指针偏转到满度时，线圈所通过电流 I_g 的倒数，即 $\dfrac{1}{I_g} = \dfrac{R}{V}$(每伏欧姆数)。所以电压表内阻一般用 $\dfrac{\Omega}{V}$ 统一表示。某一量程的内阻可由下式计算：

电压表内阻=Ω/V(每伏欧姆数)×量程。

③ 电压表的仪器误差同电流表的仪器误差。

电表的参数：

了解电表的参数对了解电表的性能及正确使用电表是很重要的。

① 表头内阻：是指偏转线圈的直流电阻、引线电阻、接触电阻的总和，常用 R_g 表示。表头内阻是电表改装所必须依据的重要参数，否则无法进行改装。

② 表头灵敏度：是指电表指针偏转指在满刻度时，表芯线圈所通过的电流值，以 I_g 表示。即表头灵敏度就是表头的满量程。之所以称之为表头灵敏度，是因为使表头的指针偏转到满刻度所需通过的电流越小，说明表头的测量机构越灵敏。即 I_g 的大小反映了测量机构的灵敏程度。因此，表头灵敏度是电表改装所必须依据的另一重要参数。常用的磁电式表头，其表头灵敏度一般为几微安、几十微安，最高也在几毫安。

电表使用注意事项：

① 选择电表的准确度等级和量程。选择电表时不应片面追求准确度越高越好，而是要根据被测量值的大小及对误差的要求，对电表准确度的等级及量程进行合理选择。为了充分利用电表准确度，被测量值应大于量程的 2/3。在不知被测电流或电压大小的情况下，应选用电表的最大量程，根据指针偏转情况逐渐调到合适的量程。

② 电表的接入方法：电流表使用时必须串联于被测电路中。使用电压表测量电压时必须

与被测电路并联。

③ 电表的正、负极不能接反，以防损坏电表。

④ 使用之前要根据电表面板上的标记，即" ⌐ "水平放置、"⊥"竖直放置使用。

⑤ 使用前要检查、调节电表外壳上的零点调节螺钉使指针指零。

⑥ 读数时目光应垂直于刻度表面，对表盘上装有平面镜的电表，当指针与像重合时方可。有效数字的记录一般读到最小刻度的下一位。多量程电表，测量前应首先弄清楚所用量程每格代表的格值数即每格的大小，读数时，从标尺上读出格数(应估读一位)再乘以格值数。对于数字式电表应直接记录，不估读。

⑦ 使用仪表时还要注意工作条件(如温度、湿度、工作位置等)，以尽量减少附加误差。

(4) 万用表：万用表是生产和科研中常用的多量程复用直读仪表，它可以测定交直流电压、电流和电阻。使用之前先将选择开关旋至被测量对应挡范围内，通过表上零位调节器使指针指零。

① 电压和电流的测量：将测试杆红色短杆插入"+"插口，黑色短杆插入"－"插口，将范围选择开关旋至交、直流电流或电压对应挡内。若不能确定被测量的大约数值，应先旋至最大量程，根据指示的大约数值，选择适宜的量程使指针得到较大的偏转度。

② 电阻的测量：将选择开关旋至欧姆挡，两测试杆分别插入"*"和"Ω"的两端，先将测试杆两端短路指针向满度方向偏转，调零后放开试杆(每换一挡都必须先调零)然后再进行测量。为了提高测量结果的精度，应尽量选择好量程使指针指在刻度中间一段，即在 $\frac{1}{5} R \sim$

$5 R$ 的范围 $\left(R = \dfrac{E}{I_g} \right)$，否则测量误差就很大。在测量电路中的电阻值时，特别要注意将电源和电表断开，而且应使待测部分无其他分路。

万用表测量电流或电阻挡绝对不能误测电压，以免使表严重损伤，使用后应将范围选择开关置于交流最高挡。

3. 电阻器

电阻器分为可调电阻和固定电阻。

(1) 可调电阻包括电阻箱、变阻器和电位器，它们在电路中主要起控制调节作用。标志一个可调电阻性能的指标有以下两个：

① 全电阻(最大电阻)。实验常用的电阻箱有五钮或六钮的，其全电阻为 9999.9 Ω 或 99999.9 Ω；变阻器的全电阻从几欧到几千欧；电位器的全电阻可达几兆欧。

② 额定功率。电阻箱中每个电阻的额定功率一定，一般为 0.25W。必须注意的是使用不同挡时额定电流是不同的；变阻器的额定功率比较大，有几十瓦或几百瓦。直接标出的是额定电流，一般是全电阻越大的额定电流越小；电位器的额定功率比较小。常用的碳膜电位器有 0.5W、1W、2W 的。线绕电位器的功率大一些，常用的有 3W 和 5W 的。电阻在使用时，不允许超过额定电流(额定功率)，即电阻允许通过的最大电流，否则电阻将被烧坏。正确使用电阻就是要根据电路的要求计算出全电阻和额定电流，选用合适的电阻。

电阻箱：它的内部是用一套锰铜线绕成的标准电阻，通过旋钮将这些电阻组成 0，1，2，3，4，…，9 等不同阻值，并在各个旋钮分别标出×0.1，×1，×10，…来表示各旋钮电阻的数量级。各旋钮之间的电阻是串联的，最后由接线柱引出。若要得到 4532.4 Ω 电阻，则将旋钮分别旋至 4×1000，5×100，3×10，2×1，4×0.1 的位置上。此时在接线柱两端即可得

$4532.4\,\Omega$ 的电阻值。电阻箱主要用于电路中需要准确电阻值的地方。其特点是可以很方便地改变阻值，但因其额定功率很小，一般不用它控制电路中较大的电流或电压。在将其作为标准电阻使用时要注意它的级别。

电阻箱的仪器误差：对不同型号的电阻箱，按误差大小，其准确度等级 a 可分为：0.02级，0.05级，0.1级，0.2级和0.5级五个级别。a 代表最大相对百分误差。例如，ZX-21型电阻箱为0.1级，即在环境温度为$(20\pm 80\%)$℃，相对湿度小于80%条件下，允许误差为0.1%，当电阻箱上的读数为 $431\,\Omega$ 时，允许误差为 $0.1\%\times 431\,\Omega =0.4\,\Omega$。一般电阻箱的误差应不大于千分之几。

电阻箱的额定功率：凡未特殊标明的电阻箱，通常均以1/4W来计算其最大允许电流。

例如若使用1000这一挡，则该挡电阻允许通过的最大电流：$I_{max}=\sqrt{\dfrac{0.25}{1000}}A=0.016A$。

现将实验室常用的 ZX-21 型旋转式电阻箱(0.1级，额定功率0.25W)各挡允许通过的最大电流计算于下表，供使用时参考。

电阻挡/Ω	0.1	1	10	100	1000	10000	负载情况
最大允许电流/A	1.6	0.5	0.16	0.05	0.016	0.005	短时间使用
额定电流/A	1.2	0.4	0.12	0.04	0.012	0.004	长时间使用

变阻器：滑线变阻器是把涂有绝缘物的电阻丝密绕在绝缘瓷管上，两端分别与瓷管上固定的接线柱 A、B 相连。在瓷管上方有一与它平行的金属杆，其一端连有接线柱 C′，如图3-1-1所示。杆上装有可左右滑动的接触器 C，它紧压在电阻圈上，接触处的绝缘物已刮掉，当接触器沿金属杆左右滑动时，即可改变 AC 或 BC 间的电阻。

变阻器的规格是：全电阻，即 AB 间电阻；额定电流，即变阻器所允许通过的最大电流。

滑线变阻器在电路中经常用来控制电流或电压，用它可设计成两种基本电路，即限流电路和分压电路。限流电路如图3-1-2所示，将 AC 段串联在电路中，B 端空着不用。当滑动 C 时，AC 段电阻可变，所以可以控制电路电流。实验之前，变阻器的滑动端应放在电阻最大位置。分压电路如图3-1-3所示，变阻器的两个固定端 A、B 分别与电源两电极相连，滑动端 C 和一个固定端 A(或 B)连接到用电部分去。当电源接通时，电源电压全部加在 AB 上从 AC(或 BC)向负荷分出一部分电压，AC 电阻变化时可以控制负荷上的电压，所以输出电压 U_{AC} 在$(0\sim E)$V 中可调。

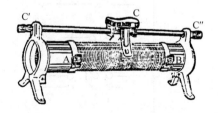
图 3-1-1　滑线变阻器

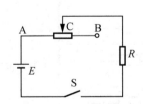
图 3-1-2　限流电路

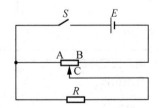
图 3-1-3　分压电路

实验之前，变阻器的滑动端应放在分出电压最小位置。

使用限流电路选用变阻器时，首先根据实验要求的最大电流和负载 R，确定电源电压 $E=R\cdot I_{max}$，之后根据限流时电流最小的情况算出变阻器全电阻值 R_0（$I_{min}=\dfrac{E}{R+R_0}$，$R_0=\dfrac{E}{I_{min}}-R$），选择变阻器的全电阻值要大于 R，注意变阻器的额定电流要大于实验所要求的 $I_{\min}$。

使用分压电路时(一般在负载阻值较大时)为兼顾分压均匀和减少电能消耗，一般取 $R_0 \leqslant \dfrac{R}{2}$，并使变阻器额定电流大于 E/R'，R' 是 R 与 R_0 并联的电阻值。

电位器：电位器和变阻器基本相同，可把它看为圆形的滑线电阻，也有三个接头。特点是体积小，常用在电子仪器中。

(2) 固定电阻：它包括碳膜电阻、碳质电阻、金属膜电阻、线绕电阻等，大量用于电子仪器仪表中。

3.1.2　电学实验操作规则

(1) 实验前首先弄清本次实验所用仪器的规格，准备好数据表，再根据电路图将各种仪器放置于合适的位置(要考虑到读数，操作方便和安全，排列整齐，导线尽可能不交叉)。

(2) 连接线路时切勿先接入电源两极。简单电路可从电源一极出发，顺次连接串联部分，然后连接并联部分。复杂电路可分成若干单元回路，然后顺次连接。

(3) 往接线柱上接导线时，应使导线方向与接线旋转方向一致，使导线连接牢固。

(4) 通电前将电路中有关仪器调节到电路中电压、电流尽可能小的位置，以保证电路安全。并且不管电路中有无高压，要养成避免用手或身体接触电路中导体的习惯。

(5) 连好线路后，经自己检查确认无误(检查电路是否正确，开关是否打开，电表和电源的正负极是否接错，量程、电阻箱数值是否正确等)，再请教师检查，经允许后，方可接通电源。

(6) 改换电路或电表量程时，必须先断开电源然后换接。

(7) 实验完毕，先将有关仪器调到电路中的安全位置，断开开关。经教师检查实验数据后，再拆电路。拆线时先拆去电源，最后将所有仪器还原，导线成束，经检查后方可离开实验室。

常用的电气元件符号参考表 3-1-1，常用气仪表面板上的标记参考表 3-1-2。

表 3-1-1　常用的电气元件符号

名　称	符　号	名　称	符　号
电源		开关：	
直流电源		单刀单掷	
交流电源		双刀单掷	
电阻、固定电阻 可变电阻器： 1.一般符号		双刀双掷	
2.可断开电路的		换向开关	
3.不可断开电路的		指示灯	

续表

名　称	符　号	名　称	符　号
电容器的一般符号		不连接的交叉导线	
可变(调)电容器		连接的交叉导线	
		二极管	
电感线圈		稳压二极管	
有铁心的电感线圈			
有铁心的单相双线变压器		晶体三极管(PNP)	

注意： 双刀换向开关是在双刀双向开关的基础上加两根对角连接线构成。如图 3-1-4(a)所示，当开关的双刀掷向 B、B′ 时，A 与 B 以及 A′与 B′接通，电流沿 ABC′ RCB′ 流动，流向电阻 R 的电流方向为 P→O；如图 3-1-4(b)所示，当双刀掷向 CC′ 时，电流沿 ACRC′ A′ 流动，流向电阻 R 的电流改变了方向，为 O→P。

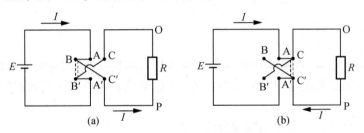

图 3-1-4　双刀换向开关在电路中的应用

表 3-1-2　常用电气仪表面板上的标记

名　称	符　号	名　称	符　号
指示测量仪表的一般符号	○	磁电系仪表	
检流计	⊘	静电系仪表	
电流表	Ⓐ	直流	—
毫安表	(mA)	交流(单相)	～
微安表	(μA)	直流和交流	
电压表	Ⓥ	以标度尺量程百分数表示的准确度等级，例 1.5 级	1.5

续表

名　　称	符　号	名　　称	符　号
毫伏表	(mV)	以标度尺量程百分数表示的准确度等级，例1.5级	(1.5)
千伏表	(kV)	电表表面铅直向上	⊥ 或 ↑
欧姆表	(Ω)	电表表面水平	⊓ 或 →
兆欧表(又称绝缘电阻表)	(MΩ)	绝缘强度试验电压为2kV	☆2
负端钮	—	接地	⏚
正端钮	+	调零器	↶
公共端钮	*	Ⅱ级防外磁场及电场	Ⅱ　⸝Ⅱ⸝

3.2　实验 3-1　伏安法测电阻

【实验目的】

(1) 学习使用电压表、电流表和滑线变阻器等基本测量仪器，训练基本电路的连接和使用。

(2) 用伏安法测线性电阻时正确连接电表，掌握电流表内外接法及对应的电表接入误差的方法。

(3) 掌握滑线变阻器的限流范围及分压特性。

【实验仪器】

直流双路电源(PH1718-4 型)、电压表(多量程)、电流表(多量程)、滑线变阻器(两个)、待测电阻(两个)、开关及导线。

【实验原理】

测量一个电阻的阻值一般直接用欧姆表或电桥，也常用伏安法。其测量方法是用电压表测出电阻两端的电压，用电流表测出流经电阻的电流，根据欧姆定律 $R=U/I$ 求得电阻 R。若以电压值为横坐标，电流值为纵坐标作图，所得到的曲线称之为伏安特性曲线。线性电阻的伏安特性是一直线。

当用伏安法进行测量时，电压表、电流表和待测对象的连接有两种方式，即电流表内接或外接。当电表接入电路，电表的内阻会给测量带来误差，称为接入误差。

电表的接入方法不同会使误差程度不同。

① 电流表内接，如图 3-2-1 所示。

因为

$$I = I_A = I_X$$
$$U = U_A + U_X$$

所以

$$R = \frac{U}{I} = \frac{U_A + U_X}{I_X} = R_A + R_X = R_X \left(1 + \frac{R_A}{R_X}\right) \tag{3-2-1}$$

式中，R_A 为电流表内阻，电流表内阻会造成测量结果有一定的接入误差。这时所测得的 R 比实际 R_X 偏大，若 R_A 已知，则可求得：

$$R_X = R \left(1 - \frac{R_A}{R}\right) \tag{3-2-2}$$

从式(3-2-2)可看出，只有当 $R_X \gg R_A$ 时，接入误差才可以忽略不计，故测量较大电阻时宜采用电流表内接。

② 电流表外接，如图 3-2-2 所示。其中，$I = I_A = I_V$，$U = V_X$。

计算得：

$$R = \frac{U}{I} = R_X \left(1 - \frac{R_X}{R_V}\right) \tag{3-2-3}$$

从式(3-2-3)可看出，当待测电阻 $R_X \ll R_V$ 时，宜采用电流表外接，其接入误差可以忽略不计。若 R_V 已知，则可求得：

$$R_X = \frac{U}{I - I_V} = \frac{U}{I\left(1 - \frac{I_V}{I}\right)} \approx R\left(1 + \frac{R}{R_V}\right) \tag{3-2-4}$$

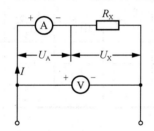

图 3-2-1　电流表内接

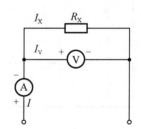

图 3-2-2　电流表外接

为了减少接入误差，应事先对 R_X，R_A，R_V 三者的相对大小有粗略的估计，然后选择恰当的连接方法。由电表内阻带来的接入误差是可以修正的。除此以外，电表本身精度直接给测量造成的误差叫做标称误差，通常用电表级别表示。其大小为最大基本误差与量程之比的百分数，即级别 $= \dfrac{|\Delta U_{max}|}{U_{max}} \times 100\%$。

若此值为 1%，则称此表为 1 级表。电表的面板上都有级别标明。可用 1 级表举例，若电表量程是 3V，则测量的最大允许误差是 3×1%V=0.03V；若量程是 15V，则其最大允许误差为 15×1%V=0.15V；如果测量 1V 的电压，显然用 3V 量程比用 15V 量程测量的误差要小。因此根据待测电量选取合适的电表量程可适当减小误差。

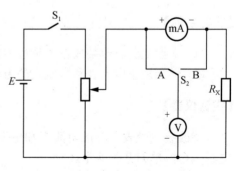

图 3-2-3　伏安法测电阻

【实验内容与步骤】

(1) 按图 3-2-3 连接电路，注意 S_2 拨向上 A 时，电流表内接；拨向 B 时，电流表外接。

(2) 根据 R_X 阻值大小不同，选择测量电路(电流表内、外接)、电源及控制电路所用的变阻器规格，确定所用多量程电压表和电流表的量程。

(3) 列出测量数据表(不能少于 8 个测量点)，作出两个待测电阻的伏安特性曲线，并由其斜率求出电阻值。

(4) 根据电流表的内、外接，计算本实验的接入误差并对测量结果进行修正。

(5) 滑线变阻器的限流范围。

按图 3-2-2 连接电路，R_0 用 $50\,\Omega$ 的滑线变阻器，R 使用标准电阻箱 ZX-36。分别测量当 R 为 $5\,\Omega$、$10\,\Omega$ 和 $50\,\Omega$ 时回路的最大电流 I_{max} 与最小电流 I_{min} 一次。

(6) 滑线变阻器的分压特性。

按图 3-2-3 连接电路，R_0 用 $50\,\Omega$ 的滑线变阻器，R 使用标准电阻箱 ZX-36。分别测量当 R 为 $10\,\Omega$、$100\,\Omega$ 和 $200\,\Omega$ 时，滑线变阻器 R_0 按 10 等分对应的电压变化值，画出 U_R-R_0 特性曲线，并将不同 R 取值的 U_R-R_0 特性曲线画在同一坐标图内，分析滑线变阻器的分压特性，并由图线得出结论：当 R/R_0 值为多少时，U_R-R_0 特性曲线基本上是一条直线。

【数据记录与处理】

R/Ω ＼ R_0	0	$\frac{1}{10}R_0$	$\frac{2}{10}R_0$	$\frac{3}{10}R_0$	$\frac{4}{10}R_0$	$\frac{5}{10}R_0$	$\frac{6}{10}R_0$	$\frac{7}{10}R_0$	$\frac{8}{10}R_0$	$\frac{9}{10}R_0$	R_0
20											
100											
200											

【思考题】

(1) 用伏安法测电阻采用电流表外接电路时，其接入误差 $\Delta R_X/R_X = -R_X/R_X + R_V$，式中"$-$"号表示何意？请推导出其过程。

(2) 通过本实验你有哪些收获？

3.3　实验 3-2　电表的改装和校正

【实验目的】

(1) 掌握电流表改装成较大量程的电流表和电压表的原理和方法。

(2) 学会校正电流表和电压表的方法。

【实验仪器】

待改装电流表、标准电流表和电压表各一块、电阻箱三台，滑线变阻器一个，直流稳压电源一台，单刀开关两个。

【实验原理】

一般磁电式电流测量机构(俗称表头)具有准确度较高、刻度均匀等优点。但是表头中动圈允许通过的电流一般是几十微安，最多也不过几十毫安。要测量超过表头允许的电流值，必须扩大量程。

对一块内阻为R_g、量程为I_g的表头，若通过它的电流为I，则表头上的电压为$U = I \cdot R_g$，即U、I间有一一对应的正比关系，因而表头也能用来测电压，但是电压量程$U_g = I \cdot R_g$很小，一般只有几百毫伏，不能满足需要。为测量较高的电压，又不使表头超过允许电流值，表头也必须加以改装。

1. 电流表扩大量程原理

用分流法扩大电流表量程的原理如图 3-3-1 所示，图中R_f为分流电阻，并联在表头两端。当被测电流为I时，通过内阻为R_g的表头的电流仅是I的一部分。若将表头量程扩大k倍，即$I = k \cdot I_g$，则分流电阻大小为：

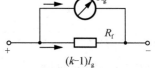

图 3-3-1　用分流法扩大电流表量程的原理

$$R_f = \frac{R_g}{k-1} \tag{3-3-1}$$

把一个表头改装成多量程电流表时，并联分流电阻的方式一般有两种：一是"开路转换"，如图 3-3-2(a)所示；二是"闭路转换"，如图 3-3-2(b)所示。后者较为常用，为本实验采用。

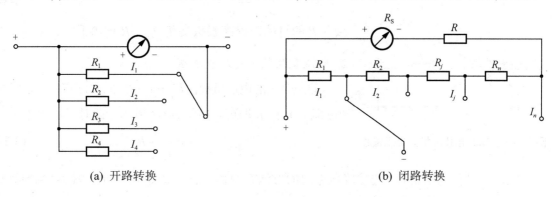

(a) 开路转换　　　　　　　　　　　　　　(b) 闭路转换

图 3-3-2　多量程电流表

"闭路转换"式多量程(n个量程)电流表一般由表头、电阻R及$R_1, R_2, \cdots, R_j, \cdots, R_n$组成一个闭合环路。此闭合环路的总阻值为$R_M = R_g + R + R_1 + R_2 + \cdots + R_j + \cdots + R_n$，它基本上是不变的。开关S拨到不同挡位时，改变了两条电流支路的分流比，因而得到不同的电流量程。

若第i挡($i = 1, 2, \cdots, n$)电流量程为I_i，则该挡分流电阻R_{f_i}由式(3-3-1)可得：

$$R_{f_i} = \frac{R_M - R_{f_i}}{S_i - 1} \tag{3-3-2}$$

或

$$R_{f_i} = \frac{R_M}{S_i} \tag{3-3-3}$$

式中：
$$S_i = \frac{I_i}{I_g}$$

若 $I_1 > I_2 >, \cdots, > I_n$，则有：

$$R_{f_i} = \sum_{j=1}^{i} R_j \tag{3-3-4}$$

可见，只要环路总电阻 R_M 确定后，由式(3-3-3)求出 R_{f_1}，R_{f_2}，$\cdots$，R_{f_n}，再由式(3-3-4)，便可求出图 3-3-2(b)中各电阻，即：

$$\left.\begin{array}{l} R_1 = R_{f_1} \\ R_2 = R_{f_2} - R_{f_1} \\ \quad \vdots \\ R_n = R_{f_n} - R_{f_{(n-1)}} \end{array}\right\} \tag{3-3-5}$$

如被改装的表的准确度等级为 m，改装后最小量程为 I_n，则环路总电阻 R_M 取满足式(3-3-6)的较为整齐的数值：

$$R_M \geqslant \frac{4R_g}{m} \cdot \frac{1}{1 - \dfrac{I_g}{I_n}} \tag{3-3-6}$$

与表串接的电阻 $R = R_M - R_g - (R_1 + \cdots + R_n)$，且应满足式(3-3-7)：

$$R \geqslant \frac{4-m}{m} \cdot R_g \tag{3-3-7}$$

接入 R 的目的是提高表头支路($R_g + R$)的电阻。

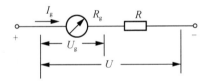

图 3-3-3　串联电阻 R 扩大电压量程

2. 电流表改装为电压表原理

若把表头的电压量程由 $U_g = I_g \cdot R_g$ 扩大为 U，只需串联适当的降压电阻 R 即可。如图 3-3-3 所示，此时，所串电阻为：

$$R = \frac{U}{I_g} - R_g \tag{3-3-8}$$

制造多量程电压表时，连接降压电阻的方法有两种，分别如图 3-3-4(a)、图 3-3-4(b)所示。本实验采用后一种连接转换方式。

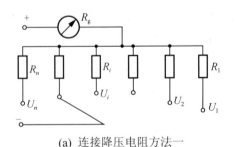

(a) 连接降压电阻方法一

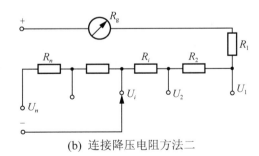

(b) 连接降压电阻方法二

图 3-3-4　多量程电压表

在图 3-3-4 情况下，若将电压表由某量程 U_{i-1} 扩大到另一量程 $U_i (U_i > U_{i-1})$，则应接一个

降压电阻 R_i，其计算公式为：

$$R_i = (U_i - U_{i-1}) \cdot \frac{1}{I_g} \tag{3-3-9}$$

式中，常数 $\frac{1}{I_g}$ 单位为 Ω / V (欧/伏)，一般常称为"每伏欧姆数"。它表示这台电压表的每伏电压量程应具有的内阻值，常标在电压表的表盘上。表头的量程 I_g 越小，制成的电压表每伏欧姆数越大，用来测电压时，对被测电路的分流作用越小。

【实验内容与步骤】

1. 电流表扩大量程及校正

(1) 设计两量程闭路转换式电流表：按实验室给出的待改装电流表的 I_g，R_g 值，取 $I_1 = 100 I_g$，$I_2 = 10 I_g$，$m = 2.5$，由有关公式计算确定 R_M，R，R_1，R_2。

(2) 组装、校正：按图3-3-5连接线路，其中 R，R_1，R_2 为电阻箱，限流电阻 R_{S_1} 为滑线电阻器，S_2 为单刀双掷开关，E 用稳压电源。

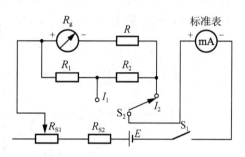

图 3-3-5　电流表改装线路

把 S_2 拨向 I_2 挡，标准表置于相应的量程，R、R_1、R_2 各电阻按设计值调好。根据估算选取合适的电源电压(先小些)，且将 R_S 调到最大，然后再合上 S_1。调整 E 或 R_{S_1}、R_{S_2}，改变电路中电流(分别为 I_2，$\frac{9}{10} I_2$，$\cdots$，$\frac{1}{10} I_2$)，将改装后的电流表与标准电流表加以比较，进行校正，并列表记录。

调 I_1 挡。断开 S_1，将 S_2 拨向 I_1 挡，R_{S_1} 调大。合上 S_1，校正 I_1 挡，并列表记录(电流分别为 I_1，$\frac{9}{10} I_1$，$\cdots$，$\frac{1}{10} I_1$)。

根据指示值与标准表示值之差的最大值，初步确定改装后电流表各挡的准确度等级。

为进一步确定准确度等级，还要把 R 调大 R_g 的 4%(模拟室温变化 10℃)再看一下各挡量程的相对变化量。表头动圈由纯铜线绕制，其电阻温度系数为+0.004/℃，因此，室温每升 1℃，R_g 变化了 0.4% R_g，室温每升 10℃时 R_g 变化了 4% R_g。

2. 电流表改装成电压表

(1) 把表头改装成图 3-3-4(b)所示的两量程电压表的设计：根据实验室给出的 I_g，R_g，计算每伏欧姆数($\frac{1}{I_g}$)，并求出当 $U_1 = 5$ V、$U_2 = 10$V 时的 R_1、R_2 值。

(2) 组装、校正：按图3-3-6连接线路，图中 R_f 为分压用滑线变阻器。

把开关 S 打向 U_1 挡，R_1、R_2 按设计值调好，E 取 5.5V 左右，移动 R_f 滑动触点，使分压由小到大，校正 U_1 挡，并列表记录(每隔 0.1U_1 校一次)。把 S 打向 U_2 挡，E 取 11V 左右，每

隔 $0.1U_2$ 校正 U_2 档，并列表记录。确定 U_1、U_2 挡的准确度等级。

注意：校正时，选择好标准表的量程，以防止损坏标准电表。

【思考题】

(1) 图 3-3-2(a)、图 3-3-2(b)分别表示的开路转换式和闭路转换式多量程电流表各有何优点？

提示：从以下几方面分析：①两表各电流量程都相同时，哪种结构的内阻低？②若有一只分流电阻损坏，哪种结构的其他量程仍可使用？③若开关 S 接触不良，哪种结构的电表会失准和损坏表头？

(2) 环路总阻 R_M 选得大或小，对改装后的电流表内阻有何影响？

(3) 知道每伏欧姆数，对设计电压表及衡量其性能有何用处？

(4) 如何测量表头内阻 R_g？如图 3-3-7 所示的一种测 R_g 线路中，若 R_f 未接时，先调 R 使表头满度；然后打开S把 R 调为原来的一半，并把 R_f 并联在表头两端，合上 S 后，调 R_f 使表头又满度，则此时的 R_f 等于 R_g，为什么？

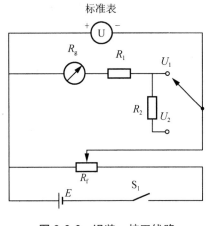
图 3-3-6 组装、校正线路

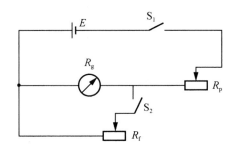
图 3-3-7 测量表头内阻 R_g 的线路

3.4 实验 3-3 线性电阻和非线性电阻的伏安特性曲线

【实验目的】

(1) 测绘电阻和二极管的伏安特性曲线，学会用作图法处理数据。
(2) 了解二极管的单向导电性。
(3) 了解直流稳压电源与万用表等电学仪器的使用方法。

【实验仪器】

2AP9 型二极管、DH1718D-4 型直流稳压电源、MF-10 型万用表、数字万用表、滑线变阻器、820Ω 待测电阻、30Ω 保护电阻、导线若干。

【实验原理】

在一个元件两端加上电压时，元件内部有电流流过，其内部电流随外加电压的变化而变化。如果以电压为横坐标，电流为纵坐标可作出元件的电流-电压变化关系曲线，这一关系曲线称为该元件的伏安特性曲线。若流过元件的电流与元件两端的电压成正比，则元件的伏安特性曲线是一条直线，称该元件为线性元件。线性元件的特点在于其参数不随电压或电流而变。若流过元件的电流与元件两端的电压不成正比，则元件的伏安特性曲线不是直线，称该元件为非线性元件(如二极管、三极管等)。其参数与电压或电流有关。

一般金属导体是线性元件，它的电阻值与外加电压的大小和方向无关，其伏安特性曲线是一条通过原点的直线，如图 3-4-1 所示。从图上可以看出，直线分布在一、三象限，随着电压、电流的变化，金属导体的电阻值不变，其大小为该直线斜率的倒数，即 $R = \dfrac{1}{k} = \dfrac{U}{I}$。

二极管是非线性元件，其伏安特性曲线是一条曲线，如图 3-4-2 所示。二极管的图形符号如图 3-4-3 所示。二极管有两个极，其中一个为正极，另一个为负极。当把二极管正极接到电路中的高电位端，负极接至电路中的低电位端，为正向接法；反之，则为反向接法。当正向接法时二极管是导通的，反接时是截止的，其在电路中表现为单向导电性。当外加正向电压很低时，二极管呈现出很大的电阻，电流很小；当正向电压超过一定的数值以后，二极管电阻变小(一般为几十欧)，电流增长得很快。这个一定数值的正向电压称为死区电压，其大小与材料及环境温度有关。通常，硅管的死区电压约为 0.5V，锗管约为 0.1V。因此，在使用二极管时，要注意其工作电流不能大于其正向最大工作电流 $I_{\max}$，否则会损坏二极管。当二极管在电路中反接时，反向电流很小。一般锗管(如 2AP9)的反向电流是几十至几百微安，而硅管反向电流在 $1\mu A$ 以下。但当反向电压增大到一定值后，反向电流突然增大，二极管失去单向导电性，这种现象称为击穿。二极管被击穿后，一般不能恢复原来的性能，便失效了。对应反向电流突然增大的这一电压值为二极管的反向击穿电压。因此，一般二极管有一个最大反向工作电压，这个值通常是反向击穿电压的一半。使用二极管时要注意加在其上的反向电压不得超过最大反向工作电压。

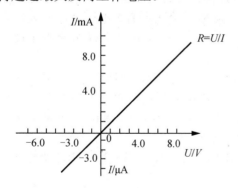

图 3-4-1　线性电阻的伏安特性曲线

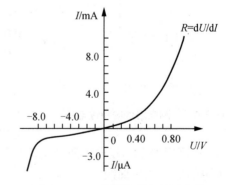

图 3-4-2　二极管的伏安特性曲线

二极管的单向导电性是由其内部结构决定的。本征半导体虽然有自由电子和空穴两种载流子，但由于数量极少，导电能力仍然很低。如果在其中掺入适量杂质(某种元素)，则在半导体中会产生大量的电子或空穴。这样就形成了两种类型的半导体：一种是 P 型，一种是 N 型。P 型半导体中空穴的浓度远大于电子的浓度，以空穴导电为主；N 型半导体中电子的浓度远大于空穴的浓度，以电子导电为主。二极管就是由一块 P 型半导体和一块 N 型半导体"结合"

而成的。在两种半导体的交界处，由于 P 区中空穴的浓度比 N 区大，空穴由 P 区向 N 区扩散；同样，由于 N 区电子的浓度比 P 区大，电子便由 N 区向 P 区扩散。这种扩散的结果是在交界处产生两个薄层：P 区薄层由于空穴少而带负电，而 N 区薄层由于电子少而带正电，如图 3-4-4 所示。于是在 A、B 之间形成电场，其方向恰与载流子(电子、空穴)扩散运动的方向相反，从而阻止电子和空穴的扩散，而使电子和空穴反向漂移。所以带电薄层又称为阻挡层。当载流子的扩散和漂移达到动态平衡时，A、B 薄层的厚度不变，从而在 P 区和 N 区的交界处形成一个特殊的区域，这个区域称 PN 结。正是 PN 结才让二极管具有单向导电性。这是由于：当 PN 结加上正向电压(P 区接正，N 区接负)时，外电场与内电场方向相反，因而削弱了内电场，使阻挡层变薄。这样，载流子就能顺利地通过 PN 结，形成比较大的电流。所以，PN 结在正向导电时电阻很小。当 PN 结加上反向电压(P 区接负，N 区接正)时，外加电场与电内场方向相同，因而加强了内电场的作用，使阻挡层变厚。这样，只有极少数载流子能够通过 PN 结，形成很小的反向电流，所以 PN 结的反向电阻很大。

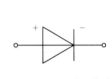
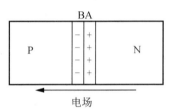

图 3-4-3　晶体二极管　　　　图 3-4-4　PN 结示意

【实验内容与步骤】

1. 测绘金属膜电阻的伏安特性曲线

(1) 按图 3-4-5 接好电路，由于待测电阻的阻值远大于毫安表内阻，所以采用毫安表内接法。选择合适的电表量程。注意：在接通电源前应当把滑线变阻器的滑动端调至分压为零的位置。

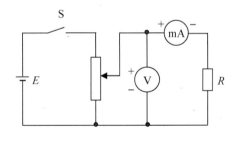

图 3-4-5　测电阻伏安特性电路

(2) 经教师检查线路后，接通电源。调节滑线变阻器的滑动端，从零开始逐步增大电压至电压表读数为 0.0V，2.0V，4.0V，…，8.0V；并从电流表中读出相应的电流值。

(3) 把滑线变阻器的滑动端调至电压为零的位置，断开电源开关。将电阻反向，再接通电源开关。调节电压至 0.0V，2.0V，4.0V，…，8.0V，并从电流表中读出相应的电流值。

(4) 将测得的正、反向电压和电流值填入表 3-4-1 中，以电压为横坐标，电流为纵坐标，绘出电阻的伏安特性曲线。

表 3-4-1　电阻伏安特性数据

电压值/V 电流值	0.0	2.0	4.0	6.0	8.0
正向电流/mA					
反向电流/mA					

2. 测绘二极管的伏安特性曲线

测量之前，先记录下所用二极管的型号和主要参数(如最大正向工作电流和最大反向工作电压)，并判断二极管的正负极。

(1) 测二极管的正向伏安特性曲线。按图 3-4-6 连接电路，测二极管的正向伏安特性曲线，其中 R 的阻值为 30Ω，是保护电阻。电压表量程选 2V，毫安表量程选 10mA。经教师检查线路后，接通电源。调节滑线变阻器的滑动端至毫安表读数为 0.0mA，0.2mA，0.6mA，1.0mA，2.0mA，…，8.0mA 时，分别测出相应的电压表的读数，并把测量数据填入表 3-4-2。

表 3-4-2　二极管正向伏安特性数据

电流值/mA	0.0	0.2	0.6	1.0	2.0	3.0	4.0	5.0	6.0	7.0	8.0
电压/V											

(2) 测二极管的反向伏安特性曲线。按图 3-4-7 连接电路。将毫安表换成微安表，并将量程取 50μA 左右，在必要时可以换量程；电压表量程选 20V。接通电源后，逐步改变电压，当电压表读数为 0.0V，1.0V，2.0V，…，8.0V 时读出相应的电流值，并填入表 3-4-3 中。确认数据正确无误后断开电源，拆除电路。

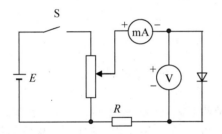

图 3-4-6　二极管正向伏安特性电路

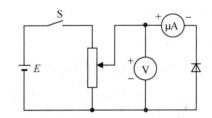

图 3-4-7　二极管反向伏安特性电路

表 3-4-3　二极管反向伏安特性数据

电压值/V	0.0	1.0	2.0	3.0	4.0	5.0	6.0	7.0	8.0
电流/μA									

(3) 以电压为横坐标，电流为纵坐标，用测得的正反向电压和电流值，绘出二极管的伏安特性曲线。在绘制二极管的伏安特性曲线时，由于正反向的电流和电压值差别较大，横轴正负两边单位长度表示电压的大小可以不同，但一定要在坐标轴的两边标明。同理，在纵轴上单位长度表示的电流大小也可以不同，但也应当在坐标轴上下两端标明。

【注意事项】

(1) 测二极管正向伏安特性时，毫安表读数不得超过二极管允许通过的最大正向电流值。

(2) 测二极管反向伏安特性时，加在二极管上的电压不得超过二极管允许的最大反向电压。

【思考题】

(1) 在测绘二极管正向伏安特性曲线电路中，30Ω 电阻的作用是什么？

(2) 在测绘二极管正反向伏安特性曲线电路中，电流表的接法有什么不同？为什么要那样接？

3.5 实验 3-4 三极管的伏安特性曲线

半导体三极管(简称三极管，又称晶体管)是一种非常重要的、应用广泛的半导体器件，特别是在电子技术发展突飞猛进、日新月异的今天，作为电子技术基础器件的三极管功不可没。了解三极管的伏安特性曲线和放大原理，对工科学生来说，是很有必要的。

【实验目的】

(1) 了解三极管的结构。
(2) 掌握三极管的输入/输出特性。
(3) 了解三极管的基本放大原理。

【实验仪器】

直流稳压电源、数字万用表、电压表、电流表、三极管、电阻、滑线变阻器。

【实验原理】

三极管简介

1. 三极管的基本结构和符号

三极管按半导体掺杂类型可分为NPN型和PNP型两大类，其示意图和图形符号如图3-5-1所示。从图中可以看出，三极管内部有两个PN结，分成三个区域，以NPN型三极管为例，左边的N型半导体称作发射区，中间的P型半导体称作基区，右边的N型半导体称作集电区。三个区分别引出三个电极，分别称为：发射极(e)、基极(b)、集电极(c)。左边的PN结称作发射结(因为它包括在发射极电路内)，右边的PN结称集电结。在制造三极管时，要求三极管内部有如下特点：

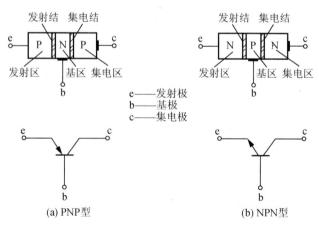

图 3-5-1 三极管结构示意和图形符号

(1) 基区做得很薄，且掺杂浓度很低。

(2) 发射区掺杂浓度比集电区掺杂浓度高，并远大于基区掺杂浓度。

(3) 集电结结面积比发射结大。

三极管的这些结构特点是决定其具有放大作用的内部条件。

2. 三极管的放大原理

三极管正常工作时，发射结加正向电压，集电结加反向电压($E_c > E_b$)，如图 3-5-2(a)所示。下面通过分析三极管内部载流子的运动规律来了解三极管(NPN 型)的放大原理。

(1) 发射区向基区发射电子的过程。由于发射结加的是正向偏压，因此发射区的多数载流子——电子很容易在外加电场作用下越过发射结而进入基区，即电子从发射区注入到基区，形成电子扩散电流。

当然在基区(P 型半导体)的多数载流子——空穴也会在外加电场作用下跑向发射区，但由于基区杂质浓度很小，故基区的多数载流子(空穴)与发射区多数载流子形成的电流相比可略去不计；所以，发射极电流主要是电子电流。由于发射区的电子跑到基区，发射区电子浓度降低，为了保持平衡，外加电压的负端不断地提供电子，形成了发射极电流 I_e。

(2) 电子在基区的扩散和复合。由于发射区的电子浓度比基区大，因此进入基区的电子将向集电区方向扩散，同时在扩散的过程中，电子有可能与基区中的空穴相遇，这一部分电子将填充空穴，无法再继续扩散，称为复合。空穴不断同电子复合，因此基极电源要不断供给空穴(实际上是拉走受激发的价电子)，这样就形成了基极电流 I_b。为了使发射区注入基区的电子尽可能多地到达集电极，因此复合越小越好。为此采取了两个措施：第一，减小基区的杂质浓度；第二，把基区制作得薄些。这样都能减少电子在基区碰到空穴的机会，使复合减少。

(3) 集电极电流的形成过程。由于集电结上加的是很大的反向偏压，因此，这个电压在集电结上产生的电场对由基区向集电结扩散的电子来说是加速电场。因此电子只要扩散到集电结，将被这个电场加速而穿过集电结被集电极所吸收，形成集电极电流 I_c。

从上述扩散和复合过程可知，发射极注入基区的电子并非全部到达集电极，即发射极电流 I_e 不是百分之百的分配给集电极，形成集电极电流 I_c，只是把其中的大部分分配给集电极。此外，集电区中的少数载流子(空穴)和基区中的少数载流子(电子)将发生漂移运动，形成电流 I_{ceo}，称为反向饱和电流，它占有 I_c 和 I_b 中的很小一部分，但受温度影响较大。

说明了各电流的形成原因之后，再来看看电流的分配情况，如图 3-5-2(b)所示，从发射区扩散到基区的电子只有很小一部分被复合，绝大部分到达集电区，三极管的内部结构一旦确定之后，这种比例也就基本上固定了。令从发射极到达集电极的载流子的百分比为 $\bar{a}$，称为直流电流传输系数，即

$$\bar{a} = \frac{I_{ce}}{I_e} \tag{3-5-1}$$

而 I_{ce} 与 I_{be} 的比值称为三极管的直流电流放大系数，用 $\bar{\beta}$ 表示：

$$\bar{\beta} = \frac{I_{ce}}{I_{be}} = \frac{\bar{a}I_e}{(1-\bar{a})I_e} = \frac{\bar{a}}{1-\bar{a}} \tag{3-5-2}$$

也可以表示成:

$$\bar{\beta} = \frac{I_{ce}}{I_{be}} = \frac{I_c - I_{cbo}}{I_b - I_{cbo}} \approx \frac{I_C}{I_B} \tag{3-5-3}$$

$\bar{\beta}$ 的大小反映了三极管的电流放大作用,同 $\bar{a}$ 一样,都由三极管内部结构决定。三极管制造好之后,$\bar{a}$ 与 $\bar{\beta}$ 也就确定了,一般 $\bar{a}$ 在 0.90~0.99 之间,也就是 $\bar{\beta}$ 在 10~100 之间,$\bar{\beta}$ 越大说明放大能力越强。

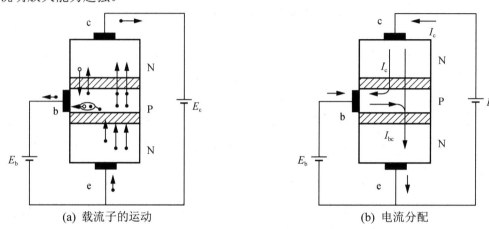

图 3-5-2　三极管放大原理示意

从前面的说明还可知道,I_b 的较小变化可引起 I_c 的较大变化,这个比值称为交流电流放大系数,用 β 表示:

$$\beta = \frac{\Delta I_c}{\Delta I_b} \tag{3-5-4}$$

数值上 β 与 $\bar{\beta}$ 很接近,虽然二者有不同的意义,但在工程计算时,并不严格区分,以后的分析中,均以 β 来表示。

3. 特性曲线

测量特性曲线的电路如图 3-5-3 所示。

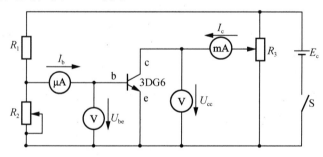

图 3-5-3　测量特性曲线的电路

(1) 输入特性曲线。输入特性曲线是指当集电极-发射极电压 U_{ce} 为常数时,输入电路(基极电路)中基极电流 I_b 与基极-发射极电压 U_{be} 之间的关系曲线。对于不同的 U_{ce},有不同的特性曲线,所以,输入特性曲线应该是一组曲线。当 $U_{ce}=0$ 时,即 C、E 两端电位相同,相当于两个二极管并联在一起,特性曲线与一个二极管的差不多。但当 U_{ce} 大于一定数值时,如对硅管，当 $U_{ce}>1V$ 时，集电结已反向偏置，并且内电场已足够大，足以将从发射区扩散到基区中的电子的绝大部分拉入集电区，如果此时再增大 U_{ce}，只要 U_{be} 保持不变(从发射极发射到基区的电子数就一定)，I_b 也就不再明显地减小。也就是说，当 $U_{ce}>1V$ 后的输入特性曲线基本上是重合的，所以，通常只画出 $U_{ce}=0V$、$U_{ce}\geqslant1V$ 的两条输入特性曲线，如图 3-5-4(a) 所示。

由图可见，和二极管的伏安特性曲线一样，三极管的输入特性曲线也有一段死区电压。硅管的死区电压约为 0.5V，锗管的死区电压约为 0.2V。在正常工作情况下，NPN 型硅管的发射结电压 $U_{be}=0.6\sim0.7V$，PNP 型锗管的 $U_{be}=-0.2\sim-0.3V$。

(2) 输出特性曲线。输出特性曲线是指当基极电流 I_b 为常数时，输出电路中集电极电流 I_c 与集电极-发射极电压 U_{ce} 之间的关系曲线。在不同的 I_b 下，可得出不同的曲线，所以三极管的输出特性曲线是一组曲线，如图 3-5-4(b)所示。

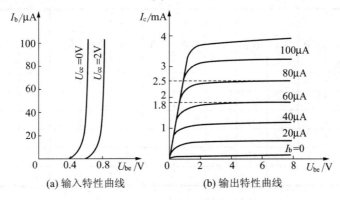

图 3-5-4　输入/输出特性曲线

当 I_b 一定时，从发射区扩散到基区的电子数大致是一定的。在 U_{ce} 很小时，随 U_{ce} 的增加，集电结收集能力增强，所以 I_c 增加较快。当 U_{ce} 超过一定数值(约 1V)以后，这些电子的绝大部分被拉入集电区而形成 I_c，所以当 U_{ce} 继续升高时，I_c 也不再有明显的增加，具有恒流特性。

当 I_b 增大时，相应的 I_c 也增大，曲线上移，而且 I_c 比 I_b 增加得多的多，这就是三极管的电流放大作用。

(3) 由特性曲线计算 β 值。从输出特性曲线可以看出，当 $I_b=60\,\mu A$ 时，$I_c=1.8mA$，$I_b=80\mu A$ 时，$I_c=2.5mA$。由式(3-5-4)可以算出：

$$\beta=\frac{\Delta I_c}{\Delta I_b}=\frac{2.5-1.8}{0.08-0.06}=35$$

【实验内容与步骤】

(1) 按图 3-5-3 连接线路，三极管用 3DG6 型，电流表用 MF10 型万用表的电流挡，一块用毫安挡，一块用微安挡，电压表用数字万用表的电压挡。电源调到 10V。

(2) 测量输入特性，调节滑线变阻器 R_3，使 U_{ce} 等于零，然后调节 R_2，使 I_b 的读数如表 3-5-1 的数值，记录对应的 U_{be}。调节 R_3，使 U_{ce} 等于 2V，重复上面的步骤。

(3) 测量输出特性，调节 R_2，使 I_b 的值等于表 3-5-2 的第一个数值，然后调节 R_3，使 U_{ce} 对应表中 U_{ce} 的数值，记录相应的 I_c 值。

【数据记录与处理】

表 3-5-1　输入特性曲线实验数据

U_{be}/V ╲ $I_b/\mu A$ ╲ U_{ce}/V	0.0	5.0	10.0	15.0	20.0	30.0	40.0	50	60	70	80
0											
2											

表 3-5-2　输出特性曲线实验数据

I_c/mA ╲ U_{ce}/V ╲ $I_b/\mu A$	0.0	0.1	0.2	0.3	0.4	0.5	0.6	0.8	1.5	2.0	3.0	4.0	6.0	8.0
0														
20														
40														
60														
80														
100														

按表中的数据画出输入/输出特性曲线，并从输出特性曲线求出 β 值。

【思考题】

(1) 怎样用万用表的电阻挡判定三极管的极性？

(2) 三极管的基区为什么比较薄？

3.6　实验 3-5　RC 串联电路的暂态过程

电阻和电容是电路中的基本元件。电容和电阻的串联电路称为 RC 串联电路，简称 RC 电路。将 RC 电路的电源接通或断开，在接通或断开的瞬间，由于电容极板上的电压不能突变，电压会慢慢升高或慢慢降低，这一变化的过程称作暂态过程。将电容通过电阻接到电源上，电容两端的电压会慢慢升高，这个过程称作充电；将已充电的电容通过电阻相连，两极板上的电压会慢慢降低，直到电压为零，这个过程称作放电。充/放电的过程中电压和电流都是按指数规律变化的。

【实验目的】

(1) 了解 RC 电路的充/放电规律。

(2) 了解电容与电阻在电路中的作用以及对充/放电时间的影响。

(3) 掌握时间常数的物理意义及测量方法。

【实验仪器】

直流电源(DHl718D-4 型)、示波器、电压表(多量程)、数字电子秒表、电阻箱、电容箱、滑线变阻器。

【实验原理】

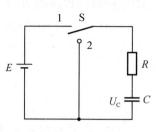

图 3-6-1 充电电路

1. 充电过程

如图 3-6-1 所示，当电路中的开关 S 拨向 1 时，电源通过电阻 R 对电容 C 进行充电；在充电过程中的某一时刻，电路中的电流为 i，电容极板上的电荷为 Q，两极板间的电压为 U，根据基尔霍夫电压定律，回路电压方程为(忽略电源内阻)。

$$E - U - iR = 0 \tag{3-6-1}$$

因为，$U = \dfrac{Q}{C}$，$i = \dfrac{dQ}{dt}$，所以 $i = C\dfrac{dU}{dt}$。代入式(3-6-1)，可得充电电路的微分方程：

$$E - U - RC\frac{dU}{dt} = 0 \tag{3-6-2}$$

对式(3-6-2)积分，由初始条件 $t = 0$，$U = 0$，可得微分方程的解为：

$$U = E\left(1 - e^{-\frac{t}{RC}}\right) = 0 \tag{3-6-3}$$

式(3-6-3)表明，U 是按时间 t 的指数规律增长的。函数的曲线如图 3-6-2(a)所示。

$$i = \frac{E - U}{R} = \frac{E}{R}e^{-\frac{t}{RC}} \tag{3-6-4}$$

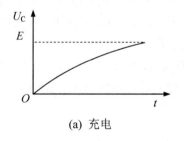

(a) 充电

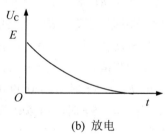

(b) 放电

图 3-6-2 充/放电过程的电压曲线

式(3-6-4)表明充电电流 i 是按指数规律衰减的，其曲线如图 3-6-3(a)所示。

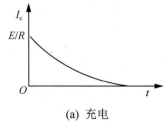

(a) 充电

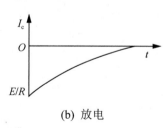

(b) 放电

图 3-6-3 充/放电过程的电流曲线

2. 放电过程

在图 3-6-1 中，假设电容已经充电完毕，电容两端电压 $U=E$；当开关 S 拨向 2 时，电容上的电荷就通过电阻 R 放电，电压 U 逐渐减小，最后趋近于零，放电电流也逐渐减小。

令式(3-6-1)中的 $E=0$，可得：

$$U + iR = 0$$

解得：

$$U = -RC\frac{\mathrm{d}U}{\mathrm{d}t}$$

当 $t=0$ 时，$U=E$，可求得电容放电时微分方程的解为：

$$U = Ee^{-\frac{t}{RC}} \tag{3-6-5}$$

其曲线如图 3-6-2(b)所示。而放电时的电流为：

$$i = -\frac{U}{R} = -\frac{E}{R}e^{-\frac{t}{RC}} \tag{3-6-6}$$

式中的负号表示放电时电流的方向与充电时电流的方向相反，函数曲线如图 3-6-3(b)所示。

从式(3-6-6)可以看出，在放电过程中，U 和 i 都是按 t 的指数规律减小的。

3．充/放电过程中的时间常数和半衰期

1) 时间常数 τ

当 $t=RC$ 时，由式(3-6-3)和式(3-6-4)可得：

$$U = E(1 - e^{-1}) = 0.632E$$

$$i = \frac{E}{R}e^{-1} = 0.368\frac{E}{R}$$

由此可见，当 $t=RC$ 时，电容上的电压上升到最大值的 63.2%，充电电流则减小到初始值的 36.8%。RC 的乘积定义为 RC 电路的时间常数，用 τ 表示，$\tau=RC$，它反映充/放电的速度快慢。τ 越小，充/放电速度越快；τ 越大，充/放电速度越慢。

从式(3-5-3)可以看出，在充电过程中，当 τ 趋近无穷大时，才有 $U=E$，$i=0$。但是，当 $t=4\tau$ 时，$U=0.982E$；$t=5\tau$ 时，$U=0.993E$。所以，当 $t=4\sim5\tau$ 时，就可以认为充电完毕。放电过程也一样，当 $t=4\sim5\tau$ 时，可以认为放电完毕。

2) 半衰期 $T_{1/2}$

半衰期定义为电容被充电到最终电压值一半时所需要的时间，用 $T_{1/2}$ 表示。设电流减小到初始值的一半所需的时间为 $T'_{1/2}$，将 $U=\frac{1}{2}E$ 代入式(3-6-3)，$i=\frac{1}{2}\times\frac{E}{R}$ 代入式(3-6-4)可得

$$U = \frac{E}{2} = E\left(1 - e^{-\frac{T_{1/2}}{\tau}}\right)$$

$$i = \frac{1}{2}\times\frac{E}{R} = \frac{E}{R}e^{-\frac{T'_{1/2}}{\tau}}$$

求解方程可得：

$$T_{1/2} = T'_{1/2} = \tau\ln2 = 0.693\tau \tag{3-6-7}$$

由此可见，在充电过程中，电压 U 到达最大值的一半和电流下降到初始值的一半所需的时间相同，皆为 0.693τ。实验时，常利用测得的半衰期来求时间常数，由式(3-6-7)可得：

$$\tau = 1.44 T_{1/2}$$

【实验内容与步骤】

测绘 RC 电路充/放电电压曲线。

(1) 按图接好电路。其中，C 是标准电容，V 是电压表，用它的内阻作为放电电阻，注意根据所选的量程计算电压表的内阻 R_V。时间常数一般为几十秒。

(2) 测量充电电压波形。将电源调到 10V，开关拨置 1，使电容充电，同时启动数字电子秒表，用万用表测量电容两端的电压，测量电压上升到表中电压值所对应的时间，填入表中，每一电压测量两次。调节电阻 R 使电容充满电的时间大于 20s。

(3) 测量放电电压波形。将开关接通，调节电源输出幅度，使电容上的电压读数为 10V(用 MF-10 型万用表的直流电压挡)。断开开关，同时启动秒表，测量电压下降到表中电压值所对应的时间，填入表中，每一电压测量两次。

(4) 改变电容箱的电容值，重复上面的实验步骤。

(5) 用示波器观察充/放电波形。

按图 3-6-4 连好线路，用方波发生器代替开关，用示波器观察时间常数很小的电路充/放电波形。在前半个周期内，方波电压为 E，电容充电；后半个周期，电压为零，电容放电，在示波器上出现连续的充/放电波形。

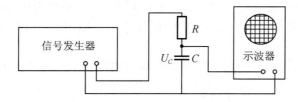

图 3-6-4 实验线路连接示意

调节方波发生器的频率，观察充/放电波形的变化。最后使方波的半周期大于 5，使充/放电过程基本完成，画出方波的充/放电波形。

【数据记录与处理】

(1) 将 RC 电路放电过程中所测得的数据填到表 3-6-1 中；以表中的 U 为纵轴，以测得的时间的平均值为横轴，画出 $U-t$ 曲线，再以 $\ln U$ 为纵轴画出 $\ln U-t$ 曲线，分别由两条曲线求出充电和放电的时间常数。

(2) 利用给定的电容容量 C 和电压表的内阻计算放电的时间常数和半衰期，并和用作图法求出的时间常数进行比较。

(3) 用半衰期计算时间常数。

表 3-6-1 RC 电路放电过程所测得实验数据

	U_C/V	1	2	3	4	5	6	7	8	9	10
	1										
充电	2										
	平均										

续表

	U_C/V	1	2	3	4	5	6	7	8	9	10
放电	1										
	2										
	平均										

【思考题】

(1) 为什么 RC 电路的 $\ln U$–t 曲线是一条直线？

(2) 如果方波发生器前半个周期的电压值是 E，后半个周期的电压值是 $-E$，用示波器观察电容上电压的波形。

3.7　实验 3-6　直流电桥法测量电阻

电桥测量法是电磁学中最重要的电阻测量方法之一，在电测技术中有着十分广泛的应用，它具有测试灵敏、精确和方便等特点。电桥电路在自动化仪器和自动控制中应用广泛。

电桥分为直流电桥和交流电桥两大类。直流电桥又分为单臂电桥(惠斯通电桥)和双臂电桥(开尔文电桥)。前者主要用于精确测量 $10\sim10^8\,\Omega$ 的中值电阻，后者用于测量几欧姆以下的低值电阻。

本实验采用平衡电桥法分别用单臂电桥和双臂电桥测不同阻值的电阻。

【实验目的】

(1) 熟悉和掌握 DHQJ-5 型多功能电桥的使用。

(2) 学会单臂电桥测电阻的原理和方法。

(3) 了解双臂电桥测电阻的原理和方法。

【实验仪器】

DHQJ-5 型教学用多功能电桥、待测电阻、导线。

【实验原理】

1. 单臂电桥测电阻的原理

以前经常采用伏安法测未知电阻，即测出流过未知电阻的电流 I 和它两端的电压 U，利用欧姆定律 $R_X = \dfrac{U}{I}$ 得出 R_X 值。但是，用这种方法测量，由于电表内阻的影响，无论采用如图 3-7-1(a)所示的外接法，还是图 3-7-1(b)所示的内接法，都不能同时测得准确的 I 和 U 值，即有一定的系统误差存在。原因在于电表有内阻，表内又有电流流过。为了降低这一系统误差，通常采用如图 3-7-2 所示的电桥电路，此即为单臂电桥的电路原理图。

单臂电桥是最常用的直流平衡电桥。图 3-7-2 中 R_1，R_2，R_S，R_X 组成一个四边形，每一边都称为电桥的一个臂。对角线 AD 之间接有电源 E；BC 之间接一个检流计 G，它像桥一样，所以称为电桥。R_1，R_2 为已知电阻，R_S 为标准电阻，R_X 为被测电阻。当把电路中的开关都接通以后，R_1，R_2，R_S，R_X 以及检流计 G 上分别有电流 I_1，I_2，I_S，I_X，I_g 流过。适当调节各臂上的电阻值，可使得检流计电流 $I_g = 0$，即 B、C 两点电位相等，此时称电桥达到了平衡。当电桥平衡时有 $U_B = U_C$，则有：

$$U_{AB} = U_{AC}, \quad U_{BD} = U_{CD}$$

$$I_1 R_1 = I_2 R_2, \quad I_S R_S = I_X R_X$$

因为 G 中无电流，所以 $I_1 = I_S$，$I_2 = I_X$，上两式相除，得：

$$\frac{R_1}{R_S} = \frac{R_2}{R_X} \tag{3-7-1}$$

$$R_X = \frac{R_2}{R_1} \cdot R_S \tag{3-7-2}$$

式(3-7-1)即为电桥的平衡条件。由式(3-7-2)可知，若 R_1、R_2 为已知，只要改变 R_S 值，使 G 中无电流，并记录下此时的 R_S，即可求得 R_X。

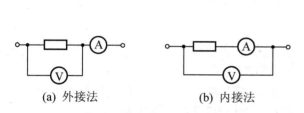

(a) 外接法   (b) 内接法

图 3-7-1 伏安法测电阻的原理示意

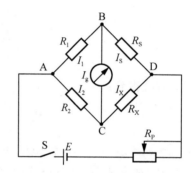

图 3-7-2 单臂电桥原理示意

2. 双臂电桥测电阻的原理

用一般的单臂电桥测得的电阻 R_X 中，实际上包含了接线电阻和两接触点上的接触电阻，它们一般约为 0.01Ω。所以当被测电阻较小时，相对误差就较大。例如，R_X 为 10Ω 左右时，相对误差为 0.1%，当 R_X 为 0.01Ω 时，相对误差为 100%。由此可见单臂电桥不能测小于 1Ω 的低电阻。为了消除这种误差只能从电路设计上来解决。

双臂电桥将上述接线电阻和接触电阻用一特殊线路使它们从电桥内的电压线路间消除，从而使低电阻的测量结果比较精确。

双臂电桥的电路原理如图 3-7-3 所示。电路中 R_X 为待测电阻，R_N 为用于比较的标准电阻，R_1，R_2，R_3，R_4 组成电桥双臂电阻，它们的阻值相当大。它与单臂电桥电路相比较，不同点在于：

(1) 桥的一端 F 接到附加电路 $C_2 R_3 F R_4 H$ 上，R_1、R_3 和 R_2、R_4 并列，故称双臂电桥。

(2) C_1、C_2 间为待测的低电阻。连接时要用四个接头，C_1、C_2 称为电流接头，在桥路

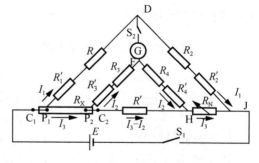

图 3-7-3 双臂电桥原理示意

外，P_1、P_2称为电压接头，在桥路内。实验中要测量的是P_1、P_2两点间的电阻R_X。

这种电路是用电阻测量补偿法消除接触电阻的影响。设桥路中P_1、J、P_2、H处的接触接线电阻分别为R_1'、R_2'、R_3'、R_4'，它们附加入R_1、R_2、R_3、R_4桥臂电阻中，$R_{1\sim4}$(约$10\,\Omega$)$\gg R_{1\sim4}'$($10^{-3}\sim10^{-2}\,\Omega$)，$R'/R$为$10^{-4}\sim10^{-3}$，其影响可忽略不计。至于$C_1$、$C_2$处的接线接触电阻在电桥的外路上，显然与电桥平衡无关。

当电桥上的G中无电流的，电路处于平衡状态，则电桥双臂电阻R_1与R_2内流过的电流I_1相等，R_3与R_4内流过的电流I_2也相等。分析电压、电流关系可得

$$U_{P_1P_2F}=U_{P,D}\,,\quad I_3R_X+I_2\left(R_3+R_3'\right)=I_1\left(R_1+R_1'\right)\tag{3-7-3a}$$

$$U_{JHF}=U_{JD}\,,\quad I_3R_N+I_2\left(R_4+R_4'\right)=I_1\left(R_2+R_2'\right)\tag{3-7-3b}$$

$$U_{P_2FH}=U_{P_2H}\,,\quad I_2\left(R_3+R_3'+R_4+R_4'\right)=\left(I_3-I_2\right)R'\tag{3-7-3c}$$

由于$R_{1\sim4}\gg R_{1\sim4}'$，近似地可得：

$$\begin{cases}I_3R_X+I_2R_3=I_1R_1\\ I_3R_N+I_2R_4=I_1R_2\\ I_2\left(R_3+R_4\right)=\left(I_3-I_2\right)R'\end{cases}$$

求解联立方程得到：

$$R_X=\frac{R_1}{R_2}R_N+\frac{R_4R'}{R_3+R_4+R'}\left(\frac{R_1}{R_2}-\frac{R_3}{R_4}\right)\tag{3-7-4}$$

式(3-7-4)中第一项与单臂电桥计算公式相同，第二项为修正项。在实际使用中为了测量方便，使$R_1/R_2\equiv R_3/R_4$。式(3-7-4)中修正为零，因此式(3-7-4)也简化为：

$$R_x=\frac{R_1}{R_2}R_N\tag{3-7-5}$$

由式(3-7-5)可以看出，双臂电桥测量电阻与单臂电桥一样方便。同时由上面的讨论可知，欲使式(3-7-5)成立，要求在改变比率R_1/R_2时，要同时改变R_3/R_4，且永远保持$R_1/R_2\equiv R_3/R_4$。为此，在双臂电桥中采用双轴同步变阻器组，两变阻器组中的各对应电阻的阻值之比相同，调节时两组同步变化。

【实验内容与步骤】

1. 单臂电桥测电阻的操作步骤

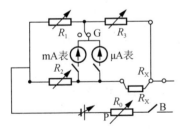

图 3-7-4　单臂电桥工作方式

单臂电桥测电阻原理如图3-7-4所示。

(1) 工作方式开关选择"单桥"挡。

(2) 电源选择开关建议按表1有效量程选择工作电源电压。

(3) G开关选择"G内接"。

(4) 根据被测电阻R_X的估计值，按表3-7-1选择量程倍率，设置好R_1、R_2和R_3的值(注意R_3电阻箱的最大阻值旋钮上一定不能为零)，将未知被测电阻接入R_X接线端子(注意R_X端子上方短接片应接好)。

(5) 打开仪器市电开关、面板指示灯亮。

(6) 建议选择毫伏表作为仪器检流计，释放"接入"按键，量程置"2mV"挡，调节"调零"电位器，将数显表调零。调零后将量程转入200mV量程，按下"接入"按键，也可以选择微安表作检流计(两者不应同时接入使用)。

(7) 按下工作电源开关"B"，调节R_3各盘电阻，使检流计显示为零，此即为粗调，然后再选择20mV或2mV挡，细调R_3盘，使电桥平衡，并记录下R_3的阻值(此仪器上的R_3与R_S是等价的)。

(8) 按式(3-7-6)计算被测电阻值并计算不确定度：

$$R_X = \frac{R_2}{R_1} \cdot R_3 \tag{3-7-6}$$

用电桥测量电阻时其仪器的误差由式(3-7-7)计算：

$$\Delta_{仪} = \frac{a}{100}\left(MR_S + M\frac{R_N}{10}\right)(式中 M = \frac{R_2}{R_1}) \tag{3-7-7}$$

式中，R_N是基准值，是与R_S读数最大值最接近的10的整数幂，在此电桥中$R_N = 10^3$；a是电桥的准确度等级，当$M < 1000$时，$a = 0.05$；$M = 1000$时，$a = 0.2$。

根据式(3-7-8)计算不确定度：

$$u(R_X) = \frac{\Delta_{仪}}{\sqrt{3}} \tag{3-7-8}$$

表 3-7-1　单臂电桥技术参数

量 程 倍 率	有效量程/Ω	R_1/Ω	R_2/Ω	工作电压/V
$\times 10^{-3}$	$1\sim11.111$	10000	10	3
$\times 10^{-2}$	$10\sim111.11$	10000	100	6
$\times 10^{-1}$	$100\sim1111.1$	10000	1000	
$\times 1$	$1\sim11.111k$	1000	1000	9
$\times 10$	$10\sim111.11k$	1000	10000	
$\times 10^2$	$100\sim1111.1k$	100	10000	12
$\times 10^3$	$1\sim11.111M$	10	10000	

2. 双臂电桥测电阻的操作步骤

双臂电桥测电阻电路如图3-7-5所示。

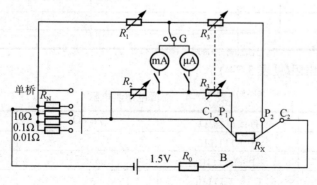

图 3-7-5　双臂电桥工作电路示意

(1) 标准电阻 R_N 选择开关，按表 3-7-2 建议选择 R_N 值。

表 3-7-2 双臂电桥技术参数

标准电阻/Ω	有效量程/Ω	$R_1=R_2/Ω$	工作电压/V
10	10～111.110	1000	
1	1～11.1110	1000	1.5
0.1	0.1～1.11110	1000	
0.01	0.01～0.111110	1000	

(2) 工作方式开关选择"双桥"挡。

(3) 电源选择开关置"1.5V(双桥)"挡。

(4) G 开关选择"G 内接"；

(5) 按表 3-7-2 选择 R_1、R_2 值(注意：双桥使用时，$R_1 = R_2$)并将被测电阻的四个端子(C_1、C_2 为电流端子，P_1、P_2 为电压端子)接入仪器的 C_1、C_2、P_1、P_2 端子。

(6) 打开市电开关，选择毫伏表作为检流计(也可用微安表)，在未接入状态下调零，调零完毕后检流计"接入"桥路工作。

(7) 按下工作电源开关"B"(持续时间要短，以免被测电阻发热影响测量精度)，调节 R_3(R_3 内部已和 R_3' 同步)各盘电阻，使电桥平衡，记录下 R_3 的阻值，填入表 3-7-4。

(8) 按下式计算被测电阻阻值：

$$R_X = \frac{R_3}{R_1} \times R_N$$

【数据记录与处理】

(1) 单臂电桥测电阻(见表 3-7-3)。

表 3-7-3 单臂电桥测电阻

待测电阻/Ω	倍率(R_2/R_1)	$R_3/Ω$	$R_X/Ω$	不确定度 $u(R_X)$	相对不确定度 $E_r = \dfrac{u(R_X)}{R_X}$	测量结果
1～11.111						
10～111.11						
100～1111.1						
1～11.111k						
10～111.11k						
100～1111.1k						
1～11.111M						

(2) 双臂电桥测电阻(见表 3-7-4)。

表 3-7-4 双臂电桥测电阻

标准电阻/Ω	有效量程/Ω	$R_3/Ω$	$R_X/Ω$
10	10～111.110		
1	1～11.1110		
0.1	0.1～1.11110		
0.01	0.01～0.111110		

【实验 3-6 附录 1】DHQJ-5 型教学用多功能电桥使用说明

1. 电桥设计特点

(1) 该电桥的四臂为五位盘，增加了电桥的测量精度和调节细度。

(2) 双臂电桥方式下，内置了四挡标准电阻，使用更方便。

(3) 设置了电压型检流计(输入阻抗低至 10Ω)，两种检零仪能单独方便地接入使用或断开；检流计具有三挡量程，扩大了测量范围。

(4) 电压型检流计和电流型检流计可作为电压毫伏表和电流微安表，在选择功率电桥方式测电阻时，可以同时测量电桥负载的电压电流，功率测量直观方便。

(5) 设置了标准电阻选择开关、工作方式转换开关、工作电压选择开关，各开关功能相对比较单一，方便了实验操作。

(6) DHQJ-5 电桥工作电源由市交流电供电，不仅节省了使用成本，还减少了干电池报废造成的环境污染。

2. 主要技术指标

(1) 仪器使用条件。

温度参考值：(20±5)℃   湿度参考值：(30%～60%)RH

使用温度范围：5℃～35℃   使用湿度范围：(20%～80%)RH

供电：单相 220(1±10%)V，50Hz，最大耗电小于 20W

(2) 单臂电桥技术参数见表 3-7-5。

表 3-7-5   单臂电桥技术参数

量 程 倍 率	有效量程/Ω	允许误差/(%)	工作电压/V
×10^{-3}	1～11.111	±3	3
×10^{-2}	10～111.11	±0.5	6
×10^{-1}	100～1111.1	±0.1	6
×1	1～11.111k	±0.1	9
×10	10～111.11k	±0.1	9
×10^{2}	100～1111.1k	±0.5	12
×10^{3}	1～11.111M	±1	12

(3) 双臂电桥技术参数见表 3-7-6。

表 3-7-6   双臂电桥技术参数

标准电阻/Ω	有效量程/Ω	R_1=R_2/Ω	分辨力/Ω	允许误差/(%)
10	10～111.110	1000	0.001	0.1
1	1～11.1110	1000	0.0001	0.1
0.1	0.1～1.11110	1000	0.00001	0.5
0.01	0.01～0.111110	1000	0.000001	1

(4) 内置电压型检流计技术参数见表 3-7-7。

表 3-7-7　内置电压型检流计技术参数

量程/mV	测量范围/mV	分辨力/μV	允许误差/(%)
200	0～±199.9	100	±(0.25%+1 个字)
20	0～±19.99	10	±(0.25%+1 个字)
2	0～±1.999	1	±(0.5%+1 个字)

(5) 内置电流型检流计技术参数见表 3-7-8。

表 3-7-8　内置电流型检流计技术参数

量　程	测 量 范 围	分辨力/μA	允许误差/(%)
20mA	0～±19.99 mA	10	±(0.25%+1 个字)
2mA	0～±1.999 mA	1	±(0.25%+1 个字)
200 μA	0～±200 μA	0.1	±(0.5%+2 个字)

3. 注意事项

(1) 电桥工作电压是和所测电阻值大小相匹配的，目的是在保证较高测量精度下，扩大量程范围，要求测试时注意选择合适的工作电压。1.5V 工作电压，单臂电桥也可以使用；双臂电桥只能使用 1.5V，选择其他工作电压，反会大大降低双臂电桥的测试灵敏度。

(2) 为了减少被测电阻热效应，影响测试精度，希望工作电源开关 B，随测随开，测完断开。双臂电桥工作时尤要注意，随测随开，测完断开电源。

(3) 尽量避免 R_1，R_2，R_3 阻值同时过低使用。

(4) 仪器使用完毕后，应关断市电开关，避免意外事故发生。

(5) 仪器长期不用，应存放于温度为 0℃～40℃，相对湿度不大于 80%的室内，室内不应有腐蚀性气体和灰尘，避免阳光直晒。

【实验 3-6 附录 2】

单臂电桥还可以利用下面的实验仪器进行操作，学生有时间可以作为选作内容。

【实验仪器】

滑线式电桥一台、QJ-47 型箱式电桥一台、检流计一台、电阻箱一台、150 Ω 滑线变阻器、甲电池、电键、待测电阻板和若干导线。

【实验内容与步骤】

1. 用滑线式电桥测电阻

滑线式电桥是为了便于理解电桥的原理而设计制作的一种教学用电桥，其线路如图 3-7-6 所示。AB 为一均匀的长为 L 的电阻丝，滑动触点 D 可在电阻丝上滑动，当电桥平衡时 $R_x R_2 = R_s R_1$。

即：

$$R_X = \frac{R_1}{R_2} R_s$$

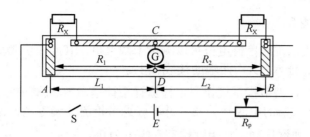

图 3-7-6 滑线式电桥

由于电阻丝粗细均匀，又是由同一种材料制成，它们之间的电阻之比就可用其长度之比来表示：

$$R_X = \frac{L_1}{L_2} R_S$$

式中，L_1、L_2 分别表示电阻丝 AD 与 BD 段的长度。

设 $L_1 = L_{X2}$，$L_2 = L - L_X$，可得：

$$R_X = \frac{L_X}{L - L_X} R_S$$

可见，欲求 R_X 只需确定出 AD 与 BD 段电阻丝的长度之比，读出标准电阻(电阻箱)的阻值，即可求得。

但实际上由于电阻丝并非完全均匀，而且使用越久，电阻丝中间部分磨损越严重。为消除电阻丝不均匀引起的系统误差，可将待测电阻与标准电阻箱交换位置进行测量，并求平均值作为测量结果。

测量时可先将触点 D 置于电阻丝 AB 的任意位置处，然后调节电阻箱的阻值。若阻值为 R_S' 时，电桥达到平衡，再将 R_S 与 R_X 交换位置进行测量。当电桥再次达到平衡时，电阻箱的阻值设为 R_S''，根据平衡条件，应有关系式：

$$R_X = \frac{L_1}{L_2} R_S' \text{ 和 } R_X = \frac{L_2}{L_1} R_S''$$

由此可得：

$$R_X = \sqrt{R_S' R_S''}$$

测量步骤如下。

(1) 按图 3-7-6 连接电路。未知电阻阻值大约为 $300\,\Omega$。

(2) 粗调：把检流计的接触开关放在 $L_1 : L_2$ 大约为 $1 : 1$ 处。把滑线式变阻器调至阻值最大处，调节电桥平衡。

(3) 细调：把滑线式变阻器调至阻值最小处调节电桥平衡，记下这时 R_S' 的值。

(4) 粗调：把滑线变阻器调至阻值最大处，保持 $L_1 : L_2$ 不变，把待测电阻 R_X 和电阻箱 R_S 位置互换，然后调节电桥平衡。

(5) 细调：把滑线式变阻器调至阻值最小处调节电桥平衡，记下这时 R_S'' 的值。

(6) 把检流计的接触开关放在 $L_1 : L_2$ 大约为 $1 : 2$、$2 : 1$、$1 : 3$、$3 : 1$ 处重复(2)~(5)步。

(7) 根据所测得数据计算待测电阻的阻值，表格可自行设计。

2. 用箱式电桥测电阻

利用 QJ-47 型箱式电桥的单臂电桥可以测量未知电阻，其操作步骤如下：

(1) 将待测电阻 R_X 连入"X"两端的接线柱上。

(2) 按下并旋入 G_1，调节指零旋钮，使检流计指针指向零(机械调零)。

(3) 接通三极管放大器的电源开关 S，并轻轻调节检流计调零电位器 R_P，使检流计指针指向零(电气调零)点，观察片刻，使指针稳定在零位为止。

(4) 将"S"盘转到对准"单"的位置上，用单臂电桥进行测量。

(5) 粗调：旋入按钮 B_0 调节电桥平衡，这时可以判断 M 值的选择是否合适，如果不合适则应重新选择。

注意：M 值的选择应当使电桥能调平衡，R_S 的最高位不能为零。

(6) 细调：按下按钮 G_2 调节电桥平衡，记录下此时的 M 值和 R_S 值。

(7) 根据待测电阻的值选择合适的 M 值，重复步骤(5)、(6)，测量不同级别的电阻。

(8) 根据下式计算待测电阻的阻值填入表 3-7-9 中。

$$R_X = MR_S$$

表 3-7-9　待测电阻的 M、R_S、R_X 值

待测电阻/Ω	倍率/M	R_S/Ω	R_X/Ω
$10 \sim 10^2$			
$10^2 \sim 10^3$			
$10^3 \sim 10^4$			
$10^4 \sim 10^5$			
$10^5 \sim 10^6$			

3.8　实验 3-7　双臂电桥法测量电阻

【实验目的】

(1) 了解双臂电桥测量低电阻的方法和原理。

(2) 用双臂电桥测量导体的电阻率。

【实验仪器】

QJ-44 型双臂电桥、待测四端电阻、导线若干。

【实验原理】

1. 双臂电桥

由于导线电阻及接触电阻(总称为附加电阻，其数量级约为 $10^{-3}\Omega$)的存在，用单臂电桥测量 1Ω 以下的低电阻时误差就很大，为了消除附加电阻的影响，在单臂电桥的基础上发展起

来了双臂电桥，它适用于 $10^{-6}\,\Omega \sim 10^2\,\Omega$ 范围内的电阻测量。

为了弄清在低电阻测量中附加电阻是如何影响测量结果的，下面先来分析一下用伏安法测量金属棒 AD 的电阻 R_X 的情况。一般的接线方法如图 3-8-1 所示。考虑到导线电阻和接触电阻，通过电流表的电流 I 在接头 A 处分为 I_1、I_2 两路。I_1 流经电流表和金属棒间的接触电阻 r_1 再流入 R_X，I_2 流经毫伏计和电流表接头处的接触电阻 r_3，再流入毫伏计。同样，当 I_1、I_2 在 D 点汇合时，I_1 先通过金属棒和限流电阻 R_N 间的接触电阻 r_2，I_2 先经过毫伏计和限流电阻间的接触电阻 r_4 才汇合。考虑到由 A 点到电流表，由 D 点到限流电阻 R_N 之间的导线电阻分别可并入电流表和限流电阻 R_N 的"内阻"中，所以其等效电路如图 3-8-2 所示。由图中可见，r_1、r_2 与 R_X 串联，r_3、r_4 与毫伏计串联，所以毫伏计指示的电压值包括了 r_1、r_2 和 R_X 两端的电压降。在低电阻测量中，r_1、r_2 的阻值与 R_X 具有相同的数量级(甚至有时比 R_X 还大)，所以用毫伏计上的读数直接作为 R_X 上的电压值来计算其阻值，将得不到准确的结果。如果将连接方法改成图 3-8-3 的形式，则从前面的分析可知，此时虽然接触电阻 r_1、r_2、r_3、r_4 仍然存在，但由于所处的位置不同，构成的等效电路如图 3-8-4 所示。由于毫伏计的内阻远大于 r_3、r_4 和 R_X，所以毫伏计和电流表的读数可以相当准确地反映待测电阻 R_X 上的电压降和通过 R_X 的电流值。

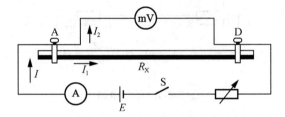

图 3-8-1　一般接线示意

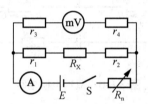

图 3-8-2　等效电路

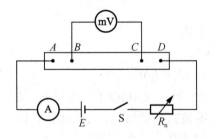

图 3-8-3　改变后的连接电路

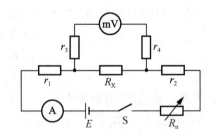

图 3-8-4　改变连接方法后的等效电路

由上述分析可见，在测量低电阻时，将通以电流的接线端(简称电流端)A、D 和测量电压的接线端(简称电压端)B、C 分开，且将电压端放在内侧，可以避免接触电阻和导线电阻的影响。这种具有四个接线端的电阻称为四端电阻。

现在来看一下用单臂电桥测量低电阻的情况。在普通单臂电桥(参见单臂电桥实验)的基础上，将 R_2 和 R_X 的位置互换，如图 3-8-5 所示，这仍是单臂电桥，当电桥平衡时，仍有 $R_X = \dfrac{R_1}{R_2}R_S$。

由图 3-8-5 可见，电路中有 12 根导线和 A、B、C、D 四个节点，

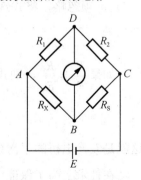

图 3-8-5　互换 R_2 和 R_X

其中由 A、C 点到电源和由 D、B 点到检流计的导线电阻可分别并入电源、检流计的"内阻"中，对测量结果没有影响。由于比率臂 R_1 和 R_2 可用阻值较高的电阻，所以同 R_1 和 R_2 相连接的四根导线(即 A—R_1、D—R_1、C—R_2、D—R_2 四根导线)的电阻对测量结果影响不大，可忽略不计。由于待测电阻 R_X 是低电阻，比较臂 R_S 也应当用低电阻，所以与 R_X 及 R_S 相连的四根导线及节点的电阻就不容忽略了。为了消除这些附加电阻的影响，将 R_X 及 R_S 制成四端电阻，并将其一组电压端 B_3、B_4 分别接上阻值为几百欧的电阻 R_3、R_4 后再与检流计相连。另外，将 R_X、R_S 的一组电流端 B_1、B_2 用粗导线连接，这就构成了双臂电桥，其电路如图 3-8-6 所示。

下面来分析图 3-8-6 所示的双臂电桥电路。在电路中，由于采用了四端电阻，所以 A_1、C_1 点的接触电阻可以并入电源及 R_N 的"内阻"中去，A_2、C_2 点的接触电阻可并入到 R_1、R_2 中，B_3、B_4 点的接触电阻 r_3、r_4 可以看做与 R_3、R_4 串联，设 B_1、B_2 间的附加电阻为 r，其等效电路如图 3-8-7 所示。

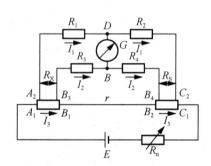 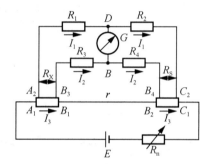

图 3-8-6　双臂电桥电路　　　　　　　图 3-8-7　等效电路

下面来推导双臂电桥的平衡条件。电桥平衡时，检流计中无电流通过，此时，通过 R_1、R_2 的电流相等，设为 I_1，通过 r_3、R_3、R_4、r_4 的电流相等，设为 I_2，通过 R_X，R_S 的电流也相等，设为 I_3。电桥平衡时 D、B 两点电位相等，所以有：

$$\begin{cases} I_1R_1 = I_2(R_3 + r_3) + I_3R_X \\ I_1R_2 = I_2(R_4 + r_4) + I_3R_S \\ I_2(r_3 + R_3 + R_4 + r_4) = (I_3 - I_2)r \end{cases} \quad (3\text{-}8\text{-}1)$$

由于 R_3、R_4 的阻值为几十到几百欧，r_3、r_4 的阻值一般在 0.1Ω 以下，所以 R_3、$R_4 \gg r_3$、r_4。另外，连接 B_1、B_2 两点用的是粗导线，所以 r 的阻值充其量与 r_3、r_4 的阻值在同一数量级，因此有 $I_3 \gg I_2$，故 $I_3R_X \gg I_2r_3$、$I_3R_S \gg I_2r_4$，利用这几个关系，可以将式(3-8-1)中有关 r_3、r_4 的项忽略，将式(3-8-1)整理后可得：

$$R_X = \frac{R_1}{R_2}R_S + \frac{rR_4}{R_3 + R_4 + r}\left(\frac{R_1}{R_2} - \frac{R_3}{R_4}\right) \quad (3\text{-}8\text{-}2)$$

如果 $\dfrac{R_1}{R_2} = \dfrac{R_3}{R_4}$，则式(3-8-2)中右边第二项为零。此时式(3-8-2)变为：

$$R_X = \frac{R_1}{R_2}R_S \quad (3\text{-}8\text{-}3)$$

这就是双臂电桥的平衡条件。

在技术上为了保证 $\dfrac{R_1}{R_2} = \dfrac{R_3}{R_4}$ 始终成立，通常将两对比率臂($\dfrac{R_1}{R_2}$ 及 $\dfrac{R_3}{R_4}$)采用同轴十进制电阻

箱的特殊结构，在这种结构的电阻箱中，两个相同的十进制电阻箱的转臂固定在同一转轴上，当转臂转到任意位置时，都保持 $R_1 = R_3$，$R_2 = R_4$。

2. 导体的电阻率

本实验是测量导体的电阻率，实验表明，导体的电阻与其长度 L 成正比，与其横截面面积 S 成反比，即

$$R = \rho \frac{L}{S} \tag{3-8-4}$$

式中，ρ 为导体的电阻率，它的大小与导体材料的性质有关，可按下式求出

$$\rho = R \frac{S}{L}$$

如导体为一圆柱体，则

$$\rho = R \frac{\pi d^2}{L} \tag{3-8-5}$$

式中，d 为导体的直径。

【实验内容与步骤】

1. 仪器简介

本实验所用双臂电桥为 QJ-44 型直流双臂电桥，图 3-8-8 是它的线路图，其仪器面板图如图 3-8-9 所示。该电桥测量的基本量程为 $0.001\sim11\Omega$，准确度等级为 0.2 级，将图 3-8-8 与图 3-8-6 比较可见，线路图 3-8-8 或仪器面板图 3-8-9 中的 C_1、C_2、P_1、P_2 分别接待测电阻 R_X 两个电流端和两个电压端。图中的滑线读数盘和步进读数盘相当于图 3-8-6 中的已知电阻 R_S，只是这里将 R_S 分成连续变化和阶跃变化两部分。倍率读数(有 0.01、0.1、1、10、100 五挡)即为图 3-8-6 中的 $\frac{R_1}{R_2}$ 和 $\frac{R_3}{R_4}$ 值。图 3-8-8 中，B 为电源接通按钮。G 为接通检流计的按钮。图 3-8-9 中，"调零"为三极管检流计的零点调节器，"灵敏度"旋钮用来调节三极管检流计的灵敏度。该电桥使用方法如下：

(1) 调节检流计的机械零点，使检流计指针指到零位。

(2) 将"B_1"开关拨到通的位置，待稳定后(约 5min)，调节检流计指针到零位。

(3) 将"灵敏度"旋钮放在最低位置。

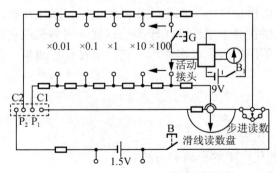

图 3-8-8　QJ-44 型直流双臂电桥线路

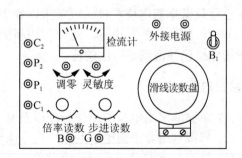

图 3-8-9　仪器面板示意

(4) 将被测四端电阻接在电桥 C_1、P_1、P_2、C_2 四个接线端上。

(5) 估计被测电阻值的大小，选择适当的倍率位置，先按"G"按钮，再按"B"按钮，调节步进读数盘和滑线读数盘，使检流计指针指零。如发现灵敏度不够，应增加其灵敏度(当移动滑线盘四个小格，能使检流计指针偏离零点约 1 格时，就能够满足测量要求)。当改变灵敏度时，会引起检流计指针偏离零位，在测量之前，随时都可以调节检流计零位。

(6) 计算被测电阻阻值 R_X。

$$R_X=倍率读数×(步进盘读数+滑线盘读数)$$

2. 实验步骤

实验步骤如下：

(1) 用电桥测量待测导体的电阻 R，本实验所选导体材料为铜，实验前已将其制为四端电阻。

(2) 用螺旋测微计测出导体的直径 d。对不同部位测量五次，取其平均值。用米尺测量该四端电阻两电压端之间的长度 L。

(3) 按式(3-8-5)求出铜的电阻率 ρ 值，并求出电阻率 ρ 的标准不确定度。

【注意事项】

(1) 由于通过待测电阻的电流较大，在测量过程中通电时间应尽量短暂。

(2) 电桥使用完毕后，应将"B"与"G"按钮松开，将"B₁"开关拨向"断"的位置，以延长三极管放大器工作电源的使用寿命。

(3) 仪器应保持清洁，避免阳光曝晒及剧烈振动。

【思考题】

(1) 为何单臂电桥不能用来测量低电阻？双臂电桥比单臂电桥有哪些改进？为什么这些改进能消除附加电阻的影响？

(2) 在双臂电桥中，如果将电流端和电压端接头的位置互相颠倒，其等效电路是怎样的？这样做行不行？为什么？

3.9 实验 3-8 非平衡电桥的原理和应用

电桥可分为平衡电桥和非平衡电桥，非平衡电桥也称不平衡电桥或微差电桥。以往在教学中往往只做平衡电桥实验。近年来，非平衡电桥在教学中受到了较多的重视，因为通过它可以测量一些变化的非电量，这就把电桥的应用范围扩展到很多领域，实际上在工程测量中非平衡电桥已经得到了广泛的应用。

【实验目的】

(1) 掌握非平衡电桥的工作原理以及与平衡电桥的异同。

(2) 掌握利用非平衡电桥的输出电压来测量变化电阻的原理和方法。

(3) 学习与掌握根据不同被测对象灵活选择不同的桥路形式进行测量。

(4) 掌握非平衡电桥测量温度的方法，并类推至测其他非电量。

【实验内容】

(1) 用非平衡电桥测量热敏电阻的温度特性。

(2) 用热敏电阻为传感器结合非平衡电桥设计测量范围为 10℃～70℃的数显温度计。

【实验仪器】

(1) DHQJ-5 型教学用多功能电桥。

(2) DHW-2 型多功能恒温实验仪。

(3) 10 kΩ 热敏电阻。

【实验原理】

非平衡电桥的原理图如图 3-9-1 所示。

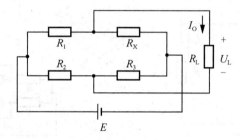

图 3-9-1 非平衡电桥原理示意

非平衡电桥在构成形式上与平衡电桥相似，但测量方法上有很大差别。平衡电桥是调节 R_3 使 $I_O = 0$，从而得到 $R_X = \dfrac{R_1}{R_2} R_3$，非平衡电桥则是使 R_1、R_2、R_3 保持不变，R_X 变化时则 U_O 变化，再根据 U_O 与 R_X 的函数关系，通过检测 U_O 的变化从而测得 R_X，由于可以检测连续变化的 U_O，所以可以检测连续变化的 R_X，进而检测连续变化的非电量。

1. 非平衡电桥的桥路形式

1) 等臂电桥

电桥的四个桥臂阻值相等，即 $R_1 = R_2 = R_3 = R_{XO}$(其中 R_{XO} 是 R_X 的初始值)，这时电桥处于平衡状态，$U_O = 0$。

2) 卧式电桥也称输出对称电桥

这时电桥的桥臂电阻对称于输出端，即 $R_1 = R_{XO}$，$R_2 = R_3$，但 $R_1 \neq R_2$。

3) 立式电桥也称电源对称电桥

这时从电桥的电源端看桥臂电阻对称相等，即
$$R_1 = R_2, \quad R_{XO} = R_3, \quad 但 R_1 \neq R_3。$$

4) 比例电桥

这时桥臂电阻成一定的比例关系，即 $R_1 = KR_2$，$R_3 = KR_O$ 或 $R_1 = KR_3$，$R_2 = KR_{XO}$，$R_2 = KR_{XO}$，K 为比例系数。实际上这是一般形式的非平衡电桥。

2. 非平衡电桥的输出

非平衡电桥的输出有两种情况：一种是输出端开路或负载电阻很大近似于开路，如后接高内阻数字电压表或高输入阻抗运放等情况，这时称为电压输出，实际使用中大多采用这种方式；另一种是输出端接有一定阻值的负载电阻，这时称为功率输出，简称功率电桥。

首先分析一下电压输出时的输出电压与被测电阻的变化关系。

根据戴维南定理，图 3-9-1 所示的桥路可等效为图 3-9-2(a)所示的二端口网络。

其中，U_{OC} 为输出端开路的输出电压。Z_O 为输出阻抗，等效图如图 3-9-2(b)所示，可见

$$U_O = \frac{R_L}{Z_O + R_L} \cdot \left(\frac{R_X}{Z_O + R_X} - \frac{R_3}{R_2 + R_3} \right) \cdot E \tag{3-9-1}$$

式中：

$$Z_O = \frac{R_1 R_X}{R_1 + R_X} + \frac{R_3 R_2}{R_2 + R_3}$$

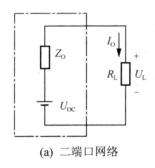

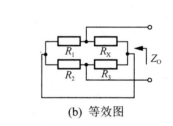

(a) 二端口网络　　　　　　　　(b) 等效图

图 3-9-2　非平衡电桥等效图

电压输出的情况下 $R_L \to \infty$，所以有：

$$U_O = \left(\frac{R_X}{Z_O + R_X} - \frac{R_3}{R_2 + R_3} \right) \cdot E \tag{3-9-2}$$

令 $R_X = R_{XO} + \Delta R$，R_X 为被测电阻，R_{XO} 为其初始值，ΔR 为电阻变化量。

通过整理，式(3-9-1)、式(3-9-2)分别变为：

$$U_O = \frac{R_L}{Z_O + R_L} \cdot \frac{\Delta R \cdot R_2}{(R_1 + R_{XO} + \Delta R)(R_2 + R_3)} \cdot E \tag{3-9-3}$$

$$U_O = \frac{R_1}{(R_1 + R_{XO})^2} \cdot \frac{E}{1 + \frac{\Delta R}{R_1 + R_{XO}}} \cdot \Delta R \tag{3-9-4}$$

这是作为一般形式非平衡电桥的输出与被测电阻的函数关系。特殊情况下，对于等臂电桥和卧式电桥式(3-9-4)简化为：

$$U_O = \frac{1}{4} \frac{E}{R_{XO}} \cdot \frac{1}{1 + \frac{\Delta R}{2R_{XO}}} \cdot \Delta R \tag{3-9-5}$$

立式电桥和比例电桥的输出与式(3-9-4)相同。被测电阻的 $\Delta R \ll R_{XO}$ 时，式(3-9-4)可简化为：

$$U_O = \frac{R_1}{(R_1 + R_{XO})^2} \cdot E \cdot \Delta R \tag{3-9-6}$$

式(3-9-5)可进一步简化为：

$$U_O = \frac{1}{4}\frac{E}{R_{XO}} \cdot \Delta R \tag{3-9-7}$$

这时 U_O 与 ΔR 呈线性关系。

现在来分析功率电桥的输出与被测电阻的变化关系：

当非平衡电桥的输出端接有一定阻值的负载时，电桥将输出一定的功率，这时称为功率电桥。输出电压为：

$$U_O = \frac{R_L}{Z_O + R_L} \cdot \frac{\Delta R \cdot R_2}{(R_1 + R_{XO} + \Delta R)(R_2 + R_3)} \cdot E \tag{3-9-8}$$

其中

$$Z_O = \frac{R_1 R_X}{R_1 + R_X} + \frac{R_3 R_2}{R_2 + R_3} \tag{3-9-9}$$

可见这时的输出电压降低了，所以电桥的电压测量灵敏度降低了。

输出电流为：

$$I_O = \frac{1}{Z_O + R_L} \cdot \frac{\Delta R \cdot R_2}{(R_1 + R_{XO} + \Delta R)(R_2 + R_3)} \cdot E \tag{3-9-10}$$

输出功率为：

$$P = U_L \cdot I_O = \frac{R_L}{(Z_O + R_L)^2} \cdot \left[\frac{\Delta R \cdot R_2}{(R_1 + R_{XO} + \Delta R)(R_2 + R_3)} \right]^2 \cdot E^2 \tag{3-9-11}$$

当 $R_L = Z_O$ 时，P 有最大值 P_m

$$P_m = \frac{1}{4Z_O} \cdot \left[\frac{\Delta R \cdot R_2}{(R_1 + R_{XO} + \Delta R)(R_2 + R_3)} \right]^2 \cdot E^2 \tag{3-9-12}$$

下面分别讨论 $R_L = Z_O$ 时各种桥路的输出情况

1) 等臂电桥

$$U_L = \frac{E}{8R_{XO}} \cdot \frac{1}{1 + \dfrac{\Delta R}{2R_{XO}}} \cdot \Delta R \tag{3-9-13}$$

$$I_O = \frac{E}{8R_{XO}^2} \cdot \frac{1}{1 + \dfrac{\Delta R}{2R_{XO}}} \cdot \Delta R \tag{3-9-14}$$

$$P_m = \frac{E^2}{64R_{XO}^3} \cdot \frac{1}{\left(1 + \dfrac{\Delta R}{2R_{XO}}\right)^2} \cdot \Delta R^2 \tag{3-9-15}$$

2) 卧式电桥

$$U_L = \frac{E}{8R_{XO}} \cdot \frac{1}{1 + \dfrac{\Delta R}{2R_{XO}}} \cdot \Delta R \tag{3-9-16}$$

$$I_O = \frac{E}{4R_{XO}(R_{XO} + R_3)} \cdot \frac{1}{1 + \frac{\Delta R}{2R_{XO}}} \cdot \Delta R \qquad (3\text{-}9\text{-}17)$$

$$P_m = \frac{E^2}{32R_{XO}{}^2(R_{XO} + R_3)} \cdot \frac{1}{\left(1 + \frac{\Delta R}{2R_{XO}}\right)^2} \cdot \Delta R^2 \qquad (3\text{-}9\text{-}18)$$

3) 立式电桥和比例电桥

$$U_L = \frac{E}{2} \cdot \frac{R_1}{(R_1 + R_{XO})^2} \frac{1}{1 + \frac{\Delta R}{R_1 + R_{XO}}} \cdot \Delta R \qquad (3\text{-}9\text{-}19)$$

$$I_O = \frac{U_L}{R_L} = \frac{U_L}{Z_O} \qquad (3\text{-}9\text{-}20)$$

$$P_m = U_L \cdot R_L = \frac{U_L^2}{Z_O}$$

其中

$$Z_O = \frac{R_1 R_X}{R_1 + R_X} + \frac{R_3 R_2}{R_2 + R_3}$$

可见，当 $\Delta R \ll R_{XO}$ 时，则 U_L、I_O 与 ΔR 成线性关系，P_m 与 ΔR^2 成线性关系，且当 $R_L \neq Z_O$ 时，U_L、I_O 与 ΔR 仍成线性关系。故在功率电桥情况下，仍可用输出电压、输出电流和输出功率来测量 ΔR 的值。

3. 用非平衡电桥测量电阻的方法

(1) 将被测电阻(传感器)接入非平衡电桥，并进行初始平衡，这时电桥输出为零。改变被测的非电量，则被测电阻也变化。这时电桥也有相应的电压 U_O 输出。测出这个电压后，可根据式(3-9-4)或式(3-9-5)计算得到 ΔR。对于 $\Delta R \ll R_{XO}$ 的情况下可按式(3-9-6)或式(3-9-7)计算得到 ΔR。

(2) 根据测量结果求得 $R_X = R_{XO} + \Delta R$，并可作 U_O - ΔR 曲线，曲线的斜率就是电桥的测量灵敏度。根据所得曲线，可由 U_O 的值得到 ΔR 的值，也就是可根据电桥的输出 U_O 来测得被测电阻 R_X。

4. 用非平衡电桥测温度的方法

一般来说，金属的电阻随温度的变化为：

$$R_X = R_{XO}(1 + \alpha t) = R_{XO} + \alpha t R_{XO} \qquad (3\text{-}9\text{-}21)$$

所以 $\Delta R = \alpha R_{XO} \Delta t$，代入式(3-9-4)有：

$$U_O = \frac{R_1}{(R_1 + R_{XO})^2} \cdot \frac{E}{1 + \frac{\alpha R_{XO} \Delta t}{R_1 + R_{XO}}} \cdot \alpha R_{XO} \cdot \Delta t \qquad (3\text{-}9\text{-}22)$$

式中的 αR_{XO} 值可由以下方法测得：取两个温度 t_1、t_2，测得 R_{X1}、R_{X2}，则得：

$$\alpha R_{XO} = \frac{R_{X2} - R_{X1}}{t_2 - t_1} \qquad (3\text{-}9\text{-}23)$$

这样可根据式(3-9-22)，由电桥的 U_O 求得相应的温度变化量 Δt，从而求得 $t = t_0 + \Delta t$。

特殊情况下，当 $\Delta R \ll R_{XO}$ 时，式(3-9-22)可简化为：

$$U_O = \frac{R_1}{(R_1 + R_{XO})^2} \cdot E \cdot \alpha R_{XO} \cdot \Delta t \tag{3-9-24}$$

这时 U_O 与 Δt 呈线性关系。

【数据记录与处理】

1. 用非平衡电桥测量电阻

(1) 预调电桥平衡。起始温度可以选室温或测量范围内的其他温度。选等臂电桥或卧式电桥做一组 U_O、ΔR 数据，先测出 $R_{XO} = \underline{\hspace{2cm}} \Omega$，可用单桥、数字电阻表测量，调节桥臂电阻，使 $U_O = 0$，并记下初始温度 $t_0 = \underline{\hspace{2cm}} ℃$。

(2) 将 DHT-1 型多功能恒温实验仪的"热敏电阻"端接到非平衡电桥输入端，热敏电阻的温度特性见附录 1，以供参考。根据 DHT-1 的显示温度，读取相应的电桥输出 U_O，每隔一定温度测量一次，记录于表 3-9-1。

表 3-9-1

温度/℃												
U_O/mV												

(3) 根据测量结果作 R_X-t 曲线。

(4) 用立式电桥或比例电桥重复以上步骤，测量出一组数据，列入表 3-9-2。

表 3-9-2

温度/℃												
U_O/mV												

(5) 根据电桥的测量结果作 R_X-t 曲线。

(6) 分析以上测量的不确定度大小，并讨论原因。

2. **功率电桥测电阻的操作步骤**

功率电桥的等效电路如图 3-9-3 所示。

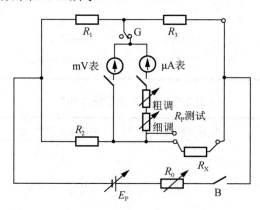

图 3-9-3 功率电桥工作方式简化示意

(1) 标准电阻箱选择开关选择"单桥"。

(2) G 开关选择"G 内接"。

(3) 工作电压选择开关建议选择 6V。

(4) 打开仪器市电开关。

(5) 接入毫伏表当作检流计,毫伏表调零。

(6) 工作方式开关置"单桥"方式,用数字万用表在 R_P 测试端子上调节"R_P 粗调"旋钮,调整好功率桥负载 R_P 值。真正的负载电阻值应再加上 10Ω(10Ω 为微安表内阻,与电流表量程无关,当 R_P 值较大时,10Ω 可忽略不计)。

R_P 值测量也可用单臂电桥平衡方法进行测量,这时只要将"R_P 测量"端子用导线短接到"R_X"端子。

(7) 将工作方式开关置"接入"键,微安表接入,这时电桥负载 R_P 已和电桥输出接好。

(8) 按下微安表"接入"键,微安表接入,这时电桥负载 R_P 已和电桥输出接好。

(9) 在"R_X"端子上接入已知电阻,和 R_1、R_2、R_3 构成某种电桥的非平衡状态。

(10) 按下工作电源开关 B,可以同时读取负载电压值和电流值。

(11) 改变 R_P 值,重复上述步骤,可以测得另一负载下的一组电压电流值。

【注意事项】

(1) 电桥工作电压是和所测电阻值大小相匹配的,目的在于保证较高测量精度下,扩大量程范围,要求测试时注意选择合适的工作电压。1.5V 工作电压,单臂电桥也可以使用,双臂电桥只能使用 1.5V,选择其他工作电压,反会大大降低双臂电桥的测试灵敏度。

(2) 为了减少被测电阻热效应,影响测试精度,希望工作电源开关 B 随测随开,测完断开,双臂电桥工作时尤要注意,随测随开,测完断开。

(3) 尽量避免 R_1、R_2、R_3 阻值同时过低使用。

(4) 仪器使用完毕后,应断开市电开关,避免意外事故发生。

(5) 仪器长期不用,应存放于温度为 $0\sim40℃$,相对湿度不大于 80% 的室内,室内不应有腐蚀性气体和灰尘,避免阳光直晒。

表 3-9-3 非平衡电桥技术参数

桥 路 形 式	有 效 量 程	被测量变化范围/(%)	允许误差/(%)
等臂电桥	$10\Omega\sim11.111k\Omega$	±25	±0.5
卧式电桥			
立式电桥		$-75\sim100$	±1
比例电桥			

表 3-9-4 功率电桥技术参数

桥 路 形 式	桥臂电阻范围/Ω	负载 R_P 范围/Ω	允许误差/(%)
等臂电桥	$100\sim10\,000$	$100\sim10\,000$	±5
卧式电桥			
立式电桥			
比例电桥			

【实验 3-8 附录 1】

10kΩ 热敏电阻的电阻-温度特性参考表 3-9-3。

表 3-9-3　10kΩ 热敏电阻的电阻-温度特性

温度/℃	-20	-15	-10	-5	0	5	10	15	20
阻值/kΩ	67.74	53.39	42.45	33.89	27.28	22.05	17.96	14.65	12.09
温度/℃	25	30	35	40	45	50	55	60	65
阻值/kΩ	10.00	8.313	6.941	5.828	4.912	4.161	3.537	3.021	2.589
温度/℃	70	75	80	85	90	95	100	105	110
阻值/kΩ	2.229	1.924	1.669	1.451	1.265	1.108	0.974	0.858	0.758

3.10　实验 3-9　电位差计的使用

【实验目的】

(1) 掌握电位差计的工作原理。
(2) 学习用电位差计测量电池的电动势。
(3) 用电位差计校准电流表。

【实验仪器】

11 线线式电位差计、UJ-36 型箱式电位差计、甲电池、电阻箱、恒流源、滑线电阻、开关、导线、待校电流表等。

【实验原理】

1. 补偿原理

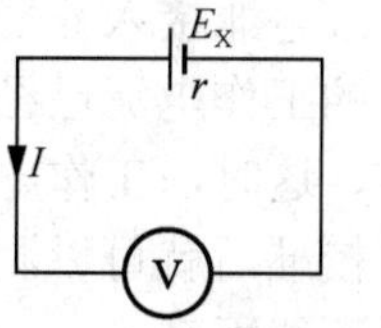

要测量一个电池的电动势 E_X，常利用电压表采用图 3-10-1 所示的电路，由于电池有内阻 r，在电池内部不可避免地存在电位降 Ir，这样，电压表的指示值 U 只是电池的端电压，即 $U = E_X - Ir$。显然，只有当 $I=0$ 时，电池的端电压 U 才等于其电动势 E_X。

图 3-10-1　常用电压表测量电路

怎样才能使电路中的电流 $I=0$ 而又能测出电池的电动势呢？可以采用补偿法。补偿法原理如图 3-10-2 所示，图中 E_S 为一电动势可以连续调节的标准电池，G 为灵敏检流计。测量开始时，调节 E_S 的大小，使流经检流计 G 的电流为零，则此时 b 点与 d 点的电位相同，由于 a 点与 c 点的电位始终相同，所以此时有 $U_{ab}=U_{cd}$，又由于此时电路中没有电流流过，所以有 $U_{ab}=E_X$，$U_{cd}=E_S$，即 $E_X=E_S$。称此时电路得到了补偿。在补偿状态下，只要得到 E_S 的大小，就可得到待测电动势 E_X 的大小。

在实验中为了得到稳定、准确、可以连续调节的 E_S，常采用图 3-10-3 所示的电路。在该电路中，供电电源 E，限流电阻 R_N 及滑线电阻 R_{AB} 所组成的回路，称为辅助回路，实际上它就是一个分压器，电流流过电阻 R_{AB} 时，在其上产生压降 U_{AB}，在 AB 间移动滑动端 C，就可以调节 CB 两点间的电位降 U_{CB}，这个电压 U_{CB}，就可以代替图 3-10-2 中的 E_S。图 3-10-3

中 E_XBCG 回路称为补偿回路。由前面的分析可知,只要滑线电阻 R_{AB} 两端的电压 U_{AB} 大于待测电动势 E_X,移动 C 端的位置,总可以找到一点,使得检流计 G 不偏转,即补偿回路达到补偿,这时有:

$$E_X = U_{CB} = I \cdot R_{CB} \tag{3-10-1}$$

式中,I 为流经电阻 R_{AB} 的电流,称为辅助回路的工作电流;R_{CB} 为 CB 两端的电阻。只要得到 R_{CB} 及 I,由式(3-10-1)即可求出 E_X 的大小。电位差计就是根据上述补偿原理来测定电动势的。

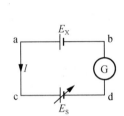

图 3-10-2 补偿法原理示意

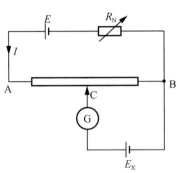

图 3-10-3 调节 E_S 的电路示意

由式(3-10-1)可见,要准确的测量 E_X,关键在于准确地测量出在补偿状态下辅助回路的工作电流 I 及电阻 R_{CB}。在线式电位差计中,电阻 R_{CB} 是一段电阻丝,可以采用长度测量的方法来确定。在箱式电位差计中,电阻 R_{AB} 为一系列的标准电阻,其阻值为已知。在实际的使用中,总是使电位差计在标定的工作电流 I_0 下工作的,使工作电流为标定值 I_0,可以通过调节限流电阻 R_N 来实现,这一步工作称为电位差计的校准。

为了便于校准工作电流,常采用图 3-10-4 所示的电路。校准时,将开关 S 拨到"1"挡,将标准电池接入补偿回路,将"C"端移到与标准电池的电动势 E_S 相对应的 R_{CB} 上(假定电位差计的工作电流已经是标定值 I_0),观察检流计 G 是否偏转,如果偏转,调节 R_N 使检流计不偏转,这时,工作电流已达到标定值 I_0 了。

校准后就可以测量了,测量时,将开关 S 拨到"2"挡,将待测电源接入补偿回路,注意此时不能再动 R_N,而只需移动 C 端,找到使电路处于补偿状态的位置,就可以得到待测电动势 E_X 的大小了。

应该注意,使用电位差计时,总是先校准后测量。不论校准或测量,依据的都是补偿原理。

2. 线式电位差计

线式电位差计的结构比较简单、直观,便于分析讨论,测量结果也较准确。图 3-10-5 是它的原理图,这里 C、D 两端都可以移动,电阻 R_{AB} 为一段电阻丝。校准电位差计时,首先选定电阻丝上单位长度的电压降为 AV/m,将 S_2 拨向"1"挡,根据标准电池电动势 E_S 的大小,移动 CD 两端的位置,使 CD 两点间电阻丝长度 L_{CD} 为:

$$L_{CD} = \frac{E_S}{A}$$

调节限流电阻 R_N 使电路达到补偿状态。测量时,固定 R_N 不动,将 S_2 拨向"2"挡,调节 CD 两端的位置使电路达到补偿状态,设此时 CD 两端位于 C'D' 点,这两点间电阻丝的长

度为 $L_{C'D'}$，则有

$$E_X = AL_{C'D'} \tag{3-10-2}$$

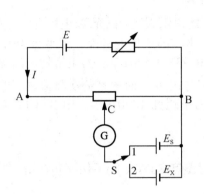

图 3-10-4　校准工作电流电路

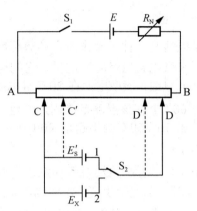

图 3-10-5　线式电位差计原理示意

3. 箱式电位差计

其原理如图 3-10-6 所示。图中的 R_1、R_2 分别为一系列标准电阻，为了使用方便，将在工作电流标定值 I_0 下与标准电阻 R_X 的阻值所对应的待测电动势 E_X 的数值(即 $E_X = I_0 R_X$)直接标度在各段标准电阻 R_X 上(即仪器面板上)。这样，就可以直接从仪器上读出待测电动势的大小。另外，在仪器出厂时，已根据该种型号的电位差计所选用的标准电池的电动势 E_S 的大小及工作电流标定值 I_0 的大小，将标准电阻 R_1 的滑动端固定在需要的位置(即使得 R_1 的滑动端固定在满足 $E_S = I_0 R_S$ 的位置上)。这样，测量前校准时，只需将 S_2 拨到"1"挡，合上 S_1、S_3，调节 R_2，使电路达到补偿状态，即可保证工作电流为标定值 I_0。

4. 自组式电位差计

通过前面的分析可以看到，电位差计的关键是如何在测量的过程中保持辅助回路工作电流 I_0 的稳定且已知。在自组式电位差计中，采用了电子学中的恒流源。采用恒流源后，自组式电位差计的电路可简化成图 3-10-7。在图 3-10-7 中，恒流源 I、电阻箱 R_{W1}，开关 S_1 构成辅助回路，其工作电流 I_0 即为恒流源的输出电流 I。只要恒流源稳定，则使用时无须校准。测量时，闭合 S_2，调节 R_{W1} 使检流计 G 指零，则待测电动势 $E_X = IR_{W1}$。

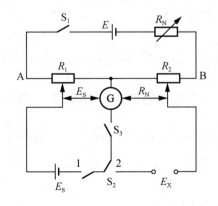

图 3-10-6　箱式电位差计原理示意

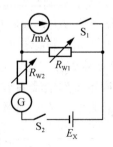

图 3-10-7　自组式电位差计电路简示意

在图 3-10-7 中，R_{W2} 用来保护检流计，使用时，应先将其阻值调到最大，待将电位差计调到基本达到补偿状态后，再将其阻值调到最小，再次调节 R_{W1}，直至检流计指针完全指零。

5. 标准电池

标准电池是一种用来作为电动势标准的原电池。它的内阻很高，在充/放电情况下会极化，故不能用来供电。当温度恒定时，它的电动势很稳定。本实验所用的标准电池型号为 BC5 型不饱和标准电池，该型电池在 20℃时电动势 E_S 值为 1.0193V$\pm$500μV。其正常使用的温度范围为 10～60℃。在该温度范围内，电池电动势的实际值与在 20℃时电动势实际值之间的最大偏差为：在 10～50℃ 内不超过 300μV；在 50～60℃ 内不超过 1000μV。该电池的最大允许电流为 10μA。

使用及存放标准电池时应注意以下几点：

(1) 标准电池应在规定的温度范围(10～60℃及相对湿度 80%以下)下保存和使用，防止阳光照射及其他光源、热源及冷源的直接作用。

(2) 通入或取自标准电池的电流应小于 10μA，严禁用电压表或其他电表直接测量其电动势。特别要注意不要让人体(如通过人的手指)将标准电池两极短路。

(3) 正极和负极应处于同一温度下。

(4) 标准电池内是装有化学溶液的玻璃容器，要防止振动和摔碰，不可倒置。

【实验内容与步骤】

1. 用自组式电位差计测量干电池的电动势

(1) 按照图 3-10-7 连接线路。在图中，恒流源输出电流为 I_0=(1000$\pm$10)μA。R_{W1} 为 ZX-25a 型 6 位电阻箱(该电阻箱最小步进值为 0.01Ω，准确度等级 a=0.002)。

(2) 粗调：将 R_{W2} 调到阻值最大，闭合 S_1，S_2，调节 R_{W1} 至检流计指针指零。

(3) 细调：将 R_{W2} 调到阻值最小，微调 R_{W1} 至检流计指针指零。此时，待测干电池的电动势 E_X 为

$$E_X = I_0 R_{W1} \tag{3-10-3}$$

(4) 重复测量五次，将测量结果填入表 3-10-1。

2. 用箱式电位差计校准电流表

UJ-36 型电位差计的面板如图 3-10-8 所示。其使用方法如下。

(1) 将被测电压接在"未知"两接线柱上。

(2) 将倍率开关 2 旋到所需位置，同时也接通了电位差计工作电源和检流计放大器电源。3min 后，调节检流计放大器调零旋钮 6，使检流计指针指零。

(3) 校准工作电流。将扳键开关 4 拨向"标准"，调节多圈变阻器 7 使检流计 5 的指针指零，则工作电流已达到标定值。

(4) 测量。固定工作电流调节变阻器 7 不变，将扳键开关 4 拨向"未知"，调节步进读数盘"3"及滑线读数盘"8"，使检流计指针指零，则待测电动势 E_X(或待测电压 U_X)可按下式得出：

$$E_X =(步进盘读数+滑线盘读数)\times 倍率$$

在使用电位差计进行连续测量时，应注意经常核对电位差计的工作电流(即进行校准)，防

止工作电流发生变化。

用箱式电位差计校准电流表的线路如图 3-10-9 所示。图中 mA 为被校毫安表，R_S 为标准电阻，E 为直流电源。因电流表与标准电阻 R_S 串联，用电位差计测得标准电阻两端的压降 U_S 后，则电流的实际值为

$$I_s = \frac{U_s}{R_s} \tag{3-10-4}$$

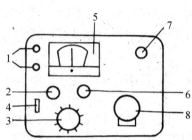

图 3-10-8　UJ-36 型电位差计面板示意

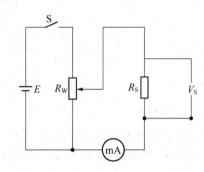

图 3-10-9　校准电流表电路示意

1. 未知测量接线柱；2. 倍率开关；3. 步进盘；4. 电键开关；
5. 晶体管放大检流计；6. 晶体管检流计电气调零；
7. 工作电流调节变阻器；8. 滑线盘

电流表的指示值 I 与电路中电流的实际值 I_S 之间的差值 Δ 称为电流表指示值的绝对误差，其值为：

$$\Delta = I - I_s \tag{3-10-5}$$

为了得到电流的实际值 I_S 而用代数法加到电表的指示值 I 上的数值 C 称为修正值，即：

$$C + I = I_s \tag{3-10-6}$$

显然有 $C = -\Delta$。

实验步骤如下：

(1) 按图 3-10-9 连接线路，标准电阻 R_S 可选用电阻箱。

(2) 确定标准电阻 R_S 阻值的大小。选择 R_S 的大小主要从以下几方面考虑。

① 电流表所允许通过的最大电流在标准电阻上产生的电压降不应高于电位差计的量程。

② 应尽量用到电位差计的步进盘，以增加有效数字的位数。

③ 在标准电阻上消耗的功率 $W = I_S R$ 不能超过其额定值。

(3) 对电流表表盘上每一处标有数字的刻线的指示值进行校正，并重复测量两次。

2. 用线式电位差计测量电池的电动势(选做)

11 线线式电位差计结构如图 3-10-10 所示，图中的电阻丝 AB 长 11m，往复绕在木板的 11 个接线插孔 0, 1, 2, …, 10 上，每两个插孔间电阻丝长 1m。插头 C 可选插在插孔 0, 1, …, 10 中任一个位置。电阻丝 BD 旁附有带毫米刻度的米尺，接头 D 可在其上滑动。插头 CD 间的电阻丝长度可在 0～11m 间连续变化。R_N 为滑动变阻器，用来调节工作电流。双刀双掷开关 S_2 用来选择接通标准电池 E_S，或待测电池 E_X。电阻 R 用来保护标准电池及检流计。在电位差计处于补偿状态进行读数时，S_3 必须闭合，使电阻 R 短路以提高测量的灵敏度。

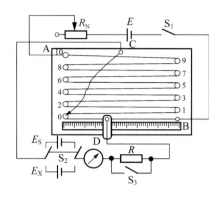

图 3-10-10   11 线线式电位差计结构示意

操作步骤如下：

(1) 按图 3-10-10 连接线路。接线时应断开所有开关，注意工作电池 E 的正、负极应与标准电池 E_S 和待测电池 E_X 的正负极性相对，否则检流计的指针将不能指零。

(2) 校准电位差计，首先选定电阻丝单位长度上的电压降为 A V/m，按标准电池的电动势 E_S 调节 C、D 端使 C、D 间电阻丝长度 L_S 为：

$$L_S = \frac{E_S}{A}$$

然后接通 S_1，将 S_2 拨向 E_S，调节 R_N，同时断续按下滑动接头 D，直到 G 的指针不偏转。按下 S_3，将 R 短路，再次微调 R_N 使 G 的指针无偏转。则此时电阻丝上每米的电压降为 A V。

(3) 测量。断开 S_3，固定 R_N 不变，即维持工作电流不变。将 S_2 拨向 E_X，活动接头 D 移到米尺左边 0 处，按下接头 D，同时移动插头 C，找出使检流计指针偏转方向改变的两相邻插孔，将插头 C 插在数字较小的插孔上。然后向右移动接头 D，当 G 的指针不偏转时记下 CD 间电阻丝的长度 L_X(注意应接通 S_3 将 R 短路)。重复这一步骤，求出 L_X 的平均值 $\overline{L}_X$。则有：

$$E_X = A\overline{L}_X \tag{3-10-7}$$

(4) 确定测量结果的标准不确定度并给出测量结果。

【数据记录与处理】

1. 用自组式电位差计测量干电池的电动势

(1) 求出 R_{W1} 及 E_X 的平均值 $\overline{R}_{W1}$、$\overline{E}_X$。

(2) 按照标准不确定度的合成方法，求出 E_X 的标准不确定度 $u_c(E_X)$，并给出测量结果，将数据填入表 3-10-1。

2. 用箱式电位差计校准电流表

(1) 计算各点修正值 C(对每一指示值，取两次测量值的平均值作为实际值 I_S)。以修正值 C 与电流表指示值作图，得到电流表的修正曲线。

(2) 找出各次测量的实际值与指示值间的最大差值(按绝对值来算)作为电流表的允许基本误差，用该值与电流表的满度值的比值再乘以 100，定为该电流表的级别。并给出测量结果，将数据填入表 3-10-2 中。

表 3-10-1　　$I_0 = 1000(1\pm10)\mu A$

测量次数	1	2	3	4	5
R_{W1}/Ω					
$\overline{R}_{Wi}/\Omega$					

表 3-10-2　　测定的电流值

I/mA		0.00	0.20	0.40	0.60	0.80	1.00
U_S/V	第一次						
	第二次						
$\overline{U}_S/V$							

【思考题】

(1) 何谓补偿原理？它的优点是什么？如果待测电压大于辅助回路电源的电动势,那么此时能否直接测量待测电压的大小？

(2) 下述情况将怎样影响电位差计的测量？

① 工作电源的电压不稳定;

② 待测电压与辅助回路电源的极性相反;

③ 辅助回路电源电动势小于待测电压;

④ 在接线中出现接触不良或断线。

3.11　实验 3-10　模拟法测绘静电场

【实验目的】

(1) 掌握双层式静电场实验装置的使用方法。

(2) 学习用模拟法描绘静电场等势线。

(3) 根据等势线与电场线之间的关系描绘无限长同轴电缆静电场和静电聚焦场电场线。

【实验仪器】

GVZ-3 型导电微晶双层静电场描绘仪装置(一套)。

【实验原理】

在科学实验和工程技术中,有一些物理量由于各种原因而无法对其进行测量,也不能用解析式将它与其他能测量的物理量联系起来。为解决这样一类问题,人们以相似理论为依据模仿实际情况,研制成一个类同于研究对象的物理现象或过程的模型,通过对模型的测试实现对研究对象进行研究和测量,这种研究方法称为"模拟法"。用模拟法进行研究和测量时先要考虑在被模拟的对象与直接测量的对象之间是否存在相似性,只有在这样的条件下才能进行模拟。模拟法本质上是用一种易于实现、便于测量的物理状态或过程来模拟另一种不易实现、不便测量的物理状态或过程。其条件是两种状态或过程有两组一一对应的物理量，并且满足相同形式的数学规律。在本实验中就用电流场来模拟静电场。

静电场是由电荷分布决定的，确定静电场的分布，对于研究带电粒子与带电体之间的相互作用是非常重要的。理论上讲，如果知道了电荷的分布，就可以确定静电场的分布。在给定条件下，确定系统静电场分布的方法，一般有解析法、数值计算法和实验法。在科学研究和生产实践中，随着静电应用、静电防护和静电现象等研究的深入，常常需要了解一些形状比较复杂的带电体或电极周围静电场的分布，这时，理论方法(解析法和数值计算法)是十分困难的。

然而，对于静电场来说，要直接进行探测也是比较困难的。一是因为任何磁电式电表都需要有电流通过才能偏转，而静电场是无电流的；二是任何磁电式电表的内阻都远小于空气或真空的电阻，若在静电场中引入电表，必将使电场发生畸变，同时电表或其他探测器置于电场中会引起静电感应，使原场源电荷的分布发生变化。所以不能用直接测量静电场中电位的方法来测量电位的分布。本实验是用电流场的电位分布模拟静电场的电位分布。

首先分析电流场和静电场中电位分布的相似性。在静电场中可用函数 $V(x, y, z)$ 代表静电场中电位分布，则对于均匀介质中无源处的电位分布满足拉普拉斯方程：

$$\frac{\partial^2 V}{\partial x^2} + \frac{\partial^2 V}{\partial y^2} + \frac{\partial^2 V}{\partial z^2} = 0$$

在电场中电场强度可由下式计算：

$$E = -\mathrm{grad}V$$

由电磁学理论可知，在静电场中，在无源区内电场强度 E 有如下的积分公式：

$$\begin{cases} \oiint_s \mathbf{E} \cdot \mathrm{d}s = 0 \\ \oint_L \mathbf{E} \cdot \mathrm{d}L = 0 \end{cases}$$

对于在电解质中的稳恒电流场，在恒流条件下无源区的电流密度 j 分布满足下面的积分公式：

$$\begin{cases} \oiint_s \mathbf{j} \cdot \mathrm{d}s = 0 \\ \oint_L \mathbf{j} \cdot \mathrm{d}L = 0 \end{cases}$$

式中的 j 是电流密度。在上面两个数学公式中 E 与 j 都是矢量，而且其数学表达式相同，这说明 E 与 j 在相同的边界条件下的解有相同的数学形式，所以这两种场具有相似性，实验时就可以用稳恒电流场来模拟静电场。在实验中必须保证电流场中电极的形状与静电场中电极的形状相同或相似，而且布局是一致的。根据导体的静电平衡条件，静电场中导体表面是等势面，导体表面附近的场强与表面垂直。为此必须要求电极的电导率远大于导电介质的电导率。为满足这样的条件，电极选用金属(铜或铁)制成，用导电微晶作导电质。

1. 无限长同轴电缆的电位分布

下面来分析本实验要模拟的无限长同轴电缆的电位分布。图 3-11-1 是模拟无限长同轴电缆场中的电极示意图。图中 a, b, r 分别是内电极的半径、外电极的半径、场中任一点到中心的距离。V_a，V_b，V_r 分别是内、外电极和场中某点的电位值。

两个带相反电荷的同轴圆柱形电极间形成电场，其电力线垂直于圆柱截面呈辐射状分布，其电场强度是按 r 增大而衰减的。即：

$$E = \frac{K}{r} \tag{3-11-1}$$

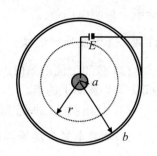

式中的 K 由电极的线电荷密度而定，也可以根据两电极间的电势值计算。电场中到中心距离为 r 的点其电位是 V_r，可得：

图 3-11-1 无限长同轴电缆场

$$V_r = V_a - \int_a E \, \mathrm{d}r \tag{3-11-2}$$

将式(3-11-1)代入式(3-11-2)，可得：

$$V_r = V_a - \int_a^r \frac{K}{r} \mathrm{d}r = V_a - K \ln\left(\frac{r}{a}\right) \tag{3-11-3}$$

根据式(3-11-3)，圆环的电位应写作 $V_b = V_a - K \ln\frac{b}{a}$，可得：

$$K = \frac{V_a - V_b}{\ln\left(\frac{b}{a}\right)} \tag{3-11-4}$$

若取 $V_a = V_0$，$V_b = 0$，将式(3-11-3)代入式(3-11-4)，得：

$$V_r = V_0 \frac{\ln\left(\frac{b}{r}\right)}{\ln\left(\frac{b}{a}\right)} \tag{3-11-5}$$

从式(3-11-5)给出辐射式电场的电位分布。可以看出凡是 r 相同的点，其电位都相等，由此能推断出辐射状电场的等势线必定是以电极中心为圆心的同心圆。与实验结果进行对照，两者十分接近，说明用模拟法测静电场是可靠的。其用途是能够测量那些电极系统复杂而不易计算的电场。

2. 静电聚焦场

静电聚焦场是一种用途很广的电场，电子显示系统中(如示波器和电视等)的聚焦部分都用聚焦场。但聚焦场的电位分布比较复杂，很难用数学方法求出其解析表达式。在这种情况下，模拟法就可以用来对其进行分析。

用双层式静电场实验装置来模拟静电场。在该装置的下层是形成电场的电极，上层是记录电位分布的一个平台。在实验时，把连接电压表的探针放置于电流场中，用记录针在上层的坐标纸上记录电势等势线上各点的位置。

【实验内容与步骤】

1. 描绘无限长同心电缆中的电场电位分布

(1) 在双层式静电场模拟装置的上层夹好坐标纸，连接好电路，调节电源输出电压为 10V，接通电源。

(2) 右手扶住探针支架的底座并轻轻移动，记录下电压值为 1.0V 时探针的位置，并在坐标纸上标明电压值。

注意：为方便处理数据，在记录时至少要记录下 8 个等势点，而且要均匀分布的。

(3) 依照上面的第(2)步依次记录下电位为 2.0V、3.0V、4.0V、5.0V、6.0V、7.0V、8.0V、9.0V 等势圆周上的点。

(4) 找出圆心，画出等势圆。根据电力线与等势线处处正交的特点画出电场中的电力线。

2. 测静电聚焦场等势线

(1) 在双层式静电场模拟装置的上层夹好坐标纸，连接好电路，调节电源输出电压为 10V，接通电源。

(2) 右手扶住探针支架的底座并轻轻移动，先记录电势值为 5.0V 的等势线上的点，并在坐标纸上标明电压值。然后依次记录电位为 1.0V，2.0V，3.0V，4.0V，6.0V，7.0V，8.0V，9.0V 等势线上的点。由于聚焦场的形状特征在两个电极中点的连线附近最明显，在此区域应当多取一些实验点。

(3) 画出等势线，并根据电场中电场线与等势线处处正交的特点画出电场线。

3.12 实验 3-11 用霍尔元件测量磁场

【实验目的】

(1) 了解用霍尔元件测磁场的原理。
(2) 掌握用霍尔元件测磁场的基本方法。
(3) 掌握利用霍尔元件测量磁场的方法。测量蹄形电磁铁气隙中一点的磁感应强度以及磁场分布。
(4) 测量蹄形电磁铁在不同工作电流下的霍尔电压 U_H，描绘 U_H-I_H 曲线。

【实验仪器】

霍尔效应组合实验仪一套(TH-H 型)。

【实验原理】

1. 霍尔效应

将一块金属或半导体薄片放在垂直于它的磁场里，如图 3-12-1 所示，一长为 L、宽为 a、厚为 b 的 N 型半导体薄片，M、N 为其电流输入端。当稳恒电流 I_g 沿 X 轴方向通过薄片时，如在 Z 轴方向加一均匀电磁场 $\vec{B}$，则电子流将在洛仑兹力 $\vec{f}_m$ 作用下偏转，使薄片侧面产生电荷积聚。这种电荷积聚将建立一个内电场 $\vec{E}_H$，这样电子流在受到 $\vec{f}_m$ 作用的同时，还受到与 $\vec{f}_m$ 方向相反的由 $\vec{E}_H$ 引起的电场力 $\vec{f}_e$。开始时 $\vec{f}_e$ 小于 $\vec{f}_m$，随着积累的电荷不断增多，$\vec{f}_e$ 逐渐增大，$\vec{f}_e$ 将逐渐增强，经过 $10^{-14} \sim 10^{-12}$s 达稳定状态，当 $\vec{f}_e = -\vec{f}_m$ 达到动态平衡时，电子将正常流动。但在垂直于电流和磁场的 Y 轴方向上，存在一个电位差 U_H。理论和实验表明，U_H 的大小正比于电流 I_g 和磁感应强度 $\vec{B}$ 的乘积，即：

$$U_H = KI_g B \tag{3-12-1}$$

这一现象称为霍尔效应，U_H 称为霍尔电压。在图 3-12-1 中，P、S 为电压输出端。

式中，K 为霍尔元件的灵敏度，它表示霍尔元件在单位磁感应强度和流经单位电流时输出的霍尔电压的大小，在 SI 单位制中，K 的单位是 V/(A·T)[伏/(安·特)]。

一般要求霍尔元件的灵敏度 K 要大。由经典电子论可知，若 N 型半导体材料载流子浓度为 n，则 $K=-1/neb$(n 为电子的浓度)，而 P 型半导体材料 $K=1/peb$(p 为空穴的浓度)。半导体材料 n(或 p)较小，当薄片厚度 b 也较小时，K 值较大。因此常用半导体材料制作霍尔元件。本实验是选用 N 型半导体硅单晶片材料制成的霍尔元件，其尺寸为：$L \times a \times b = 4 \times 4 \times 0.5 \text{mm}^3$，其灵敏度 K 值参见各台仪器说明。

为后面叙述方便，约定霍尔电压的方向是从低电位端指向高电位端，在图 3-12-1 情况下，霍尔电压的方向从 S 指向 P。显然霍尔电压 U_H 与两个因素有关，其方向既随 $\vec{B}$ 的换向而换向，也随 I_g 的换向而换向。

如果已知霍尔元件灵敏度 K，测量工作电流 I_g 和霍尔电压 U_H 后，即可由式(3-12-2)求出待测磁场的磁感应强度 $\vec{B}$，其大小为：

$$B = \frac{U_H}{KI_g} \tag{3-12-2}$$

$\vec{B}$ 的方向可由 P、S 两端电位高低及工作电流流向等加以判断。

实验中，流过霍尔元件的工作电流应恒定，且元件 La 平面应与 $\vec{B}$ 垂直。在 $\vec{B}$ 的方向未知时，可缓慢转动元件平面，直到 U_H 具有最大值。

2. 与霍尔电压一起出现的几种附加电位差及其消除

理论和实验表明，在测量 P、S 两点间电压时，除 U_H 外，还包含有如下几种附加电位差。

(1) 不等位电位差 U_0。它是由于霍尔元件材料本身不均匀性以及电压输出端在制造时不可能绝对对称的焊接在霍尔片两侧而产生的，后者可由图 3-12-2 说明。在有电流流过霍尔元件时，P、S 两端并未处在同一等位面上，这时，即使不加磁场，P、S 间也存在电位差 U_0。U_0 的方向只随 I_g 的换向而换向，而与 $\vec{B}$ 的换向无关。

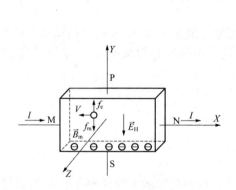

图 3-12-1　霍尔效应

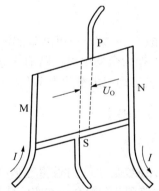

图 3-12-2　不等位电位差的产生

(2) 温差电压 U_t。由于载流子(电子或空穴)的速度有大有小，它们在磁场中所受到的作用力并不相等。速度大的载流子绕大圆轨道运动，速度小的载流子绕小圆轨道运动。导致霍尔元件上下两平面中，一个平面快载流子较多，因此温度较高；一个平面慢载流子较多，温度也较低。上下两平面之间的温度差引起 P、S 两端出现温差电压 U_t。U_t 的方向既随 $\vec{B}$ 的换向而换向，也随 I_g 的换向而换向。

(3) 类似霍尔电压的附加电位差 U_P。在制作霍尔元件时，电流输入端 M、N 处的接触电阻往往不等。因此，当电流通过时，两处将产生不同的焦耳热，形成 X 方向的温度梯度，由此产生的热扩散作用使电子流动形成热扩散电流，该电流在磁场的作用下，在 P、S 间产生类似于霍尔电压的附加电位差 U_P。U_P 的方向随 $\vec{B}$ 的换向而换向，而与 I_g 的换向无关。

(4) 热扩散载流子又在 P、S 两端引起附加的温差电压 U_S。上述热扩散电流各个载流子的迁移速度并不相同，根据(2)所述理由又在 P、S 两端引起附加的温差电压 U_S。U_S 的方向随 $\vec{B}$ 的换向而换向，而与 I_g 的换向无关。

上述四个附加效应产生的电压都叠加在 U_H 上，使 P、S 两端输出的电压 U_{PS} 是 U_H、U_O、U_t、U_P、U_S 的代数和。如把实测的 U_{PS} 认作 U_H，会造成较大的误差。为了尽量消除附加电压的影响，根据它们的方向随 $\vec{B}$、I_g 换向的情况，采用不同的 $\vec{B}$、I_g 组合，测四次 U_{PS}，然后取平均值求出 U_H。其原因如下：

假设 $\vec{B}$ 和 I_g 的大小不变，方向如图 3-12-1 所示，且假设 P、S 两端的 U_O 为正，N 端的温度比 M 端的温度高，测得的 P、S 间的电压为 U_1，则有：

$$U_1 = U_H + U_O + U_t + U_P + U_S \tag{3-12-3a}$$

若 $\vec{B}$ 的方向不变，I_g 换向，测得的 P、S 间的电压为 U_2，则有：

$$U_2 = U_H - U_O - U_t + U_P + U_S \tag{3-12-3b}$$

若 $\vec{B}$ 换向，I_g 也换向(均与最初的方向相反)，测得的 P、S 间的电压为 U_3，则有：

$$U_3 = U_H - U_O + U_t - U_P - U_S \tag{3-12-3c}$$

若 $\vec{B}$ 换向，I_g 方向不变(均相对最初的方向而言)，测得的 P、S 间的电压为 U_4，则有：

$$U_4 = -U_H + U_O - U_t - U_P - U_S \tag{3-12-3d}$$

由这四个等式得到：

$$U_H = \frac{1}{4}(U_1 - U_2 + U_3 - U_4) - U_t$$

考虑到温差电压 U_t，一般比 U_H 小得多，在误差范围内可以略去，所以霍尔电压为

$$U_H = \frac{1}{4}(U_1 - U_2 + U_3 - U_4) \tag{3-12-4}$$

应当指出：如果要求更准确的测量磁场，可以用等温槽来消除 P、S 两端的温度差或者将工作电流 I_g 换为交变电流，以消除 U_t 的影响。不过当工作电流 I_g 为交流时，U_H 也是交变的，公式中 I_g、U_H 均应理解为有效值。

【实验内容与步骤】

1. 实验内容

测量电磁铁磁极间的磁感应强度。

实验电路和装置简介：本实验装置由两大部分构成，即霍尔效应实验仪和霍尔效应测试仪。

实验电路如图 3-12-3 所示。图中 T 为电磁铁；H 为霍尔元件；A 为霍尔效应测试仪的励磁电流输出；毫安表用于测量霍尔效应测试仪的工作电流输出；毫伏表用于测量霍尔效应测试仪的电压输入；S_1、S_2、S_3 分别为双刀双掷换向开关。

整个电路分三部分：供给电磁铁的励磁电流(I_M)部分、供给霍尔元件工作电流(I_S)部分和测量霍尔电压部分。双刀双掷开关 S_1、S_2 的倒向可以分别改变 $\vec{B}$、I_g 方向。值得提出的是：在测量当中由于 I_g、$\vec{B}$ 最初可以任意选择方向，有可能使 P、S 两端的电压值为负值，这时，双刀双掷开关 S_3 倒向即可。

霍尔效应测试仪面板上已经标出了励磁电流 I_M 输出、工作电流 I_S 输出和霍尔电压 U_H 输

入，也相应地标出了励磁电流 I_M 输入、工作电流 I_S 输入和霍尔电压 U_H 输出，双刀双掷开关 S_1、S_2、S_3 已经连接在实验仪相应的位置上。

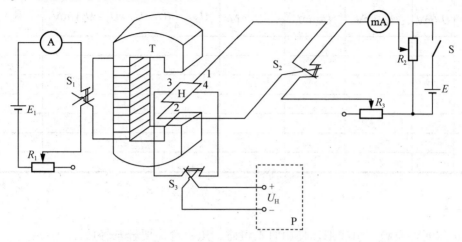

图 3-12-3 测定磁感应强度的实验装置示意

2. 实验步骤

(1) 按照图 3-12-3 连接线路。未经教师检查，不得接通电源和 S_1、S_2、S_3 开关。

(2) 接通霍尔效应实验仪面板上的 S_2(双刀双掷开关扳向一侧)，接通霍尔效应测试仪 I_S 挡，调节工作电流为 3mA 不变。

(3) 接通 S_1(双刀双掷开关扳向某一侧)，接通霍尔效应测试仪 I_M 挡，调节励磁电流为 0.10A，接通 S_3 用测试仪测出 U_1。按原理中所述的顺序，将 $\vec{B}$、I_g 换向，分别测出 U_2、U_3、U_4。具体操作是：S_2 换向，S_1 不动，测出 $(-U_2)$；其次，S_2 不动(与测 U_2 时相同)，S_1 换向，测出 U_3；最后，S_1 不动，(与测 U_3 时相同)，S_2 换向，测出 $(-U_4)$。求出 $U_H = \frac{1}{4}(U_1 - U_2 + U_3 - U_4)$ 及 $\vec{B}$ 的大小。

(4) 保持工作电流 I_S 不变。将励磁电流依次取为 0.1A、0.2A、0.3A、0.4A，按步骤(2)、(3)所述，得到相应的各组 U_H、$\vec{B}$ 值，记入表，并在坐标纸上绘出 $\vec{B}$-I_M 曲线。

(5) 保持工作电流 I_S 为 3mA 不变，励磁电流为 0.4A 不变，将霍尔片移至电磁铁气隙右边，即 X、Y 位置坐标分别为 0.00mm 和 15.00mm 处，X 位置逐步向左移动，每隔 5mm 作为一个测试点，共取七个测试点，得到相应的各组 U_H，记入表格，求出 $\vec{B}$，并在坐标纸上绘出 $\vec{B}$-X 曲线。

(6) 数据记录与处理(见表 3-12-1、表 3-12-2)。

表 3-12-1 $K=$_____V/A·T $I_S=3.0$mA

I_M/A＼$U; T$	U_1/mV	$-U_2$/mV	U_3/mV	$-U_4$/mV	$U_H = \frac{1}{4}(U_1 - U_2 + U_3 - U_4)$ /mV	$B = \frac{U_H}{KI_g}$ /T
0.1						
0.2						
0.3						
0.4						

表 3-12-2　　$I_S=3.0\mathrm{mA}$　　　$I_M=0.4\mathrm{A}$

$U;T$ x/mm	U_1/mV	$-U_2/\mathrm{mV}$	U_3/mV	$-U_4/\mathrm{mV}$	$U_H=\dfrac{1}{4}(U_1-U_2+U_3-U_4)/\mathrm{mV}$	$B=\dfrac{U_H}{KI_g}/\mathrm{T}$
0.0						
5.0						
10.0						
15.0						
20.0						
25.0						
30.0						

【注意事项】

(1) 霍尔元件质脆、引线细，使用时不可碰、压、弯，要轻拿轻放。

(2) 霍尔元件的工作电流不得超过额定值(15mA)。

【实验 3-11 附录 1】霍尔效应测试仪使用说明

(1) 如图 3-12-4 所示，霍尔元件样品安装在样品架上，具有 X、Y 调节功能及读数装置，测量时应将样品放在场强最大的位置。

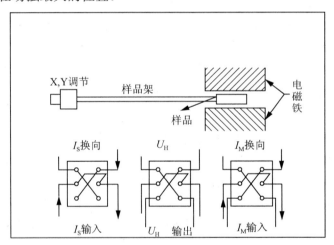

图 3-12-4　霍尔效应实验仪示意

(2) 三组双刀双掷换向开关，用于 I_S、I_M 换向及 U_H 测量选择开关。

【实验 3-11 附录 2】霍尔效应实验仪使用说明

霍尔效应实验仪面板如图 3-12-5 所示。

(1) 两组恒流源。

"I_S 输出"为 0～10mA 样品工作电流源，"I_m 输出"为 0～1A 励磁电流源。两组电流源彼此独立，两路输出电流大小通过 I_S 调节旋钮及 I_M 调节旋钮进行调节，二者均连续可调。其值可通过"测量选择"按键由同一数字电流表进行测量，按下键测 I_M，放开键测 I_S。

(2) 直流数字电压表。

U_H 通过切换开关由同一只数字电压表进行测量。电压表零位可通过调零电位器进行调整。当显示器的数字前出现 "–" 号时，表示被测电压极性为负值。

(3) 直流数字毫伏表测量范围为 20mV，当被测电压大于 20mV 时直流数字毫伏表显示器的数字为 "–1"，并且呈闪显状态。

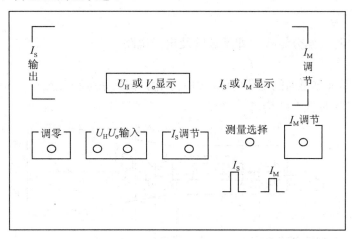

图 3-12-5 霍尔效应实验仪面板

【注意事项】

(1) 测试仪面板上的 "I_S 输出"、"I_M 输出"、"U_H，输入" 三对接线柱与实验仪上的三对接线柱必须正确连接，以免损坏仪表。

(2) 仪器开机前应将 I_S、I_M 调节旋钮逆时针方向旋到底，使其输出电流趋于最小状态，然后再开机。

3.13 实验 3-12 示波器的使用

阴极射线(即电子射线)示波器，简称示波器，主要由示波管和复杂的电子线路组成。用示波器可以直接观察电压波形，并测定电压的大小，因此，一切可转化为电压的电学量(电流、电功率、阻抗等)、非电学量(如温度、位移、速度、压力、光照强度、磁场、频率等)以及它们随时间的变化过程都可用示波器来观测。由于电子射线的惯性小，又能在荧光屏上显示出可见的图像，所以示波器特别适用于观察迅速的瞬时变化过程，是一种用途广泛的现代测量工具。

【实验目的】

(1) 了解示波器的主要组成部分及它们的联系与配合，熟悉使用示波器和信号发生器的基本方法。

(2) 通过观察李萨如图，学会一种测量正弦振动频率的方法，并巩固对互相垂直振动的理解。

(3) 观察正弦波、三角波、方波等波形。

【实验仪器】

示波器(ST-16 型)、HT1031 信号发生器。

【实验原理】

1. 示波器

示波器主要由两大部分组成，即示波管及电子电路。

1) 示波管

电子示波管是示波器里面的主要构件，由电子枪、偏转系统和荧光屏三部分组成，图 3-13-1 为静电式电子示波器的基本结构。

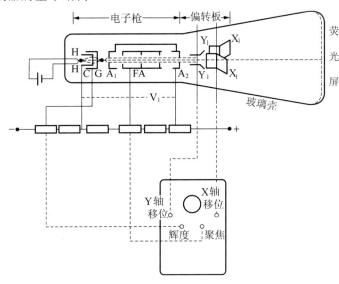

图 3-13-1 静电式电子示波器的基本结构示意

(1) 电子枪：电子枪由灯丝 H、阴极 K、调制极 M 及两个阳极 A_1、A_2 组成。当阴极被灯丝加热后即发出电子射线，经调制电极 M 飞向加有正电压的阳极 A_1、A_2。调制电极 M 加了一个负电压(相对于阴极)转动电位器 RP_1(辉度旋钮)，可用于改变调制电极的电压大小来控制发射电子的多少，从而达到控制荧光屏上光点或图形亮度的目的。电子枪内的阴极 K、调制极 M、第一阳极 A_1 和第二阳极 A_2 的形状、位置适当，它们之间的电位分布适当配合，使得电子枪内的电场分布对于电子射线的作用来说，有类似于光学透镜组的作用，通常称之为电子光学系统(电透镜)。电透镜的焦距决定于组成该电透镜的各电极的电位关系，调节第一阳极电位(即转动聚焦旋钮)可使电子射线恰好会聚在荧光屏上，形成一个小圆光点。

(2) 偏转系统：偏转系统由水平偏转板 X_1、X_2 和垂直偏转板 Y_1、Y_2 组成，如图 3-13-1 所示。当电子射线以一定的速度沿着轴线向前运动进入垂直偏转板间，若此时 Y_1 的电位低于 Y_2 的电位，电子受到垂直于运动方向的电场力的作用，产生了向上偏转的速度，改变了运动的方向，结果到达荧光屏时偏离在轴线上方；反之如 Y_2 的电位低于 Y_1 的电位，则偏向下方。偏转距离的大小正比于偏转电压的大小。旋动"Y 轴移位"旋钮，即改变这个偏转电压的大小，可使荧光屏上的光点或图形沿 Y 轴上下移动。同理，变动水平偏转板 X_1、X_2 上的电压可使光点或图形沿水平方向左右移动。

(3) 荧光屏：在荧光屏上涂有一层荧光物质，电子射线打在它的上面发出可见光，不同的荧光物质发出可见光的颜色不一样，且其"余辉时间"不一样。所谓余辉时间是指电子停止射击后荧光物质发出的光要滞后一段时间才能消失。根据需要，荧光屏所涂附的荧光物质可采用长余辉的、中余辉的或短余辉的，在荧光屏与偏转系统之间周围的玻璃上涂附一层导电层，把荧光屏与第二阳极间加一很高的正电压使电子束再加速，以增加光点的亮度。

2) 电子电路

(1) 电压放大器：示波管本身的 X 及 Y 轴偏转板的灵敏度不高(0.1～1mm/V)，加于偏转板的信号电压较小时，电子束不能发生足够的偏转，以致荧光屏上的光点位移过小，不便观测。这就需要预先把小的信号电压加以放大再加到偏转板上。为此，设置 X 轴及 Y 轴电压放大器，如图 3-13-2 所示。

从"Y 轴输入"与"地"两端接入的输入电压 U_{in}，经"衰减器"(即分压器)衰减为 $\dfrac{R+9R}{R+9R+90R}U_{in}=\dfrac{1}{10}U_{in}$ 后，作用于"Y 轴电压放大器"(也称增幅器)，经增幅器放大 G 倍后，为 $GU_{in}/10$，作用于 Y_1、Y_2 两偏转板，能使示波管屏上光点位移增大。调节"Y 轴增幅"旋钮，即调整放大倍数 G，可连续地改变屏上光点位移的大小。"衰减器"的作用是使过大的输入电压变小，以适应"Y 轴放大器"的要求，否则放大器不能正常工作，甚至受损。衰减率通常为三挡：1，1/10，1/100。但习惯上，在仪器面板上用其相对应的倒数 1，10，100 标示。X 轴有同样作用的衰减器与电压放大器，如图 3-13-2 所示。

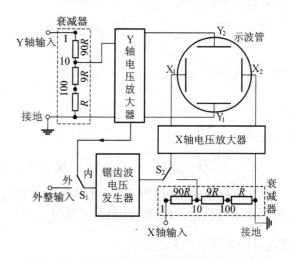

图 3-13-2　加有电压放大器的示波器原理示意

(2) 扫描与整步，波形显示：要在荧光屏上观测一个从 Y 轴输入的周期性信号电压的波形，必须使一个(或几个)周期内的信号电压随时间变化的细节稳定地出现在荧光屏上，以利于观测。例如：交流电压 $U_Y=U_m\sin\omega t$，是时间的函数，它的正弦波形是人们熟悉的。但把 $U_Y=U_m\sin\omega t$ 电压(通过放大器)加到两个 Y 轴偏转板时，荧光屏上的光点只是作上下方向的正弦振动。振动的频率较快时，看时是一条

垂直线，不能显示出时间 t 的正弦曲线。若屏上的光点同时沿 X 轴正方向做匀速运动，就能看到光点描出了时间函数的一段曲线。若光点沿 X 轴正向匀速移动了 U_Y 的一个周期之后，迅速反跳到原来开始的位置上，再重复 X 轴正向的匀速运动，则光点的正弦运动轨迹和前一次的运动轨迹重合起来了。每一个周期都重复同样的运动，光点的轨迹就能保持固定位置。重复频率较大时，可在屏上看见连续不动的一个周期函数曲线(波形)。光点沿 X 轴正向的匀速运动及反跳的周期过程，称扫描。获得扫描的方法，是在两个 X 轴的偏转板之间加上一个周期的与时间成正比的电压(即锯齿波电压)，如图 3-13-3 所示。锯齿波的周期 T(或频率 $f=1/T$)可由电路进行连续调节。例如 SB-10 示波器的扫描频率为 10Hz～500kHz，相应的周期是(0.1～2s)$\times 10^{-6}$。不同型号的示波器，扫描频率的范围有差异。

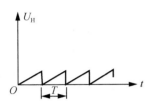

图 3-13-3　锯齿波电压

不难理解，扫描周期是 Y 轴信号周期的 n(整数)倍时，屏上将稳定地出现 n 个周期的 U_Y 函数波形。但是，两个独立发生的电振荡频率在技术上难以调节成准确的整倍数，因而屏上波形发生横向移动，不能稳定，造成观测困难。克服的办法是，用 Y 轴信号频率去控制扫描发生器的频率，使信号频率准确地等于扫描频率或成整数倍。电路的这个作用，称"整步"(或同步)，是由放大后的 Y 轴电压作用于锯齿波发生器来完成的。如图 3-13-3 所示，此时图中开关 S_1 接到"内"，S_2 与锯齿波发生器相连。当需要从"X 轴输入"端输入信号电压时，开关 S_2 拨到右边，锯齿波不再起作用。

2. 由李萨如图形测频率

如果在垂直偏转板和水平偏转板同时加上正弦变化的电压，则荧光屏上亮点的运动将是这两个互相垂直振动的合成，称为李萨如图形，如图 3-13-4 所示。利用李萨如图形可以测量未知频率。如果以 f_x 和 f_y 分别代表加在垂直偏转板和水平偏转板上电压的频率，N_x 为图形与水平线相切的切点数，N_y 为图形与垂直线相切的切点数，则有 $\dfrac{f_x}{f_y} = \dfrac{N_y}{N_x}$。

若 f_y 为已知，则可以由此求出未知频率 f_x。

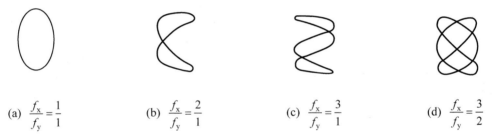

(a) $\dfrac{f_x}{f_y} = \dfrac{1}{1}$　　　　(b) $\dfrac{f_x}{f_y} = \dfrac{2}{1}$　　　　(c) $\dfrac{f_x}{f_y} = \dfrac{3}{1}$　　　　(d) $\dfrac{f_x}{f_y} = \dfrac{3}{2}$

图 3-13-4　李萨如图形

实际操作时不可能调到 $f_x : f_y$ 成准确的整数比，因此两个振动的周相差发生缓慢的变化，图形不可能稳定，调到变化最缓慢即可。

【实验内容与步骤】

1. 示波器使用前的检查

(1) 首先熟悉一下各旋钮的作用(见实验 3-12 附录 1)，将信号选择开关 12 置"外"(EXT)，极性开关 11 "置于" "X"，耦合方式并 14 置于"⊥"，然后将示波器面板上各旋钮控制机构置于下表所指的位。

(2) 接通电源 4，指示灯亮，预热 3min，仪器进入正常工作状态。

(3) 顺时针调节辉度旋钮 1，辉度不要太亮以免损伤荧光物质。

(4) 调节聚焦旋钮 2、3，使荧光屏上亮点成一清晰的小亮点。调节"⇆" "↑↓"钮使亮点居中。

2. 观察波形

(1) 观察正弦波。将待测信号直接输入 Y 轴输入端 15。将耦合方式开关 14 拨到"AC"，极性开关 1 处于"+"，信号选择开关 12 置于"内"(INT)。

(2) 调节"V/div"选择开关 16，使荧光屏上波形的垂直幅度在坐标刻度以内。调节"t/div"扫描开关 8，使荧光屏上出现一个缓慢变化的正弦波形。调节电平旋钮(6)，使波形稳定。

(3) 改变扫描电压的频率(t/div)，观察正弦波形的变化，使荧光屏上出现两个、三个……正弦波形。

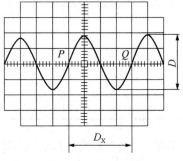

3. 交流电压的测量

设荧光屏上的波形如图 3-13-5 所示。根据荧光屏 Y 轴坐标刻度，读得信号波形的峰-峰值为 $D_Y$div(格)。在图 3-13-5 中，D_Y =3.6div。如果 V/div 挡级标称值为 0.2V/div，则待测信号峰-峰值为

图 3-13-5　$U_{\text{p-p}}$ 值和时间的测量

$$U_{\text{p-p}}=0.2\text{V/div}\cdot D_Y\text{div}=0.2D_Y V_0(\text{图 3-13-5 中 } U_{\text{p-p}}=0.72\text{V})$$

如果待测信号通过 10∶1 探极输入，则

$$U_{\text{p-p}}=0.2\text{V/div}\cdot D_Y\text{div}\times10=2D_Y\text{V}=7.2\text{V}$$

电压峰值的测量要注意选择适当的 V/div 值，即在满足测量范围的前提下，V/div 值尽可能选得小些，使所显示的波形尽可能大一些，以提高测量精度。

根据荧光屏上刻度的情况，试考虑如何调节波形的位置，以便准确地读出 D_Y 值。读数前再检查一下 V/div 选择开关的红色微调旋钮 17 是否已顺时针旋足。

4. 时间测量

图 3-13-5 中 P、Q 两点的时间间隔 t 就是正弦电压 U_Y 的周期 T_Y。根据荧光屏 X 轴坐标刻度，可得信号波形 P、Q 两点的水平距离为 $D_X$div(图 3-13-5 中 D_X=4.0div)。如果 t/div 扫描开关挡级的标称值为 0.5ms/div，则 P、Q 两点的时间间隔

$$t=0.5\text{ms/div}\cdot D_X\text{div}=0.5\times4.0\text{ms}=2.0\text{ms}$$

因为正弦电压周期 T_Y=2.0ms，所以正弦电压的频率

$$f=\frac{1}{T_Y}=\frac{1}{2.0}\text{Hz}=5.0\times10^2\text{Hz}$$

5. 其他量的测量

当正弦波观测完毕，可以继续观测半波整流、衰减振荡、三角波和方波等波形，并分别测量它们的电压峰-峰值及周期、频率等。

6. 观察李萨如图形

观察李萨如图形，测量正弦信号频率，把 X 轴控制部分的"触发信号极性"开关拨在"EXTX"，将实验室自制的信号发生器产生的正弦信号送入示波器的"Y 轴输入端"，再将 HG1031 型多用信号发生器产生的正弦信号送入"X 轴输入"端，变化此信号的频率，可在示波器上看到李萨如图形。

取 f_x∶f_y 分别为 1∶1，1∶2，1∶3，2∶3，3∶1，2∶1 时，画出观测到的相对应的李萨如图形，列表求出自制信号源正弦信号频率 t_g 并求其平均值(表 3-13-1)。

表3-13-1　求正弦信号频率及其平均值

$f_x : f_y$	图　形	f_x	f_y	$\overline{f_y}$
1 : 1				
1 : 2				
1 : 3				
2 : 3				
3 : 1				
2 : 1				

【实验3-12附录1】ST-16型同步示波器

ST-16型同步示波器面板如图3-13-6所示。

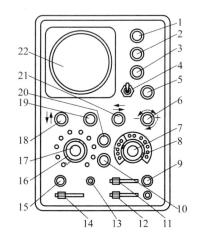

图3-13-6　ST-16型同步示波器面板示意

1. 光点控制部分(右上方)

电源开关4——此开关拨向"开"时,指示灯发红光,经预热3min后即可工作。辉度调节1——顺时针方向转动"辉度",旋钮,荧光屏变亮,反之变暗。聚焦调节2——"聚焦2"与"辅助聚焦3"旋钮配合使用,使屏上亮点聚焦成一清晰的小圆点。

2. Y轴控制部分(左下方)

垂直位移(Y位移)(18)——调节荧光屏上波形(或亮点)在铅直方向的位置。顺时针方向旋转向上,反之向下。

Y轴输入——垂直放大系统输入插座15。

Y轴灵敏度选择——它是一个步进式选择开关,输入灵敏度自0.002~10V/div,按1—2—5进位分九个挡级。可根据被测信号的电压幅度选择适当的级位置,以利观测。当"微调"旋钮位于校准位置时,"V/div"挡级的标称值即可视为垂直输入的灵敏度。第一挡级的内100mV方波标准信号,供垂直输入灵敏度和水平时基扫描校准之用。

垂直增益微调——以连续改变垂直放大器的增益,当"微调"旋钮顺时针旋足时,亦即位于校准位置时增益最大,其微调范围大于2.5倍。

平衡(19)——使垂直放大系统的输入级电路的直流电平保持平衡状态的调节装置,当垂直放大系统输入电路出现不平衡时,屏幕上显示的光迹随"V/div"开关不同挡级的转换和"微调"装置的转动而出现垂直方向的位移,平衡调节器可将这种位移减至最小。

增益校准——用以校准垂直输入灵敏度的调节装置,可借助于"V/div"开关挡级中的100mV方波信号,对垂直放大器的增益予以校准,使"微调"位于校准位置时,屏幕上显示方波的幅度恰为5div。

耦合方式选择——"垂直输入耦合方式"开关。耦合方式分"DC"、"⊥"、"AC"三种。"DC"时输入端处于直流耦合状态,特别适用于观察各种缓慢变化的信号。"AC"时输入处于交流耦合状态,它隔断被测信号中的直流分量,屏幕上显示波形位置不受直流电平的影响。"⊥"时输入端处于接地状态,便于确定输入端为零电位时光迹在屏幕上的基准位置。

3. X 轴控制部分(面板右下方)

水平位移(21)——用来调节屏上波形水平方向上的位置,顺时针旋转,波形向右移动,反之向左移动。

电平(6)——属于同步电路装置,调节它,可使波形稳定。

时基微调(7)——用以连续调节时基扫描频率,当该旋钮顺时针方向旋至满度,也即处于"标准"状态,此时扫描位于快端。

时基选择(8)——扫描速率的选择范围由 0.1μs/div～10ms/div 按 1—2—5 进位分 16 个挡级,可根据被测信号频率的高低,选择适当的挡级,当扫速"微调"旋钮位于校准位置时,"V/div"挡级的标称值即可视为时基扫描速率。

稳定度——用以改变扫描电路的工作状态,一般应处于待触发状态,使用时只需调电平旋钮 6,即能使波形稳定地显示。调整"稳定度"使扫描电路进入触发状态,其步骤如下。

(1) "垂直输入耦和方式"开关置于"⊥","V/div"置于 0.02。

(2) 用螺钉旋具把稳定度电位器顺时针方向旋足,此时屏上应出现扫描线,然后缓慢地向反时针方向转动,务必使到达扫描线正好消失,这一位置即表示扫描电路已到达待触发的临界状态。

扫描校准——水平放大器增益的校准装置,用于对时基扫描速率进行校准。在校准扫速时,借助于"V/div"开关中"⌐"挡级 100mV 方波标准号的周期,其周期的长短直接决定于仪器使用电源电网频率。例如电源电网频率 $f=50Hz$,则周期 $T=20ms$。此时可将"t/div"开关置于 2ms/div 挡级,并调节"扫描校准"电位器,使屏幕上显示一个完整方波周期在水平方向的宽度恰为 10div。若电源频率 $f=60Hz$,则方波一个周期的宽度应校准为 8.3div。

X 轴输入——水平信号或外触发信号的输入端。

触发信号极性开关——用以选择触发信号的上升或下降部分来触发电路促使扫描启动。当开关置于"外接 X"时,使"X 外触发"插座成为水平信号的输入端。

触发信号选择——当开关位于"内"时,触发信号取自垂直放大中的被测信号。"TV"挡开关位于"电视场"时,将来自垂直放大器中被测电视信号,通过积分电路,使屏幕上显示的电视信号与场频同步。当开关位于"外"时,触发信号来自"X 外触发"插座输入的外加信号,它与垂直被测信号应具有相应的时间关系。

【实验 3-12 附录 2】 HG1031 型多用信号发生器

使用说明:

(1) 仪器通电前,应先进行外观检查,确认外观无损伤及控制开关正常后,可在技术条件规定的环境条件及供电电压下通电工作,为保证仪器输出频率满足技术条件要求,应先预热 30min。

(2) 开机后,可通过面板上的 600Ω 或 50Ω 输出端输出信号,根据所使用的正弦频率范围,可用面板左上方的频率范围开关指向所需的那一挡,然后再用其右侧的三个频率旋钮,按十进制原则细调所需频率,应当指出的是,本机的方波及尖脉冲均由正弦波形成,因此其重复频率与正弦波相同,双脉冲键按下后,可输出双脉冲和单个正负脉冲信号。双脉冲输出时,输出信号中的前导脉冲为正尖脉冲,主脉冲可通过 S4－10 选取正或负脉冲输出,其两脉冲之间的延时可通过前面板"延时"电位器调节,主脉冲宽度可通过"脉宽"电位器调节。

当把双脉冲键按下(方块图中 S_4-8 按下),再把一 γ 选通(S_4-9 按下)后,这时只输出正、负脉冲信号,其脉冲宽度仍然由"脉宽"电位器调节。由于尖脉冲的宽度极窄,观察所用的示波器频带必须足够宽,亮度足够大,为了容易观察,最好先在重复频率较高的频段观察。

三角波的频率选择方法及所用旋钮同正弦波,但其频率上限为 100kHz,因此在正弦波频率的第 V、VI 两挡,三角波最高均为 100kHz,锯齿波与三角波不属一个电路产生,其频率调节方法同三角波,但其扫描周期约为三角波周期的一半。

(3) 输出波形的选择可通过面板上的按键开关进行,其中单次脉冲的选择仅对尖脉冲有效。

(4) 各种波形输出幅度均可由"输出幅度"电位器连续调节。对于正弦波输出通过 ST-16 可分别衰减 10 倍和 100 倍。当 S_5 和 S_6 均未按下时,不衰减输出幅度,只由电位器连续调节。当需要其他波形输出时,一定要注意把此两键均抬起。

(5) 在使用中要注意避免输出连接线短路或与地短路连接。

(6) 在不使用时,要把该机处于非通电状态,存放在室内通风良好的环境内,对长期存放不使用的仪器,使用之前应在室内恢复一定时间或预先经高温烘烤及常温恢复后再使用。

(7) HG1031 信号发生器前面板各控制装置如图 3-13-7 所示。

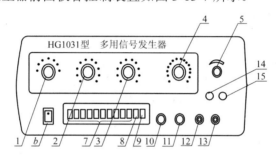

图 3-13-7 HG1031 多用信号发生器前面板示意

1. 频率范围选择波段; 2. 频率调节波段×1; 3. 频率调节波段×0.1;
4. 频率连续调节×0.01; 5. 输出幅度调节; 6. 电源开关;
7. 波形选择键(可选择正弦波、双脉冲、正负尖脉冲、正负脉冲方波、三角波、1:1方波、正倒锯齿波中任一种波形输出);
8. 连续/单次选择按键(该键抬起时产生连续波形输出,该键按下时单稳态触发器工作于触发方式);
9. 手动触发(当8键按下时,通过7选择按动该键可产生正负尖脉冲);
10. 脉宽调节电位器; 11. 延时调节电位器; 12.50Ω输出端子;
13.600Ω输出端子; 14. 衰减 10 倍按键; 15. 衰减 100 倍按键

【思考题】

(1) 用示波器测量信号电压的峰-峰值和周期时事先一定要对示波器作校准,你知道如何校准吗?简述其方法和步骤。

(2) ST-16 型同步示波器"触发电平"旋钮的作用是什么?什么时候需要调节它?观察李萨如图形时,能否用它把图形稳定下来?

(3) 如果示波器是良好的,但由于某些旋钮的位置未调好,荧光屏上看不见亮点。请问哪几个旋钮位置不合适就可能造成这种情况?应该怎样操作才能找到亮点?

(4) 一方波信号从 Y 轴输入示波器,荧光屏上仅显示一条铅直的直线,试问这是什么原因?应调节哪些开关和旋钮,方能使荧光屏显示出方波来?

(5) 示波器的扫描频率远大于或远小于 Y 轴信号的频率时,屏上的图形将是什么情况?

【实验 3-12 附录 3】 YB-4325 型双踪示波器

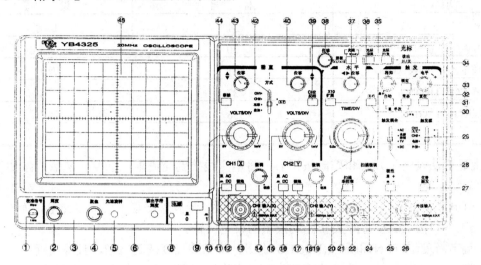

图 3-13-8　YB-4325 型双踪示波器操作面板示意

YB4325 型双踪示波器的操作方法介绍如下：

1. 基本操作

按表 3-13-2 设置仪器的开关及控制旋钮或按键。

表 3-13-2　双踪示波器的基本操作方法

项　目	编　号	设　置
电源(POWER)	9	弹出
辉度(INTENSITY)	2	顺时针 1/3 处
聚焦(FOCUS)	4	适中
垂直方式(MODE)	42	CH1
断续(CHOP)	44	弹出
CH2 反相(INV)	39	弹出
垂直位移(POSITION)	40，43	适中
衰减开关(VOLTS/DIV)	10，15	0.5V/div
微调(VARIABLE)	14，17	校准位置
AC—DC—接地(GND)	11，12，16，18	接地(GND)
触发源(SOURCE)	29	CHI
耦合(COUPLING)	28	AC
触发极性(SLOPE)	25	+
交替触发(TRIG ALT)	27	弹出
电平锁定(LOCK)	32	按下
释抑(HOLD OFF)	34	最小(逆时针方向)

续表

项 目	编 号	设 置
触发方式	31	自动
TIME/DIV	20	0.5ms/div
扫描非校准(SWPUNCAL)	21	弹出
水平位移(POSITION)	37	适中
X10 扩展(X10MAG)	36	弹出
X-Y	30	弹出

按上述方法设定了开关和控制按钮后，将电源线接到交流电源插座，然后，按如下步骤操作：

(1) 打开电源开关，电源指示灯变亮，约20s后，示波管屏幕上会显示光迹，如60s后仍未出现光迹，应按上表检查开关和控制按钮的设定位置。

(2) 调节辉度(INTEN)和聚焦(FOCUS)旋钮，将光迹亮度调到适当，且最清晰。

(3) 调节 CH1 位移旋钮及光迹旋转旋钮，将扫线调到与水平中心刻度线平行。

(4) 将探极连接到 CH1 输入端，将 $2U_{p-p}$ 校准信号加到探极上。

(5) 将 AC—DC—GND 开关拨到 AC，屏幕上将会出现如图 3-13-9 所示的波形。

(6) 调节聚焦(FOCUS)旋钮，使波形达到最清晰。

(7) 为便于信号的观察，将 VOLTS/DIV 开关和 TIME/DIV 开关调到适当的位置，使信号波形幅度适中，周期适中。

(8) 调节垂直移位和水平移位旋钮到适中位置，使显示的波形对准刻度线且电压幅度(U_{p-p})和周期 T 能方便读出。

上述为示波器的基本操作步骤。CH2 的单通道操作方法与 CH1 类似，进一步的操作方法在下面章节中逐一讲解。

2. 双通道操作

将 VERT MODE(垂直方式)开关置双踪(DUAL)，此时，CH2 的光迹也显示在屏幕上，CH1 光迹为校准信号方波，CH2 因无输入信号显示为水平基线，如图 3-13-9 所示。

如同通道 CH1，将校准信号接入通道 CH2，设定输入开关为 AC，调节垂直方向位移旋钮(40)和(43)，使双通道信号如图 3-13-10 所示。

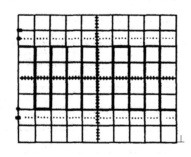 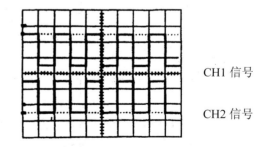

CH1 信号

CH2 信号

图 3-13-9　CH2 输入信号时的波形　　　　图 3-13-10　双通道信号波形

双通道操作时(双踪或叠加)，"触发源"开关选择 CH1 或 CH2 信号，如果 CH1 和 CH2

信号为相关信号，则波形均被稳定显示；如为不相关信号，必须使用"交替触发"(TRIGALT)开关，那么两个通道不相关信号波形也都被稳定同步。但此时不可同时按下"断续"(CHOP)和"交替触发"(TRIG ALT)开关。

5ms/div 以下的扫描范围使用"断续"方式，2ms/div 以上扫描范围为"交替"方式，当"断续"开关按入时，在所有扫描范围内均以"断续"方式显示两条光迹，"断续"方式优先"交替"方式。

3. 叠加操作

将垂直方式(VERT MODE)设定在相加(ADD)状态，可在屏幕上观察到 CH1 和 CH2 信号的代数和，如果按下了 CH2 反相(INV)按键开关，则显示为 CH1 和 CH2 信号之差。

如要想得到精确的相加或相减，借助于垂直微调(VAR)旋钮将两通道的偏转系数精确调整到同一数值上。

垂直位移可由任一通道的垂直移位旋钮调节，观察垂直放大器的线性，请将两个垂直位移旋钮设定到中心位置。

4. X-Y 操作与 X 外接操作

"X-Y"按键按下，内部扫描电路断开，由"触发源"(SOURCE)选择的信号驱动水平方向的光迹。当触发源开关设定为"CH1(X-Y)"位置时，示波器为"X-Y"工作，CH1 为 X 轴、CH2 为 Y 轴；当触发源设定外接(EXT)位置时，示波器便为"X 外接方式"(EXT HOR)扫描工作。

(1) X-Y 操作：

垂直方式开关选择"X-Y"方式，触发源开关选择"X-Y"，CH1 为 X 轴，CH2 为 Y 轴，可进行 X-Y 工作。水平位移旋钮直接用作 X 轴。

注意：X-Y 工作时，若要显示高频信号则必须注意 X 轴和 Y 轴之间相位差及频带宽度。

(2) X 外接(EXT)操作：

作用在外触发输入端(23)上的外接信号驱动 X 轴，任一垂直信号由垂直工作方式(VERTMODE)开关选择。当选定双踪(DUAL)方式时，CH1 和 CH2 信号均以断续方式显示，如图 3-13-11 所示。

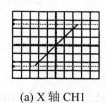 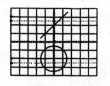

(a) X 轴 CH1　　　　　　　(b) 双通道 X-Y 操作

图 3-13-11　X-Y 操作与 X 外接操作

5. 触发

正确的触发方式直接影响示波器有效操作，因此必须熟悉各种触发功能及操作方法。

1) 触发源开关功能

选择所需要显示的信号自身或是与显示信号具有时间关系的触发信号作用于触发，以便在屏幕上显示稳定的信号波形。

CH1：CH1 输入作触发信号；

CH2：CH2 输入作触发信号。

电源(LINE)：电源信号用作触发信号，这种方法用在被测信号与电源频率相关信号时有效，特别是测量音频电路，闸流管电路等工频噪声时更为有效。

外接(EXT)：扫描由作用在外触发输入端的外加信号触发，使用的外接信号与被测信号具有周期性关系，由于被测信号没有用作触发信号，波形的显示与测量信号无关。

上述触发源信号选择功能见表 3-13-3。

表 3-13-3　触发源信号选择功能

垂直方式 触发源	CH1	CH2	DUAL	ADD
CH1	由 CH1 信号触发			
CH2	由 CH2 信号触发			
ALT	由 CH1、CH2 交替触发			
LINE	由交流电源信号触发			
EXT	由外接输入信号触发			

2) 耦合开关的功能

根据被测信号的特点，用此开关选择触发信号的耦合方式。

交流(AC)：这是交流耦合方式，由于触发信号通过交流耦合电路，而排除了输入信号的直流成分的影响，可得到稳定的触发。该方式在低频为 10Hz 以下，使用交替触发方式且扫描速度较慢时，如产生抖动可使用直流方式。

高频抑制(HF REJ)：触发信号通过交流耦合电路和低通滤波器(约 50kHz-3dB)作用到触发电路，触发信号中高频成分通过滤波器被抑制，只有低频信号部分能作用到触发电路。

电视(TV)：TV 触发，以便于观察 TV 视频信号，触发信号经交流耦合通过触发电路，将电视信号馈送到电视同步分离电路，分离电路拾取同步信号作为触发扫描用，这样视频信号能稳定显示。调整主扫描 TIME/DIV 开关，扫描速率根据电视的场和行作如下切换：TV-V：0.5s/div～0.1ms/div；TV-H：0.5μs/div～0.1μs/div。极性开关设定如图 3-13-12 所示，以便与视频信号一致。

DC：触发信号被直接耦合到触发电路，触发需要触发信号的直流部分或是需要显示低频信号以及信号占空比很小时，使用此种方式。

3) 极性开关功能

该开关用于选择如图 3-13-13 所示的触发信号的极性。

4) 电平控制器控制功能

该旋钮用于调节触发电平以稳定显示图像，一旦触发信号超过控制旋钮所设置触发电平，扫描即被触发且屏幕上稳定显示波形，顺时针旋动旋钮，触发电平向上变化，反之向下变化，变化特性如图 3-13-14 所示。

电平锁定：按下电平锁定(LOCK)开关时，触发电平被自动保持在触发信号的幅度之内，且不需要进行电平调节可得到稳定的触发，只要屏幕信号幅度或外接触发信号输入电压在下列范围内，该自动触发锁定功能都是有效的。

YB4325：50Hz～20MHz≥2.0div(0.25V)

YB4345：50Hz～40MHz≥2.0div(0.25V)

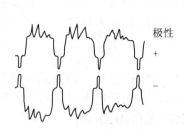

图 3-13-12　极性开关设定

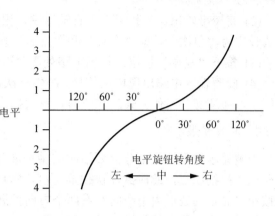

图 3-13-13　触发信号的极性

"+"设定在正极性位置，触发电平产生在触发信号上升沿；
"–"设定在负极性位置，触发电平产生在触发信号下降沿。

5)　"释抑"控制功能

当被测信号为两种频率以上的复杂波形时，上述提到的电子控制触发可能并不能获得稳定波形。此时，可通过调整扫描波形的释抑时间(扫描回程时间)，能使扫描与被测信号波形稳定同步。

图 3-13-15(a)所示为屏幕交叠的几条不同的波形，当释抑"HOLDOFF"按钮在最小状态时，很难观察到稳定同步信号。

图 3-13-15(b)所示的信号不需要部分被释抑，波形在屏幕显示没有重叠现象。

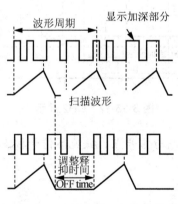

图 3-13-14　触发信号的变化特性

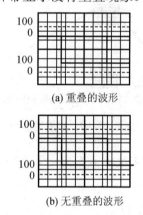

图 3-13-15　无重叠的波形

6.　单次扫描工作方式

非重复信号和瞬间信号通过通常的重复扫描工作方式，在屏幕上很难观察。这些信号必须采用单次工作方式显示，并可拍照以供观察。

(1)　"自动"和"常态"按钮均弹出。

(2)　将被测信号作用于垂直输入端，调节触发电平。

(3)　按下"复位"按钮，扫描产生一次，被测信号在屏幕上仅显示一次。测量单次瞬变信号：

(1)　将"触发"方式设定为"常态"。

(2) 将校准输出信号作用于垂直输入端，根据被测信号的幅度调节触发电平。将"触发"方式设定为"单次"，即"自动"和"常态"均弹出，在垂直输入端重新接入被测量信号。

(3) 按下"复位"按钮，扫描电路处于"准备"状态且准备指示灯变亮。

(4) 随着输入电路出现单次信号，产生一次扫描把单次瞬变信号显示在屏幕上。但是它不能用于双通道交替工作方式。在双通道单次扫描工作方法中，应使用断续方式。

7. 扫描扩展

当被显示波形的一部分需要沿时间轴扩展时，可使用较快的扫描速度，但如果所需扩展部分远离扫描起点，此时欲加快扫描速度，它可能会跑出屏幕。在此种情况下可按下扩展开关按钮，显示的波形由中心向左右两个方向扩展为 10 倍，如图 3-13-16 所示。

扩展操作过程中的扫描时间如下：(TIME/DIV 开关指示值)×1/10。

因此，未扩展的最快扫描值随着扩展变为(如 0.1μs/div)：

$$0.1\mu s/div \times 1/10 = 10ns/div$$

8. 读出功能

选择的灵敏度输入、扫描时间等显示位置均如图 3-13-17 所示。

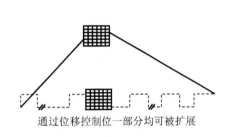

通过位移控制位一部分均可被扩展

图 3-13-16　扩展的波形

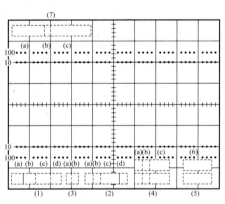

图 3-13-17　CH2 显示

注意：当"触发方式"为"常态"时，CRT 上无任何光迹与信号点，欲观察信号按下"自动"按钮。

1) CH1 显示

当"垂直方式"开关为 CH1，DUAL 或叠加时，CH1 的设定值显示在图 3-13-17 所示的(1)，这些值在 CH2 方式时不显示。

(a) 当设定探极×10 时显示"P10"。

(b) V/DIV 校准位于"非校准"位置时，出现">"符号。

(c) 显示选择的灵敏度为 1mV～5V(探极×10 时，10mV～50V)。

(d) 设定为 X-Y 按钮，垂直方式为 CH2 时下标出现"X"标志，在双踪时下标出现"Y1"标志。

2) CH2 显示

"垂直方式"为 CH2、双踪或叠加时，CH2 信号的设定值显示值为图 3-13-17 所示的(2)，这些值在 CH1 方式时不显示。

(a) 当设定探极×10 时显示"P10"。

(b) ">"标志指 V / DIV 为"非校准"位置。

(c) 显示选择的灵敏度为 lmV～5V(探极×10 时，10mV～50V)。

(d) 设定为 X-Y 方式，垂直方式为 CH2 时，下标出现"Y"标志，在双踪时下标出现"Y2"标志。叠加(相减)及 CH2 反相显示：

(a) 叠加、相减及反相功能显示为图 3-13-17 所示的(3)。

(b) "+"表示垂直方式为"叠加方式"，CH1 和 CH2 的输入信号被叠加，按下 CH2 反相时，实现 CH1 和 CH2 相减。

(c) "↓"显示表明垂直方式为 CH2 或双踪，且使用了 CH2 反相按钮。

3) 时基显示

扫描时间显示如图 3-13-17 所示的(4)。

(a) A 扫描时间前出现 A；

(b) "="表示正常，"*"表示使用了×10 扩展，">"表示用了"扫描非校准"旋钮；

(c) 表示选择的扫描时间：10ns～0.5s，使用"X-Y"按钮会显示"X-Y"。

4) 断续/交替显示

垂直方式设定为"双踪"时，断续或交替显示如图 3-13-17 所示的(5)，按下 X-Y 按钮时，会出现"X_{EXT}"。

TV-V / TV-H 显示：

当"触发耦合"开关设定为 TV 时，TV-V/TV-H 显示如图 3-13-17 所示的(6)。

5) 光标测量值显示

七种功能的相关测量显示在图 3-13-17 所示的(7)。

(a) 通过按钮"光标功能"来选择七种功能(ΔV、$\Delta V\%$、ΔT、$1/\Delta T$、DUTY、PHASE)中的一种(表 3-13-4)。

表 3-13-4

项　　目		垂 直 方 式			
		CH1	CH2	双踪	叠加
触发源	CH1	ΔV_1	ΔV_2	ΔV_1	ΔV_{12}
	CH2			ΔV_2	
	电源				
	外接				
	X-Y	*	ΔV_Y	ΔV_{Y1}	*1

注：(1) 当 X-Y 方式未设定到位时，将会出现错误信息："X-Y Mode error"。

(b) 在 ΔV 功能中，显示极性"+"或"−"："+"当"▽"光标在"▼"(基准)光标之上；"−"当"▽"光标在"▼"(基准)光标之下。

(c) 显示七种光标测量功能的测量值与单位。

ΔV：0.0～40.0V(400V 在探极×10)

(2) 当 V/DIV 校准设定为非校准位置或是垂直方式为"叠加"但 V/DIV 上 CH1 和 CH2

灵敏度不相同时，测量单位以刻度显示(0.00～8.00div)。

△V%：0.0%～160%　(5div=100%基准)

△VdB：−41.9dB～4.08div(5div=0dB 基准)

△T：0.0ns～5.00s

(3) 当"扫描非校准"按钮按入时，测量值以刻度显示(0.00～10.00div)。

1/△T：200.0MHz～2.500GHz

注：当"扫描非校准"按钮按进或两光标交叠时，显示"???"表示未知值。

DUTY：0.0%～200.0%(5div=100%基准)

PHASE：0.0°～720°(5div=360°基准)

(4) 除△T(%、dB)外，均可选择其他功能，如果使用了 X-Y 按钮，会出现未知值"???"。

【实验 3-12 附录 4】DG1022 双通道函数/任意波形发生器

1. 仪器面板简介

1) 仪器前面板

DG1022 具有简单而功能明晰的前面板，如图 3-13-18 所示，前面板上包括各种功能按键、旋钮及菜单软键，可以进入不同的功能菜单或直接获得特定的功能应用。

2) 仪器后面板

仪器后面板包括电源插口、总电源开关、输入、输出接口等，如图 3-13-19 所示。

2. 仪器显示界面

DG1022 双通道函数/任意波形发生器提供了 3 种界面显示模式: 单通道常规模式(图 3-13-20)、单通道图形模式(图 3-13-21)及双通道常规模式(图 13-13-22)。这 3 种显示模式可通过前面板左侧的 View 按键切换。可通过 $\dfrac{CH_1}{CH_2}$ 来切换活动通道，设定每通道的参数及观察、比较波形。

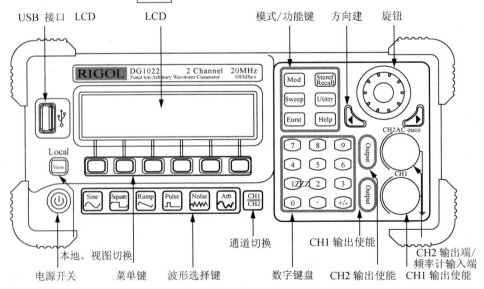

图 3-13-18　DG1022 系列双通道函数/任意波形发生器前面板

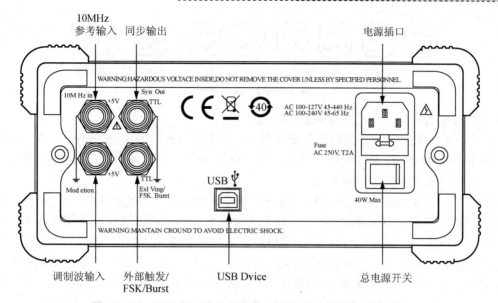

图 3-3-19 DG1022 系列双通道函数/任意波形发生器后面板

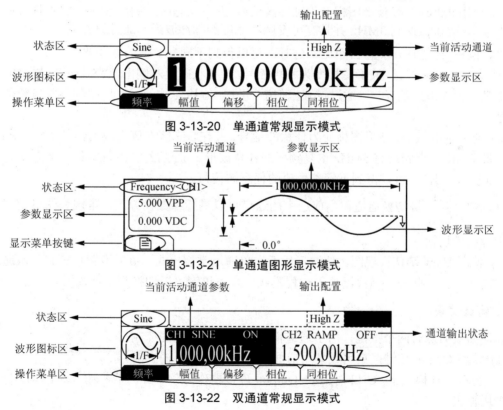

图 3-13-20 单通道常规显示模式

图 3-13-21 单通道图形显示模式

图 3-13-22 双通道常规显示模式

3. 波形设置

如图 3-13-23 所示，在操作面板左侧下方有一系列带有波形显示的按键，它们分别是正弦波、方波、锯齿波、脉冲波、噪声波、任意波。此外，还有两个常用按键：通道选择和视图切换键。

波形选择　　　　　　　　　　　　　　通道选择　视图切换

图 3-13-23　按键选择

以下对波形选择的说明均在常规显示模式下进行。

(1) 使用 Sine 按键，波形图标变为正弦信号，并在状态区左侧出现"Sine"字样。DG1022 可输出频率从 1μHz 到 20MHz 的正弦波形。通过设置频率/周期、幅值/高电平、偏移/低电平、相位，可以得到不同参数值的正弦波。

(2) 使用 Square 按键，波形图标变为方波信号，并在状态区左侧出现"Square"字样。DG1022 可输出频率从 1μHz 到 5MHz 并具有可变占空比的方波。通过设置频率/周期、幅值/高电平、偏移/低电平、占空比、相位，可以得到不同参数值的方波。

(3) 使用 Ramp 按键，波形图标变为锯齿波信号，并在状态区左侧出现"Ramp"字样。DG1022 可输出频率大小从 1μHz 到 150kHz 并具有可变对称性的锯齿波波形。通过设置频率/周期、幅值/高电平、偏移/低电平、对称性、相位，可以得到不同参数值的锯齿波。

(4) 使用 Pulse 按键，波形图标变为脉冲波信号，并在状态区左侧出现"Pulse"字样。DG1022 可输出频率从 500μHz 到 3MHz 并具有可变脉冲宽度的脉冲波形。通过设置频率/周期、幅值/高电平、偏移/低电平、脉宽/占空比、延时，可以得到不同参数值的脉冲波。

(5) 使用 Noise 按键，波形图标变为噪声信号，并在状态区左侧出现"Noise"字样。DG1022 可输出带宽为 5MHz 的噪声。通过设置幅值/高电平、偏移/低电平，可以得到不同参数值的噪声信号。

(6) 使用 Arb 按键，波形图标变为任意波信号，并在状态区左侧出现"Arb"字样。DG1022 可输出最多 4K 个点和最高 5MHz 重复频率的任意波形。通过设置频率/周期、幅值/高电平、偏移/低电平、相位，可以得到不同参数值的任意波信号。

(7) 使用 $\dfrac{\text{CH}_1}{\text{CH}_2}$ 键切换通道，当前选中的通道可以进行参数设置。在常规和图形模式下均可以进行通道切换。

(8) 使用 View 键切换视图，使波形显示在单通道常规模式、单通道图形模式、双通道常规模式之间切换。此外，当仪器处于远程模式，按下该键可以切换到本地模式。

4. 输出设置

在前面板右侧有两个按键，用于通道输出、频率计输入的控制。

(1) 使用 Output 按键，启用或禁用前面板的输出连接器输出信号。

(2) 在频率计模式下，CH2 对应的 Output 连接器作为频率计的信号输入端，CH2 自动关闭，禁用输出。

5. 基本波形设置

1) 设置正弦波

使用 Sine 按键，常规显示模式下，在屏幕下方显示正弦波的操作菜单，左上角显示当前波形名称如图 3-13-24 所示。通过使用正弦波的操作菜单，对正弦波的输出波形参数进行设置。设置正弦波的参数主要包括频率/周期、幅值/高电平、偏移/低电平、相位。通过改变这些参数，得到不同的正弦波。在操作菜单中，选中频率，光标位于参数显示区的频率参数位置，可在此位置通过数字键盘、方向键或旋钮对正弦波的频率值进行修改。

图 3-13-24　正弦波参数值设置显示界面

2) 设置输出频率/周期

按 Sine|频率/周期|频率，设置频率参数值，如图 3-13-25 所示。屏幕中显示的频率为上电时的默认值，或者是预先选定的频率。在更改参数时，如果当前频率值对于新波形是有效的，则继续使用当前值。若要设置波形周期，则再次按"频率/周期"软键，以切换到"周期"软键(当前选项为反色显示)。

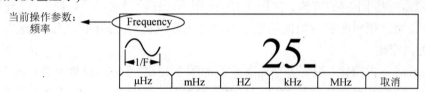

图 3-13-25　设置频率的参数值

输入所需的频率值。使用数字键盘，直接输入所选参数值，然后选择频率所需单位，按下对应于所需单位的软键。也可以使用左右键选择需要修改的参数值的数位，使用旋钮改变该数位值的大小。

3) 设置输出幅值

按 Sine|幅值/高电平|幅值，设置幅值参数值，如图 3-13-26 所示。

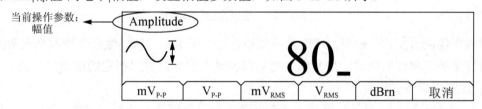

图 3-13-26　设置幅值的参数值

屏幕显示的幅值为上电时的默认值，或者是预先选定的幅值。在更改参数时，如果当前幅值对于新波形是有效的，则继续使用当前值。若要使用高电平和低电平设置幅值，再次按"幅值/高电平"或者"偏移/低电平"软键，以切换到"高电平"和"低电平"软键(当前选项为反色显示)。

输入所需的幅值、使用数字键盘或旋钮，输入所选参数值，然后选择幅值所需单位，按下对应于所需单位的软键。

4) 设置偏移电压

按 Sine|偏移/低电平|偏移，设置偏移电压参数值。屏幕显示的偏移电压为上电时的默认值，或者是预先选定的偏移量。在更改参数时，如果当前偏移量对于新波形是有效的，则继续使

用当前偏移值。

输入所需的偏移电压。使用数字键盘或旋钮，输入所选参数值，然后选择偏移量所需单位，按下对应于所需单位的软键。

5) 设置起始相位

单击 Sine→相位，设置起始相位参数值。屏幕显示的初始相位为上电时的默认值，或者是预先选定的相位。在更改参数时，如果当前相位对于新波形是有效的，则继续使用当前偏移值。

输入所需的相位。使用数字键盘或旋钮，输入所选参数值，然后选择单位。

6) 设置方波

使用 Square 键，常规显示模式下，在屏幕下方显示方波的操作菜单。通过使用方波的操作菜单，对方波的输出波形参数进行设置。

设置方波的参数主要包括频率/周期、幅值/高电平、偏移/低电平、占空比、相位。通过改变这些参数，得到不同的方波。如图 3-13-26 所示，在软键菜单中，选中占空比，在参数显示区中，与占空比相对应的参数值反色显示，可在此位置对方波的占空比值进行修改。

7) 设置占空比

单击 Square→占空比，设置占空比参数值如图 3-13-27 所示。屏幕中显示的占空比为上电时的默认值，或者是预先选定的数值。在更改参数时，如果当前值对于新波形是有效的，则使用当前值。

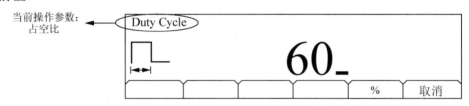

图 3-13-27　设置占空比参数值

输入所需的占空比。使用数字键盘或旋钮，输入所选参数值，然后选择占空比所需单位，按下对应于所需单位的软键，信号发生器立即调整占空比，并以指定的值输出方波。

8) 设置锯齿波

使用 Ramp 键，常规显示模式下，在屏幕下方显示锯齿波的操作菜单。通过使用锯齿波形的操作菜单，对锯齿波的输出波形参数进行设置。

设置锯齿波的参数包括频率/周期、幅值/高电平、偏移/低电平、对称性、相位。通过改变这些参数得到不同的锯齿波。如图 3-13-28 所示，在软键菜单中选中对称性，与对称性相对应的参数值反色显示，可在此位置对锯齿波的对称性值进行修改。

图 3-13-28　锯齿波形参数值设置显示界面

9) 设置对称性

单击 Ramp→"对称性"，设置对称性的参数值，如图 3-13-29。屏幕中显示的对称性为上电时的值，或者是预先选定的百分比。在更改参数时，如果当前值对于新波形是有效的，则使用当前值。

输入所需的对称性。使用数字键盘或旋钮，输入所选参数值，然后选择对称性所需单位，按下对应于所需单位的软键。信号发生器立即调整对称性，并以指定的值输出锯齿波。

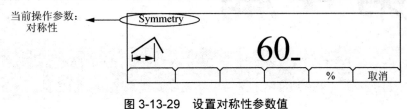

图 3-13-29　设置对称性参数值

第4篇

光学实验

4.1 光学实验基础知识

力学、热学和电学的实验是做好光学实验的重要基础。在光学实验中会遇到两个最突出的问题，一个是精密仪器的调节和使用；另一个是理论和实验的更紧密结合。

光学仪器的精密度很高。在使用前，首先要进行调整和检验。初次接触没有使用过的仪器时，必须了解它的工作性能、正确使用的方法、注意事项等，然后在教师的指导下才能开始实验。若使用维护不当，则光学元件及机械部分很容易被损坏。常见的损坏有以下几种。

(1) 物理的和机械的原因：跌落、振动、挤压及冷热不均造成的损坏，会使部分以至全部元件无法使用。磨损的危害性也很大，例如光学元件表面附有不清洁的物质时，用手或粗糙的东西去擦，致使光学元件表面留下划痕，会使其成像模糊甚至根本不能成像。

(2) 化学原因：污损、发霉及酸、碱等对光学元件表面的腐蚀。

由于上述原因，在使用光学仪器时，必须注意以下事项：

① 使用以前必须仔细阅读仪器使用说明书，严格按要求操作。

② 仪器上所有的锁紧螺钉、螺母不得拧得过紧。

③ 微动手轮(柄)在使用到头后不能强行转动，应让粗动部分退回手轮(柄)。

④ 轻拿、轻放，勿使仪器受到振动，必须避免跌落到地面。光学元件使用完毕，不得随意乱放，要物归原处。

⑤ 在任何时候都不允许用手接触光学仪器表面(光线在此表面反射或折射)，只能接触经过磨砂的表面(毛面)，如透镜的侧面，棱镜的上、下底面等，如图 4-1-1 所示。

⑥ 光学仪器表面有玷污时，不得私自处理，要及时向教师说明。在教师指导下，对于没有薄膜的光学表面，可用干净的镜头纸轻擦，或用橡皮球将灰尘吹去，才能继续使用。

⑦ 光学仪器装配很精密，拆卸后很难复原，因此严禁私自拆卸仪器。

⑧ 在暗室中要先熟悉各仪器和元件安放的位置。在黑暗条件下摸索仪器时，要手贴桌面，动作要轻缓，以免碰倒或带落仪器。

图 4-1-1　正确用手接触光学仪器

4.2　实验 4-1　薄透镜焦距的测定

光学仪器种类繁多，而透镜是光学仪器中的最基本元件。反映透镜特性的一个重要物理量是焦距。在不同的使用场合下，为了不同的目的，需要选择不同焦距的透镜或透镜组。要测定透镜的焦距，常用的方法有平面镜法和物距像距法。对于凸透镜还可用移动透镜二次成像法(又称共轭法)，应用这种方法，只需测透镜本身的位移，测法简便，测量的精度高。

同时，为了正确地使用光学仪器，必须掌握透镜成像的规律，学会光路的调节技术和焦距的测量方法。

【实验目的】

(1) 学习测定透镜焦距的方法，验证透镜成像公式。
(2) 掌握简单光路的分析和调整方法。

【实验原理】

1. 透镜成像公式

透镜分为两类：凸透镜和凹透镜。凸透镜具有使光线会聚的作用，凹透镜具有使光线发散的作用。

光线通过凸透镜均向光轴偏折，所以凸透镜也称为会聚透镜，平行于主轴的光线通过凸透镜将会聚于一实焦点 F，透镜中心 O 到焦点 F 的距离称为焦距 f(见图 4-2-1(a))。光线通过凹透镜后均远离主轴而偏折，因而也称为发散透镜。平行于凹透镜主轴的光线通过凹透镜，光线好像是由透镜的虚焦点 F' 发出的，透镜中心 O 到焦点 F' 的距离称为它的焦距 f(见图 4-2-1(b))。当透镜的厚度与其焦距相比甚小时，这种透镜称为薄透镜。在近轴光线(指通过透镜中心并与主轴成很小夹角的光束)的条件下，薄透镜(包括凸透镜和凹透镜)成像的规律可表示为：

$$\frac{1}{u} + \frac{1}{v} = \frac{1}{f} \tag{4-2-1}$$

式中，u 为物距；v 为像距；f 为透镜的焦距，u、v 和 f 均从透镜的光心 O 点算起。

物距 u 恒取正值；像距 v 的正负由像的实虚来确定，实像时 v 为正，虚像时 v 为负。对于凸透镜，f 为正值；对于凹透镜，f 为负值。为了便于计算透镜的焦距 f，式(4-2-1)可改写为：

$$f = \frac{uv}{u+v} \tag{4-2-2}$$

只要测得物距 u 和像距 v，便可算出透镜的焦距 f。

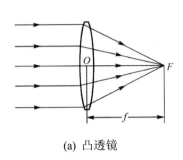

(a) 凸透镜

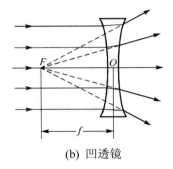

(b) 凹透镜

图 4-2-1　透镜的焦点和焦距

2. 凸透镜焦距测量原理

共轭法：如图 4-2-2 所示，设物和像屏间的距离为 L(要求 $L>4f$)，且保持 L 不变。移动透镜，当它在 O_1 时，屏上将出现一个放大的清晰的像(设此时物距为 u，像距为 v)；当它在 O_2 处(设 O_1O_2 之间的距离为 e 时)，在屏上又得到一个缩小的清晰的像。按照透镜成像公式(4-2-1)，在 O_1 处有：

$$\frac{1}{u}+\frac{1}{L-u}=\frac{1}{f} \tag{4-2-3}$$

在 O_2 处有：

$$\frac{1}{u+e}+\frac{1}{v-e}=\frac{1}{f} \tag{4-2-4}$$

因式(4-2-3)和式(4-2-4)等号右边相等，而 $v=L-u$，解得：

$$u=\frac{L-e}{2} \tag{4-2-5}$$

将式(4-2-5)代入式(4-2-3)，得：

$$\frac{2}{L-e}+\frac{2}{L+e}=\frac{1}{f}，\text{即 } f=\frac{L^2-e^2}{4L} \tag{4-2-6}$$

这个方法所得到的 f 值只要测定 L 和 e 就能算出。把焦距的测量归结为对于可以精确测定的量 L 和 e 的测量，避免了由于光心位置估计不准确所带来的误差。

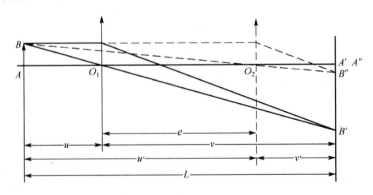

图 4-2-2　共轭法测凸透镜焦距

3. 凹透镜焦距的测量原理

物距像距法：如图 4-2-3 所示，从物点 A 发出的光线经过凸透镜 L_1 后会聚于 B。假若在

凸透镜 L_1 和像 B 之间插入一个焦距为 f 的凹透镜 L_2，然后调整(增加或减少) L_2 与 L_1 的间距，则由于凹透镜的发散作用，光线的实际会聚点将移到 B'。根据光线传播的可逆性，如果将物置于 B' 点处，则由物点发出的光线经过透镜 L_2 折射后所成的虚像将落在 B 点。令 $\overline{O_2B'}=u$，$\overline{O_2B}=v$，并考虑到对于凹透镜的 f 和 v 均为负值，由式(4-2-1)得：

$$\frac{1}{u}-\frac{1}{v}=-\frac{1}{f} \text{ 或 } f=\frac{uv}{u-v} \tag{4-2-7}$$

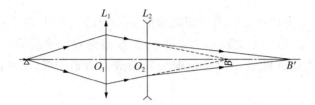

图 4-2-3　物距像距法测凹透镜焦距

【实验内容与步骤】

1. 光学元件同轴等高的调整

薄透镜成像公式(4-2-1)仅在近轴光线的条件下才能成立。所谓近轴光线，是指通过透镜中心部分并与主光轴夹角很小的那一部分光线。为了满足这一条件，常常在透镜前加一光阑来挡住边缘光线，或者选用一小物体，并把它的中点调到透镜的主轴上，使入射到透镜的光线与主光轴夹角很小。对于由几个透镜等元件组成的光路，应使各光学元件的主光轴重合，才能满足近轴光线的要求。习惯上把各光学元件与主光轴的重合称为同轴等高。显然，同轴等高的调节是光学实验必不可少的一个步骤。

调节时，先用眼睛判断，将光源和各光学元件的中心轴调节成大致重合，然后借助仪器或者应用光学的基本规律来调整。在本实验中，利用透镜成像的共轭原理进行调整。

(1) 按图 4-2-2 放置物、透镜和像屏，使 $L>4f$，然后固定物和像屏。

(2) 当移动透镜到 O_1 和 O_2 两处时，屏上分别得到放大的和缩小的像。物点 A 处在主光轴上，则它的两次成像位置重合 A'；物点 B 不在主光轴上，则它的两次成像位置 B'、B'' 分离开。当 B 点在主光轴上方时，放大的像点 B' 在缩小的像点 B'' 的下方；反之，则表示 B 点在主光轴下方。调节物点的高低，使经过透镜两次成像的位置重合，即达到了同轴等高。

(3) 若固定物点 A，调节透镜的高度，也可以出现步骤(2)中所述的现象。根据观察到的透镜两次成像的位置关系，判断透镜中心是偏高还是偏低，最后将系统调成同轴等高。

2. 凸透镜焦距的测量

按上述步骤调整好仪器，测出物屏和像屏的间距 L，然后移动透镜，当像屏上出现清晰的放大像和缩小像时，记录透镜所在位置 O_1、O_2 的读数。算出 O_1O_2 的距离 e。由式(4-2-6)算出透镜的焦距。多次改变物屏和像屏的距离 L，测出相应的 e。对于每一组 L、e 分别算出焦距 f，按不确定度处理实验数据。

注意： 间距 L 不要取得太大，否则，将使一个像缩得很小，以致难以确定凸透镜在哪个位置时成像最清晰。

3. 测凹透镜的焦距

如图 4-2-3 所示，先用会聚透镜 L_1 成像在屏上，然后将凹透镜 L_2 放在屏与 L_1 之间，量出屏与凹透镜的距离 v，再用公式 $f = \dfrac{uv}{u-v}$ 求出 f。改变凹透镜的位置重复以上步骤六次，按不确定度处理实验数据。

4. 用自准直法测凹透镜焦距(见图 4-2-4)

(1) 将物(OA)、L_1、屏放在导轨上，使之成像于屏(D)上，记下 D 点在导轨上的位置。

(2) 将屏拿掉，在 L_1 与 D 点之间放上 L_2，并在 D 点后放一平面镜。

(3) 移动 L_2 使之发散光线经平面镜反射至物旁成一清晰的像($O'A'$)记下 L_2 在导轨上的位置。

(4) 则 L_2D 为凹透镜的焦距。

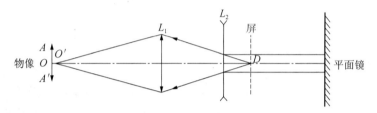

图 4-2-4　自准直法测透凹镜焦距

【数据记录与处理】

确定物屏与像屏之间的距离 $L=$_____cm

表 4-2-1　测量薄透镜焦距

次数	透镜成像位置		$e=O_1O_2$	$\Delta=e$	$f=\dfrac{L^2-e^2}{4L}$
	O_1	O_2			
1					
2					
3					
4					
5					
6					
7					
8					
9					
10					

$L\pm0.05=$_____cm

$e\pm\sigma_e=$_____

焦距的相对不确定度：

$$E_f = \sqrt{\frac{(L^2 + e^2)^2}{L^2(L^2 - e^2)}\sigma_L{}^2 + \frac{4e^2\sigma_e{}^2}{(L^2 - e^2)^2}}$$

焦距间接测量结果的合成不确定度：

$$\sigma_f = f \cdot E_f = \underline{\hspace{3cm}}\text{m}$$

焦距测量结果标准表达式：

$$f \pm \sigma_f = \underline{\hspace{4cm}}\text{m}$$

其余表格自拟。

【思考题】

(1) 用共轭法测透镜焦距时，为何要选取物和像屏的距离 L 大于透镜焦距的 4 倍？此法测焦距有何优点？

(2) 用眼睛直接看实像能看见吗？为什么人们喜欢用毛玻璃屏看实像？

4.3　实验 4-2　分光计的调整

分光计是精确测定光线偏转角的仪器，不少物理量如折射率、波长等的测定都要用到它，所以正确地调整分光计对减少测量误差、提高测量的准确度是十分重要的，并且分光计的调整方法通用于一般光学仪器的调整。

【实验目的】

(1) 了解分光计的构造和工作的基本原理。

(2) 学习分光计的调整方法。

【实验仪器】

FGY-01 型分光计、平行平面镜、三棱镜、汞灯。

【仪器介绍】

FGY-01 型分光计共由四部分组成。

(1) 阿贝式自准直望远镜：由目镜、全反射小棱镜、分划板和物镜组成；

(2) 平行光管：可调狭缝套筒装在平行光管上，伸缩狭缝套筒，使狭缝正好位于物镜的焦平面上时，这样就能使照在狭缝上的光线经会聚透镜后成为平行光线；

(3) 可升降载物平台：载物平台套在仪器主轴上，可绕主轴回转；

(4) 光学游标盘、度盘：游标盘与望远镜联动，度盘(主刻度盘)与载物平台联动；游标盘格值为 30″，度盘格值为 20′。

角度的读法是以游标盘的零线为准，读出(A)度值和分值(每格 20′)，再找游标上与度盘上刚好重合的刻线(亮条纹)得(B)分值和秒值(每格 30″)，两个数值相加(A+B)即为读数值 θ。若出现一条亮条纹即为准确读数[(图 4-3-1(a)]；若出现两条亮条纹，则取其中间值[图 4-3-1(b)]。为了提高读数精度，仪器在 180° 方向具有两个读数窗，读数时可用下式取平均值：

$$\varphi = \frac{1}{2}[(\theta_1 - \theta_1') + (\theta_2 - \theta_2')]$$

式中，φ 为望远镜实际转动角度值；θ_1、θ_2 为第一次读数值(左右两窗的起始值)；θ_1'、θ_2' 为转动度盘后左右两窗的读数值。

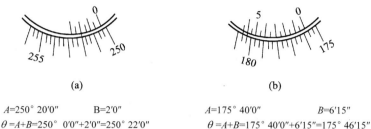

(a)　　　　　　　　　　　　　　　　(b)

A=250° 20′0″　　　B=2′0″　　　　　　A=175° 40′0″　　　B=6′15″

θ=A+B=250° 0′0″+2′0″=250° 22′0″　　　θ=A+B=175° 40′0″+6′15″=175° 46′15″

图 4-3-1　角度读法

注意：θ_1'、θ_2' 不能和 θ_1、θ_2 颠倒。读数时，将眼左右移动，当反射像和实际观察的数字重合后再进行读数，可以避免读数误差。

　　光学系统由阿贝式自准直望远镜和可调狭缝宽度的平行光管及带照明装置的光学游标度盘所组成，如图 4-3-2 所示。光线经小方孔 1 进入刻有透光十字窗的小棱镜 2 中，将十字窗投射出去，自准直望远镜的反射像为一绿色小十字。当望远镜光轴垂直于反射面时，小十字应位于离分划板中心 2mm 的一根十字线上，如图 4-3-3 所示。移动目镜筒 3 可使分划板成像清晰。

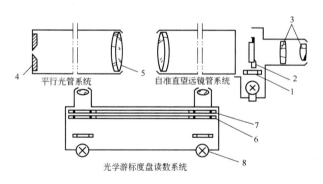

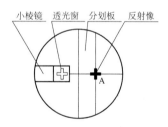

图 4-3-2　分光计光学系统组成　　　　　　　图 4-3-3　光线成像示例

　　狭缝体 4 位于平行光管物镜 5 的焦平面上。当狭缝被照明时，光线便以平行光的形式发射，然后通过载物台上的各种附件，由自准直望远镜接收观察，进行各种实验。

　　度盘 6 表面镀金属薄膜，按圆周等分刻有 1080 条透光线条。游标盘 7 表面亦镀有金属薄膜，在圆弧内等分刻有 40 条线。度盘和游标盘的下方装置有照明光源 8。当接通照明灯泡电源时，光线便透过度盘和游标盘的重合线条，呈亮条纹。因度盘刻线间距与游标盘间距不等，其他线条由于相互阻挡，光线无法透过，看不到，因此亮条纹对准的读数值即为实际角度值。

【实验内容与步骤】

1. 调整

分光计的各部分构件如图 4-3-4 所示。

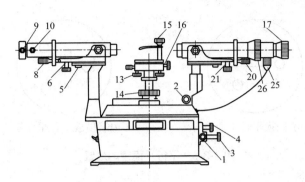

图 4-3-4 分光计构造示意

分光计的调节主要是使平行光管发出平行光,望远镜聚焦于无穷远,同时使平行光管和望远镜的光轴与仪器的转轴垂直。调节前先用眼睛估计一下,使各部件位置大致合适,同轴等高,然后对各部分进行调节。

(1) 调节自准直望远镜:接通电源,从目镜处观察十字分划板。移动目镜筒可使分划板成像清晰,在载物台面上放置一平行平面镜,并用 15、16 压紧,将十字透光窗射来的光线反射回分划板。这时(见图 4-3-3)可看到 A 点清晰的绿色小十字像。然后以晃头法(左右晃头观察十字像与十字叉丝间有无相对运动)检查,无视差即望远镜已聚焦于无穷远。若照明光源改变,则调节滚花螺母 26 使反射绿十字像清晰,以满足不同波长下自准直望远镜的正常工作要求。

(2) 调节平行光管:将已聚焦于无穷远的自准直望远镜正对着平行光管,在狭缝体前放实验用光源。调节 9 至光缝最大后,松开锁紧螺钉 10,前后移动狭缝体,至放大了的狭缝像在望远镜分划板上成像清晰,并无视差,即可锁紧 10 固定狭缝体。根据需要再重新调节光缝间距。

(3) 调节望远镜与分光计转轴垂直:在载物台上放一平行平面镜,调节 13 使反射像(绿十字)成像于分划十字线之 A 点,然后将载物台(连平行平面镜)转过 180°,观看反射像位,调节 13 使像向分划板 A 点水平线靠拢一半距离,即"1/2 调节法",调节 20、21,使像居于 A 点,如此反复数次,使绿色小十字始终居于分划板中央水平线 A 点,如图 4-3-3 所示。

(4) 调节平行光管光轴与望远镜光轴平行:调节光缝至最小位置,转动狭缝体,使光缝处于水平位置。以望远镜为基准,调节 8、6。光缝像处于望远镜分划板中央水平线时,使光缝与叉丝的中间水平丝重合,则平行光管的光轴与望远镜的光轴重合,且均垂直于中心轴。

当调换测量工件时,如测三棱镜顶角 A 时,调节 3 将主轴锁住后,再调节滚花螺母 14,升降工作台,使之处于合适高度。2、4 为游标盘微动和锁紧螺钉,1、3 为度盘微动和锁紧螺钉。

全部调好后固定各部件螺钉以备实验中测量用。

注意:(1) 平行平面镜的放置如图 4-3-5 所示。由于载物台的倾斜度是由 13 调节,即图 4-3-5 中的三个螺钉 a、b、c 进行调节的,故平行平面镜的位置不能随便放置。首先按图 4-3-5(a) 放置平行平面镜,利用 b 或 c 来调载物台的倾斜度,利用望远镜的倾斜度螺钉调节望远镜的倾斜度。按"1/2 调节法"直至绿色小十字始终居于分划中央水平线 A 点,然后按图 4-3-5(b)放置平行平面镜,此时只能调节螺钉 a,望远镜倾斜度螺钉及 b、c 均不可再动。当调至上述要求即可认为望远镜的光轴与载物台面均与中心轴垂直。

(2) 调节平行光管时,要取下载物台上的平行平面镜。

(a) 竖换平行平面镜 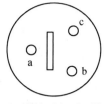(b) 横放平行平面镜

图 4-3-5　平行平面镜的放置

2. 测三棱镜的顶角

测量三棱镜顶角的方法有反射法和自准法两种。本实验采用反射法来测量。如图 4-3-6 所示，将三棱镜放在载物台上，使棱镜的顶角对准平行光管并使其尽量靠近载物台中心(否则，棱镜折射面的反射光不能进入望远镜)，则平行光管射出的光束照在棱镜的两个折射面上，先用眼睛从这两面观察，然后将望远镜左、右转动到Ⅰ、Ⅱ的位置，观察两面反射光是否等高且与十字线的竖线平行，若不等高可调载物台的调平螺钉，调好后再转至Ⅰ处，调节望远镜的微调螺钉，使分划板上十字线的竖线对准狭缝，即可从左(A 窗)、右(B 窗)游标读出角度为 θ_1、θ_2；再将望远镜转到Ⅱ处，同样读出 θ_1'，θ_2'，由图 4-3-6 可得顶角 α 为

$$\alpha = \frac{\varphi}{2} = \frac{1}{4}\left[(\theta_1 - \theta_1') + (\theta_2 - \theta_2')\right]$$

重复测量三次，求出顶角的平均值。

【数据记录与处理】

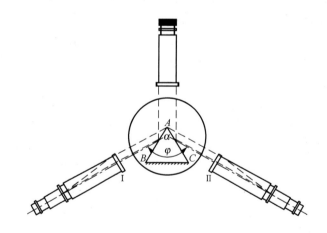

图 4-3-6　用反射法测定三棱镜的顶角

表 4-3-1　测顶角 A 记录表格

望远镜位置 读数窗口次数	左(Ⅰ处) A 窗(θ_1)	B 窗(θ_2)	右(Ⅱ处) A 窗(θ_1')	B 窗(θ_2')	$\|左_A - 右_A\|$ $\|\theta_1 - \theta_1'\|$	$\|左_A - 右_A\|$ $\|\theta_2 - \theta_2'\|$	$\angle A$	$\overline{\angle A}$
1								
2								
3								

顶角测量的不确定度：

A 类：$u_A(A)=\sqrt{\dfrac{\sum\limits_{i=1}^{n}(A-\overline{A})^2}{n(n-1)}}$

B 类：依据不同型号的仪器求出相应的 B 类不确定度

$u_B(A)=$ _____

则　　　$u(A)=\sqrt{u_A^2(A)+u_B^2(A)}$

顶角的测量结果为

$A=$ _____

相对不确定度：

$\dfrac{u(A)}{\overline{A}}=$ _____

【思考题】

在望远镜光轴与仪器转轴垂直的调节已经完成后，调节载物台的螺钉会不会破坏这种垂直性？

4.4　实验 4-3　玻璃三棱镜折射率的测定

分光计是用来准确测量角度的仪器。光学实验中测量角度的情况很多，如测量反射角、折射角、衍射角等。用分光计不仅可以间接测量光波的波长，还可以间接测量折射率和色散率等。本实验就是用分光计来间接测量三棱镜的折射率。折射率是介质材料光学性质的重要参量。实验中要求学生正确调整和使用分光计，观察棱镜的色散光谱，测量棱镜对某些波长的折射率，并进一步掌握折射率与光波波长的有关概念。

【实验目的】

(1) 初步掌握分光计的调整方法。
(2) 观察色散现象，测定玻璃三棱镜对紫光、绿光和黄光的折射率。

【实验仪器】

JJY1′型分光计、汞灯光源、玻璃三棱镜等。

【实验原理】

物质的折射率与通过物质的光的波长有关。当光从空气射到折射率为 n 的介质分界面时会发生偏折，如图 4-4-1 所示。入射角 i_1 和折射角 i_2 遵从折射定律：

$$n=\frac{\sin i_1}{\sin i_2}$$

因此只要测出入射角 i_1 和折射角 i_2 就可以确定物体的折射率 n，故测量折射率的问题就转化为对角度的测量。

若将待测物质制成三棱镜，如图 4-4-2 所示，$\triangle ABC$ 表示三棱镜的横截面；AB 和 AC 是透光的光学表面，又称折射面，其夹角 α 称为三棱镜的顶角。BC 为毛玻璃面，称为三棱镜的底面。假设一束单色平行光 SD，入射到三棱镜的一个折射面(AB 面)，经两次折射后由另一个反射面(AC 面)射出，入射光与 AB 面法线的夹角 i_1 称为入射角，出射光和 AC 面法线的夹角 i_4，称为出射角，入射光 SD 和出射光 ES' 之间的夹角 δ 称为偏向角。

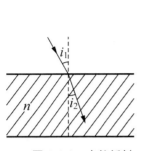

图 4-4-1　光的折射

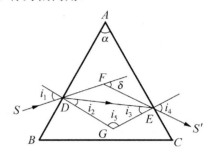

图 4-4-2　棱镜的折射

根据图中的几何关系，偏向角可按式(4-4-1)计算：

$$\delta = (i_1 - i_2) + (i_4 - i_3) = (i_1 + i_4) - (i_2 + i_3) \tag{4-4-1}$$

在 $\triangle DGE$ 中，$i_2 + i_3 + i_5 = 180°$。在 $\square ADGE$ 中，$i_5 + \alpha = 180°$。

可得：

$$\alpha = i_2 + i_3 \tag{4-4-2}$$

则

$$\delta = (i_1 + i_4) - \alpha \tag{4-4-3}$$

对于给定的棱镜来说，角 α 是固定的，δ 随 i_1 和 i_4 而变化。而 i_4 又是 i_1 的函数，偏向角 δ 也就仅随 i_1 而变化。由实验得知，在 δ 随 i_1 的变化过程中，δ 有一极小值，称为最小偏向角 $\delta_{\min}$。对 δ 求导：

$$\frac{\mathrm{d}\delta}{\mathrm{d}i_1} = 1 + \frac{\mathrm{d}i_4}{\mathrm{d}i_1}$$

δ 取最小值的必要条件是 $\dfrac{\mathrm{d}\delta}{\mathrm{d}i_1} = 0$，于是得：

$$\frac{\mathrm{d}i_4}{\mathrm{d}i_1} = -1 \tag{4-4-4}$$

按折射定律，光在 AB 面和 AC 面折射时有：

$$\begin{cases} \sin i_1 = n\sin i_2 \\ \sin i_4 = n\sin i_3 \end{cases} \tag{4-4-5}$$

又可得：

$$\frac{\mathrm{d}i_4}{\mathrm{d}i_1} = \frac{\mathrm{d}i_4}{\mathrm{d}i_3} \times \frac{\mathrm{d}i_3}{\mathrm{d}i_2} \times \frac{\mathrm{d}i_2}{\mathrm{d}i_1} = \frac{n\cos i_3}{\cos i_4} \times (-1) \times \frac{\cos i_1}{n\cos i_2}$$

$$= -\frac{\cos i_3 \sqrt{1 - n^2 \sin^2 i_2}}{\cos i_2 \sqrt{1 - n^2 \sin^2 i_3}}$$

$$= -\frac{\cos i_3 \sqrt{\sin^2 i_2 + \cos^2 i_2 - n^2 \sin^2 i_2}}{\cos i_2 \sqrt{\sin^2 i_3 + \cos^2 i_3 - n^2 \sin^2 i_3}}$$

$$= -\frac{\sqrt{1+(1-n^2)\tan^2 i_2}}{\sqrt{1+(1-n^2)\tan^2 i_3}} = -1$$

可得 $\tan i_2 = \tan i_3$，而 i_2 和 i_3 必小于 $\pi/2$，所以 $i_2 = i_3$，由式(4-4-5)可得 $i_1 = i_4$ 可见 δ 取最小值的条件是：

$$i_2 = i_3 \ \text{或} \ i_1 = i_4 \tag{4-4-6}$$

此时入射光和出射光的方向对三棱镜是对称的。

将式(4-4-6)代入式(4-4-3)，可得：

$$i_1 = \frac{1}{2}(\delta_{\min} + \alpha)$$

而 $\alpha = i_2 + i_3 = 2i_2$，所以 $i_2 = \frac{\alpha}{2}$。

根据折射定律，三棱镜对单色光的折射率为：

$$n = \frac{\sin i_1}{\sin i_2} = \frac{\sin\frac{1}{2}(\delta_{\min} + \alpha)}{\sin\frac{\alpha}{2}} \tag{4-4-7}$$

因此，为了测量玻璃三棱镜的折射率 n，需要测量三棱镜的顶角 α 和三棱镜对单色光的最小偏向角 $\delta_{\min}$。依据式(4-4-7)即可算出折射率 n。

由于玻璃对不同波长的光折射率不同，故有不同的最小偏向角。即三棱镜的某一位置对一定方向的某一波长的光束来说是最小偏向角的位置，但对同一方向的另一种波长的光束来讲却不是，这就会造成色散现象。

【实验内容与步骤】

1. 调整分光计达到以下要求

(1) 望远镜聚焦于无穷远。

(2) 望远镜的光轴和平行光管光轴均与分光计的中心轴垂直。

(3) 平行光管发出平行光。

2. 调节三棱镜的主截面与仪器转轴垂直，使平行光束在棱镜的主截面内折射

由于图 4-4-2 中所示光路是在棱镜主截面内(主截面是指与棱镜各棱正交的横截面)，所以需调节三棱镜的主截面与仪器转轴垂直，使平行光束在棱镜的主截面内折射。具体方法如下：

将三棱镜放在载物台上，调节光学面 AB 和 AC 与仪器转轴平行，即与已调好的望远镜光轴垂直。调节时将三棱镜的三条边垂直于载物平台的调平螺钉 a、b、c 的连线，放置如图 4-4-3 所示。转动载物台使 AB 面正对望远镜，调节螺钉 a 或 b 使 AB 面与望远镜光轴垂直(不可调望远镜的仰角螺钉，否则失去标准)，然后使 AC 面正对望远镜，调节螺钉 c，使 AC 面与望远镜光轴垂直，直到 AB、AC 两个侧面反射回来的叉丝像都与望远镜中的叉丝像重合为止。

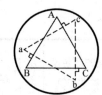

图 4-4-3　调节三棱镜

3. 测汞灯色散后，黄、绿、紫三色光的最小偏向角

使三棱镜折射面的法线与平行光管轴线的夹角大致为 $60°$。按图 4-4-4 放置三棱镜。先用眼睛观察找到折射光的大致方向，然后缓慢转动载物台(改变入射角 i_1)，这时应使望远镜跟随

一条光谱线转动(如紫色谱线),注意谱线的移动方向。根据谱线移动的方向判断出偏向角减小的方向,继续沿着这个方向缓慢转动载物台直到谱线不仅不前移而且将反向移动,说明偏向角此时有一最小值,这就是最小偏向角,如图4-4-5所示。将望远镜转到谱线移动逆转的位置,细心缓慢地左右转动载物台并使望远镜跟踪谱线。当找到谱线即将开始反向移动的位置时,固定载物台和望远镜。微调望远镜使分划板中央十字线的竖线精确对准谱线的中央,从两个读数窗口内读出角度 θ_1 和 θ_2,然后使望远镜对准入射线(可从三棱镜上方通过)读取入射光位置读数 θ_1' 和 θ_2',则最小偏向角

$$\delta_{\min} = \frac{1}{2}[(\theta_1 - \theta_1') + (\theta_2 - \theta_2')]$$

重复此步骤,以同样的方法分别测出黄光(两条)、绿光、蓝紫光的最小偏向角。

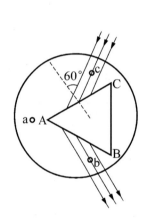

图 4-4-4 法线与轴线夹角为 60°

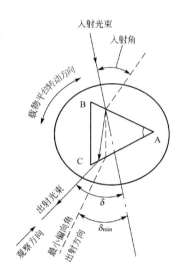

图 4-4-5 最小偏向角的测定

4. 计算三棱镜对黄、绿、紫三色光的折射率

将在实验分光计的调整中测得的三棱镜顶角和对应各种光波长的最小偏向角的数据填入表4-4-1中,按式(4-4-7)算出三棱镜对黄、绿、紫光的折射率。

【数据记录与处理】

(1) 计算折射率的不确定度,并写出实验结果。

(2) 根据测得的各波长光的折射率,作被测棱镜玻璃的色散曲线($n-\lambda$ 关系曲线)。

表 4-4-1 测量各色光的最小偏向角及其对玻璃的折射率

光的颜色及波长/nm	次数	出射光位置		入射光位置		$\delta_{\min} = \dfrac{(\theta_1 - \theta_1') + (\theta_2 - \theta_2')}{2}$	$n = \dfrac{\sin\dfrac{\delta_{\min} + \alpha}{2}}{\sin\dfrac{\alpha}{2}}$
		(A)θ_1	(B)θ_2	(A)θ_1'	(B)θ_2'		
紫 435.8	1						
	2						
	3						
	4						
	5						

续表

光的颜色及波长/nm	次数	出射光位置		入射光位置		$\delta_{min}=\dfrac{(\theta_1-\theta_1')+(\theta_2-\theta_2')}{2}$	$n=\dfrac{\sin\dfrac{\delta_{min}+\alpha}{2}}{\sin\dfrac{\alpha}{2}}$
		(A)θ_1	(B)θ_2	(A)θ_1'	(B)θ_2'		
绿 546.1	1						
	2						
	3						
	4						
	5						
黄Ⅰ 577.0	1						
	2						
	3						
	4						
	5						
黄Ⅱ 579.1	1						
	2						
	3						
	4						
	5						

【思考题】

(1) 实验中三棱镜如何放置在载物台上？为什么不能任意放置？

(2) 证明用相隔 180°的两游标读数取平均值的方法测量角度时，可以消除因度盘中心与望远镜转轴中心不重合(偏向差)带来的周期性误差。

(3) 玻璃对什么颜色的可见光折射率最大？

【背景知识】

神奇的光谱

1663 年，21 岁的剑桥大学学生牛顿开始研究颜色的问题。1666 年他开始研究光谱。1671 年，他作出判断：白色的太阳光"是一种由折射率不同的光线组合成的复杂的混合光"。1675 年，他进一步说明了光的不同折射率与颜色的关系，正确地解释了太阳光通过三棱镜后之所以会展现光谱的原因。

1802 年，英国化学家武拉斯顿提出太阳光谱中各颜色间并不是完全连续的，其中夹杂着不少暗线。1814 年，德国物理琐碎学家夫琅和费(1787—1826)发现火焰光谱都是线状的、不连续的，在某一确定的位置上都出现两条明亮的黄线，他又发现在太阳光谱中有许多暗线，后人把这些暗线叫做夫琅和费线。

1859 秋本生和基尔霍夫发现一种金属对应一种它自己特有的谱线，共同发明了光谱分析法。1859 年 10 月 20 日，基尔霍夫利用光谱分析，证明太阳上有氢、钠、铁、钙、镍等元素。本生和基尔霍夫认为，光谱分析法能够测定天体和地球上物质的化学组成，还能够用来发现地壳中含量非常少的新元素。他们首先分析了当时已知元素的光谱，给各种元素做了光谱档案，它就像人的指纹，各不相同。1860 年本生和基尔霍夫利用光谱分析法发现了新元素铯，1861 年又发现了新元素铷。

1861 年克鲁克斯(1832—1919)发现了铊(Thallium，原意是绿色的树枝)，1863 年里希特发现了铟，1875 年布瓦博得朗发现了镓，1879 年尼尔森发现了钪，1886 年文克勒发现了锗，他们用的都是光谱分析法。

4.5 实验 4-4 折射极限法测定液体的折射率

折射率是反映介质材料光学性质的一个重要参数，在实际工作中常常用到。折射极限法(或掠入射法)是测定液体折射率的一种方法，常用的仪器有分光计、阿贝折射计和 V 棱镜折射仪等，这里采用分光计来测量。

【实验目的】

(1) 了解用折射极限法测定折射率的原理。
(2) 掌握用分光计测定液体折射率的方法。
(3) 进一步巩固分光计的调整和使用方法。

【实验仪器】

JJY1′型分光计、钠光灯、三棱镜、毛玻璃、待测液体。

【实验原理】

当光线从一种均匀介质进入另一种均匀介质时，都要发生折射现象。根据折射定律可知，入射角 i 的正弦与折射角 r 的正弦之比 n_{12} 被定义为介质 2 相对于介质 1 的相对折射率，即

$$n_{12} = \frac{\sin i}{\sin r}$$

任何一种介质相对于真空的折射率称为该介质的绝对折射率，简称折射率。由于在常温、常压下，空气的折射率为 1.000 292 6，所以在一般的光学实验中所说的折射率都是相对于空气而言的。

设棱镜 ABC 的折射率为 n，顶角为 α，AB 面上是待测液体，用毛玻璃或三棱镜夹住，设待测液体的折射率为 $n_x(n_x < n)$，假设有一单色光源以入射角 i_1 从 AB 面入射，在三棱镜内，经过两次折射后，以角度 i_4 从 AC 面出射，由折射定律可知：

$$n_x \sin i_1 = n \sin i_2 \tag{4-5-1}$$

$$n \sin i_3 = \sin i_4 \tag{4-5-2}$$

根据几何关系有：

$$\alpha = i_2 + i_3 \tag{4-5-3}$$

因为是扩展光源，光线会从各个角度入射到 AB 面，其中就有入射角为 90°的入射光(此入射光线称为掠入线)，相应的折射角 i_2 处于临界状态，称为临界角，此时出射角 i_4 变得最小，叫做折射极限角。当出射角小于折射极限角时，将没有光线射出，这时，从望远镜就可以看到半明半暗的半荫视场，中间有明显的分界线。将 i_1=90°代入式(4-5-1)和式(4-5-2)，由式(4-5-3)消去 i_2、i_3，可得

$$n_x = \sin \alpha \sqrt{n^2 - \sin^2 i_4} - \cos \alpha \sin i_4 \tag{4-5-4}$$

式(4-5-4)就是计算液体折射率的公式。实验中，将分光计望远镜的中心线对准半荫视场的分界线，记下两个读数窗口的数值，可以得到出射光线相对于分光计的角度；再用自准直法测得三棱镜 AC 面的法线角度，两个角度相减就可以得到出射 i_4 的角度。

得到扩展光源的方法很简单，只要在光源前加上一块毛玻璃，就可以把一般光源变成扩展光源。扩展光经过液面进入棱镜的 AB 面时，其中有一部分经过液面的光线的传播方向与棱镜的 AB 面平行，这就是入射角为 90° 的入射光线，即掠入线。

这样，如果知道三棱镜的顶角和折射率，只要测出出射角 i_4 就可以算出 n_x，这种方法叫做折射极限法。同样，如果把三棱镜放在空气中，这时 $n_x=1$，如果知道三棱镜的顶角，测出 i_4 就可以算出三棱镜的折射率：

$$n = \sqrt{1 + \left(\frac{\sin i_4 + \cos \alpha}{\sin \alpha} \right)^2} \tag{4-5-5}$$

这是测量三棱镜折射率的另一种方法。

【实验内容与步骤】

1. 测三棱镜的顶角

(1) 调整分光计，调节望远镜使之聚焦于无穷远，调节望远镜与分光计转轴垂直，调节方法见实验 4-2，由于不用平行光管，无须调整。

(2) 将三棱镜放在载物平台上，用自准直法测三棱镜 AB 面的法线角度，将左、右两个窗口的读数 θ_1、θ_2 填到表 4-5-1 中。用同样的方法测三棱镜 AC 面的法线角度 θ_1'、θ_2'，填到表 4-5-1 中。计算顶角 $\alpha = 180° - [(\theta_1 - \theta_1') + (\theta_2 - \theta_2')]/2$。

(3) 重复步骤(1)、(2)，至少测三次。

2. 测三棱镜的折射率

(1) 如图 4-5-1 所示，将毛玻璃放到三棱镜 AB 面靠近 B 点的位置，将钠光灯放在毛玻璃前，将钠光灯变成扩展光源，用眼睛对着 AC 折射面观察，粗略估计一下半明半暗分界线的位置。

(2) 将望远镜转到该位置，就可以在目镜中看到半明半暗的分界线，仔细调整望远镜，将十字准线准确地对准明暗分界线，记下两个读数窗口的读数。

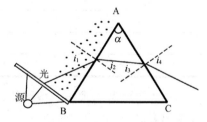

图 4-5-1　测三棱镜折射率

(3) 用自准直法测三棱镜 AC 面的法线位置，记下两个窗口的读数，将读数值填到表 4-5-2 中。

(4) 重复上面的步骤，至少测三次。用式(4-5-5)计算出三棱镜的折射率。

3. 测量液体的折射率

(1) 将三棱镜的 AB 面和毛玻璃的表面用酒精擦干净，将被测液体均匀地涂在三棱镜的表面，使它形成均匀的一层液膜，用毛玻璃夹紧，中间不要有气泡。

(2) 按测量三棱镜折射率的方法测出射角 i_4 五次，将读数值填到表 4-5-3 中。

(3) 换一种液体重复上面的步骤。

【数据记录与处理】

表 4-5-1　测量三棱镜的顶角数据

	AB 面的法线位置读数		AC 面的法线位置读数	
	窗口 1	窗口 2	窗口 1	窗口 2
1				
2				
3				

表 4-5-2　测三棱镜的折射率数据

$\lambda=5.893\times10^{-7}\text{m}$ 　　　　$\alpha=$＿＿＿＿＿＿＿＿

	出射光 i_4 位置读数		出射光 i_4 法线位置读数	
	窗口 1	窗口 2	窗口 1	窗口 2
1				
2				
3				

表 4-5-3　测量液体的折射率数据

$\lambda=5.893\times10^{-7}\text{m}$ 　　　　$\alpha=$＿＿＿＿＿＿＿　$n=$＿＿＿＿＿＿＿

	出射光 i_4 位置读数		出射光 i_4 法线位置读数	
	窗口 1	窗口 2	窗口 1	窗口 2
1				
2				
3				
4				
5				

　　用表中的数据求出三棱镜的顶角、折射率和它们的不确定度；求出待测液体的折射率，并求出合成不确定度。

【注意事项】

(1) 在给三棱镜涂被测液体前，一定要用酒精将三棱镜的表面擦拭干净。

(2) 被测液体不要涂得太多，以免弄脏分光计。

【思考题】

(1) 本实验为什么用钠光灯而不用汞灯？

(2) 为什么不用平行光管的平行光而用扩展光源？

4.6 实验 4-5 光栅特性及光的波长的测定

衍射光栅是由大量排列紧密而均匀的平行狭缝构成的。根据多缝衍射的原理，复色光通过衍射光栅后会形成按波长顺序排列的谱线，称为光栅光谱。所以光栅和棱镜一样是重要的分光元件。利用分光原理制成的单色仪和光谱仪，在研究谱线结构、物质结构和对元素的定性定量分析中得到了极其广泛的应用。

【实验目的】

(1) 观察光通过光栅的衍射现象，了解干涉条纹的特点。
(2) 进一步熟悉分光计的使用和调整方法。
(3) 用光栅测定汞灯在可见光范围内谱线的波长。

【实验仪器】

JJY1′型分光计、透射光栅(300/mm)、汞灯光源。

【实验原理】

衍射光栅一般可以分为两类：用透射光工作的透射光栅和用反射光工作的反射光栅。本实验所用的是平面透射光栅。透射光栅是在光学玻璃片上刻画大量互相平行且宽度和间距相等的刻痕制成的。它相当于一组数目极多、排列紧密均匀的平行狭缝。

若以单色平行光垂直照射在光栅面上，则透过各狭缝的光线因衍射将向各个方向传播，经透镜会聚后相互干涉，并在透镜焦平面上形成一系列被相当宽的暗区隔开的间距不同的明条纹。

由夫琅和费衍射理论知，产生衍射明条纹的条件为：

$$d\sin\varphi_k = \pm k\lambda \,(k=0,1,2,\cdots) \tag{4-6-1}$$

式(4-6-1)称为光栅方程。

式中，$d=(a+b)$ 称为光栅常数；a 是狭缝的宽度；b 是相邻狭缝之间不透光部分的宽度；λ 是入射光波长；k 是明条纹(光谱线)级数；φ_k 是 k 级明条纹的衍射角。

如果入射光不是单色光，而是由几种不同波长的光组成的复色光，则由式(4-6-1)可以看出，光的波长不同其衍射角 φ_k 也各不相同，于是复色光将被分解为单色光。而在中央明条纹 ($k=0$，$\varphi_k=0$)处，任何波长的光均满足式(4-6-1)，亦即在 $\varphi_k=0$ 的方向上，各种波长的光谱线重叠在一起，组成中央明条纹。在中央明条纹两侧对称分布着 $k=1$，2，$\cdots$级光谱，各级光谱线都按波长大小的顺序依次排列成一组彩色谱线，这样就形成了光栅的衍射光谱，如图 4-6-1 所示。

如果已知光栅常数 d，用分光计测出 k 级光谱中某一明条纹的衍射角 φ_k，按式(4-6-1)即可算出该明条纹所对应的单色光的波长 λ。反之，如果波长 λ 是已知的，则可求出光栅常数。

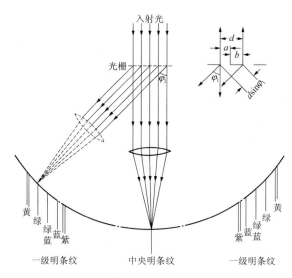

图 4-6-1　光栅衍射示意

【实验内容与步骤】

1. 分光计和衍射光栅的调节

利用分光计进行光栅的衍射实验，首先要进行分光计的调整，调整方法参见实验分光计的调整。调整应满足：

(1) 望远镜聚焦于无穷远。

(2) 望远镜的光轴、平行光管光轴均与分光计的中心轴垂直。

(3) 平行光管发出平行光。

衍射光栅的调节应满足：

(1) 平行光管发出的平行光垂直于光栅面。

(2) 平行光管的狭缝与光栅刻痕平行。

调节方法：用光栅的正、反两面分别代替实验分光计的调整中的平面镜来调整分光计，使望远镜聚焦于无穷远，望远镜的光轴与分光计的中心轴垂直。垂直光栅如图 4-6-2 所示置于分光计的载物平台上，光栅面垂直于载物台倾斜度螺钉 a 和 b 的连线，先使光栅平面和平行光管轴线大致垂直，再以光栅面做反射面。调节望远镜和载物台倾斜度调节螺钉，然后通过望远镜目镜观察，找到由光栅平面反射回来的清晰的十字像。使其与分划板上方的十字叉丝重合且无视差。再将载物台

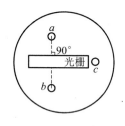

图 4-6-2　光栅放置方式

连同光栅转过180°，重复以上步骤，如此反复数次，使绿色亮十字像始终和分划板上方十字叉丝重合。

取下光栅，打开汞灯，将平行光管的竖直狭缝照亮，调节狭缝的宽度、清晰度和位置，重新放上光栅。转动望远镜，这时从目镜中可以观察到汞灯的一系列光谱线。注意观察判断中心亮条纹左右两侧光谱线的排列方向与望远镜分划板上的叉丝水平线是否平行；若平行，说明狭缝与光栅刻痕平行，否则可调节载物台倾斜度螺钉 c(不能再动 a 和 b)。

2. 测量汞灯各光谱线的衍射角

左右转动望远镜仔细观察谱线的分布规律，将望远镜移到黄色谱线的外侧，然后再使望远镜缓慢地向内侧移动，当叉丝竖线依次与黄Ⅱ、黄Ⅰ、绿、蓝谱线重合，越过零级谱线后又分别与另一侧蓝、绿、黄Ⅰ、黄Ⅱ四条谱线重合时，分别读出各光谱线的正负一级和二级谱线所对应的两游标的读数。由上述方法，测出其衍射角，计算各光谱线的波长。

由于衍射光谱对中央明条纹是对称的，因此衍射角为：

$$\varphi_k = \frac{1}{4}[(\theta_{-kA} - \theta'_{+kA}) + (\theta_{-kB} - \theta'_{+kB})]$$

为使叉丝精确对准光谱线，在望远镜固定后，调节微调螺钉。为了不漏测数据，可将望远镜移至最左端从-2、-1、+1、+2级依次测量，将数据填入表 4-6-1 中。

测量的具体步骤：记录光栅常数，将测得的数据代入式(4-6-1)，计算出各光谱线的波长。

【数据记录与处理】

(1) 分别计算汞灯各光谱的波长。
(2) 分别计算各波长的不确定度。
(3) 正确表示测量结果。

表 4-6-1　汞灯各光谱的波长数据

级数	汞灯光谱线	望远镜位置 I(左)(-k)		望远镜位置 II(右)(+k)		$\varphi = \frac{\|\theta_1 - \theta'_1\| + \|\theta_2 - \theta'_2\|}{4}$	波长/nm $\lambda = \frac{d\sin\varphi}{k}$
		窗口A θ_1	窗口B θ_2	窗口A θ'_1	窗口B θ'_2		
一级	蓝						
	绿						
	黄Ⅰ						
	黄Ⅱ						
二级	蓝						
	绿						
	黄Ⅰ						
	黄Ⅱ						

【注意事项】

(1) 光栅是精密光学器件，严禁用手触摸刻痕，以免弄脏或损坏。
(2) 汞灯所产生的紫外光很强，不可直视，以免灼伤眼睛。

【思考题】

(1) 狭缝的宽度对光谱的观测有何影响？当狭缝太宽或太窄时，将出现什么现象？为什么？
(2) 用光栅观察自然光时，会看到什么现象？为什么紫光离中央"0"级最近？红光离中央"0"级最远？
(3) 分析光栅和棱镜分光的主要区别。

【实验 4-5 附录 1】消除分光计的偏心差

分光计的读数系统有两根转轴：一根是游标盘的转轴，另一根是主刻度盘的转轴。若这两根转轴不是同轴的，将使读数引入偏心差。偏心差的消除方法是在游标盘的某一直径的两端开两个读数窗口，把两个窗口的读数取平均值就可以克服这一系统误差。

在图 4-6-3 中，O 点是主刻度盘的中心，O'点是游标盘的中心。O 与 O' 不同心，当游标转动一定角度 φ 时，不论是 AB 上所示的读数，还是 A'B' 上所示的读数都不能反映 φ 角，而且 $\varphi \neq \varphi_1 \neq \varphi_2$，根据平面几何的圆内角定理得：

$$\varphi = \frac{1}{2}(\varphi_1 + \varphi_2) = \frac{1}{2}(\text{AB读数} + \text{A'B'读数})$$

【实验 4-5 附录 2】过零点读数的处理

例如，在用分光计进行测三棱镜顶角 A 实验时，有这样一组数据：

$$\theta_1 = 254°6'$$
$$\theta_2 = 74°5'$$
$$\theta_1' = 134°3'$$
$$\theta_2' = 314°4'$$

从图 4-6-4 可以看出右边窗口逆时针转动时，中间经过 0°，即 360° 刻度。

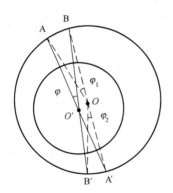 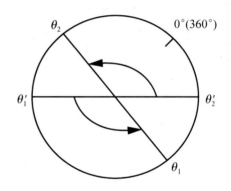

图 4-6-3　消除分光计的偏心差示例　　　　图 4-6-4　过零点读数的处理示例

$\theta_1 = 245°6'$，$\theta_1' = 134°3'$，$\theta_2 = 74°5'$，$\theta_2' = 314°3'$

θ_2 的读数可以看成为：

$$360° + 74°5' = 434°5'$$

则顶角 A 为：

$$A = \frac{1}{4}(|254°6' - 134°3'| + |434°5' - 314°4'|) = 60°1'$$

4.7　实验 4-6　牛顿环法测量平凸透镜的曲率半径

【实验目的】

(1) 观察等厚干涉现象之一——牛顿环的特征。

(2) 学会用牛顿环测定平凸透镜的曲率半径。

(3) 熟悉读数显微镜的用法。

【实验仪器】

读数显微镜(JXD-2 型)一台、牛顿环一个、钠光灯一台。

【实验原理】

如图 4-7-1 所示,将一块曲率半径为 R(R 较大,一般为几米)的平凸透镜的凸面放置在一块平光学玻璃片上,在透镜凸面和平玻璃片之间夹有一层空气薄膜,薄膜厚度从中间接触点到边缘逐渐增加。

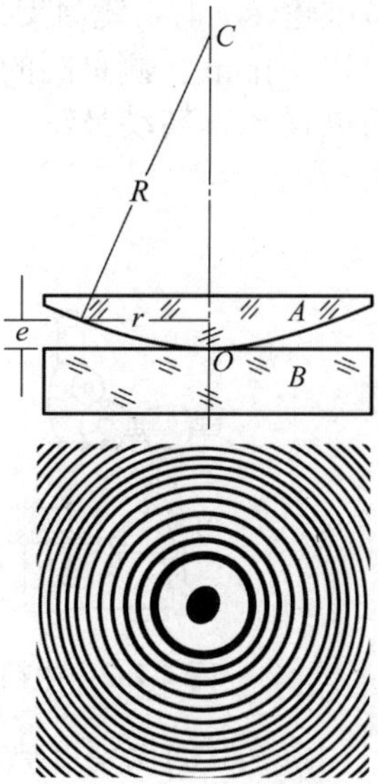

当单色平行光垂直入射时,在这层空气薄膜的上、下两表面反射的光相干。在空气折射率取为 1 时,两束光的光程差仅与薄膜厚度有关。这样,厚度相同处干涉情况相同,即同一干涉条纹所对应的薄膜厚度相同,产生等厚干涉。可见,干涉条纹是以接触点为中心的一簇明暗相间的同心圆环——牛顿环。

设某暗环的半径为 r_k,该处薄膜厚度为 e_k,则由图 4-7-1 可知:

$$r_k^2 = R^2 - (R - e_k)^2$$

因为 $R \gg e_k$,略去上式展开后的 e_k^2 项,得:

$$r_k^2 = 2Re_k \tag{4-7-1}$$

又由干涉条件,可得:

$$2e_k + \frac{\lambda}{2} = (2k+1) \cdot \frac{\lambda}{2} \qquad (k = 0, 1, 2, \cdots) \tag{4-7-2}$$

由式(4-7-1)、式(4-7-2)可得:

$$r_k^2 = kR\lambda \qquad (k = 0, 1, 2, \cdots) \tag{4-7-3}$$

若已知入射光波长 λ,并测得第 k 级暗环的半径 r_k,则可由式(4-6-3)算出所用平凸透镜的曲率半径 R。

但是,实际观测牛顿环时会发现,牛顿环中心不是一个暗点,而是一个不很清晰的暗斑。原因在于当透镜与平玻片被固定而相接触时,因接触压力会引起形变,使接触处不是一个点而是一个面。这样一来,圆心不容易确定,直接测量 r_k 也很难测准。与此同时,某个条纹的级数 k 也带有某种程度的不确定性。

为此,实际测量曲率半径 R 时,先直接测量暗斑外第 n 个和第 m 个暗环的直径($m > n$),然后取这两个环数差为 $m - n$ 的暗环的直径平方差 $D_m^2 - D_n^2$,由式(4-7-3)导出下式求 R。

$$R = \frac{D_m^2 - D_n^2}{4(m-n)\lambda} \tag{4-7-4}$$

可见,R 与 m 或 n 的确切级数无关,测量时也无须准确地确定圆心。为了减少误差并便于计算,本实验中取 $m - n = 25$。将实验数据填到表 4-7-1 中。

【实验内容】

1. 熟悉读数显微镜的结构和用法

读数显微镜是一种应用很广的测量长度的仪器,JXD-2 型的结构如图 4-7-2 所示。当测

图 4-7-1 牛顿环

微鼓轮转动时，镜筒支架带动镜筒沿导轨移动。鼓轮上最小分度为0.01mm，鼓轮转一周，镜筒移动1mm。测量圆的直径的原理如图 4-7-3 所示。使目镜视场中的纵丝与圆相切，记下镜筒位置 x_m，转动鼓轮，待纵丝再与圆相切时，记下 x'_m，则直径 $D_m = |x_m - x'_m|$。

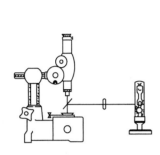

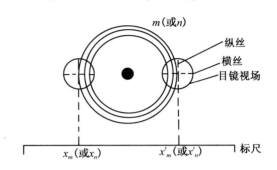

图 4-7-2　牛顿环测量装置　　　　　　图 4-7-3　牛顿环直径测量原理示意

该仪器的调整方法详见附录。在本实验中，用该仪器测牛顿环直径时，应注意以下几点：

(1) 首先点燃钠光灯，放好牛顿环，待钠光灯发光正常后，调平玻片使目镜视场中充满黄光(平玻片应处于图 4-7-2 所示位置)。

(2) 调焦时应先调整目镜位置看清十字叉丝，并使横丝与镜筒移动方向平行；然后缓慢地移动调焦手轮，使镜筒自下而上地移动、看清干涉条纹(从上而下容易撞坏平凸透镜)，最后消除视差(使叉丝与图像处在同一平面内)。

(3) 测量过程中，为消除由正→反或反→正行程的空回而产生的测微差，须单方向转动鼓轮(观察过程中不考虑此点)。

2. 观察干涉条纹的分布特点

如观察各级条纹粗细是否一致，条纹间隔如何变化，中心是暗斑还是亮斑等。要注意牛顿环的位置与显微镜量程的配合(镜筒应放在中间)，移动牛顿环使十字叉丝交点尽量对准牛顿环圆心，做好测量准备。

3. 测量 $m = 50，49，48，47，46$ 和 $n = 25，24，23，22，21$ 共 10 个暗环的直径

逆时针方向(或顺时针方向)转动鼓轮，使镜筒向左(或向右)移动，注意观察纵丝扫过的暗环的个数，直到第 55 环左右，然后顺时针方向(或逆时针方向)转动鼓轮使纵丝与第 50 个暗环相切，记下镜筒位置 x_{50}，继续按此方向转动鼓轮，并记下在 $m = 50,49,48,47,46$ 及 $n = 25,24,23,22,21$ 时镜筒的位置 $x_{50}, x_{49}, x_{48}, x_{47}, x_{46}$ 及 $x_{25}, x_{24}, x_{23}, x_{22}, x_{21}$，此后继续按此方向转动鼓轮，测出上述暗环的另一侧与纵丝相切时镜筒的位置 $x'_{21}, x'_{22}, x'_{23}, x'_{24}, x'_{25}$ 及 $x'_{46}, x'_{47}, x'_{48}, x'_{49}, x'_{50}$。

【数据记录与处理】

请把实验所得数据填入表 4-7-1。

测得牛顿环上所用平凸透镜的曲率半径 R 的近似值为：

$$\overline{R} = \frac{\overline{D_m^2 - D_n^2}}{4(m-n)\lambda} = (\text{m})$$

计算 R 的不确定度 $u(R)$ 时，可设 $m - n$ 及 λ 为常数。

表 4-7-1　测量牛顿环直径的平方差

$\lambda = 5.893 \times 10^{-7}\,\text{m}$　　　　　$m - n = 25$

环　　数	m	50	49	48	47	46
环的位置/mm	x_m					
	x'_m					
环的直径/mm	$D_m = \lvert x_m - x'_m \rvert$					
环　　数	n	25	24	23	22	21
环的位置/mm	x_n					
	x'_n					
环的直径/mm	$D_n = \lvert x_n - x'_n \rvert$					
$D_m^2 - D_n^2 / \text{mm}^2$						
$\overline{D_m^2 - D_n^2} / \text{mm}^2$						

【思考题】

(1) 实验中观察到的牛顿环中心是暗斑还是亮斑？为什么？

(2) 牛顿环的条纹间距是如何变化的？为什么？

(3) 用读数显微镜测量牛顿环直径时，若以弦长代替直径是否会引入误差？为什么？

(4) 如何解释用白光照射产生的彩色牛顿环？

【实验 4-6 附录】JXD-2 型读数显微镜

1. 用途

50 mm JXD-2 型读数显微镜是一种结构简单、应用广泛的长度测量或观察用仪器。在长度测量中，可进行直角坐标的测量工作，对工件表面及凹痕的宽度或长度进行测量，对有关刻线宽及刻线距等也可测量，也适用于测量布氏及维氏硬度计实验压痕。

用作观察显微镜时，以比较法检查工件表面质量。因测量架部分可脱离，又可以固定在机床上直接对加工零件表面进行检查，因此该仪器可广泛应用于机械、冶金、光学、电子、科研等部门的检查室和实验室中。

2. 结构与性能

(1) 显微镜放大倍数：　　　　　　　　　　　　20 倍
(2) 最小分度值：　　　　　　　　　　　　　　0.01mm
(3) 测量范围：　　　　　　　　　　　　　　　50.00mm
(4) 示值误差(最大累计误差)不超过：　　　　　0.015mm
(5) 仪器重：　　　　　　　　　　　　　　　　5kg
(6) 总质量：　　　　　　　　　　　　　　　　6kg

仪器分两部分：测量架部分、底座部分，如图 4-7-4 所示。

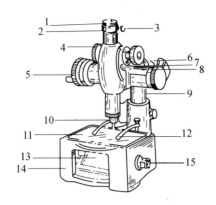

图 4-7-4 JXD-2 型读数显微镜

1. 目镜；2. 锁紧圈；3. 锁紧螺钉；4. 调焦手轮；5. 测微鼓轮；6. 横杆；7. 标尺；8. 旋手；
9. 立柱；10. 物镜；11. 台面玻璃；12. 弹簧压片；13. 反光镜；14. 底座；15. 旋转手轮

目镜用锁紧圈 2 和锁紧螺钉 3 紧固于镜筒内，物镜 10 用丝扣拧入镜筒内，镜筒可由调焦手轮 4 调焦。旋转测微鼓轮 5 时，镜筒支架带动镜筒部分沿圆筒导轨移动，通过横杆 6 可将测量架插入立柱 9 的十字孔中，利用横杆上的方形槽和立柱的十字孔定位，可使测量架具有不同的方向。立柱 9 可在底座 14 内旋转，升降用旋手 8 固紧。弹簧压片插入底座孔中，用来固定工件，反光镜 13 用旋转手轮 15 转动。

3. 使用前的检查

仪器在使用前要对各转动部分、显微镜光学系统部分进行一次检查，目的在于确保测量结果的正确。

1) 各转动部分的检查

(1) 测微鼓轮的转动应灵活、平稳、无卡滞和急进现象。

(2) 调焦手轮的转动应平稳、阻力均匀、皮轮(或齿轮)与镜筒(或齿条)无相对滑动，镜筒应可靠地停留在需要位置，十字线无明显的旋转现象。

(3) 目镜应可靠地固紧在镜筒上。

(4) 弹簧压片应能将工件牢靠地固定在台面上，并保持弹性。

2) 测微鼓轮与标尺的检查

(1) 当显微镜被停止挡限制位置时，指示刻线应重合，不重合度不得超过刻线宽度。

(2) 测微鼓轮的空回量不超过 $\frac{1}{30}$，即不超过 0.033mm。

3) 显微镜光学系统部分的检查

(1) 目镜视野洁净，不允许有影响测量工作的污点、水珠存在。视野内照明应光亮、清晰、均匀。

(2) 目镜分划板应清晰，不允许有污点、水珠存在。

(3) 台面玻璃应平整、光滑、无崩裂划痕。

4. 使用方法

仪器应该在室温 20℃±3℃条件下使用，仪器和被检工件应在该温度下放置足够长的时间，以达到与室温相同。仪器应平放在平稳、牢固、无振动的工作台上，并应有足够的照明。

长度测量：将工件放于台面玻璃 11 上，用弹簧压片 12 牢固地压紧，并使工件的下面与台面全面接触，调整目镜 1 使分划板清晰，转动调焦手轮 4，从目镜观察使被测工件应清晰可见。调整被测工件使其被测部分的横向与显微镜筒移动方向平行，纵向与移动方向垂直。

调整方法：转动测微鼓轮 5，使显微镜从 O 点移到 50 点，同时观察十字分划板。横线对被测部位的偏移量，可移动被测工件消除之。松开锁紧螺钉 3，转动目镜，使十字分划板横丝与被测部位重合或平行。此项工作需反复调整至正确位置。

转动测微鼓轮 5，同时观察十字分划板，使纵丝正切被测工件的起点 a，并记下标尺 7 与测微鼓轮所示数之和。沿同方向转动测微鼓轮(这样可以消除由正→反、反→正行程的空回而产生的测微差)，使十字分划板纵丝恰好停止于被测工件的止点 a'，并记下标尺与测微鼓轮所示数之和，则所测长度 L 为 $L = |a - a'|$。以图 4-7-5 为例，$a = 18.000\text{mm}$，$a' = 19.002\text{mm}$，则 $L = 19.002 - 18.000 = 1.002\text{mm}$。

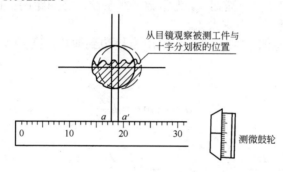

图 4-7-5　仪器使用方法示意

4.8　实验 4-7　劈尖干涉

【实验目的】

(1) 观察另一种等厚干涉现象——劈尖干涉的特征。
(2) 学会用劈尖测量微小厚度(或微小直径)的方法。
(3) 进一步熟悉读数显微镜的用法。

【实验仪器】

读数显微镜(JXD-2 型)一台、钠光灯一台、劈尖装置一套。

【实验原理】

如图 4-8-1 所示，将两块光学玻璃板叠在一起，在一端插入一薄片(或细丝)，则在两玻璃板之间形成一空气劈尖。当用单色平行光垂直照射时，在劈尖薄膜上、下两表面反射的两束光发生干涉。两束光在厚度为 e 处的光程差为 δ，考虑到半波损失及空气薄膜的折射率 $n_2 = 1$，则有

$$\delta = 2e + \frac{\lambda}{2} \tag{4-8-1}$$

显然，厚度 e 相同处，干涉情况相同，因此将产生一簇与两玻璃板交接线(称为棱边)平行

且间隔相等的明暗相间的直条纹，且在满足下式的厚度 e 处产生暗条纹。

$$2e + \frac{\lambda}{2} = (2K+1)\frac{\lambda}{2} \quad (K=0，1，2，\cdots) \tag{4-8-2}$$

显然，$e=0$(棱边)处，对应 $K=0$，是暗纹，称为 0 级暗纹；$e_1 = \frac{\lambda}{2}$ 处为一级暗纹，第 K 级暗纹处空气薄膜厚度为：

$$e_k = K\lambda/2 \tag{4-8-3}$$

两相邻暗纹处空气薄膜的厚度差为：

$$\Delta e = e_{k+1} - e_k = \frac{\lambda}{2} \tag{4-8-4}$$

若玻璃片间夹角(称为顶角)为 θ，条纹间距(两相邻暗纹或明纹间的距离)为 l，则有：

$$\sin\theta = \frac{\Delta e}{l} = \frac{\lambda/2}{l} \tag{4-8-5}$$

式(4-8-5)表明，在 λ、θ 一定时，l 为常数。即条纹是等间距的；且当 λ 一定时，θ 越大，l 越小，条纹越密。因此，θ 不宜太大。

欲求插入薄片厚度 d(图 4-8-2)，可以先测出 L(棱边到薄片距离)和条纹间距 l，再由式(4-8-5)及 $\sin\theta = \frac{d}{l}$ 求得：

$$d = L\sin\theta = L\frac{\lambda}{2l}$$

或

$$d = \frac{L}{l} \cdot \frac{\lambda}{2} \tag{4-8-6}$$

当已知入射光波为 λ，测出 L 及 l，即可由式(4-8-6)求出薄片厚度(或细丝直径)d。

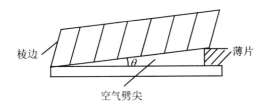

图 4-8-1　实验原理示意

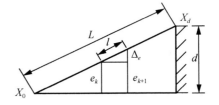

图 4-8-2　求所插入薄片厚度方法示意

【实验内容与步骤】

(1) 调整读数显微镜(参见实验 4-6)。

(2) 观察劈尖干涉的特点。

将被测薄片(或细丝)夹在两平玻璃板的光学平面间，置于显微镜载物台上。待调焦后观察到清晰的干涉条纹时，转动鼓轮，使镜筒平移仔细观察干涉情况(如棱边处是否为暗纹，是否直；薄片边缘处情况；条纹间距大小等)。

(3) 测量薄片厚度(或细丝直径)d。

① 调整薄片和平玻璃板之间的相对位置，使棱边、薄片边缘均和干涉条纹平行且与镜筒移动方向垂直。并固定在显微镜筒可动范围之内，使目镜中纵丝与条纹平行。

② 测量条纹间距 l 的平均值：转动鼓轮，找到棱边，单方向转动鼓轮，测出棱边外连续

10 条暗纹(中心)的位置，然后用逐差法处理数据，求出 l，即

$$\bar{l} = \frac{\sum\limits_{i=1}^{5}\left[\dfrac{\left|X_{i+5}-X_i\right|}{5}\right]}{5}$$

或

$$\bar{l} = \frac{\sum\limits_{i=1}^{5}\left|X_{i+5}-X_i\right|}{25} \tag{4-8-7}$$

③ 测量棱边到薄片边缘间距(测五次)

$$\bar{L} = \overline{\left|X_d - X_0\right|}$$

式中，X_0 为棱边位置；X_d 为薄片边缘(靠近棱边且与之平行)的位置。

(4) 计算 $\bar{d} = \dfrac{\bar{L}}{l}\cdot\dfrac{\lambda}{2}$，并求出不确定度。

【数据记录与处理】

表 4-8-1 劈尖干涉法测量薄片厚度

$\lambda = 5.893 \times 10^{-7}$m

项目 次数	X_i (mm)	X_{i+5} (mm)	$l_i=\dfrac{\left|X_{i+5}-X_i\right|}{5}$ (mm)	$\bar{l}=\dfrac{\sum\limits_{i=1}^{5}l_i}{5}$ (mm)	$(\bar{l}-l_i)^2$ (mm)	$s(\bar{l})$ (mm)
1						
2						
3						
4						
5						
次数	X_0(mm)	X_d(mm)	$L=\left|X_d-X_0\right|$ (mm)	$\bar{L}$ (mm)	$(\bar{L}-L)^2$ (mm)^2	$s(\bar{L})$ (mm)
1						
2						
3						
4						
5						

用合成不确定度法求出直径的不确定度。

【注意事项】

(1) 组成劈尖的玻璃板的光学平面不准用手摸。

(2) 测 L(以及 l)时要注意防止反向时仪器空回量引起的误差。

【思考题】

(1) 本实验中，棱边处观察到的是亮纹还是暗纹，为什么？

(2) 实验中，棱边处是否为一直线，为什么？

(3) 当薄片厚度变大时(L 不变)，条纹如何移动？条纹间距如何变化？

4.9 实验 4-8 光的偏振现象

光的偏振性质证实了光波是横波，即光的振动方向垂直于其传播方向。对光波偏振性质的研究不仅使人们加深了对光的传播规律和光与物质相互作用规律的认识，而且在光学计量、光弹性技术、薄膜技术等领域有着重要的应用。

【实验目的】

(1) 观察光的偏振现象。

(2) 了解产生和检验偏振光的基本方法。

【实验仪器】

偏振片、钠光源、玻璃片、1/4 玻片等。

【实验原理】

光波是一种电磁波，它的电矢量 E 和磁矢量 H 相互垂直，并垂直于光的传播方向 C。通常人们用电矢量 E 代表光的振动方向，并将电矢量 E 和光的传播方向 C 所构成的平面称为光的振动面。在传播过程中，电矢量的振动方向始终在某一确定方向的光称为平面偏振光或线偏振光，如图 4-9-1 所示。振动面的取向和光波电矢量的大小随时间做有规律的变化，光波电矢量末端在垂直于传播方向的平面上的轨迹呈椭圆或圆时，称为椭圆偏振光或圆偏振光。通常光源发出的光波有与光波传播方向相垂直的一切可能的振动方向，没有一个方向的振动比其他方向更占优势。这种光源发射的光对外不显现偏振的性质，称为自然光。

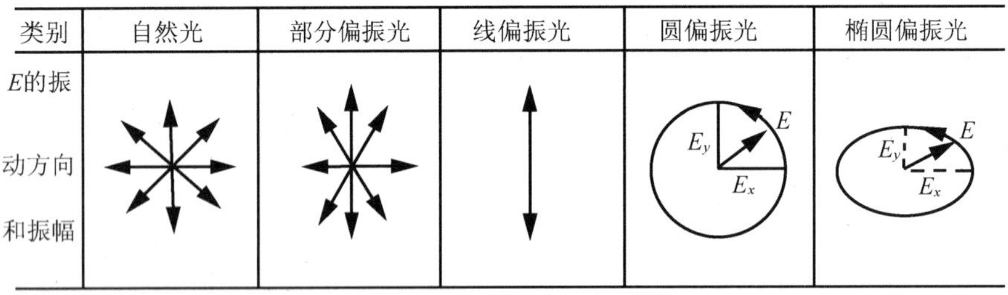

图 4-9-1 偏振光

1. 偏振光的产生

1) 玻片反射产生偏振光

当自然光以 $\phi=\tan^{-1}n$ 的入射角入射在折射率为 n 的非金属表面(如玻璃)上时，则反射光为线偏振光，其振动面垂直于入射面，此时的入射角称为布儒斯特角(玻璃的布儒斯特角约为57°)。

2) 光线穿过玻璃片堆产生偏振光

当自然光以布儒斯特角入射到一叠玻璃片堆上时，各层反射光全都是一平面偏振光，而折射光则因逐渐失去垂直于入射面的振动部分而成为部分偏振光，玻璃片越多，则折射透过的光越接近线偏振光，其振动面与入射角平行。

3) 由二向色晶体产生偏振光

二向色晶体有选择吸收寻常光(o 光)或非寻常光(e 光)之一的性质。一些矿物和有机化合物具有二向色性。被实验所采用的硫酸碘奎宁晶体膜具有二向色性的偏振膜，当自然光通过此种偏振膜时即可获得偏振光。

4) 由双折射产生偏振光

由于各向异性晶体的双折射作用使入射的自然光折射后成为两条光线，即 o 光和 e 光，而这两种光都是平面偏振光。如方解石晶体做成的尼科尔棱镜即为只能让 e 光通过，使入射的自然光变为偏振光。

2. 椭圆偏振光、圆偏振光的产生

当平面偏振光垂直入射到厚度为 d，表面平行于自身光轴的单轴晶片时，o 光和 e 光沿同一方向前进，但传播速度不同，因而会产生相位差。在方解石(负晶体)中，e 光速度比 o 光快，而在石英(正晶体)中，o 光速度比 e 光快。因此，通过晶片后两束光的光程差和相位差分别为

$$\delta = (n_o - n_e)d \tag{4-9-1}$$
$$\Delta = (2\pi/\lambda) \cdot (n_o - n_e)d \tag{4-9-2}$$

式中，λ 为光在真空中的波长；n_o 和 n_e 分别为晶片对 o 光和 e 光的折射率。

由 $\Delta = (2\pi/\lambda) \cdot (n_o - n_e)d$ 可知经晶片射出后，o 光和 e 光合成的偏振光随相位差的不同，有不同的偏振方式(在偏振技术中，常将这种能使互相垂直的光振动产生一定相位差的晶体片叫做玻片)。因此晶片厚度不同，对应不同的相位差和光程差。

当光程差满足：$\delta = (2k+1)\dfrac{\lambda}{2}$　$(k=0，1，2，\cdots)$时，为 1/2 玻片；　(4-9-3)

当光程差满足：$\delta = (2k+1)\dfrac{\lambda}{4}$　$(k=0，1，2，\cdots)$时，为 1/4 玻片。　(4-9-4)

平面偏振光通过 1/4 玻片后，一般变为椭圆偏振光；但当 $\theta = 0$ 或 $\pi/2$ 时，出射的仍为平面偏振光；而当 $\theta = \pi/4$ 时，出射的为圆偏振光。所以可以用 1/4 玻片获得椭圆偏振光和圆偏振光。

3. 起偏器、检验器及马吕斯定律

将自然光变成偏振光的器件称为起偏器，用来检验偏振光的器件称为检偏器。实际上，起偏器和检偏器是互相通用的。物质对不同方向的光振动具有选择吸收的性质，称为二向色性，如天然的电气石晶体、硫酸碘奎宁晶体等。它们能吸收某方向的光振动而仅让与此方向垂直的光振动通过。如将硫酸碘奎宁晶粒涂于透明薄片上并使晶粒定向排列，就可制成偏振片。

当自然光射到偏振片上时，振动方向与偏振化方向垂直的光被吸收，振动方向与偏振化方向平行的光透过偏振片，从而获得偏振光。自然光透过偏振片后，只剩下沿透光方向的光振动，透射光成为平面偏振光。

若在偏振片 P_1 后面再放一偏振片 P_2，P_2 就可以用作检验经 P_1 后的光是否为偏振光，即 P_2 起了检偏器的作用。当起偏器 P_1 和检偏器 P_2 的偏振化方向间有一夹角时，则通过检偏器 P_2 的偏振光强度满足马吕斯定律：

$$I = I_0 \cos^2 \theta \qquad\qquad (4\text{-}9\text{-}5)$$

当 $\theta = 0$ 时，$I = I_0$，光强最大；当 $\theta = \pi/2$ 时，$I = 0$，出现消光现象；当 θ 为其他值时，透射光强介于 $0 \sim I_0$ 之间。

1) 双折射起偏

某些单轴晶体(如方解石和石英等)具有双折射现象。当一束自然光射到这些晶体上时，由界面射入晶体内部的折射光常为传播方向不同的两束折射光线，这两束折射光是光矢量振动方向不同的线偏振光。其中一束折射光始终在入射面内其振动垂直于传播方向，称为寻常光(或 o 光)；另一束折射光一般不在入射面内且不遵守折射定律，其振动在主平面内，称为非寻常光(或 e 光)。研究发现，这类晶体存在这样一个方向，沿该方向传播的光不发生双折射，该方向称为光轴。

2) 反射和折射时光的偏振

自然光在两种透明介质的界面上反射和折射时，反射光和折射光就能成为部分偏振光或平面偏振光，而且反射光中垂直入射面的振动较强，折射光中平行入射面的振动较强(部分偏振光是指光波电矢量只在某一确定的方向上占相对优势)。实验发现，当改变入射角 i 时，反射光的偏振程度也随之改变，当 i 等于特定角 i_0 时，反射光只有垂直于入射面的振动，变成了完全偏振光。此时入射角 i_0 满足 $\tan i_0 = n_2/n_1$ (n_1 和 n_2 为两种介质的折射率)，这个规律称为布儒斯特定律，i_0 称为起偏角或布儒斯特角。由此证明：当入射角为起偏角时，反射光和折射光传播方向是互相垂直的。

【实验内容与步骤】

1. 自然光和平面偏振光的检验

(1) 将平行光直接射到偏振片上，以其传播方向为轴转动偏振片 360°，用眼睛直接观察透射光强度的变化。

(2) 在第一个偏振片的后面放上第二个偏振片，再转动偏振片 360°(转动任意一个都可以)，用眼睛直接观察透射光强度变化情况。将两次观察结果记入表 4-9-1 进行比较，并作出结论。

2. 圆偏振光和椭圆偏振光的产生与检验(见图 4-9-2)

(1) 在光源和 P_1 间插入一片单色玻片，使入射光成为单色光。转动 P_2，用眼睛直接观察光强变化到光斑最暗(这时 P_1 和 P_2 透光方向垂直)。

(2) 保持 P_1 和 P_2 不动，在 P_1 和 P_2 间插入 1/4 玻片。转动玻片直至光斑最暗(用眼睛直接观察)。以此时玻片光轴位置为起点，转动 1/4 玻片，使其光轴与起始位置的夹角依次为 0°，15°，30°，45°，60°，75°，90° 时，分别将 P_2 转动一周，根据你看到的光斑明暗变化情况，记入表 4-9-2 中，并对 P_2 的入射光偏振态分别作出判断。

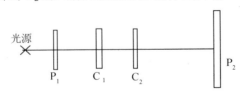

图 4-9-2　圆偏振光和椭圆偏振光的产生与检验装置示意

【数据记录与处理】

表 4-9-1　自然光和平面偏振光的检验

偏 振 片	P 转一周，透射光强是否变化	P 转一周，出现几次消光	入射光偏振态
放一个			
放二个			

表 4-9-2　圆偏振光和椭圆偏振光的产生与检验

1/4 玻片转角	P_2 转一周，透射光强是否变化	P_2 转一周，出现几次消光	光的偏振性质
15°			
30°			
45°			
60°			
75°			
90°			

【思考题】

(1) 光的偏振现象说明了什么？一般用哪个矢量表示光的振动方向？

(2) 偏振器的特性是什么？何谓起偏器和检偏器？

(3) 产生线偏振光的方法有哪些？将线偏振光变成圆偏振光或椭圆偏振光要用何种器件？在什么状态下产生？实验中如何判断线偏振光、圆偏振光和椭圆偏振光？

4.10　实验 4-9　照相技术

照相技术是一项专门技术，它涉及光学、化学及机械的有关知识。它能够准确、迅速地将各种实物、图像、文字资料记录和保存下来。除日常生活和生产中需要照相外，在科研、测量等领域中也有着广泛的应用。如示波器瞬间摄影、金相分析、光谱分析、X 光分析、全息摄影、航空测量及空间技术等。掌握照相技术，不仅仅是人们生活所需要，更是为适应现代高科技发展必需的实验技能。

【实验目的】

(1) 了解照相机的构造、原理及使用方法。
(2) 了解感光底片的基本知识。

【实验仪器】

照相机(凤凰 DF-1 型)、胶卷。

【实验原理】

1. 照相机类型简介

照相机是摄影最主要的工具，自 1822 年世界上第一台照相机问世以来，随着科学技术的不断发展，照相机技术有了很大的发展，目前，照相机不仅种类繁多，而且其结构和性能越来越先进，特别是近年来随着电子技术的蓬勃发展，现在照相机已进入了电子时代。

按照照相机成像所使用的感光底片的不同，常见的照相机可以分成以下几类。

1) 120 相机

这种相机成像所使用的感光底片为 120 胶卷，一卷胶卷可以拍摄 12 张或 16 张底片，相应成像底片的尺寸为 $(6×6)cm^2$ 或 $(6×4.5)cm^2$。按照相机结构和取景方式的不同，可将 120 相机分成三种类型。

(1) 折合式相机：国产的如海鸥 203 型等。这种相机现在已很少见到。

(2) 双镜头反光式相机：国产的如海鸥 4A、4B、4C 型等。

(3) 单镜头反光式相机：国产的如长城、东风等。

120 相机体积比较笨重，不便于携带，目前市场上已较少见，但由于其成像尺寸比较大，拍摄后的底片便于放大成大幅面的照片，故为专业摄影人士所喜爱。

2) 135 相机

这种相机成像使用的感光底片为 135 电影胶片，一卷胶卷可拍摄 36 张底片，成像底片尺寸为 $(24×36)mm^2$，常见的 135 相机有的下几类：

(1) 基线旁轴取景式相机：如东方 S_3、S_4，海鸥 205 型等。

(2) 单镜头反光式相机：如海鸥 DF-1、孔雀 DF-1、珠江 S201 型等。

3) 电子照相机

它是传统相机与现代电子技术结合的产物，近几年发展迅速，简单一些的具备自动测光功能，如常见的各种"傻瓜"照相机，特点是比较小巧。高级一些的除具备自动测光外，有的还具有自动调整光圈、速度、自动对焦，自动过卷等功能，使用起来非常方便。

4) 数码相机

这是近几年伴随着计算机技术和半导体技术的飞速发展及广泛应用而迅速发展起来的一种新型的相机，数码相机一般采用传统的光学镜头成像，但与传统相机不同的是它不是将被摄物成像在感光底片上，而是成像在 CCD 器件上，并通过 CCD 器件输出数字信号，将这些数字信号存储在数码相机内部的存储器中。由于数码相机内存储的是数字信号，可以很方便地通过串行通信口或 USB 接口输入到计算机，借助于计算机的强大功能，通过软件对图像进行后期处理，可以得到以前只有借助于专业人员的高超专业技巧、手工绘制才能得到的各种效果。因此，在计算机及互联网技术高度发达的今天，数码相机一经问世，即受到了各行各业的广泛欢迎，得到了广泛的应用。

2. 照相机的构造

虽然照相机种类繁多，但不管是哪一种相机，要实现拍摄影像的基本功能，其逻辑结构都基本相同，一般都必须具备镜头、光圈、快门、机身、取景器、测距器、卷片装置等几部分。常见的 135 单镜头反光式相机的光路如图 4-10-1 所示，图中 1 为镜头，2 为光圈，3 为帘布式快门，4 为裂像式棱镜对焦器，5 为可向上做 45° 转动的平面镜，6 为玻璃五棱镜，7 为取景目镜，8 为感光底片。结合图 4-10-1，现将相机中各基本逻辑单元的作用和使用方法分别进行介绍。

(1) 镜头(见图 4-10-1 中 1)：其作用是将被摄物成像于感光底片处。为了提高成像质量，尽可能的消除或减少各种各样的像差和色差，现代照相机的镜头都是由多片凹凸透镜分成几组构成。如图 4-10-1 所示相机的镜头就是由六片透镜分成四组构成。

一个镜头无论由几片透镜分成几组构成，最终的结果相当于一个基本消除了各种像差和色差的凸透镜，具有一定的焦距(变焦镜头的焦距在一定范围内是可以变化的)。

一般按镜头的焦距与胶片画幅对角线长度的比值，将镜头分为标准镜头、长焦镜头和广角镜头三种。通常将镜头焦距近似等于胶片画幅对角线长度的这种相机的标准镜头，比标准镜头焦距长的，称为长焦镜头，短的称为广角镜头。

标准镜头的特点是在照片上产生的影像符合原来景物的透视，成45°左右的视角，和人眼睛的视域大致相同，它比长焦镜头焦距短而视域大，比广角镜头焦距长而视域小。

长焦镜头的特点是焦距长，视域小，成像较大，在同样距离内，拍摄同样的景物，用同样大小的底片，它可以就被摄场景的某个局部拍的比标准镜头大，因此起到了望远镜的作用，所以，也有将长焦镜头称作望远镜头的。

广角镜头的特点是焦距短，视域广，成像比较小，用同样大小的底片，它可以拍出比标准镜头角度更宽广的景物。

另外，近年来还出现了变焦镜头，其焦距在一定范围内是可以变化的，使用起来更加方便。

有关镜头的另一个常用到的性能参数就是镜头的有效孔径($\frac{D}{f}$)，(这里 D 是镜头的最大透光孔径，f 是镜头的焦距)，有效孔径 $\frac{D}{f}$ 越大，镜头的透光能力越强，现在常见镜头的有效孔径为 1∶2。

(2) 光圈(图 4-10-1 中 2)：光圈的结构如图 4-10-2 所示。它是由位于镜头透镜组间的一组薄金属片组成的可变光阑，圆形光阑的孔径 D 可以连续变化，它的作用主要有两个，一个作用是控制底片上光的照度 E(所谓光照度是指单位时间内照射到底片上单位面积上的光的能量)；另一个作用是调节景深。

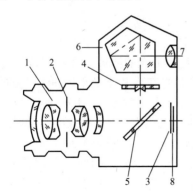

图 4-10-1　镜头

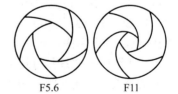

F5.6　　　　F11

图 4-10-2　光圈

由光度学可知，像平面上照度 E 和光阑的孔径 D 及镜头焦距 f 的关系为：

$$E = K\left(\frac{D}{f}\right)^2 \tag{4-10-l}$$

这里 K 是一个与被摄物亮度及镜头的透光情况有关的系数，$\frac{D}{f}$ 称为镜头的相对孔径，由式(4-10-l)可见，对焦距一定的镜头来讲，像平面上(底片上)光的照度与光阑的孔径的平方成正比。一般照相机上都以相对孔径的倒数 $F = \dfrac{f}{D}$ 的数值来标度光圈的大小，称为光圈数，可见光圈数越大，光阑的孔径越小，相应像平面上的照度越小。在图 4-10-2 中分别画出了光圈数为 5.6、11 的情况，大家可以非常清楚地看到这一点。常见的光圈数数值为：1.4，2.0，2.8，4，5.6，8，11，16，22，32。

它是以 $\sqrt{2}$ 为公比的等比级数，显然，相邻的两挡光圈所对应的在感光底片上的光的照度恰好相差一倍。

光圈的另一个重要作用是调节景深，如图 4-10-3 所示。

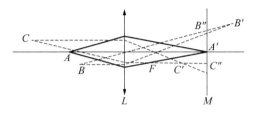

图 4-10-3　光圈调节原理示意

设透镜 L 对轴上物点 A 成像于像平面 M 上的 A′ 点，在这同时，透镜 L 也将物空间的物点 B、C 成像于像空间的 B′、C′ 点，若从像平面 M 上来看，则物点 B、C 在其上形成的像 B″、C″ 分别为一弥散圆斑，如果这些圆斑的线度 d 小于人眼的分辨率，则我们仍认为这两点的像是清晰的，与人眼的这一分辨极限相对应的物空间两物点 B、C 之间的最大纵向距离，称为镜头的景深。显然，位于景深范围内的物体都可在底片上成清晰的像。

景深的大小和光圈的相对孔径，镜头的焦距及物距有关。

当镜头的焦距及物距不变时，光圈相对孔径越大(光圈数越小)，景深越小，反之，则越大。

当光圈的相对孔径及镜头的焦距不变时，物距越远，景深越大。

当光圈的相对孔径及物距不变时，焦距越短，景深越大。

(3) 快门(图 4-9-1 中 3)：前面讲到的光圈只能控制底片上光的照度，要使底片感光合适，还必须控制底片的曝光时间，快门就是用机械的方法控制光在底片上照射时间长短的装置，常见的快门有两种，即中心快门和帘布快门，快门开启的时间一般有：1、1/2、1/4、1/8、1/15、1/30、1/60、1/125、1/250、1/500、l/1000、B、T 等多挡，照相机上快门的数字，标度的是其开启时间的倒数，常称为快门速度，即若标记为 30，则快门开启时间为 1/30s，除此之外，还有"B"门及"T"门，"B"门是按下快门按钮时快门打开，放开按钮时，快门关闭，它适用于 5s 以上的曝光。"T'门是按下快门按钮，快门打开，再按一下就合上，在需要 10s 以上的长时间曝光时才用到它。

由于相邻两挡光圈数所对应的光照度差一倍，而相邻两级快门速度所对应的曝光时间也差一倍，这就是说，我们可以采用不同的光圈数和快门速度的组合，使底片所获得的曝光量相同。例如，若光圈用 8 时，快门速度为 125 所获得的曝光量正确，那么，光圈用 16、速度为 30 及光圈为 4、速度为 500，所对应的曝光量是相同的，这三种组合的差别表现在光圈为 16 时，底片成像的景深较大，但速度慢，不宜于拍摄运动物体，而光圈为 4 时，景深小，但速度较快，可以拍摄运动物体。所以，可以按照拍摄时被摄物的具体情况，合理地选择光圈与快门速度的组合。

(4) 机身：机身一方面将镜头、光圈、快门、上片卷片装置及取景测距装置连接在一起，另一方面，它在镜头与底片间形成一段遮暗了的空间(常称暗箱)，其间距的大小刚好等于像距。

(5) 取景器(图 4-10-1 中 7)：取景器用来观察拍摄景物的范围，并决定对景物的取舍，安排景物在画面中的布局。

(6) 测距调焦装置：由于物距、像距是一一对应的，而在摄影时，一般都是先固定了物距，为了使被摄物在底片处成像清晰，必须使像距与物距相适应，实现这一步骤在物理学中称作"调焦"，在照相技术中称为"对光"，由照相机上的测距器来完成。结构简单的相机没有测距装置，拍摄前首先要准确估计出被摄景物与照相机之间的距离，然后将镜头上的调焦环转到与距离相应的刻度上。新型相机一般都装有测距、调焦联动装置。一般的普及型相机，如海鸥 205 型、东方 s3 型等，其测距调焦时将取景窗口中的两圆点对准被摄物，转动调焦环，当两圆点中的物体重合后，此时像距自动调好，高级一些的相机是采用单镜头反光式，即测距与摄像使用同一物镜，转动调焦环时，镜头前后移动，此时相机内通过一反光镜及将被摄物成像于毛玻璃上，再经过一玻璃五棱镜及取景目镜使人眼可以看到被摄景物，转动调焦环调焦至看到的景物最清晰，此时距离自动调好(图 4-10-1 中的 4、5、6、7)。图 4-10-1 中毛玻璃上的小棱镜用于精确调焦，即只有当调焦准确时，在取景窗口中看到的被摄物上、下两部分才是连续的，否则是错开的，常称为裂像式调焦。由于在单镜头反光式相机中取景测距与摄影采用的是同一镜头，故没有视差，另外，还可以更换不同焦距的镜头，国产如孔雀 DF-l 型、海鸥 DF 型、珠江 S201 型等都属于这一类型相机。

(7) 输片机构：现在许多相机都采用输片与快门联动。扳动输片扳柄，将已曝光的底片卷过，使新的待拍摄的底片位于镜头后的像平面上。同时，将控制快门开启时间的机械弹簧装置上好，它可以避免空拍和重拍。

3. 感光底片

感光底片的作用是通过照相机的光学原理，把自然界的实物变为影像记录下来。常用的感光片(如胶卷、相纸)是由多层物质组成的。在片基(醋酸纤维片、玻璃片、纸等)上涂一层乳胶层。黑白底片乳胶层的主要成分是明胶和以卤化物为主的感光物质(主要是溴化银 AgBr)。在光照作用下，溴化银晶粒中产生光化效应与化学变化，还原出少量金属银原子而形成潜影。反应过程为

$$Br^- + h\nu \rightarrow Br + e$$

$$Ag^+ + e \rightarrow Ag$$

式中，$h\nu$ 为光子的能量；e 为电子。

由于被还原的银原子数和曝光量 $H = E \times t$(照度×时间)成比例，所以曝光后银原子数量在底片上将按光照强弱形成一定的分布。这少量的银原子就形成一个个核心，称为"潜影"。这一过程称为"曝光"。然后将底片在暗室中放在显影液中处理。感光强的地方(光照强的部分)显影快，还原的银原子也多，形成的黑色密度也大。许许多多的细小金属银堆积起来，就形成深浅不同的影像。

不同的感光底片其性能也有差异，通常用感光速度、反差、光谱灵敏度这三个指标来表示底片的性能。

4. 感光速度

1) 感光速度的含义

感光速度表示感光底片具有的感光能力大小，也就是感光底片对光线的敏感程度。这是

感光底片最重要、最基本的性能。任何一个拍摄者使用感光底片时，不得不考虑到感光底片的感光速度，否则便无法使用。因为感光底片的感光速度有快、慢之分。在同样的拍摄条件下，欲取得类似的拍摄效果，感光速度慢的比感光速度快的需要的曝光量要多，这就涉及对相机上光圈和快门速度的调节有所不同。

各国对感光速度规定的标准并不统一。但其共同点是：在一定的冲洗条件下，用达到某一规定密度(底片上黑点)所需的曝光量的倒数来表示感光速度。达到这一规定密度所需的曝光量越小，感光速度越快。

2) 感光速度的标记

世界各国对感光速度的标记尚未统一。在我国常见的感光速度标记法有"GB 制"、"DIN制"、"ASA 制"、"ISO 制"等，分别作如下介绍。

(1) GB 制：GB 制是我国用于感光速度的标记法。"GB"是拼音字母"国家标准(Guo jia Biao zhun)"的缩写。如 GB21°读作 GB21 度。

(2) DIN 制：DIN 制是德国用于感光速度的标记法，为不少国家采用。"DIN"是"德国工业标准(Deutsche Lndustrische Normen)"的英文缩写。如 21DIN 读作 21 定。

(3) ASA 制：ASA 制是美国用于感光速度的标记法，为不少国家采用。"ASA"是"美国标准协会(America Standards Association)"的英文缩写。如 ASA100 读作 ASA100 度。

(4) ISO 制：ISO 制是"国际标准组织"用于感光速度的标记。因世界各国对感光速度的标记不统一，常给摄影者带来不便。"国际标准组织"于 1979 年公布了意在统一感光速度标记的 ISO 制。世界上最大的生产感光片厂家之一——美国柯达公司已在胶卷包装盒上采用了 ISO 制。"ISO"是"国际标准组织(International Standards Organization)"的英文缩写。

3) 感光速度的换算

(1) GB 制与 DIN 制的数值表示法相同，如 GB21°与 21DIN 所表示的感光速度相同。两者的数值每相差 3°，表示感光速度相差一倍。如 GB24°相当于 GB21°的二倍，GB27°相当于 GB24°的二倍、相当于 GB21°的四倍。

(2) ASA 制与 ISO 制的数值表示法相同，数值相差几倍，表示感光速度相差几倍。如 ASA200(ISO200)相当于 ASA100(ISO100)的二倍，ASA400(ISO400)相当于 ASA200 的二倍、相当于 ASA100 的四倍。

(3) 不同标记法之间的换算是 GB21°=ASAl00=ISO100；GB24°=ASA200=ISO200；GB27°=ASA400=ISO400；依此类推。

一般来说，感光片的感光速度快时，其底片上银粒较粗，感光慢的银粒较细。并且感光快的感光胶片"灰雾"现象比感光慢的感光胶片严重。"灰雾"就是在感光片上没有感光的部分，显影时也有部分银原子被还原使底片变灰。由于"灰雾"的影响，使得影像色调不明朗，层次少，影纹不清晰。

感光片的感光速度决定了所需的正常平均曝光量，因此，为了得到曝光合适的感光片，应综合地考虑光圈、曝光时间和感光片的感光速度三个因素的配合。

4) 反差

反差是用来表示感光片上图像黑白分明的程度，反差大则黑白层次分明；反差小则黑白层次不明显。

感光片感光越多，还原出的银原子也越多，显影后图像的黑度也越深，所以感光片上某点的黑度 D 与该点吸收的光能有关，也与化学处理有关。当化学处理条件(显影液、定影液的成分，浓度、温度以及显影时间)一定时，则黑度就取决于吸收的光能，即决定于感光片的曝

光量 H。

如果将一种感光片的不同部位给予不同曝光量 H，经正常显影后，用实验的方法可测出黑度 D 与曝光量 H 的对数间关系，如图 4-10-4 所示。这一曲线称为感光材料特性曲线。一条完整的特性曲线通常包括下面几个部分。

(1) 由 A_0 至 A，这部分的光学密度不随曝光量的改变而改变，它表示感光材料本身具有的灰雾程度，就是感光材料不经曝光而直接显影后得到的轻微密度。此密度以 D_0 表示。

(2) 由 A 至 B 称为曝光不足部分，是曲线的趾部。曝光不足部分最低的一点 A 是刚能区别于灰雾的最小密度，称为初感点。这一部分的特性是：当曝光量的对数值按固定比例逐渐递增时，曲线的斜度逐渐变陡，就是说，光学密度的增加随曝光量的对数值增加速度逐渐加快。A 至 B 部分的长短、高低表示感光速度的快慢。

(3) B 至 C 是直线部分，曝光量的对数值和光学密度值成比例的增长，称为曝光正确部分。这段直线的坡度和长度都反映了感光材料的重要性能(反差系数和宽容度)，是特性曲线的主要部分。

(4) 由 C 至 D 是感光过度部分，称为曲线的肩部。这里增加曝光量的对数值，只能稍微增加光密度，并且到 D 点时光密度的增加达到顶点，称为最高密度。

(5) 超过 D 点，曝光量的对数值继续增大时，密度反而降低，DE 部分向下弯曲，称作反转部分。

反差可用感光特性曲线的斜率表示。如图 4-10-4 所示，AB 段或 CD 段斜率小，反差就小。唯独 BC 段的斜率近似为常数，称为反差因数，用 γ 表示，可写为

$$\gamma = \tan \alpha = \frac{\Delta D}{\Delta L}$$

反差因数 γ 值的大小，表示在同一张感光片上不同曝光量下黑白对比和层次分明的程度。而 γ 值的大小及与 B，C 点位置相对应的 $\lg H$ 的数值取决于感光剂的性质、所用显影液的类型、曝光时间和显影时间长短。另外，不同感光速度的感光材料，其特性曲线会有所不同，图 4-10-5 给出了几种不同感光速度的感光片的特性曲线。从图中可以看到，低速片线性段较长，即感光宽容度(感光片的宽容度是指按比例记录被摄景物明暗范围的能力)较大；高速片(GB21° 以上)感光宽容度较小；彩色感光片(如图中虚线所示)感光宽容度很小。由此可知，高速片宽容量小，反差大；低速片宽容度大，反差小。

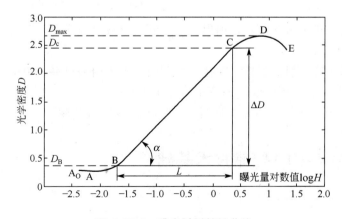

图 4-10-4　感光材料特性曲线

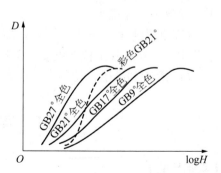

图 4-10-5　不同感光片的特性曲线

5. 光谱灵敏度

光谱灵敏度是用来描述感光片对不同颜色光反应上的差别。

不加增感剂的溴化银感光片对波长短的蓝色、紫色光最敏感，而对红色光几乎无反应，相反，对加入有机染料的全色片，最敏感的光是橙红色，对蓝色、绿色光反应迟钝。这种作用称作敏化，所加的物质称作敏化剂。根据感光区域的不同，经敏化后的感光片可以分为以下几类。

(1) 正色片：加入某种敏化剂后，除对蓝色、紫色光能感光外，对黄、绿光也感光，但对红色光不感光。

(2) 全色片：对各色可见光都能感光，灵敏度最高的是橙红色光，对青色、黄色光灵敏度低。

(3) 等色片：对各色可见光有大致相同的灵敏度。

(4) 红外片：只对长波红外光感光。

由上述分析可以看出，对敏化后的感光片(如全色片)必须在全黑的环境中处理，不得见任何光。在冲洗全色感光片时只能开极暗的绿光。而对印相纸和放大纸来说，可在红灯下工作。

【实验内容与步骤】

(1) 熟悉照相机结构，找出照相机上光圈、快门速度、调焦环、快门按钮、输片扳柄、倒片扳柄、取景器等部件的位置，练习操作方法。

(2) 将相机从皮套中取出，打开后盖，熟悉卷片，倒片装置，安装好底片，合上后盖后，先空拍两张至计数器指零。

(3) 根据被摄对象和具体环境，调整光圈与快门速度。

(4) 调焦。

(5) 拍摄。

(6) 过片，每拍摄完一张底片后，扳动输片扳柄，即可准备拍摄下一张。

(7) 整卷胶卷拍摄完后，就可以取出已感光的底片，取片前先按下倒片按钮，然后扳动倒片扳柄，将底片全部倒入暗盒后，方可打开照相机后盖将底片取出。

【注意事项】

(1) 严禁摔、挤、压、振动相机。

(2) 保持照相机内外清洁，防止灰尘和水进入相机，拍摄完毕，镜头应戴上镜头盖，严禁用手摸或手帕擦镜头。

(3) 拍摄时相机应保持平直，必须保持相机的稳定，在按动快门时，不要用力过猛，免得带动相机，在底片上留下虚影，手持照相机拍摄时快门速度不得低于1/60s。

(4) 测距要准确，特别在使用大光圈拍摄时，更要严格对焦，以免造成影像模糊。

4.11　实验 4-10　暗室技术基础

【实验目的】

(1) 掌握相纸的基本知识，了解感光原理。

(2) 掌握印相箱与放大机的使用方法。

(3) 掌握印相与放大的操作方法。

【实验仪器】

相纸、印相箱、放大机、显影液、定影液、上光机等。

【实验原理】

1. 感光相纸

感光相纸与感光底片有许多相似之处，它是在纸基上涂了一层卤化银感光乳剂制成，按感光剂的不同，又分为氯素相纸和溴素相纸两种。氯素相纸的感光剂主要成分是氯化银，其特点是感光速度比较慢，颗粒细，常用来做印相纸。溴素相纸的感光剂成分主要是溴化银，特点是感光速度较快，但颗粒较粗，常用来做放大纸。感光相纸的感光速度比感光底片低得多，所以印放效果比较容易控制。另外，黑白感光相纸不具备灵敏的感光性能，只记录黑白色调，可以在红色或橙色灯光下工作，所以暗室中常用红色灯作为安全灯。

根据印放不同底片的具体需要，黑白相纸(包据印相纸和放大纸)的反差强弱各不相同(所谓反差是指画面上黑白色调的对比度)。反差较弱的相纸称为软性相纸，这种相纸成像的层次比较丰富，对景物强光部分的影纹有较好的表现能力；反差较强的相纸，称为硬性纸，这种相纸成像影调明朗，对景物阴暗部分的层次的表现能力较强；反差适中的相纸称为中性相纸，这种相纸能将景物的明暗色调均匀地反映出来。

国产感光相纸按反差的强弱分为四个型号，即1号，2号，3号，4号，相纸的号数越大，反差越大，即1号相纸为软性相纸，2号相纸为中性相纸，3号、4号相纸为硬性相纸。

相纸反差大小的选择，应由底片的情况来决定，如果底片的反差小，则可选择3号或4号相纸，底片的反差较大，可选1号相纸，底片反差适中，则可选择2号相纸，这样才能得到一张影调丰富，反差适中的照片。

2. 印相机

其原理如图4-11-1所示。光源发出的白光经过毛玻璃散射以后，均匀照射到底片上，经过底片透射到感光相纸上，对相纸进行感光，白灯亮的时间的长短，即是相纸感光时间的长短。印相机上的活页盖是用来压紧相纸和底片的。印相时一定要将底片的药膜面(指涂有感光剂的一面)向上，将相纸的药膜面朝下，并将二者紧密地压在一起，否则相纸上的图像将模糊不清。

3. 放大机

其原理如图4-11-2所示，乳白灯泡发出的光，经过聚光镜会聚后，均匀照射到底片上，将底片上照亮，放大镜头以此景物作为物，将其成像在感光相纸上，对相纸进行感光，控制乳白灯泡开启时间的长短，可以控制相纸的感光时间；调节放大镜头上的光圈，可以改变相纸上的照度；改变放大镜头到相纸的距离，即像距，可以调节放大照片的尺寸；改变底片到镜头的距离，即物距，可以使照片上影像清晰。

4. 感光原理

经过曝光的底片或相纸，其上的乳剂层中的卤化银发生光化学作用，形成肉眼看不到的潜影。要使潜影变成可视影像，必须对底片或相纸进行显影处理，即将其浸泡在显影液中。

在显影液的作用下，曝过光的卤化银颗粒膨胀变大，并被还原成金属银原子，使人眼可以看见，底片或相纸上某点接收到的光能越多，被还原出来的金属银原子越多，视觉上感觉那一点越黑。而其中尚未感光的卤化银颗粒由于没有形成潜影，所以显影液对其不发生作用。因此这一部分卤化银颗粒仍然对光敏感，这就是说，经过显影处理的底片或相纸仍不能见光，否则将会使那些未被还原的卤化银颗粒发生二次曝光。要使经过显影处理后显现出的影像能够长期保存，还必须对底片或相纸进行定影处理。定影液的作用是将那些在显影过程中未被还原的卤化银颗粒变为可溶于水的盐类，而对那些已被还原出来的金属银原子不发生作用。这样，经过定影处理后的底片或相纸，对光线就不敏感了，将其进行水洗和干燥处理后，就可以长期保存了。

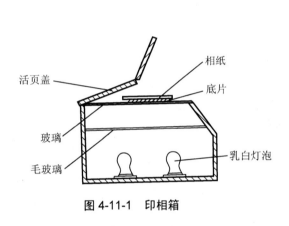

图 4-11-1　印相箱　　　　　　　　图 4-11-2　放大机

【实验内容与步骤】

1. 熟悉暗室环境，弄清电源插座、显影液、定影液的位置，相纸的安放位置

2. 印相步骤

1) 熟悉印相箱的使用方法。

2) 试样

(1) 将待印底片的药膜面向上放到印相箱玻璃上，将相纸药膜面向下并用印相箱上的活页盖将二者压紧，选择一适当时间对相纸曝光。

(2) 将曝过光的相纸放入显影液中，在红色安全灯下观察相纸的出影情况，若曝光后的试验相纸放入显影液中迅速变黑，说明曝光过度，应减少曝光时间或降低光强，若曝光后的试验相纸放入显影液中很长时间没有影像出现，说明曝光不足，应增加曝光时间或光强。根据此出影情况判断曝光时间的长短是否合适，并对曝光时间作出修正。

(3) 用修正后的曝光时间再重复步骤(1)、(2)，反复试验，直至找出合适的曝光时间。

3) 印相

(1) 用试样中选出的最佳曝光时间对相纸曝光，注意，一定要将底片的药膜面对着相纸的药膜面将二者压紧。

(2) 将曝过光的相纸放入显影液中，在安全灯下观察其影像的显出变化情况。至影像的色调显出合适，迅速将其从显影液中取出，在清水盘中清洗片刻后放入定影液。

(3) 将相纸定影 15min 后由定影液中取出，放入清水中冲洗，以洗去其上的盐类及残存的定影液，一般水洗 20min。

(4) 将清水冲洗后的照片放到上光机上烘干上光。

(5) 经过这几步的操作后，一张色调明快的照片就制成了。

3．放大

(1) 熟悉放大机构造及使用方法。

(2) 取出底片夹，将底片药膜面向下放入放大机中。

(3) 根据要求的照片尺寸升降放大机机头，以得到合适的放大倍数。

(4) 调焦：将放大镜头的光圈开到最大，调节调焦钮，使底片在压纸板上成的像最清晰。

(5) 试小样：取一小条放大纸，按操作步骤中的印相步骤 2)试样操作以确定准确的曝光时间。

(6) 放相：将尺寸合适的相纸，使其药膜面向上，放到压纸板上压好，以试样中所得到的曝光时间对其进行曝光。

(7) 显影，水洗及定影，水洗，上光烘干，这几个步骤3)与印相步骤(2)中相同。

(8) 操作结束后，必须将显影液、定影液放回原位并将桌面收拾干净，经教师检查同意后方可离开实验室。

【注意事项】

(1) 暗室中一定要注意用电安全。

(2) 显影、定影液的位置一定要记清。

(3) 相纸不允许见白光，千万不要跑光。

(4) 印相或放大效果好坏的关健是曝光时间是否合适。为了正确确定曝光时间,必须认真、仔细地做好试样工作，以找出最佳曝光时间。

【附录】常用显影液、定影液配制

1．D-72 显影液(底片、相纸通用)

D-72 显影液配制见表 4-11-1。

表 4-11-1　D-72 显影液配制

投 放 次 序	药 品	数 量	作 用
1	温水(30℃～50℃)	750mL	溶剂
2	米吐尔(硫酸甲基对氨基苯酚)	3.1g	显影剂、快速还原剂，显出影像较软
3	无水亚硫酸钠	45g	保护剂，防止药液氧化，显出银粒细小
4	对苯二酚(几奴尼)	12g	慢速显影剂，显出影像硬
5	无水碳酸钠	67.5g	促进剂
6	溴化钾	1.9g	抑制剂，防止产生灰雾
7	水(冷水)	约 120mL	使显影液达到1000mL

注：显影温度为20℃时，底片显影时间：3～4min；照片显影时间：1～2min(显出影像为准)；冲底片用显影液：原液加一倍水；洗照片显影液：原液加 2 倍水。

2．D-76 微粒显影液(用于底片)

D-76 微粒显影液配制见表 4-11-2。

表 4-11-2　D-76 微粒显影液配制

投放次序	药　品	数　量	作　　用
1	温水(52℃)	750mL	
2	米吐尔	2g	显影剂
3	无水亚硫酸钠	100g	保护剂
4	几奴尼(对苯二酚)	5g	显影剂
5	硼砂	2g	促进剂
6	水	约 130mL	使显影液为 1000mL

3. F-5 酸性坚膜定影液(底片、相纸通用)

F-5 酸性坚膜定影液的配制见表 4-11-3。

表 4-11-3　F-5 酸性坚膜定影液的配制

投放次序	药　品	数　量	作　　用
1	热水(60～70℃)	600mL	
2	结晶硫代硫酸钠	240g	定影剂(溶去未感光的溴化银)
3	无水亚硫酸钠	15g	保护剂(使硫代硫酸钠不宜分解)
4	冰醋酸(28%)	48mL	停显剂、中和显影涂
5	硼酸	7.5g	坚膜剂
6	硫酸铝钾钒	15g	防止发生白色沉淀
7	水(冷水)	约 180mL	使定影液为 1000mL

在配制上述三种药液时，各药品必须严格按配方规定的温度、数量和投放次序依次溶解，必须是溶完一种，再投入下一种，为加速溶解，不断搅拌(切不可加热溶解)。

新配好的显影液需静放 6～12h 后方可使用。盛装显影液的瓶子，必须是深色的，以防光照使药液失效。

4.12　实验 4-11　翻拍技术

摄影除了拍摄真实景物外，有时还需要把照片、图表、文字材料等拍摄成复制品。把这些印刷的平面资料或图像重新拍摄的过程称为翻拍。翻拍是复制平面资料的一种简单方法，这种技术可以得到同原件相同的面貌并保持图像的真实准确及影像的清晰度和影调氛围。

【实验目的】

(1) 进一步掌握照相机的使用方法。

(2) 了解翻拍技术的基本知识，掌握基本的翻拍技能。

【实验仪器】

翻拍仪、凤凰 DC701 型照相机、翻拍原件、胶卷等。

【实验原理】

1. 翻拍倍率及其与物距、像距的关系

一般摄影都是把被摄物缩小成底片上的影像。翻拍底片上影像的尺寸一般是小于被摄原件，但有时底片上的影像和被摄原件的大小相等甚至可以大于被摄物。底片上影像与翻拍原件的大小比例就称为翻拍倍率。当翻拍倍率为 1:1 时，底片上的影像同原件大小相等；翻拍倍率为 2:1 时，底片上的影像为被摄原件的 2 倍；翻拍倍率为 1:2 时，底片上的影像是被摄原件的 1/2。须指出的，翻拍倍率是以被摄物横纵各边来计算的。例如翻拍底片的影像比原件缩小了 10 倍,是指将原件的横纵各边都缩小了 10 倍。

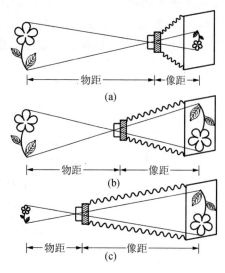

图 4-12-1 翻拍示意

在翻拍成像的过程中要调节物距和像距使成像清晰。翻拍倍率与拍摄过程中的物距和像距存在密切的关系,不同的翻拍倍率是通过物距和像距的调整而实现的。图 4-12-1 给出了不同翻拍倍率的翻拍示意图。其中图 4-12-1(a)为缩小翻拍，图 4-12-1(b)为等大小翻拍，图 4-12-1(c)为放大翻拍。从图中可以看出：翻拍倍率小于 1 时(影像小于原物),物距必须大于像距;翻拍倍率为 1:1 时(等大翻拍),物距等于像距;翻拍倍率大于 1 时(影像大于原物),物距小于像距。

2. 加装近摄接圈的翻拍

翻拍照相机是翻拍工作的首要设备，翻拍过程中可使用专用翻拍照相机，也可以使用普通照相机。

专用翻拍照相机大都有从镜头到底片的皮腔式接筒，其伸长量可以达到几倍或几十倍的焦距，用来拍摄近距离的原件。有的则配备能改变原焦距的附加镜头来达到近拍的目的。在相同条件下可获得比使用普通照相机拍摄的画面尺寸大的画面，并能保证复制影像具有较高的清晰度。

若使用普通照相机进行翻拍，就需要增加辅助装置。这是因为普通照相机通常是为拍摄远、中景物而设计的，其镜头的调焦范围有限，拍摄的最近距离为 0.5～1m，满足不了翻拍的要求。因此为了短距离拍摄也能形成清晰的影像，必须在镜头上加装近摄接圈或近摄镜等附件。本实验中使用的是普通照相机，其镜头上所加的辅助装置为近摄接圈。

近摄接圈是内部为黑色的筒状近摄附件，多由金属制成。近摄接圈不改变光路结构，对像质影响最少，其所加装的位置在镜头和机身之间，相当于延长了像距，从而获得较大的放大倍率。近摄接圈通常是由几个接圈组成的。各接圈各自有不同的长度，既可以单独使用，也可以组合起来使用。

曝光量的多少影响着影像的质量。在翻拍过程中，如果翻拍倍率大就须增加曝光量；当翻拍倍率小时须减少曝光量。这是由于当翻拍倍率大时像距大，焦平面(胶片)的光照低故曝光量应增加；而翻拍倍率小时像距小，焦平面(胶片)的光照高故应减少曝光量。近摄接圈的引入将会增加像距，所以当加用近摄接圈翻拍，须增加曝光量。所增曝光量的计算公式如下：

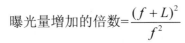

$$曝光量增加的倍数 = \frac{(f+L)^2}{f^2}$$

式中，f 为镜头焦距；L 为近摄接圈长度。

3. 翻拍仪

翻拍仪结构如图 4-12-2 所示。它主要由四部分组成：相机主体、镜头组合、支架组和座箱组。相机主体为 135 照相机；镜头组合由接圈 1、接圈 2、接圈 3、接圈 4、镜头卡口 5、镜头座圈 6 和镜头 7 组成；支架组中 8 为弯臂、9 为大圈固紧手轮、10 为小圈固紧手轮、11 为螺母、12 为支臂；13 为滑杆；14 为锁紧手轮；15 为立管；座箱组由座箱 16、座套 17 和螺母 18 组成。实际拍摄时，根据拍摄需要将镜头部分按表 4-12-1 做不同的组合。

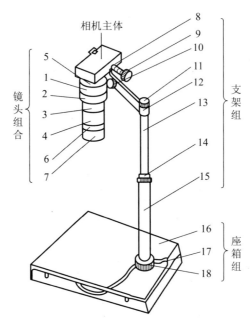

图 4-12-2　翻拍仪结构示意

表 4-12-1　拍摄性能组合参考表

组 合 号	镜 头 组 合	像、物比调整范围	物幅/(mm×mm)
1	C	1/X～1/8.3	选定大幅面～295×196
2	A－B－C	1/5.4～1/3.3	192×128～116×77
3	A－B－1－C	1/3.3～1/2.3	116×77～83×55
4	A－B－2－C	1/2.3～1/1.8	83×55～65×43
5	A－B－1－2－C	1/1.8～1/1.5	65×43～53×35
6	A－B－3－C	1/1.5～1/1.3	53×35～45×30
7	A－B－1－3－C	1/1.3～1/1.1	45×30～39×26
8	A－B－2－3－C	1/1.1～1/0.97	39×26～34×23
9	A－B－1－2－3－C	1/0.97～1/0.87	34×23～30×20
10	A－B－4－C	1/0.87～1/0.79	30×20～28×18
11	A－B－1－4－C	1/0.79～1/0.72	28×18～25×17
12	A－B－2－4－C	1/0.72～1/0.66	25×17～23×15

组 合 号	镜 头 组 合	像、物比调整范围	物幅/(mm×mm)
13	A—B—1—2—4—C	1/0.66~1/0.61	23×15~21×14
14	A—B—3—4—C	1/0.61~1/0.57	21×14~20.2×13.5
15	A—B—1—3—4—C	1/0.57~1/0.53	20.2×13.5~18.9×12.6
16	A—B—2—3—4—C	1/0.53~1/0.5	18.9×12.6~17.8×11.8
17	A—B—1—2—3—4—C	1/0.5~1/0.47	17.8×11.8~16.8×11.1

注: (1) 表 4-12-1 中，A 代表镜头卡口，B 为镜头座圈，C 代表镜头。1、2、3、4 代表 4 个不同长度的接圈。

(2) 大幅面拍摄时，相机要扳起一定角度，以适应选定的较远的物距定距离拍摄。

(3) 像物比调整范围是借助物距调节完成的。

(4) 相机可实现光轴与铅垂线 180° 范围内、水平 360° 范围内的任意角度的拍摄，以适应特定状态的拍摄。

4. 胶片的选择

翻拍使用的胶片的质量和性能对拍摄效果影响较大。因此，不同的翻拍对象应选用不同性能的胶片。表 4-12-2 给出了一般原件应选胶片的类型：

表 4-12-2　翻拍所选胶片的类型

原 件 类 型	应 选 胶 片
黑白图表或文件	色盲片
黑白照片	全色片
彩色照片或图片	彩色胶片

【实验内容与步骤】

1. 安装仪器

(1) 旋下座箱盖上的螺母，露出安装孔，再从座箱中取出全套仪器。将其中的支架组下端插入安装孔中，再用开始从座箱盖上旋下的螺母从座箱内侧将支架组固定，然后挂好座箱锁钩。首先将相机固定在翻拍仪上，安装在翻拍架上的相机要保持绝对平正，不能有丝毫的歪斜。

(2) 确定支臂安装状态。当需要做表 4-12-1 中的第一种和第二种组合的拍摄或某种特定角度拍摄时，支臂应取"抬头"状态；当需要做其他种组合拍摄时，支臂应取"低头"状态。旋下螺母，使支架按其某一状态调整后再将螺母旋紧，固定好支臂。

(3) 用小圈固紧手轮将照相机主体固定于弯臂上，并借助于大小圈固紧手轮把其紧固，同时应保证照相机焦平面处于水平位置。

(4) 根据需要选择镜头组合(参照表 4-12-1)。组合时应注意镜头、镜头座圈及镜头卡口与相机主体的结合形式均为卡口式，首先需将二者上的红点对正。然后顺时针旋动，直至听到限位锁钉落声为止。镜头卡口、各个接圈及镜头座圈之间的结合形式均为螺纹连接式，旋紧为止。装近摄接圈时，一定要注意把螺纹完全对准，否则镜头将出现不平正现象。

2. 操作步骤

(1) 首先将被摄物(原件)展平放置于座箱盖平面之上，且在照相机取景范围之内。原件必须保持平直整齐，不能卷曲不平。镜头的光轴对准原件的中心点。

(2) 将胶片装入相机内。

(3) 调节物距。先将镜头上的物距调节对正 1.2m 处，使滑杆在立管内做上下滑动并通过取景器目镜观察被摄物达到清晰时，旋紧锁紧手轮，使滑杆不再移动。再调节物距调节圈使整个目镜视场中影像均十分清晰，使其达到最佳值。如果被摄物平正，但目镜视场中的影像部分不清晰，则说明机身、镜头、接圈中有不平正。可再次借助大紧固手轮精确调整照相机光轴与被摄物平面垂直(或查看接圈是否接正)。直至整个视场中的影像均十分清晰为止。

(4) 拍摄。在自然光下，根据光线情况，给定曝光时间，选定光圈大小后，即可进行拍摄(参看实验照相技术的操作步骤)。翻拍都是用较慢的快门速度和较小的光圈曝光，因此曝光时要用快门线以防手按快门振动相机，影响拍摄效果。

(5) 当支臂处于"抬头"状态的安装时，照相机可以转到与铅垂轴成180°、水平360°范围内的某一角度方向上的拍摄，以适应特定状态的需要。当欲拍摄幅面较大，要拉开较大物距以更大缩制比例拍摄的需要，此时物幅应垂直放置，或成某一角度放置，并使镜头光轴垂直于欲摄平面进行拍摄。

(6) 依据表 4-12-1 给出的镜头组合，调整像物比，进行不同物幅的拍摄。

(7) 整卷胶卷拍摄完毕，就可取出已感光的底片了。取片时，首先按下倒片钮，再扳动倒片手柄，将底片全部倒入暗盒内，就可将底片取出。然后按下镜头座圈上的按销，左旋取下镜头。推下相机主体上的镜头拆卸钮，再旋镜头卡口就可将整个镜头组合取下。

(8) 按开箱时的组合状态把其放回箱内。

(9) 盖好座箱上盖上的螺母。

【注意事项】

(1) 翻拍仪安装过程要轻拿轻放各组件。

(2) 保持相机镜头的清洁。

4.13　实验 4-12　菲涅耳双棱镜干涉现象

波动光学研究光的波动性质、规律及其应用，主要内容包括光的干涉、衍射和偏振。1818年菲涅耳的双棱镜干涉实验不仅对波动光学的发展起到了重要作用，同时也提供了一种非常简单的测量单色光波长的方法。

【实验目的】

(1) 观察菲涅耳双棱镜的干涉现象及干涉条纹的变化。

(2) 学会用双棱镜测单色光的波长。

【实验仪器】

光具座、菲涅耳双棱镜、可调狭缝、钠光灯、测微目镜和凸透镜等。

【实验原理】

如果两列频率相同的光波沿着几乎相同的方向传播，并且这两列光波的相位差不随时间而变化，那么在两列光波相交的区域内，光强的分布不是均匀的，而是在某些地方表现为加强，在另一些地方表现为减弱(甚至可能是零)，这种现象称为光的干涉。为了观察到稳定的光的干涉现象，通常的方法是利用光具组将同一波分解为两列波，让它们走过不同的光程后重新叠加并发生干涉。分解波列的方法有两种。

1. 分振幅法

当一束光投射到两种透明介质的分界面上时，光波一部分被反射，另一部分被折射。这种方法称分振幅法。如牛顿环、劈尖干涉和迈克尔逊干涉都属于分振幅干涉。

2. 分波面法

将点光源的波面分割为两部分，使之分别通过两个光具组，经反射或折射后交叠起来，在一定区域内产生干涉场。菲涅耳双棱镜干涉、杨氏干涉属于分波面干涉。图 4-13-1 给出了菲涅耳双棱镜干涉条纹原理图。

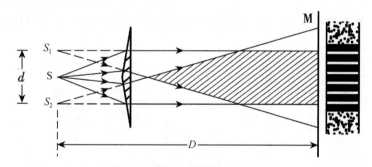

图 4-13-1　菲涅耳双棱镜干涉条纹的产生

菲涅耳双棱镜可以看成是由两个顶角很小(约为 1°)的直角棱镜底边相接而成的。通过狭缝 S 的单色光被双棱镜折射成两束，在两束光的交叠区内(图 4-13-1 中以斜线表示)产生明暗相间的干涉条纹。S_1 和 S_2 是 S 因折射产生的两个虚像，相当于杨氏双缝，可称虚光源。S_1 和 S_2 与 S 近似在同一平面上。S 与屏 M 相距为 D，S_1 和 S_2 相距为 d，条纹间距为 ΔX。

设 S_1 和 S_2 到屏上任一点 P_K 的光程差为 Δ，P_K 与 P_0 的距离为 X_K，则当 $d \ll D$ 和 $X_K \ll D$ 时，如图 4-13-2 所示，可得到

$$\Delta = \frac{X_K}{D} d \tag{4-13-1}$$

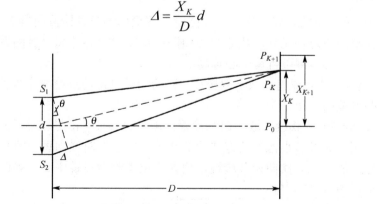

图 4-13-2　条纹间距与光程差及其他几何量的关系

当光程差 Δ 为波长的整数倍，即 $\Delta = \pm k\lambda$ (K=0，1，2，…)时，得到明条纹。此时，由式(4-13-1)

可知

$$X_K = \pm \frac{K\lambda}{d} D \qquad (4\text{-}13\text{-}2)$$

这样，由式(4-12-2)得到相邻两明条纹的间距为

$$\Delta X = X_{K+1} - X_K = \frac{D}{d}\lambda \qquad (4\text{-}13\text{-}3)$$

于是

$$\lambda = \frac{d}{D}\Delta X \qquad (4\text{-}13\text{-}4)$$

对暗条纹也可得到同样的结果。式(4-13-4)即为本实验测量光波波长的公式。

【实验内容与步骤】

1. 实验装置的调整

图 4-13-3 所示是双棱镜干涉实验装置，W 为钠光灯，S 为狭缝，B 为双棱镜， L 为透镜，M 为测微目镜。

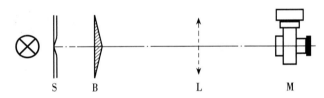

S   B   L   M

图 4-13-3　双棱镜干涉实验装置

1) 调整要求

根据光的干涉理论和条件，为获得对比度好、清晰的干涉条纹，调节好的光路必须满足以下条件：

(1) 光路中各元件同轴等高。

(2) 单缝与双棱镜脊严格平行，通过单缝的光对称地射在双棱镜的棱脊上。

(3) 单缝宽窄合适，否则干涉条纹对比度很差。

2) 调整步骤

(1) 目测粗调：将钠光灯、狭缝、双棱镜、透镜和测微目镜按图 4-13-3 所示次序放置在光具座上，狭缝应靠近钠光灯，狭缝中心和钠光灯窗口中心等高，目测调节狭缝中心、双棱镜中心、凸透镜中心与测微目镜中心等高。

(2) 确定光轴：点燃钠灯，取下双棱镜，移动测微目镜使狭缝与测微目镜分划板之间的距离大于 4 倍凸透镜的焦距。

① 粗调：适当开大狭缝，取一白纸片置于测微目镜前，沿导轨移动凸透镜，纸片上可得到狭缝的像。用"大像追小像"的方法调节共轴。成小像时横向调节测微目镜，使小像位于测微目镜中心；成大像时横向调节透镜，使大像位于测微目镜中心。如此反复调节，使得大像和小像都落在测微目镜中心。

转动狭缝使之成水平方向，重复上述操作，调节测微目镜和透镜的高低，使得水平方向的大像、小像都落在测微目镜中心。

② 细调：适当关窄狭缝，从测微目镜中观察狭缝的像，重复上述"大像追小像"的操作，使狭缝在竖直方向时的大像和小像都落在测微目镜分划板中央的 4mm 刻线上；使狭缝在水平方向时的大像、小像都落在测微目镜分划板的中央，通过叉丝的交点。

至此，狭缝中心到测微目镜中心的连线已平行于光具座的导轨，同时平行于凸透镜的光轴。

2. 放置和调整双棱镜

从狭缝过来的光通过双棱镜折射成为两束光，干涉现象就发生在两束光相交叠的区域，整个区域都处在测微目镜中，通过测微目镜就可以观测到干涉条纹。

在放置双棱镜于光具座导轨上靠近狭缝处，转动狭缝成竖直使之与双棱镜的棱脊平行。适当开大狭缝，取一白纸片置于测微目镜前，沿光轴移动凸透镜使在白纸上看到放大的双狭缝像。横向调节双棱镜位置，使狭缝的两个像等亮度。适当关窄狭缝，从测微目镜中观察大、小双缝像都应对称地落在分划板中央刻度 4mm 线两侧。

3. 调出清晰的干涉条纹

取下凸透镜，通过测微目镜观察，两束相交叠的区域是一条明亮的光带，该光带还落在测微目镜分划板的中央，干涉条纹就呈现在光带中。但实际往往仍然看不到干涉条纹，这主要是光源的空间相干度太低以致干涉不能发生。此时只要小心地关窄狭缝，并微微转动狭缝方向，使狭缝严格平行于双棱镜的棱脊，测微目镜的视场中就会出现清晰的干涉条纹。

4. 测量前的准备

(1) 本实验需直接测量干涉条纹的间距 ΔX、相干光源的大像间距 b 和小像间距 b'，测量前必须要观测到这些现象，考虑到误差分配的合理性，要尽量使各量的相对误差接近，测量前还必须要合理安排各个光学元件在光具座上的位置。

移动测微目镜，使之与狭缝的距离略大于凸透镜焦距的 4 倍，并把透镜置于其间。沿光轴移动透镜，观察相干光源两次所成的大、小像，并调整测微目镜与狭缝的距离，使大、小两次成像时透镜移动的距离尽量小，也就是 b 接近 b'。把狭缝和测微目镜锁定在光具座上。

本实验的干涉条纹是非定域条纹，在两相干光束交叠的区域内，处处都有干涉条纹。测微目镜置于干涉场内任何地方，都有干涉条纹落在分划板上，所以干涉条纹和分划板之间存在视差，测量时不需要作"消视差"调节。

(2) 调节目镜，看清叉丝。

(3) 松开接口固定螺钉，沿光轴整体转动测微目镜，使活动分划板双线夹住的暗条纹也通过叉丝的交点，这时活动分划板方向与条纹方向垂直了。

5. 观察实验现象并作出相应的解释

1) 干涉条纹疏密变化

固定狭缝和测微目镜的位置不动，沿导轨缓慢移动双棱镜，观察干涉条纹间距的变化情况。固定狭缝和双棱镜的位置不变，改变测微目镜的位置，观察干涉条纹疏密程度的变化，记录观察到的现象并解释之。

2) 白光条纹

用白光光源代替钠光灯，观察干涉条纹，描述观察到的现象并解释之。

3) 空间相干性

调出最清晰的干涉条纹后，把狭缝缓慢小心地逐渐开大，仔细观察并描述观察到的现象。

4) 两相干光源不等时干涉条纹的可见度

调出最清晰的干涉条纹后，缓慢小心地移动双棱镜，使两相干光源的强度比发生变化，观察干涉条纹可见度的变化。

6. 测单色光的波长

根据前面的分析，要得到单色光的波长 λ 的值，必须完成对干涉条纹间距 ΔX，两相干光源的间距 d 和相干光源到观察屏之间的距离 D 的测量。确定狭缝、双棱镜和测微目镜在导轨上的位置，并将它们锁定在光具座导轨上。

1) 测量 ΔX

旋转测微目镜的鼓轮，使 "×" 形叉丝移到分划板的一端，再往反方向旋转使叉丝中心对准某一级暗条纹，从测微目镜上读取此条纹的位置 X_1；同方向继续旋转移动叉丝中心逐次对准下一级暗条纹中心，以此记录暗条纹的位置 $X_2, X_3, \cdots, X_{10}$，共测 10 条暗条纹的位置，填入数据记录表格中。注意测量时应缓慢转动鼓轮，且始终只沿同一方向，中途不得反转，否则会产生回程误差。

2) 测量 d 和 D

d 是两相干光源的间距，与狭缝到双棱镜的距离有关，所以在测量过程中不得改变狭缝到双棱镜的距离。我们采用二次成像法进行测量。

(1) 将凸透镜置于测微目镜与双棱镜之间，沿导轨慢慢往狭缝方向移动透镜，直至测微目镜视场中出现两相干光源的放大像(两条竖亮线)，用左右逼近法确定成像的清晰位置，注意消除视差。转动测微目镜鼓轮，使分划板竖直准线或叉丝交点依次对准两条狭缝的中心，测出两相干光源放大像的间距 b，同时读取透镜滑块在导轨上的位置以及狭缝滑块在导轨上的位置，计算放大像时，透镜中心到狭缝中心的距离 s。

(2) 沿导轨往测微目镜方向移动透镜，直到在测微目镜分划板上看到两相干光源的缩小像。重复上述操作，测出两缩小像的间距 b' 和成小像时透镜中心到狭缝的距离 s'，就可计算 d 和 D 值：

$$d = \sqrt{b \cdot b'}$$
$$D = s + s'$$

【数据记录与处理】

(1) 设计数据表格，记录测量条纹间距 ΔX、测量虚光源之间的距离 d 以及 D 的测量数据，分析并计算各自的测量不确定度 $u(\Delta X)$、$u(d)$ 和 $u(D)$。测微目镜 $\Delta_1 = 0.005\text{mm}$，测量位置的对线误差限 $\Delta_2 = 0.001\text{mm}$，成像清晰位置的判断误差限 $\Delta_3 = 1\text{mm}$，导轨上米尺的读数误差限 $\Delta_4 = 0.5\text{mm}$。

(2) 根据式(4-13-4)计算波长 λ，用不确定度传递公式计算 λ 的测量不确定度 $u(\lambda)$，并正确表示波长 λ 的测量结果。

【实验 4-12 附录】 测微目镜简介

1. 测微目镜的结构

测微目镜是利用螺旋测微原理测量成像于其分划板上像大小的仪器，其结构如图 4-13-4

所示。旋动鼓轮，通过转动丝杆可推动活动分划板左右移动。活动分划板上刻有双线和叉丝，其移动方向垂直于目镜的光轴，固定分划板上刻有毫米标度线。测微器鼓轮刻有 100 分格，每转一圈活动板移动 1mm。其读数方法与螺旋测微计相似，双线或叉丝交点位置由固定分划板上读出，毫米以下的读数由测微器鼓轮上读出，最小分度值为 0.01mm。

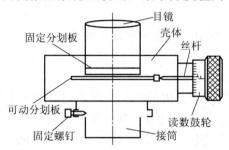

图 4-13-4　测微目镜结构外形示意

2. 使用要点

(1) 目镜可在架上前后调节，改变目镜和叉丝的距离以适应不同使用者眼睛的差异。

(2) 被测量的像应在叉丝平面上。判断方法是：移动眼睛，看叉丝和物像有无相对移动，即可消除视差。

(3) 测量时转动鼓轮推动活动分划板，使叉丝的交点或双线依次与被测像两端重合，得到首尾两个读数，其差值即为被测像之尺寸。

(4) 测量时应注意使鼓轮始终沿一个方向转动，以避免回程误差。移动活动分划板的同时，一定要注意观察叉丝位置，不能使它移出毫米标度线的范围之外。

【思考题】

(1) 本实验中的狭缝起什么作用？为什么狭缝太宽就会降低干涉条纹的可见度？

(2) 双棱镜的两个折射角为什么要那么小？

(3) 根据凸透镜的成像规律，证明 $d = \sqrt{bb'}$，式中 d 为两虚光源之间的距离，b、b' 为两次成像时狭缝像之间的距离。

(4) 如果用小孔代替狭缝，得到的干涉图样是什么形状？为什么本实验采用狭缝而不用小孔？

4.14　实验 4-13　用超声光栅测量声速

本仪器常用于声光效应实验，在光路中放置一产生声波振动的介质，实现透过光的调制，而且调制效果可以与声信号存在可计算的联络，让学生了解如何对光信号进行调制，以及实现这一过程的方式，同时也为测量液体(非电解质溶液)中的声速提供另一种思路和方法，而且采用超声光栅技术测量液体中的声速，具有设备简单、操作方便、精度高等优点。

【实验目的】

(1) 学会调节和使用分光计。

(2) 掌握超声光栅声速仪的测量原理。

(3) 学会用超声光栅测声速。

(4) 学会用逐差法处理数据。

【实验仪器】

JJY1′型分光计、WSG-I 型超声光栅声速仪、纯净水。

【实验原理】

光波在介质中传播时被超声波衍射的现象，称为超声致光衍射(亦称声光效应)。

超声波作为一种纵波在液体中传播时，其声压使液体分子产生周期性的变化，促使液体的折射率也相应地呈周期性的变化，形成疏密波。此时，如有平行单色光沿垂直于超声波传播方向通过这疏密相间的液体时，就会被衍射，这一作用类似光栅，所以称为超声光栅。

超声波传播时，如前进波被一个平面反射，会反向传播。在一定条件下，前进波与反射波叠加而形成超声频率的纵向振动驻波。由于驻波的振幅可以达到单一行波的两倍，加剧了波源和反射面之间液体的疏密变化程度。某时刻，纵驻波的任一波节两边的质点都涌向这个节点，使该节点附近成为质点密集区，而相邻的波节处为质点稀疏处；半个周期后，这个节点附近的质点又向两边散开变为稀疏区，相邻波节处变为密集区。在这些驻波中，稀疏作用使液体折射率减小，而压缩作用使液体折射率增大。在距离等于波长 A 的两点，液体的密度相同，折射率也相等，如图 4-14-1 所示。

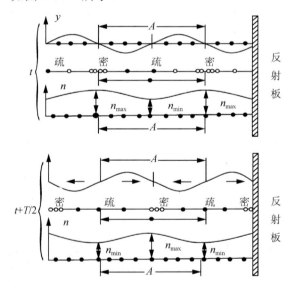

图 4-14-1 在 t 和 $t+T/2$(T 为超声振动周期)两时刻振幅 y，液体疏密分布和折射率 n 的变化

单色平行光 λ 沿着垂直于超声波传播方向通过上述液体时，因折射率的周期变化使光波的波阵面产生了相应的相位差，经透镜聚焦出现衍射条纹。这种现象与平行光通过透射光栅的情形相似。因为超声波的波长很短，只要盛装液体的液体槽的宽度能够维持平面波(宽度为 L)，槽中的液体就相当于一个衍射光栅。图中超声波的波长 A 相当于光栅常数。由超声波在液体中产生的光栅作用称作超声光栅。当满足声光拉曼-纳斯衍射条件 $\lambda L \ll A^2$ 时，这种衍射相当于平面光栅衍射，可得如下光栅方程(式中，k 为衍射级次，ϕ_k 为零级与 k 级间夹角)

$$A \sin \phi_k = k\lambda$$

在调好的分光计上,由单色光源和平行光管中的会聚透镜(L_1)与可调狭缝 S 组成平行光系统,如图 4-14-2 所示。

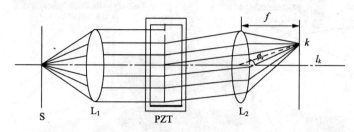

图 4-14-2　WSG-I 超声光栅仪衍射光路

让光束垂直通过装有锆钛酸铅陶瓷片(或称 PZT 晶片)的液槽,在玻璃槽的另一侧,用自准直望远镜中的物镜(L_2)和测微目镜组成测微望远镜系统观测。若振荡器使 PZT 晶片发生超声振动,形成稳定的驻波,从测微目镜即可观察到衍射光谱。从图 4-14-2 中可以看出,当 ϕ_k 很小时,有

$$\sin \phi_k = \frac{l_k}{f}$$

式中,l_k 为衍射光谱零级至 k 级的距离;f 为透镜的焦距。所以超声波波长为

$$A = \frac{k\lambda}{\sin \phi_k} = \frac{k\lambda f}{l_k}$$

超声波在液体中的传播速度为

$$V = A\nu = \frac{\lambda f \nu}{\Delta l_k}$$

式中,ν 是振荡器和锆钛酸铅陶瓷片的共振频率,Δl_k 为同一色光相邻衍射条纹间距。

【仪器介绍】

分光计的结构及调整:

1. 分光计的结构

分光计的外形如图 4-14-3 所示。在底座 19 的中央固定一中心轴,度盘 21 和游标盘 22 套在中心轴上,可以绕中心轴旋转,度盘下端有一推力轴承支撑,使旋转轻便灵活。度盘上刻有 720 等份的刻线,每一格的格值为 30 分,对径方向设有两个游标读数装置,测量时,读出两个读数值,然后取平均值,这样可以消除偏心引起的误差。

立柱 23 固定在底座上,平行光管部件 3 安装在立杆上,平行光管的光轴位置可以通过立柱上的调节螺钉 26、27 来进行微调,平行光管带有一狭缝装置 1,可沿光轴移动和转动,狭缝的宽度可在 0.02~2mm 内调节。

阿贝式自准直望远镜 8 安装在支臂 14 上,支臂与转座 20 固定在一起,并套在度盘上,当松开止动螺钉 16 时,转座与度盘一起旋转,当旋紧止动螺钉时,转座与度盘可以相对转动。旋紧制动架(一)18 与底座上的止动螺钉 17 时,借助制动架(一)末端上的调节螺钉 15 可以对望远镜进行微调(旋转),同平行光管一样,望远镜系统的光轴位置,也可以通过调节螺钉 12、

13 进行微调。望远镜系统的目镜 10 可以沿光轴移动和转动，目镜的视度可以调节。

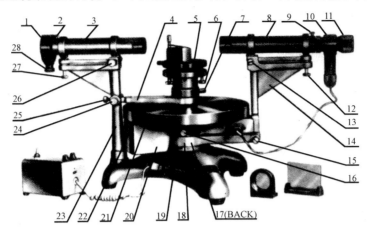

图 4-14-3　JJY1′分光计示意

1. 狭缝装置；2. 狭缝装置锁紧螺钉；3. 平行光管部件；4. 制动架(二)；5. 载物台；6. 载物台调平螺钉(3 只)；
7. 载物台锁紧螺钉；8. 望远镜部件；9. 目镜锁紧螺钉；10. 阿贝式自准直目镜；11. 目镜视度调节手轮；
12. 望远镜光轴高低调节螺钉；13. 望远镜光轴水平调节螺钉；14. 支臂；15. 望远镜微调螺钉；16. 转座与角度止动螺钉；
17. 望远镜止动螺钉；18. 制动架(一)；19. 底座；20. 转座；21. 度盘；22. 游标盘；23. 立柱；24. 游标盘微调螺钉；
25. 游标盘止动螺钉；26. 平行光管光轴水平调节螺钉；27. 平行光管光轴高低调节螺钉；28. 狭缝宽度调节手轮

分划板视场的参数如图 4-14-4 所示。

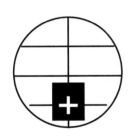

图 4-14-4　分划板视场

载物台 5 套在游标盘上，可以绕中心旋转，旋紧载物台锁紧螺钉 7 和制动架(二)与游标盘的止动螺钉 25 时，借助立柱上的调节螺钉 24 可以对载物台进行微调(旋转)。放松载物台锁紧螺钉时，载物台可根据需要升高或降低。调到所需位置后，再把锁紧螺钉旋紧，载物台有三个调平螺钉 6 可调节，使载物台面与旋转中心线垂直。

外接 6.3V 电源插头，接到底座的插座上，通过导线通到转座的插座上，望远镜系统的照明器插头在转座的插座上，这样可避免望远镜系统旋转时电线随之拖动。

2. 分光计的调整

1) 目镜的调焦

目镜调焦的目的是使眼睛通过目镜能很清楚地看到目镜中分划板上的刻线。

调焦方法：先把目镜调焦手轮 11 旋出，然后一边旋进，另一边从目镜中观察，直到分划板刻线成像清晰，再慢慢地旋出手轮，至目镜中的像的清晰度将被破坏而未破坏时为止。

2) 望远镜的调焦

望远镜调焦的目的是将目镜分划板上的十字线调整到物镜的焦平面上，也就是望远镜对无穷远处调焦。其方法如下：

接上灯源(把从变压器出来的 6.3V 电源插头插到底座的插座上，把目镜照明器上的插头插到转座的插座上)；把望远镜光轴位置的调节螺钉 12、13 调到适中的位置。在载物台的中央放上附件光学平行平板；其反射面对着望远镜物镜；且与望远镜光轴大致垂直。

通过调节载物台的调平螺钉 6 和转动载物台，使望远镜的反射像和望远镜光轴在一直线上。从目镜中观察，此时可以看到一亮十字线，前后移动目镜，对望远镜进行调焦，使亮十字线成清晰像，然后，利用载物台上的调平螺钉和载物台微调机构，把这个亮十字线调节到与分划板上方的十字线重合，往复移动目镜，使亮十字线和十字线无视差重合。

3) 调整望远镜的光轴垂直于旋转主轴

(1) 调整望远镜光轴上下位置调节螺钉 12，使反射回来的亮十字线精确地成像在十字线上。

(2) 把游标盘连同载物台平行平板旋转 180° 时观察到亮十字线可能与十字叉丝有一个垂直方向的位移，就是说，亮十字线可能偏高或偏低。

(3) 调节载物台调平螺钉，使位移减少一半。

(4) 调整望远镜光轴上下位置调节螺钉 12，使垂直方向的位移完全消除。

(5) 把游标盘连同载物台、平行平板再转过 180° 检查其重合程度。重复(3)和(4)使偏差得到完全校正。

4) 将分划板十字线调成水平或垂直

当载物台连同光学平行平板相对于望远镜旋转时，观察亮十字线是否水平地移动，如果分划板的水平刻线与亮十字线的移动方向不平行，就要转动目镜，使亮十字线的移动方向与分划板的水平刻线平行，注意不要破坏望远镜的调焦，然后将目镜锁紧螺钉旋紧。

5) 平行光管的调焦

目的是把狭缝调整到物镜的焦平面上，也就是平行光管对无穷远调焦。

方法如下：

(1) 打开目镜照明器上的光源，打开狭缝，用漫射光照明狭缝。

(2) 在平行光管物镜前放一张白纸，检查在纸上形成的光斑，调节光源的位置，使得在整个物镜孔径上照明均匀。

(3) 去白纸，把平行光管光轴左右位置调节螺钉 26 调到适中的位置，将望远镜管正对平行光管，从望远镜目镜中观察，调节望远镜微调机构和平行光管上下位置调节螺钉 27，使狭缝位于视场中心。

(4) 前后移动狭缝机构，使狭缝清晰地成像在望远镜分划板平面上。

6) 调整平行光管的光轴上下位置螺钉 27，升高或降低狭缝像的位置，使得狭缝对目镜视场的中心对称。

7) 将平行光管狭缝调成垂直

旋转狭缝机构，使狭缝与目镜分划板的垂直刻线平行，注意不要破坏平行光管的调焦，然后将狭缝装置锁紧螺钉旋紧。

3. 超声光栅声速仪的结构

仪器由超声信号源、超声池、高频信号连接线、测微目镜等组成，并配置了具有 11MHz 左右共振频率的锆钛酸铅陶瓷片。实验应以 JJY1′分光计系列为实验平台，超声信号源面板如图 4-14-5 所示，超声池在分光计上的放置如图 4-14-6 所示。

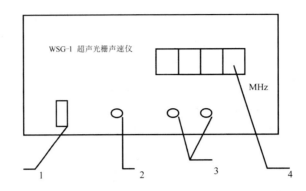

图 4-14-5　超声信号源面板示意

1. 电源开关；2. 频率微调钮；3. 高频信号输出端(无正、负极区别)；4. 频率显示窗

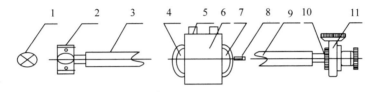

图 4-14-6　液槽放置示意(其中 2、3、4、9 为分光计配置)

1. 单色光源(汞灯)；2. 狭缝；3. 平行光管；4. 载物台；5. 接线柱；6. 液体槽；

7. 液体槽座；8. 锁紧螺钉；9. 望远镜光管；10. 接筒；11. 测微目镜

【实验内容与步骤】

(1) 分光计的调整，用自准直法使望远镜聚焦于无穷远，望远镜的光轴与分光计的转轴中心垂直，至平行光管与望远镜同轴并出射平行光，观察望远镜的光轴与载物台的台面平行。目镜调焦分划板刻线清晰，并以平行光管出射的平行光为准，调节望远镜使观察到的狭缝清晰，狭缝应调至最小，实验过程中无需调节。

(2) 采用低压汞灯做光源。

(3) 将待测液体(如蒸馏水、乙醇或其他液体)注入液体槽内，液面高度以液体槽侧面的刻线为准。

(4) 将液体槽座卡在分光计载物台上，液体槽卡住载物台边的缺口对准锁紧螺钉的位置，放置平稳，并用载物台侧面的锁紧螺钉锁紧。

(5) 将此液体槽(可称其为超声池)平稳地放置在液体槽座中，放置时，转动载物台使超声池两侧表面基本垂直于望远镜和平行光管的光轴。

(6) 两支高频连接线的一端各插入液体槽盖板的接线柱上，另一端接入超声光栅仪电源箱的高频信号输出端，然后将液体槽盖板盖在液体槽上。

(7) 开启超声信号源电源，从阿贝式目镜观察衍射条纹，仔细调节频率微调钮 2，使电振荡频率与锆钛酸铅陶瓷片固有频率共振，此时，衍射光谱的级次会显著增多且更为明亮。

(8) 如此前分光计已调整到位，左右转动超声池(可转动分光计载物台或游标盘，细微转动时，可通过调节分光计图中 15 螺钉实现)，能使射于超声池的平行光束完全垂直于超声束，同时观察视场内的衍射光谱左右级次亮度及对称性，直到从目镜中观察到稳定而清晰的左右各 3～4 级的衍射条纹为止。

(9) 按上述步骤仔细调节，可观察到左右各 3～4 级以上的衍射条纹。

(10) 取下阿贝式目镜，换上测微目镜，接筒在出厂时已装在测微目镜上，调焦目镜，能清晰观察到衍射条纹。利用测微目镜逐级测量其位置读数(例如，从-3,…,0,…,+3)，再用逐差法求出条纹间距的平均值。

(11) 声速计算公式为

$$V = \frac{\lambda \nu f}{\Delta l_k}$$

式中，λ 为光波波长(汞蓝光 435.8nm，汞绿光 546.1nm，汞黄光 578.0nm)；ν 为共振时频率计的读数；f 为望远镜物镜焦距(170mm)；Δl_k 为同一种颜色相邻衍射条纹间距。

【数据记录与处理】

在测微目镜中分别读出黄、绿、蓝三种颜色的各级衍射条纹的位置，并记录到表 4-14-1 和表 4-14-2 中。

表 4-14-1　衍射条纹的位置读数　　　　　mm

级 色	-4	-3	-2	-1	0	1	2	3	4
黄									
绿									
蓝									

表 4-14-2　衍射条纹的平均间距　　　　　mm

色	$x_0 - x_{-4}$	$x_1 - x_{-3}$	$x_2 - x_{-2}$	$x_3 - x_{-1}$	$x_4 - x_0$	$\overline{\Delta x}$	$\overline{\Delta l_k} = \overline{\Delta x}/4$
黄							
绿							
蓝							

分别用三种不同的波长测得的平均间距计算声速，再求出声速的总的平均值，并将其与理论值进行比较。声速的理论值可参照实验 4-13 附录计算。

【实验 4-13 附录】

表 4-14-3　20℃时纯净物质的声速及温度系数

液　　体	$t_0/℃$	$V_0/\text{m/s}$	$A/(\text{m/s} \cdot \text{K})$
苯胺	20	1658	-4.6
丙酮	20	1192	-5.5
苯	20	1326	-5.2
海水	17	1510～1550	/

续表

液　体	$t_0/℃$	$V_0/m/s$	$A/(m/s·K)$
普通水	25	1497	2.5
甘油	20	1923	−1.8
煤油	34	1295	/
甲醇	20	1123	−3.3
乙醇	20	1180	−3.6

注：表中 A 为温度系数，对于其他温度 t 的速度可近似按公式 $V_t = V_0 + A(t - t_0)$ 计算。

4.15　实验 4-14　显微镜和望远镜的组装

【实验目的】

(1) 了解显微镜和望远镜的构造和放大原理，掌握其使用方法；

(2) 了解视放大率并掌握其测量方法；

(3) 进一步熟悉透镜成像规律；

(4) 设计组装显微镜和望远镜。

【实验原理】

显微镜主要用于观察近处的小物体，望远镜主要用于观察远处的目标，它们的作用都是增大被观察物对人眼的张角，起着视角放大的作用。两者的光学系统比较相似，都是由物镜和目镜组成。物体先通过物镜成一中间像，再通过目镜来观察，两者对物体的放大能力都是通过视角放大率来表示。

显微镜和望远镜的视角放大率 M 定义为：

$$M = \frac{用仪器时虚像所张的视角 \alpha_o}{不用仪器时物体所张的视角 \alpha_e}$$

1. 显微镜的放大原理

显微镜中物镜的焦距比较短，而且目镜的视角放大率较高。物镜和目镜都是复杂的透镜组，但在研究其原理时，可采用单个凸透镜来表示物镜和目镜。如图 4-15-1 所示，将高为 y 的被观察物体 PQ 置于物镜 L_o 物方焦距 F_o 外侧附近，物体经 L_o 成一高为 y_1' 的放大倒立实像 $P_1'Q_1'$ (中间像)，其位置正好适合眼睛通过目镜来观察，即中间像位于目镜 L_e 物方焦点 F_e 内侧附近，它经物镜成一高为 y' 的放大倒立虚像 $P'Q'$ (最终像)于眼睛明视距离或其之外的某处。由于眼睛离目镜 L_e 很近，由图可见最终像对眼睛的视角近似等于中间像对目镜光心 O_e 的张角，即有

$$\tan(-\omega) = \tan(-\omega')$$

因 O_e 到中间像的距离近似等于目镜物方焦距

$$f_e\ (f_e = -f_e')$$

故 $\tan(-\omega') = -\dfrac{y_1'}{f_e'}$，于是有

$$\tan \omega = \tan \omega' = \frac{y_1'}{f_e'} \tag{4-15-1}$$

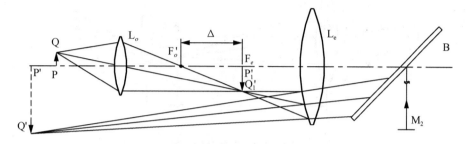

图 4-15-1 显微镜的光路图

如果不用显微镜，人眼直接观察放在明视距离 s_0(约为 25cm)处的被观察物体 PQ 时视角为 ω_e，则有：

$$\tan \omega_e = \frac{y}{s_0} \tag{4-15-2}$$

因此显微镜的视角放大率公式为：

$$M = \frac{\tan \omega}{\tan \omega_e} = \frac{y_1'}{y} \cdot \frac{s_0}{f_e'} = \beta_o M_e \tag{4-15-3}$$

式中，β_o 为物镜横向放大率，M_e 为目镜视角放大率。

设 Δ 为 F_o' 到 F_e 的距离(称为光学间隔，一般为 17~19cm)，由 $\beta_o = -\dfrac{f}{x} = -\dfrac{x'}{f'}$(牛顿成像公式推得的横向放大率)得 $x' \approx \Delta$，$f' = f_o'$ 则 $\beta_o = -\dfrac{\Delta}{f_o'}$ 代入视角放大率得：

$$M = -\frac{\Delta}{f_o'} \cdot \frac{s_0}{f_e'} \tag{4-15-4}$$

一般 f_o' 取得很短(高倍的只有 1~2mm)，而 f_e' 在几个厘米左右，在镜筒长度固定的情况下，如果物镜和目镜的焦距给定，则显微镜的放大率也就确定了。

近代科学的发展对显微镜提出了各种特殊要求，于是出现了双目立体显微镜、金相显微镜、干涉显微镜、偏光显微镜、荧光显微镜、相衬显微镜、X 射线显微镜、电子显微镜、扫描隧道显微镜等，它们在生产实践和科学研究中得到了广泛应用。

2. 望远镜的放大原理

望远镜是一种用来观察远物放大像的光学系统。望远镜也是由物镜和目镜组成，其中物镜具有较长的焦距，当用望远镜观察天体时，物镜像方焦点与目镜物方焦点重合，即光学间隔为零；观察有限远景物时，需将目镜沿光轴后移一段距离，即光学间隔不为零但很小。

望远镜可分两类：若物镜和目镜的像方焦距均为正(两个会聚透镜)为开普勒望远镜；若物

镜的像方焦距为正，目镜的像方焦距为负(发散透镜)，则为伽利略望远镜。

一束来自远方且与主轴成倾角 U 的平行光束，经物镜 L_o 成像在物镜的像方焦平面上的 Q' 点(也是目镜 L_e 的物方焦平面，再经目镜成为一束平行于 $Q'O_2$ 连线，与光轴成倾角 U' 的平行光束，它所成的像(最终像)位于无限远处。

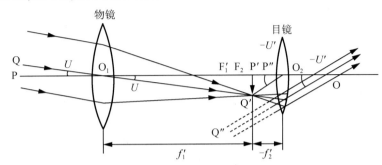

图 4-15-2　开普勒望远镜

望远镜所成最终像对眼睛的视角为倾角 U'，无限远处物体对眼睛的视角 U_e 即倾角 U，于是得开普勒望远镜有：

$$\tan(-U') = \frac{-y'}{-f_2} = -\frac{y'}{f_2'} \quad \text{即} \quad \tan U' = \frac{y'}{f_2'} \tag{4-15-5}$$

伽利略望远镜有：

$$\tan U' = \frac{-y'}{f_2} = \frac{y'}{f_2'} \tag{4-15-6}$$

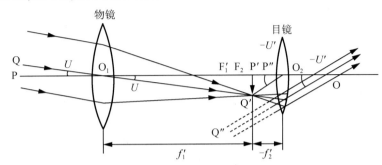

图 4-15-3　伽利略望远镜

不用望远镜时直接看远物，视角为 U，则从图中可以看出：

$$\tan U = \frac{-y'}{f_1'} \tag{4-15-7}$$

f_2，f_2' 为目镜的物、像方焦距；f_1' 物镜的像方焦距。

望远镜的视角放大率为：

$$M = \frac{\tan U'}{\tan U} = -\frac{f_1'}{f_2'} \text{(在无限远处时望远镜的视角放大率)} \tag{4-15-8}$$

可见物镜焦距越长，目镜焦距越短，M 越大，开普勒望远镜 $M < 0$，生成倒立像；而伽利略望远镜 $M > 0$，生成正立像。

除了上述折射望远镜外，还有反射和折反射两类望远镜，它们的主要区别在于物镜的结构。折射望远镜的物像由透镜组成；反射望远镜的物镜由反射镜组成；折反射望远镜的物镜由透镜和反射镜共同组成。现代望远镜已不再单纯作为助视仪器，它已广泛应用于照相、光谱分析、光度计量等许多领域。

【实验内容及步骤】

1. 设计并组装显微镜

(1) 参照附录中图 4-15-4 布置各器件，调等高同轴；

(2) 将透镜 L_o 与 L_e 的距离定为 24cm；

(3) 沿米尺移动靠近光源毛玻璃的微尺，从显微镜系统中得到微尺放大像；

(4) 在 L_e 之后置一与光轴成 45° 的平玻璃板，距此玻璃板 25cm 处置一白光源(图 4-15-4 中未画出)照明的毫米尺 M_2；

(5) 微动物镜前的微尺，消除视差，读出未放大的 M_2 30 格所对应的 M_1 的格数 a；

显微镜的测量放大率 $M = \dfrac{30 \times 10}{a}$；显微镜的计算放大率 $M' = \dfrac{25\Delta}{f_o' f_e'}$

(6) 本实验学生还可以自主设计并组装放大率不同的显微镜。

2. 设计并组装望远镜

(1) 参照图 4-15-5 组成开普勒望远镜，向约 3m 远处的标尺调焦，并对准两个红色指标间的 "E" 字(距离 $d_1 = 5cm$)；

(2) 用另一只眼睛直接注视标尺，经适应性练习，在视觉系统获得被望远镜放大的和直观标尺的叠加像，再测出放大的红色指标内直观标尺的长度 d_2；

(3) 求出望远镜的测量放大率 $M = \dfrac{d_2}{d_1}$，并与计算放大率 $M = \dfrac{f_1'}{f_2'}$ 作比较；

(4) 本实验学生还可以自主设计并组装放大率不同的望远镜。

注意：标尺放在有限距离 S 远处时，望远镜放大率 Γ' 可做如下修正：$\Gamma' = \Gamma \dfrac{S}{S + f_1}$

当 $S > 100 f_1$ 时，修正量 $\dfrac{S}{S + f_1} \approx 1$。

【思考题】

(1) 光学仪器的视角放大率如何定义的？

(2) 显微镜的放大率与哪些量有关？

(3) 提高显微镜的放大率有哪些可能的途径？

(4) 开普勒望远镜与伽利略望远镜有什么区别？

(5) 组装望远镜时如何选择物镜和目镜？是否可选用组装显微镜时所用的目镜？

【实验 4-14 附录】

1. 显微镜的实验装置图

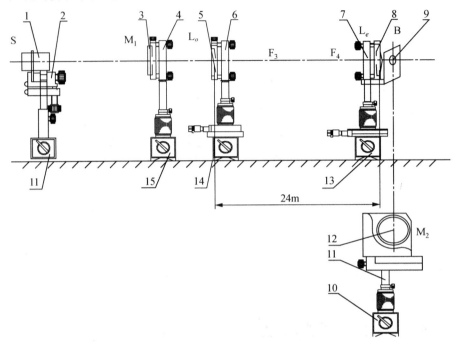

图 4-15-4　显微镜的实验装置示意

1. 小照明光源 S(GY-20D)；　2. 干版架(SZ-12)；　3. 微尺 M1(1/10mm)；　4. 二维架(SZ-07)或透镜架(SZ-08)；

5. 物镜 L_o (f'_o =45mm)；　6. 二维架(SZ-07)；　7. 三维调节架(SZ-16)；　8. 目镜 L_e (f'_e =29mm)；

9. 45°玻璃架(SZ-45)；　10. 升降调节座(SZ-03)；　11. 双棱镜架(SZ-41)；　12. 毫米尺 M2(l=30mm)；

13. 三维平移底座(SZ-01)；　14. 三维平移底座(SZ-01)；　15. 升降调座(SZ-03)；

16. 通用底座(SZ-04)；　17. 白光源(GY-6A)(图中未画)

2. 望远镜的实验装置图

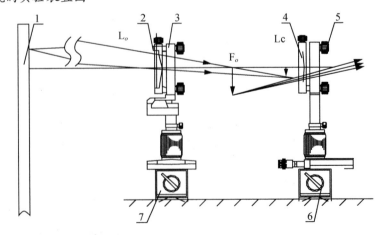

图 4-15-5　望远镜的实验装置示意

1. 标尺；　2. 物镜 L_o (f'_o =225mm)；　3. 二维架(SZ-07)；　4. 目镜 L_e (f'_e =45mm)；

5. 二维调节架(SZ-07)；　6. 三维平移底座(SZ-01)；　7. 二维平移底座(SZ-02)

4.16 实验 4-15 杨氏双缝干涉实验

1801 年，托马斯·杨进行了光的干涉实验，最早以明确的形式确立了光波叠加原理，用光的波动性解释了干涉现象。杨氏实验在物理学史上有着重要的地位，而且通过对其干涉条纹特性的分析可以得出许多重要的理论及实际意义的结论，从而大大丰富和深化了人们对干涉原理及光场干涉性的认识。这个实验首次提供了测定波长的方法。

【实验目的】

(1) 了解光的干涉装置并通过安装和调试观察干涉现象；
(2) 利用干涉条纹测定相应的未知量(波长或者双缝间距)。

【实验仪器】

光源、光具座、杨氏双缝实验相应配件(具体见实验 4-15 附录)。

【实验原理】

杨氏双缝实验装置如图 4-16-1 所示，用单色光照在开有狭缝 S 的不透明的遮光板上，后面放置一开有双缝 s_1 和 s_2 的光阑。若 S、s_1 和 s_2 是相互平行的狭缝，则在屏上形成了明暗相间的直线形条纹。

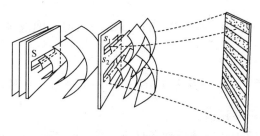

图 4-16-1 杨氏双缝干涉图样

可以通过矢量叠加的方法计算出屏幕上两列相干光叠加后的光强分布满足式(4-16-1)。

$$\bar{I} = A_1^2 + A_2^2 + 2A_1 A_2 \cos(\varphi_2 - \varphi_1) \tag{4-16-1}$$

当 $\varphi_2 - \varphi_1 = 2k\pi(k = 0, 1, 2, 3, \cdots)$ 时，$\bar{I} = (A_1 + A_2)^2$，合振动加强，干涉相长。

当 $\varphi_2 - \varphi_1 = (2k+1)\pi(k = 0, 1, 2, 3, \cdots)$ 时，$\bar{I} = (A_1 - A_2)^2$，合振动减弱，干涉相消。

下面分析干涉条纹分布的特点，假设从 s_1 和 s_2 发出的两列波的振源的振动可用式(4-16-2)表示

$$\left.\begin{array}{l} E_{01} = A_{01} \cos(\omega t + \varphi_{01}) \\ E_{02} = A_{02} \cos(\omega t + \varphi_{02}) \end{array}\right\} \tag{4-16-2}$$

φ_{01} 和 φ_{02} 分别为 s_1 和 s_2 两点振动的初相位，此后两列波同时到达空间另一点 P 时，P 点的振动为

$$\begin{array}{l} E_1 = A_1 \cos\left[\omega\left(t - \dfrac{r_1}{v_1}\right) + \varphi_{01}\right] \\[4mm] E_2 = A_2 \cos\left[\omega\left(t - \dfrac{r_2}{v_2}\right) + \varphi_{02}\right] \end{array} \tag{4-16-3}$$

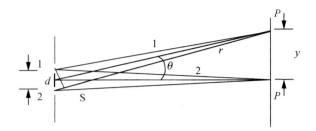

图 4-16-2 光程差的计算

v_1 和 v_2 是两波在 r_1 和 r_2 两段路程上的传播速度。两波在 P 点相遇后，在任意时刻的相位差为

$$\Delta\varphi = \omega\left(\frac{r_2}{v_2} - \frac{r_1}{v_1}\right) + (\varphi_{01} - \varphi_{02})$$

$$= \frac{2\pi}{\lambda}(n_2 r_2 - n_1 r_1) + (\varphi_{01} - \varphi_{02})$$

(4-16-4)

这里定义折射率和路程的乘积为光程，用 Δ 表示，即 $\Delta = nr$。所以令 $\delta = n_2 r_2 - n_1 r_1$ 为光程差。

若整个装置在空气中，则 $n_1 = n_2 = 1$，假设 $\varphi_{01} = \varphi_{02}$，则有：

$$\Delta\varphi = \frac{2\pi}{\lambda}(r_2 - r_1)$$

(4-16-5)

当 $\Delta\varphi = 2k\pi$ 或者 $r_2 - r_1 = 2k\frac{\lambda}{2}(k = 0, \pm1, \pm2, \cdots)$ 时，两波叠加后的强度为最大值，形成明条纹，即为干涉相长。

当 $\Delta\varphi = (2k+1)\pi$ 或者 $r_2 - r_1 = (2k+1)\frac{\lambda}{2}(k = 0, \pm1, \pm2, \cdots)$ 时，两波叠加后的强度为最小值，形成暗条纹，即为干涉相消。

从图中可以看出，在近轴和远场近似条件下，即 $r \gg d$ 和 $r \gg \lambda$ 的情况下

$$r_2 - r_1 \approx s_2 s_1 = d\sin\theta$$

(4-16-6)

当光强为最大值时有

$$r_2 - r_1 \approx d\sin\theta = k\lambda$$

(4-16-7)

由于 $r_0 >> d$ 所以 $\sin\theta \approx \tan\theta = \frac{y}{r_0}$，y 为观察点 P 到 P_0 的距离，因而强度为最大值的那些点满足条件：

$$d\sin\theta \approx d\frac{y}{r_0} = k\lambda$$

或

$$y = k\frac{r_0}{d}\lambda(k = 0, \pm1, \pm2, \cdots)$$

(4-16-8)

强度为最小值的那些点满足：

$$d\frac{y}{r_0} = (2k+1)\frac{\lambda}{2}$$

或

$$y = (2k+1)\frac{r_0}{d}\frac{\lambda}{2}(k = 0, \pm1, \pm2, \cdots)$$

(4-16-9)

由上式可得，相邻两条强度为最大值的条纹或者相邻两条强度为最小值的条纹的顶点之间的距离为：

$$\Delta y = y_{k+1} - y_k = \frac{r_0}{d}\lambda \tag{4-16-10}$$

由此可知，若已知 r_0, λ，测出 Δy 即可算出狭缝间距 d；若已知 d, r_0，测出 Δy，也可算出入射光的波长。

【实验步骤】

(1) 按照附录里的实验装置图安装好杨氏双缝干涉实验的各附件并按照下述步骤进行调整。

(2) 使钠光通过透镜 L_1 会聚到狭缝 S 上，用透镜 L_2 将 S 成像于测微目镜分划板 M 上，然后将双缝 D 置于 L_2 近旁。再调节好 S，D 和 M 的 mm 刻线的平行，并适当调窄 S 之后，目镜视场出现便于观测的杨氏条纹。

(3) 用测微目镜测量干涉条纹的间距 Δy，用米尺测量双缝至目镜焦面的距离 r_0，用显微镜测量双缝的间距 d，根据 $\Delta y = \dfrac{r_0 \lambda}{d}$ 计算钠黄光的波长 λ。

【思考题】

干涉条纹的间距和哪些因素有关？如果双缝的间距变小，干涉条纹如何变化？

【实验 4-15 附录】杨氏双缝干涉实验装置

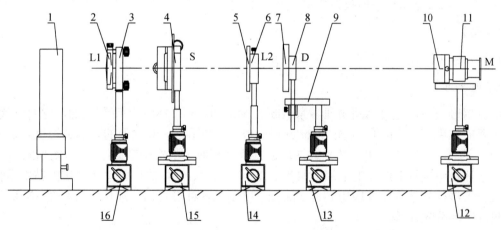

图 4-16-3　杨氏双缝干涉实验装置

1. 钠灯（加圆孔光阑）；	2. 透镜 L_1（f' =50 mm）；	3. 二维架(SZ-07)；	4. 可调狭缝 S(SZ-27)；
5. 透镜架(SZ-08，加光阑)；	6. 透镜 L_2（f' =150mm）	7. 双棱镜调节架(SZ-41)；	8. 双缝；
9. 延伸架；	10. 测微目镜架；	11. 测微目镜；	12. 二维平移底座(SZ-02)；
13. 二维平移底座(SZ-02)；	14. 升降调节座(SZ-03)；	15. 二维平移底座(SZ-02)；	16. 升降调节座(SZ-03)

第 5 篇

近代物理和综合实验

5.1 实验 5-1 迈克尔逊干涉仪

【实验目的】

(1) 掌握迈克尔逊干涉仪的调整和使用方法。

(2) 观察迈克尔逊干涉仪形成的干涉条纹，区别等倾干涉、等厚干涉。

(3) 学会用迈克尔逊干涉仪测定氦氖激光的波长。

【实验仪器】

迈克尔逊干涉仪、多束光纤氦氖激光光源。

【迈克尔逊干涉】

迈克尔逊干涉仪是由美国物理学家 Albert Michelson 于 1881 年研制成的，它对近代物理起着重要的作用。迈克尔逊与莫雷(Morley)在 1887 年利用这一装置做的著名的迈克尔逊-莫雷实验否定了"以太"的存在，是爱因斯坦建立狭义相对论的实验基础之一。除此以外，该装置在干涉计量中也有着广泛的应用，如测定微小的长度、气体的折射率和光谱的精细结构等。后人又将干涉仪的基本原理应用到许多方面，研制成各种形式的干涉仪，如泰曼-格林干涉仪和傅里叶干涉分光计等。

干涉仪是根据光的干涉原理用来测量长度或长度变化的精密光学仪器，有多种结构形式。迈克尔逊干涉仪是实验室中最常用的一种干涉仪，其结构简图如图 5-1-1 所示。

图中，M_1、M_2 是在相互垂直的两臂上放置的两个平面反射镜。M_2 是固定的，M_1 可沿导轨前后移动(由精密丝杠控制)。M_1 和 M_2 的背面各有两个(或三个)调节螺钉，用来调节平面镜的方位。在 M_2 下方还有两个附有拉簧的微调螺钉，可用于对 M_2 方位的微调。

G_1、G_2 是两块材料相同、厚度相等的平行平面玻璃板。G_1 的第二表面上涂以半透(半反)膜，用来将入射光分成振幅近乎相等的两束光 1 和 2，故 G_1 称为分光板，它与两臂均成 45°。G_2 称为补偿板，它补偿了 1 和 2 光束之间附加的光程差。G_1 和 G_2 平行放置。

M_1 的位置由三个读尺确定。主尺在导轨左侧，最小分度为 1mm；在仪器正面的窗口内有一圆盘刻度尺，上有 100 个分度，最小分度为 0.01mm；右侧的微动鼓轮上也有 100 个分度，其最小分度为 10^{-4}mm。

注意：BD 型干涉仪，在粗调手柄右侧装有离合器扳手。离合器扳手拨向上方时，离合器处于接合状态；反之，则分离。离合器扳手在下方，方可转动粗调手柄使 M_1 转动。离合器扳手拨向上方时，只可通过转动右侧的微动鼓轮来使 M_1 微动。

【实验原理】

如图 5-1-1 所示从光源 S 射来的光束，到达分光板 G_1 的半透膜处被分成两部分：反射光 1 向着 M_1 前进，透射光 2 向着 M_2 前进，这两束光分别在 M_1、M_2 上反射后逆着各自的入射方向返回 1′、2′，最后都到达屏处。由于这两束光来自光源上同一点，因而是相干光，在屏处的观察者就能看到干涉条纹。

2′ 光在分光板 G_1 的第二面上反射，使 M_2 在 M_1 附近形成一平行于 M_1 的虚像，因此光在 M_1 和 M_2 上的反射，相当于来自 M_1 和 M_2' 的反射。由此可见，在迈克尔逊干涉仪中所产生的干涉与 M_1、M_2' 间所夹的空气薄膜所产生的干涉是等效的。

当 M_1 与 M_2' 平行时（M_1 与 M_2 相互垂直），可观察到等倾干涉条纹（圆形条纹）；当 M_1 和 M_2' 成一很小角度时，在一定条件下，可以观察到直线形的干涉条纹（等厚干涉条纹）。

1. 等倾干涉条纹（圆条纹）

当 M_1 与 M_2' 平行、相距为 d 时，从扩展光源 S 发出的入射角为 i 的平行光经过 M_1、M_2' 反射后（图 5-1-2）所形成的反射光束 1′、2′ 之间的光程差为 $\delta = 2nd\cos i$，若空气折射率 $n=1$，则得：

$$\delta = 2d\cos i \tag{5-1-1}$$

证明过程如下：

$$\begin{aligned}
\delta &= AC + BC - AD \\
&= 2AC - AD \\
&= 2\frac{d}{\cos i} - AB \cdot \sin i
\end{aligned}$$

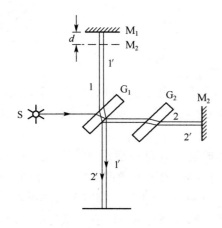

图 5-1-1　迈克尔逊干涉仪结构

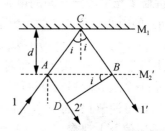

图 5-1-2　实验原理示意

把 $AB = 2d \cdot \tan i$ 代入上式，整理可得 $\delta = 2d\cos i$。当 d 一定时，入射光中所有倾角相同

的光束具有相同的光程差和干涉情况，因此称为等倾干涉。当用眼睛在屏处观察时可见一簇同心的明暗相间的圆形干涉条纹。

设光束 1、2 在分光板 G_1 的半透膜处无半波损失，则对第 k 级明条纹可得：

$$2d\cos i = k\lambda \tag{5-1-2}$$

当 $i = 0$ 时，$\cos i = 1$，这表明圆条纹的圆心处($\delta = 2d$)级数 k 最大，从圆心向外的圆条纹级数逐渐减小。

当 d 增大时，对于任一级干涉条纹(如第 k 级)必定以减小其 $\cos i_k$ 值来满足式(5-1-2)，这意味着该级条纹向 i_k 变大的方向移动，即向外扩展。这时观察者将看到：好似条纹从圆心处冒出，且条纹变密变细；反之，当 d 减小时，好像条纹向中心缩进去一样，且条纹变粗变疏。冒出或缩进一个干涉圆环，相应光程差变化一个入射单色光的波长，而 d 只变化半个波长。若观察到 ΔN 个干涉条纹的变化，则 d 变化了 Δd，显然有

$$\Delta d = \Delta N \frac{\lambda}{2} \tag{5-1-3}$$

或

$$\lambda = \frac{2\Delta d}{\Delta N} \tag{5-1-4}$$

由式(5-1-4)可见，只要测出干涉环变化的个数 ΔN 及相应的 M_1 移动的距离 Δd，就可以求出入射单色光源的波长 λ；反之，若已知 λ、ΔN，则可求出 M_1 移动的距离 Δd。

2. 等厚干涉条纹

当 M_1、M_2' 相距很近时，调节 M_2 的方位使 M_1 与 M_2' 之间有一个很小的夹角，即形成一空气劈尖。当单色平行光垂直入射时($i = 0°$)，光程差只与空气膜厚度有关，同一厚度处干涉情况相同，因此干涉条纹为一簇与劈尖棱边平行的明暗相间的直条纹。当移动 M_1 时，条纹变化个数 ΔN 与 M_1 移动距离 Δd 以及波长 λ 的关系仍符合式(5-1-3)和式(5-1-4)。

值得一提的是：当实验中使用的光源并非是单色平行光源，而是激光经扩束透镜后发出的单色光时，它在不同倾角方向上总有相应的平行光束可发出。其中 $i = 0°$ 方向的平行光束可产生直线形的等厚干涉条纹。这种现象，会在 M_1、M_2' 交线附近 $d \to 0$ 的很小范围内出现。

【实验内容】

1. 调整迈克尔逊干涉仪，观察等倾干涉条纹

(1) 调节三脚底座下的三个螺钉，使仪器处于水平位置。

(2) 接通多光束激光光源的电源后，调节激光头支架使光束大致与 M_2 垂直，且使光斑位于分光板 G_1 的中心部位。这时，一般可从毛玻璃屏上观察到等倾干涉条纹。如从毛玻璃屏上观察不到等倾干涉条纹，可按步骤(3)进行调整。

(3) 移开毛玻璃屏，实验者面对分光板 G_1(带上防护眼镜)，可观察到两排红色的光点，调节 M_2 背面的三个微调螺钉，使两排反射光点重合(只调节 M_2 的三个微调螺钉不能使两排反射光点重合时，可调节 M_1 的三个微调螺钉)，此时，M_1 与 M_2 相互垂直，移回毛玻璃屏，这时，一般可从毛玻璃屏上观察到等倾干涉条纹(注意：反光镜 M_1、M_2 后面的三个螺钉不宜调得过紧，要轻轻地、慢慢地调)。

(4) 转动微动鼓轮，观察条纹的"冒出"和"缩进"现象，判断 d 是增大还是减小，同时

观察条纹粗细、疏密的变化。

2. 利用等倾干涉条纹变化测氦氖激光波长

转动微动鼓轮，条纹每"冒出"(或"缩进")50 次，记录 M_1 镜的位置(由三个读尺确定)1 次，连续记录 10 次。由 $\lambda = \dfrac{2\Delta d}{\Delta N}$ 求出氦氖激光的波长 λ(氦氖激光波长的标准值为 632.8×10^{-9}m)。

注意：

(1) 微动鼓轮有较大的空程差，计数时微动鼓轮应始终按一个方向转动。
(2) 计数时，鼓轮转动必须缓慢。

3. 观察等厚干涉条纹

慢慢转动粗动手轮(BD 型的先使离合器扳手在下方)，使干涉条纹逐渐向圆心缩进(此时条纹变粗变疏)，直到整个视场条纹变成大致等距的曲线形状(此时 M_1 已与 M_2' 基本重合)，调解 M_2 下方的两个拉簧螺旋，使 M_1 与 M_2' 间成一很小夹角，直到视场中出现直线形干涉条纹为止。观察条纹特点。

【数据记录与处理】

将测得的数据记录在表 5-1-1 中，并按要求计算波长 λ 及其不确定度 $u(\lambda)$。

表 5-1-1　测定氦氖激光波长

干涉条纹变化数 n_1	0	50	100	150	200
M_1 的位置 d_1 /mm					
干涉条纹变化数 n_2	250	300	350	400	450
M_1 的位置 d_2 /mm					
$\Delta N = n_2 - n_1$	250	250	250	250	250
$\Delta d = (d_2 - d_1)$ /mm					
$\overline{\Delta d}$ /mm					
$\overline{\lambda} = \dfrac{2\overline{\Delta d}}{\Delta N}$ /nm					

不确定度的计算如下：

$$\Delta \overline{d} = \frac{\sum\limits_{i=1}^{n} \Delta d_i}{n} = \frac{\Delta d_1 + \Delta d_2 + \Delta d_3 + \Delta d_4 + \Delta d_5}{5}$$

$$u(\Delta \overline{d}) = \sqrt{\frac{\sum \left(\Delta d_i - \Delta \overline{d}\right)^2}{n(n-1)}} \quad (n = 5)$$

$$\lambda = \overline{\lambda} \pm u(\lambda)$$

$$u(\lambda) = \frac{2}{\Delta N} u(\Delta \overline{d})$$

【思考题】

(1) 等倾干涉的圆条纹与牛顿环的等厚干涉的圆条纹有什么区别?

(2) 等厚直条纹间距是否相等?等倾圆条纹间距是否相等?当 d 变化时,条纹各间距如何变化?

5.2　实验 5-2　小型棱镜摄谱仪

小型棱镜摄谱仪是在可见光域进行光谱分析的仪器,以摄谱为主并能看谱,可作为简单的单色仪使用。它即可供高等院校教学实验和一般科学研究使用,也可供生产单位做材料分析使用。

【实验目的】

(1) 了解棱镜摄谱仪的结构。

(2) 掌握摄谱技术。

(3) 学习测定未知谱线的波长。

【实验仪器】

WPL 小型棱镜摄谱仪、电弧火花发生器、氢灯及高压电源、暗室设备、投影仪、读数显微镜。

【实验原理】

把复色光分解为单色光的仪器叫做光谱仪,用照相来记录光谱的光谱仪称为摄谱仪,以棱镜作色散元件的摄谱仪称为棱镜摄谱仪。棱镜摄谱仪的原理如图 5-2-1 所示。其结构由三部分组成。

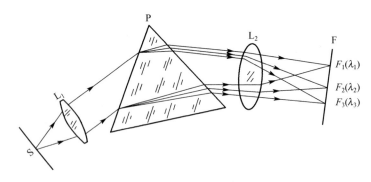

图 5-2-1　棱镜摄谱仪的原理示意

(1) 平行光管:包括狭缝 S(被拍摄的光线由此射入仪器)和准直物镜 L_1。透镜 L_1 的作用是使狭缝 S 射入的光线变成平行光,为此必须使 S 在 L_1 的焦点上。

(2) 棱镜部分:包括一个(或几个)棱镜 P。由于棱镜的色散作用,不同波长的平行光束经棱镜折射后成为不同方向的平行光。

(3) 光谱的接收部分:包括透镜 L_2 及放置在 L_2 后焦面上的照相干板 F。透镜 L_2 使被棱镜分解开的各种波长的单色光聚焦。由于经过棱镜折射,不同波长的平行光束方向不同,又因

对不同波长的光 L_2 的焦距不同，故不同波长的光焦点在不同的位置，如图 5-2-1 中波长为 λ_1 的光的聚焦点在 F_1，而波长为 λ_2 的光的聚焦点在 F_2，适当的安排照相干板 F 的位置，可以清楚地记录下各种波长谱线的位置。

制造透镜 L_1、L_2 及棱镜 P 所用的材料通常是玻璃或水晶，前者用于可见光范围，后者用于紫外光，在红外光范围则用 NaCl、KBr 等晶体材料。

本实验所用的摄谱仪是浙江光学仪器制造有限公司生产的三用光谱仪，它是一种小型玻璃棱镜摄谱仪，其主要结构如图 5-2-2 所示。C 是光源，产生所要观察的光谱，L 是聚光透镜把 C 发出的光聚到狭缝 S 上。欲使 S 上的照度大且均匀则必须调节 C 与 L，使之与摄谱仪的平行光管共轴，否则通过狭缝的光有一部分会落到平行光管的侧壁上，而透镜 L_1 只受一部分光的照射，因而光强会减弱，还由于不能充分利用棱镜的截面，使仪器的实际分辨能力未发挥出来。由 S 发出的光通过准直物镜 L_1 形成平行光束并射向棱镜 P，棱镜依据它的折射率随光波波长而变的性质，将平行光束按波长分解成单色光，摄谱物镜 L_2 将色散了的不同波长的平行光聚于焦面上，从而在焦面上获得连续或不连续的按波长排列的各组单色光的狭缝像。这就是对应于某种物质的光谱。如通过照相物镜的作用，在焦面上的照相干板 F 可摄下相应的光谱。

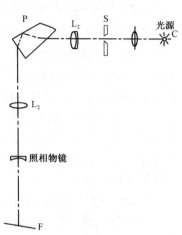

图 5-2-2　摄谱仪结构示意

一般摄谱仪的可调部分是：透镜 L_2 的位置，要调到使狭缝在底板 F 上有清晰的像，可用照相法来判断，将 L_2 调到不同的读数进行拍摄，找出最佳位置；底片暗箱倾角 ε，要调到各种波长的光谱线同时有清晰的像，也必须用照相方法判断；调节棱镜 P 的角度，可以观察不同的波长，根据需要将波长刻度鼓轮调到适当位置，一般的摄谱仪棱镜位置出厂时已固定好，不得移动。

狭缝是摄谱仪的主要部件，用以确定谱线的宽度。它的好坏直接影响谱线的质量，应特别保护。调整狭缝宽度即旋转狭缝上端的刻度轮，要细心，旋转时用力要轻而均匀，慢慢地旋转，否则因为狭缝部件细小，弹簧力量弱，会影响精密度与寿命，要特别防止狭缝两刀刃的紧闭状态，否则易产生卷边，损坏狭缝。一般调到 0.010～0.015mm 宽。

在光谱分析中，常常需要把几种不同的光谱并排地拍摄下来，借以利用标准光谱测定待测光谱线的波长，这种摄谱法可借着上下移动干板来进行，但是这样总会使干板发生左右偏移，以至待测光谱与标准光谱的相对位置有所错开，因而使待测谱线的波长难以测得精确。为了消除这种影响，在狭缝前装有一个哈特曼光阑，其构造如图 5-2-3 所示。这种光阑备有三个上下紧密衔接而左右相互错开的矩形小孔。左右平移光阑，使三孔依次置于狭缝前面，就可以在底板上摄取得上、中、下三排没有左右偏移的光谱。

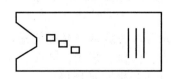

图 5-2-3　哈特曼光阑构造示意

为了控制曝光时间，在光阑前面装有遮光板，它同时也是一个防尘设备。在不摄谱时，应该用它遮蔽狭缝，以防止灰尘或脏物进入狭缝。

与棱镜台相连接的波长鼓轮用以改变棱镜的方位，使所要选定的谱线位置移至干板的中心。如果在干板中心的谱线波长与鼓轮刻度不符，应稍许改变棱镜在台上的位置，然后再把它固定。

为了用一个底板摄取多排光谱,暗箱后面备有旋转手轮,借助转动与齿轮相固定的手轮,可使框子带着底板盒上下移动,所移动的距离可以从燕尾槽旁边的标尺上读出。

【实验内容与步骤】

1. 摄谱仪工作状态的核对及光源的调节

为了使谱线都清晰地聚焦在干板上,摄谱仪各个元件的位置必须达到前面所述原理的要求。因此,必须对摄谱仪进行调整,本实验所用的摄谱仪,其平行光管和狭缝宽度已调好,棱镜的位置已调得使波长 425nm 的谱线位于谱片的中央。所需调整的有:透镜 L_2 的位置和照相暗盒的倾角 ε。调整的方法是,先使暗箱盒倾角为一定的数值,改变透镜 L_2 的前后位置,对于透镜 L_2 的每一位置摄取一个光谱,从摄得的各光谱中,找出一个其中央部分的光谱最为清晰者,然后把透镜 L_2 固定在与该光谱相应的位置,改变暗箱倾角,对于每一倾角也摄取一个光谱,再从得到的这些光谱中选出一个光谱;若其所有谱线都最为清晰,把暗盒固定在该光谱相对应的倾角上。

将实验室给出的数据与仪器的实际状态进行核对,并将数据记录在实验报告上。

调节聚光透镜 L 与光源 C(图 5-2-2),使它们与摄谱仪的平行光管共轴,而且使 C 成像在 S 上。并要注意暗箱的高低位置,应保证使谱线拍摄到底片上,暗箱的位置可从标尺上读出。

2. 光谱的拍摄及底片的冲洗

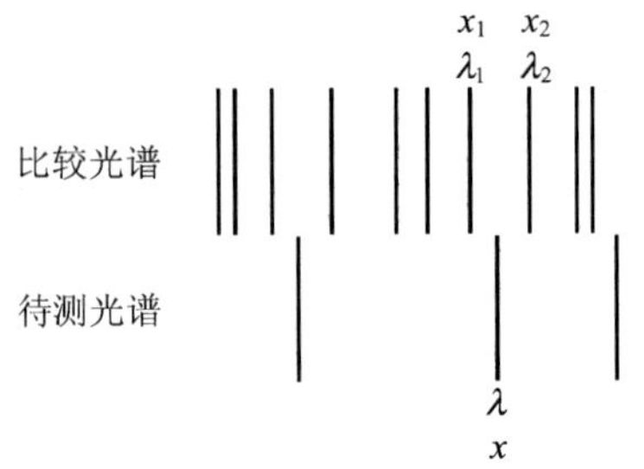

图 5-2-4　比较光谱

底片上摄得的光谱是一条条的线(若光源辐射的波长 λ_1,λ_2,…,是分立值,则摄得的谱线也是分立的,叫做线光谱。若光源辐射的波长是连续值,则摄得的光谱为连续光谱)。为了测量波长,必须在待测波长的光谱旁边并排地拍摄下已知波长的光谱作为比较光谱,一般用铁光谱作为比较光谱,如图 5-2-4 所示。设在待测谱线 λ 两侧有两条比较谱线 λ_1 和 λ_2,若这三条谱线相距很近,可以近似地认为它们的波长与距离具有线性关系,则有

$$\frac{\lambda - \lambda_1}{\lambda_2 - \lambda} = \frac{x - x_1}{x_2 - x_1}$$

即

$$\lambda = \lambda_1 + \left(\frac{\lambda_2 - \lambda_1}{x_2 - x_1}\right)(x - x_1) \tag{5-2-1}$$

式中,x 为待测谱线的位置读数;x_1 及 x_2 为比较谱线的位置读数。

需特别注意的是:在摄谱时只能动快门及哈特曼光阑,而不能碰动暗箱。一般在拍摄待测光谱时用中孔,而在拍比较光谱时用上、下两孔,并使两排比较光谱的曝光时间比为 1∶2 或 1∶3。

拍摄光谱时用铁弧作为比较光谱光源,用氢灯作为被测光谱光源,注意调好光源位置。拍摄光谱后参阅实验室给出的数据,按冲洗底片的过程将底片显影、停显、定影、冲洗、吹干(由于氢灯亮度较弱,不易对好光,可先调好氢灯照明拍下氢谱,再换铁弧拍铁谱)。

3. 测定谱线的波长

用投影仪将拍摄好的光谱底片投影放大，观察 H 与 F_e 谱线的分布情况，并测量 H 的巴尔末系的若干条谱线 H_α，H_β，H_γ，H_δ 的波长 λ，方法如下：

把拍摄好的光谱底片中离待测谱线 λ 较近的某两条铁谱线与实验室提供的标准铁光谱上的谱线一一对应上，从而找出它们的波长 λ_1，λ_2，并测量出 λ，λ_1，λ_2 三条谱线的位置读数 x，x_1，x_2。利用式(5-2-1)算出待测谱线波长 λ。

若作为看谱仪使用时，在看谱时，把暗箱换为看谱望远镜。望远镜中有一个狭缝和一个指针处于光谱焦面，当这一狭缝开大时，就可以通过望远镜目镜观察到清晰的光谱，转动波长鼓轮，以改变棱镜方位，而使所要观测的谱线与望远镜中的指针重合，则可以从鼓轮读出它的波长。

若作为单色仪使用时，把看谱望远镜的目镜拔出，并把其中的狭缝适当地调窄而使某一波长的谱线的光通过。这样可作为近似单色的光源，所以称这种摄谱仪为三用光谱仪。

【注意事项】

(1) 铁弧，氢灯的电源为高压，操作时要注意安全。
(2) 铁弧的电流较大，通电时间不宜过长。
(3) 狭缝是一精密装置，决定谱线质量，一定要谨慎调节使用。

【思考题】

(1) 要使比较光谱的各光源位置都位于摄谱仪准直透镜的光轴上，应怎样进行调节？
(2) 为什么照相暗盒必须放在一定的倾斜位置上，才能使可见光区域所有谱线清晰？

5.3 实验 5-3 光电效应法测定普朗克常量

普朗克常量是联系物质的粒子性与波动性的重要物理常量，也是判别是否作量子领域处理的重要参数。它可以用光电效应法简单而又较为准确地求出。通过光电效应实验测普朗克常数，有助于学生理解光电效应的基本原理以及更好地认识光的粒子性。

【实验目的】

(1) 通过实验深刻理解爱因斯坦的光电子理论，了解光电效应的基本规律。
(2) 验证爱因斯坦方程，用光电效应法测普朗克常量。
(3) 了解计算机数据采集、数据处理的方法。

【实验原理】

当光照射在某些金属表面上时，电子会从金属表面逸出，这种现象称为光电效应。逸出的电子称为光电子。

光电效应具有以下几点实验规律：
(1) 光电子数目的多少(光电流)与入射光的强度成正比。
(2) 光电效应存在一个截止频率，当入射光频率低于某一值时，不论光的强度如何、照射时间多长，都没有光电子产生。

(3) 光电子的最大初动能与入射光的强度无关，而只与入射光的频率成正比。

(4) 光电效应是瞬时效应，一经光线照射，立即产生光电子。

光电效应是光的经典电磁理论所不能解释的。1905年爱因斯坦从普朗克的能量子假设中得到启发，提出了光量子概念。他认为光是一种微粒——光子；从一点发出的光不是按照麦克斯韦电磁理论指出的那样以连续分布的形式把能量传播到空间，而是以光子的形式一份一份地向外辐射；频率为 ν 的光子具有能量 $\varepsilon = h\nu$，h 为普朗克常量(公认值为 6.626×10^{-34}J·s)。根据这一理论，光电效应可以解释为：当光子照射到金属表面上时，一次被金属中的电子全部吸收，而无须积累能量的时间；电子把这些能量的一部分用来克服金属表面对它的约束，余下的就变为电子离开金属表面后的动能。按照能量守恒原理，爱因斯坦提出了著名的光电效应方程：

$$h\nu = \frac{1}{2}mv_{\mathrm{m}}^2 + W \tag{5-3-1}$$

式中，m 和 v_{m} 分别是光电子的质量和最大速度；$\frac{1}{2}mv_{\mathrm{m}}^2$ 是光子从金属表面逸出时的最大初动能；W 是电子摆脱金属表面的约束所需要的逸出功。

光子能量 $h\nu$ 小于逸出功 W 时，电子不能逸出金属表面，因而没有光电效应产生；产生光电效应的入射光的最低频率 $\nu_0 = W/h$，称为光电效应的截止频率。

光电效应实验原理如图 5-3-1 所示。当单色光入射到光电管的阴极 K 上时，光电子将从阴极逸出，由于光电子具有最大初动能，所以即使在加速电位差 $U_{\mathrm{AK}} = U_{\mathrm{A}} - U_{\mathrm{K}} = 0$ 时，仍然有光电子落到阳极而形成光电流；若在阳极 A 和阴极 K 之间加一个反向电压 U_{AK}(K 为正极)，它对光电子运动起减速作用，随着 U_{AK} 绝对值的增大，到达阳极的光电子相应减少，光电流 I 减小，当 $U_{\mathrm{AK}} = U_{\mathrm{s}}$ 时，光电流降为零，如图 5-3-2 所示的 U-I 特性曲线，此时光电子的初动能全部用于克服反向电场作用，由功能原理得：

$$eU_{\mathrm{s}} = \frac{1}{2}mv_{\mathrm{m}}^2 \tag{5-3-2}$$

这时的反向电压 U_{s} 称为光电效应的截止电压。将式(5-3-2)和 $W = h\nu_0$ 代入式(5-3-1)，可得：

$$U_{\mathrm{s}} = \frac{h}{e}(\nu - \nu_0) \tag{5-3-3}$$

式中，h、e 是常量，对同一光电管 ν_0 也是常量。式(5-3-3)表明截止电压 U_{s} 是入射光频率的函数，入射光频率不同，截止电压也不同。

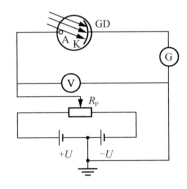

图 5-3-1　光电效应实验原理示意

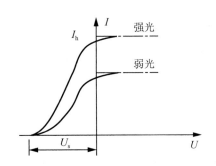

图 5-3-2　光电管的 U-I 特性

如图 5-3-3 所示为在不同频率光照射下光电管的 U-I 特性曲线。在实验中首先测量出不同频率下的 U_s，然后作出 U_s-ν 关系曲线，若它是一条直线，则说明爱因斯坦方程是正确的，这时通过 U_s-ν 曲线求出斜率 $k = \dfrac{\Delta U_s}{\Delta \nu}$，从而根据 $h = ke$ 可以求出普朗克常量，其中 $e = 1.60 \times 10^{-19}\text{C}$。实验测得的 U_s-ν 曲线如图 5-3-4 所示。同时，由该直线在坐标横轴上的截距可以求出截止频率 ν_0，由该直线在坐标纵轴上的截距可以求出逸出电位 $\varphi_s = -\dfrac{h}{e}\nu_0$。

在此需要指出：极间接触电位差与入射光频率无关，只影响 U_s 的准确性，不影响 U_s-ν 的直线斜率，对测定 h 无大影响，从而本实验可以忽略接触电位带来的影响。

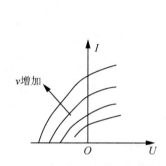

图 5-3-3　光电管对不同频率光的 U-I 特性曲线

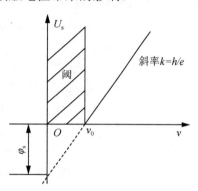

图 5-3-4　U_s-ν 曲线

在实验中测得的 U-I 特性曲线与理想曲线有所不同。这是因为：

(1) 阳极是用逸出电势较高的铂、钨或镍等材料做成的，本来只有远紫外线照射才能逸出光电子，但是光电管在制作和使用过程中常会沉积上阴极材料，当阳极受到部分漫反射光照射时也会产生光电子。而施加在光电管上的外电场对这些光电子来说正好是个加速电场，它们很容易到达阳极，形成阳极反向电流。

(2) 暗盒中的光电管即使没有光照射，在外加电压下也会有微弱电流流过，称作暗电流，其主要原因是极间绝缘电阻漏电(包括管座以及玻璃壳内外表面的漏电)、阴极在常温下的热电子辐射等。暗电流与外加电压基本上成线性关系。

由于以上原因，实测的 U-I 特性曲线如图 5-3-5 所示。这里光电流是阴极电流、阳极反向电流和暗电流的代数和。这样由于阳极反向电流和暗电流的存在，截止电压的测定变得困难，对于不同的光电管，应根据 U-I 特性曲线的特点，选用不同的方法确定截止电压。由图中曲线可知，由于反向电流的存在，当实测电流为零时，阴极电流并不为零，特性曲线与 U 轴的交点电势 U_{KA} 也并不是截止电压

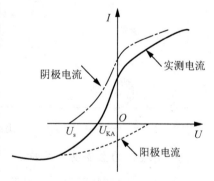

图 5-3-5　光电管的 U-I 特性曲线

U_s。由于本实验仪器的电流放大器灵敏度高，稳定性好；光电管阳极反向电流、暗电流都很小，截止电压与真实值相差较小；且各谱线的截止电压都相差 ΔU，对 U_s-ν 曲线的斜率无大的影响，因此测量截止电压采用零电流法，即直接将光照射下测得的电流为零时对应的电压 U_{KA} 作为截止电压 U_s。因此，准确地找出每种频率入射光所对应的外加截止电压，是本实验

成功与否的关键所在。

【仪器介绍】

1. 仪器构成

ZKY-GD-4 智能光电效应实验仪由光电检测装置和实验仪主机两部分组成。整套仪器结构如图 5-3-6 所示,实验仪的调节面板如图 5-3-7 所示。

(1) 光电检测装置包括:汞灯及电源、滤色片、光阑、光电管(带暗盒)。

(2) 实验仪主机为 ZKY-GD-4 型智能光电效应实验仪(以下简称实验仪),它由微电流放大器和扫描电压源发生器两部分组成。

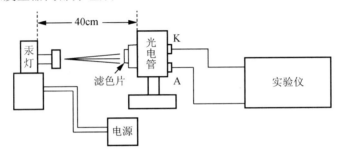

图 5-3-6　光电效应实验整套装置结构示意

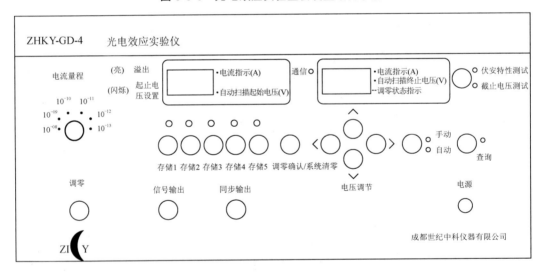

图 5-3-7　光电效应实验仪面板

2. 实验仪的主要功能及特点

(1) 实验仪自身提供了手动测试和自动扫描测试两种工作方式,并可进一步升级为计算机联机测试,从而使得测试操作、数据记录及数据处理更加方便。

(2) 实验仪提供了五个独立的测试数据存储区(每个存储区可以存储 500 组数据),可以存储五次测试的数据,同时,可以对测试数据进行查询。

(3) 通过普通示波器可以观察测试曲线的动态过程,从而更容易理解实验所表达的物理特性。

(4) 实验仪通过选择实验类型、改变输出电压挡位的方式支持利用光电效应测量普朗克常量和光电管伏安特性曲线两组实验。

(5) 实验仪扫描电压源能分别提供 0～-2V 及-1～50V 两挡扫描电压，供进行光电效应测定实验及光电管伏安特性实验使用；实验仪主机微电流放大器分有六挡，测量范围为 10^{-8}～10^{-13}A，最大指示值为 2μA。

3. 各部分的技术参数

1) 汞灯

可用谱线为 365.0nm，404.7nm，435.8nm，546.1nm，577.0nm；测量误差：≤3%。

2) 光电管

阳极为镍圈；光谱的响应范围为 340.0～700.0nm；最小阴极灵敏度≥1μA/lm；暗电流 I≤2×10^{-12}A(-2V≤U_{AK}≤0V)

3) 滤光片

它具有滤选 365.0nm，404.7nm，435.8nm，546.1nm，577.0nm 五组谱线的能力。

4) 微电流放大器

(1) 电流测量范围：10^{-13}～10^{-8}A，分有六挡，三位半数显，最小显示位 10^{-14}A。

(2) 零点漂移：开机 20min 后，30min 内不大于满度读数的±0.2%(10^{-13}A)。

5) 光电管工作电源

电压调节范围：0～-2V 挡，示值精度≤1%，最小调节电压为 2mV。-1～50V 挡，示值精度≤5%，最小调节电压为 0.5V。

【实验内容与步骤】

1. 测试前的准备

将实验仪及汞灯电源接通(汞灯及光电管暗箱遮光盖盖上)，预热 20min。

调整光电管与汞灯距离约为 40cm，并保持不变。

用专用连接线将光电管暗箱电压输入端与实验仪电压输出端(后面板)连接起来(红—红，蓝—蓝)。

将"电流量程"选择开关置于所选挡位。在截止电压测试和伏安特性测试中电流挡位分别为 10^{-13}A 和 10^{-10}A。

实验仪调零。首先应将光电管暗箱电流输出端 K 与实验仪微电流输入端(后面板)断开；旋转"调零"旋钮，使电流指示值为 000.0；按"调零确认/系统清零"键，跳出调零状态，系统进入测试状态。

注意：实验仪在开机或改变电流量程后，都要对其进行重新调零。

将光电管暗箱的微电流输出端与实验仪的光电管微电流信号输入端连接起来。

2. 测量普朗克常量

测量截止电压时，"伏安特性测试/截止电压测试"状态键应为截止电压测试状态，"电流量程"开关应处于 10^{-13}A 挡。

1) 手动测试

(1) 选择实验仪的工作状态，使"手动/自动"模式键处于手动模式。

(2) 将直径 4mm 的光阑及 365nm 的滤色片装在光电管暗箱输入口上,打开汞灯遮光盖。

(3) 用电压调节键调节 U_{AK},使电压从低到高变化(绝对值减小),观察电流的变化,寻找电流为零时对应的电压 U_{AK},以其绝对值作为该波长对应的截止电压 U_s,将此数据记于表 5-3-1 中。

(4) 依次换上 405nm,436nm,546nm,577nm 的滤色片,重复以上测量步骤。

2) 自动测试

(1) 选择实验仪的工作状态,使"手动/自动"模式键处于自动模式。

(2) 设置自动扫描电压。此时电流表左边的指示灯闪烁。对各条谱线,建议扫描范围大致设置为:365nm,-1.90~1.50V;405nm,-1.60~1.20V;436nm,-1.35~0.95V;546nm,-0.80~0.4V;577nm,-0.65~0.25V。

(3) 按动相应的存储区按键,仪器将先清除存储区原有数据,等待 30s,然后按 4mV 的步长自动扫描,并显示、存储相应的电压、电流值(灯亮表示该存储区已存有数据,灯不亮为空存储区,灯闪烁表示系统预选的或正在存储数据的存储区)。

(4) 数据查询。扫描完成后,仪器自动进入数据查询状态,此时查询灯亮,显示区显示扫描起始电压和相应的电流值。用电压调节键改变电压值,就可查阅到在测试过程中,扫描电压为当前显示值时相应的电流值。读取电流为零时对应的 U_{AK},以其绝对值作为该波长对应的 U_s,并把此数据记于表 5-3-1 中。

将以上手动测试和自动测试的截止电压输入计算机进行数据处理,并作图。

3) 计算机测试

使用者可以通过计算机对实验仪器进行控制和操作,完成实验的全部内容,并且将采集获得的实验数据自动记录、存储、图形显示,形成实验报告及打印结果。具体实验步骤参看光电效应实验仪和光纤传感实验仪网络实验管理系统软件介绍。

4) 虚拟实验测试

本操作可以模拟光电效应实验的测试过程,完成数据采集、数据存储和图形显示功能。具体实验步骤参看光电效应实验仪和光纤传感实验仪网络实验管理系统软件介绍。

3. 测光电管的伏安特性曲线

测量光电管的伏安特性时,"伏安特性测试/截止电压测试"状态键应为伏安特性测试状态,"电流量程"开关应处于 10^{-10} A 挡,并重新调零。

(1) 测伏安特性曲线可选用"手动/自动"两种模式之一,测量的最大范围为-1~50V,自动测量时步长为 1V。仪器的功能及使用方法如前所述。将相应的实验数据填入表 5-3-2 中。

(2) 本实验还可以通过联机实时测试和虚拟实验测试得到伏安特性曲线。具体实验步骤参看光电效应实验仪和光纤传感实验仪网络实验管理系统软件介绍。

根据实验需要:

① 可同时观察五条谱线在同一光阑、同一距离下的伏安饱和特性曲线。

② 可同时观察某条谱线在不同距离(不同光强)、同一光阑下的伏安饱和特性曲线。

③ 可同时观察某条谱线在不同光阑(不同光通量)、同一距离下的伏安饱和特性曲线。由此可验证光电管饱和光电流与入射光强成正比。

【数据记录与处理】

1. 数据记录

表 5-3-1　不同频率的光照射下光电管的 U_s-v 关系

波长 λ/nm		365	405	436	546	577	h/(10^{-34}J·s)	E(%)
频率 v/(10^{14}Hz)		8.214	7.408	6.879	5.490	5.916		
截止电压 U_s/V	手动							
	自动							
	联机							

表 5-3-2　不同频率的光照射下光电管的 $I-U$ 关系

365nm	U_{KA}/V						
	I_{KA}/(10^{-10}A)						
405nm	U_{KA}/V						
	I_{KA}/(10^{-10}A)						
436nm	U_{KA}/V						
	I_{KA}/(10^{-10}A)						
546nm	U_{KA}/V						
	I_{KA}/(10^{-10}A)						
577nm	U_{AK}/V						
	I_{KA}/(10^{-10}A)						

2. 数据处理

(1) 根据表 5-3-1 的实验数据，得到 U_s-v 直线的斜率 k，然后用 $h=ek$ 求出普朗克常量。

(2) 求出相对误差 $E=\dfrac{h-h_0}{h_0}\times 100\%$。式中，$e=1.60\times 10^{-19}$C；$h_0=6.626\times 10^{-34}$J·s。

(3) 根据表 5-3-2 实验数据作出在不同频率光照射下光电管的伏安特性曲线。

【注意事项】

(1) 实验仪在开机或改变电流量程后，都要对其进行重新调零，并且应将光电管暗箱电流输出端 K 与实验仪微电流输入端(后面板)断开。

(2) 汞灯关闭后不要立即再开，须待汞灯冷却后再开启。

(3) 使用光电管时切忌强光直接照射，故在打开遮光孔盖更换滤色片时最好遮住汞灯，然后再换滤色片。实验后，要立即用遮光盖盖住光电管的入光窗口。

(4) 滤色片应保持清洁，使用时不得用手触摸其表面。

5.4　实验 5-4　稳态平板法测定不良导体的导热系数

导热系数(又称热导率)是反映材料热性能的重要物理量。导热是热交换三种基本形式(导热、对流和辐射)之一，是工程热物理、材料科学、固体物理及能源、环保等各个研究领域的课题之一。材料的导热机理在很大程度上取决于它的微观结构，热量的传递依靠原子、分子围绕平衡位置的振动以及自由电子的迁移。在金属中电子流起支配作用，在绝缘体和大部分半导体中则以晶体振动起主导作用。因此，某种材料的导热系数不仅与构成材料的物质种类密切相关，而且还与它的微观结构、温度、压力及杂质含量相联系。在科学实验和工程设计中，所用材料的导热系数都需要用实验的方法精确测定。

1822 年，法国科学家 J. 傅里叶奠定了热传导理论。目前各种测量导热系数的方法都是建立在傅里叶热传导定律的基础之上的，从测量的方法来说，可分为两大类：稳态法和瞬态法。本实验采用的是稳态平板法测量不良导体的导热系数。

【实验目的】

(1) 了解热传导现象的物理过程。
(2) 学习用稳态平板法测量不良导体的导热系数。
(3) 用作图法求冷却速率。

【实验仪器】

YBF-2 型导热系数测试仪、橡皮样品板、杜瓦瓶等。

【实验原理】

当物体内部有温度梯度存在时，就有热量从温度高处传递到温度低处，这种现象称为热传导。

J. 傅里叶在研究了固体的导热现象后，建立了热传导定律。他指出，在 dt 时间内通过面元 dS 的热量 dQ，正比于该处的温度梯度及面元 dS 的大小，即

$$\frac{dQ}{dt} = -\lambda \frac{dT}{dx} dS \tag{5-4-1}$$

式中，$\frac{dQ}{dt}$ 为传热速率；$\frac{dT}{dx}$ 为与面元 dS 相垂直的方向上的温度梯度；"-"表示热量由物体高温区域传向低温区域；λ 为导热系数，它用于表征物体导热能力的大小。

通过实验发现，λ 的数值大小一般随材料的不同而异。凡金属材料的 λ 都很大，这类材料称为热的良导体；凡非金属材料的 λ 一般都很小，称为热的不良导体。研究测试出 λ 的准确数值，对研究材料的物理性质具有重要的意义。

在一维稳定导热的情况下(热流垂直于 S 面，如图 5-4-1 所示)，对于一个厚度为 h，上下表面面积为 $S = \frac{\pi}{4}D^2$ 的均匀平板样品，维持上下表面有稳定的温度 T_1 和 T_2，这时通过样品的传热速率为

$$\frac{dQ}{dt} = \lambda \frac{T_1 - T_2}{h} S \tag{5-4-2}$$

式中的 λ 即为该物质的导热系数。由此可知，导热系数是表示物质热传导性能的物理量，它的数值等于相距为单位长度的二平行平面，当温度相差为一个单位时，在单位时间内垂直通过单位面积的热量。

导热系数的 SI 单位为瓦特每米开尔文，单位符号为 W/(m · K)。

由于材料的结构变化与杂质多寡对导热系数都有明显的影响，同时，导热系数一般随温

度而变化，所以实验时对材料的成分、温度等都要一并记录。

本实验装置如图 5-4-2 所示，固定于底座上的三个隔热螺旋头支撑着一铜制散热盘 P，在散热盘 P 上，安放一待测的圆盘样品 B，样品 B 上再安放一圆盘发热体 C。实验时一方面发热体 C 的底面直接将热量通过样品的上表面传入样品，另一方面散热盘 P 依靠电扇有效而稳定地散热，使传入样品的热量不断通过样品下表面散出，当传入的热量等于输出的热量时样品处于稳定导热状态。这时发热体 C 与散热盘 P 的温度为一稳定的数值。该温度值由热电偶检测并经数字电压表显示。

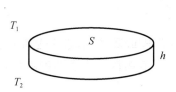

图 5-4-1 热流垂直于 S 面

图 5-4-2 实验装置示意

注意，在前面的讨论中，只考虑了在一维稳定导热的情况下(热流垂直于 S 面)，未考虑样品侧面散热的影响，在实验中，要降低侧面散热的影响，就需要减小 h。另外，本实验是用发热体 C 和散热盘 P 的温度来代替待测样品上下表面的温度 T_1 和 T_2，所以，实验时必须保证样品 B 与发热体 C 的底部及散热盘 P 的上表面密切接触。

根据上述装置，由傅里叶导热方程式可知，通过待测样品 B 的热流量 $\mathrm{d}Q/\mathrm{d}t$ 为：

$$\frac{\mathrm{d}Q}{\mathrm{d}t} = \lambda \frac{\pi D^2}{4} \cdot \frac{T_1 - T_2}{h} \tag{5-4-3}$$

式中，h 为样品厚度；D 为圆盘样品的直径；λ 为样品的导热系数；T_1 和 T_2 分别为稳态时样品上下表面的温度。

考虑到实验时是通过热电偶来测量发热体 C 的底部及散热盘 P 的温度的，设热电偶输出的热电势为 E，E_1 和 E_2 分别表示温度为 T_1 和 T_2 时热电偶的输出。当温差不大时，可用 E_1 和 E_2 代替 T_1 和 T_2，此时，通过待测样品 B 的热流量 $\dfrac{\mathrm{d}Q}{\mathrm{d}t}$ 可表示为：

$$\frac{\mathrm{d}Q}{\mathrm{d}t} = \lambda \frac{\pi D^2}{4} \cdot \frac{E_1 - E_2}{h} \tag{5-4-4}$$

实验中，当传热达到稳态时，E_1 和 E_2 的值将稳定不变，这时可以认为发热体 C 通过圆盘样品 B 上表面传入的热量与由散热盘 P 向周围环境散热的速率相等。因此可通过散热盘 P 在稳定温度 T_2 时的散热速率求出热流量 $\dfrac{\mathrm{d}Q}{\mathrm{d}t}$，方法如下：当读得稳态时的 E_1 和 E_2 后，将样品 B 抽去，让发热体 C 的底面与散热盘 P 直接接触，使散热盘 P 的温度上升到高于稳态时的温度示值约 0.1mV。再将发热体 C 移开，盖上样品圆盘 B(或隔热圆盘)，让散热盘 P 自然冷却，每隔一段时间读一下散热盘 P 的温度示值 E，直到温度示值低于 E_2，既测出温度示值 E 在大于 E_2 到小于 E_2 区间中随时间变化的 $E-t$ 关系曲线，该曲线在 E_2 时的斜率 $(\mathrm{d}E/\mathrm{d}t)_{E_2}$ 就是散热盘 P 在温度 T_2 时的冷却速率。设此时散热速率为 Q'/t'，则有：

$$\frac{Q'}{t'} = c_\mathrm{o} m \left(\frac{\mathrm{d}E}{\mathrm{d}t} \right)_{E_2} \tag{5-4-5}$$

式中，c_o、m 分别为散热铜盘的比热容和质量。

这里需要说明的是，对于散热盘 P，在稳定传热时，其散热的外表面积为 $\dfrac{\pi D^2}{4} + \pi D h_p$，移去传热体 C 后，散热盘 P 的散热外表面积为 $\dfrac{\pi D^2}{2} + \pi D h_p$，因为物体的散热速率与它的散热面积有关，所以

$$\frac{\mathrm{d}Q}{\mathrm{d}t} = \frac{\dfrac{\pi D^2}{4} + \pi D h}{\dfrac{\pi D^2}{2} + \pi D h} \cdot \frac{\mathrm{d}Q'}{\mathrm{d}t'}$$

考虑到待测样品为热的不良导体，盖上待测样品圆盘 B(或隔热圆盘)并达到热稳定后，散热盘 P 上表面的散热已经不大，为简化计算，这里忽略了散热盘 P 上表面的散热。这样可以得出：

$$\lambda = \frac{4mc_o}{\pi D^2} \cdot \frac{h}{E_1 - E_2} \cdot \left(\frac{\mathrm{d}E}{\mathrm{d}t}\right)_{E_2} \tag{5-4-6}$$

【实验内容】

1. 连接各仪表及器材

按图 5-4-2 所示连接好实验装置。

注意：圆盘发热体 C 的侧面和散热盘 P 的侧面，都有供安插热电偶的小孔，安置发热体、散热盘时此二小孔都应与杜瓦瓶在同一侧，以免线路错乱。

2. 测量稳态时的 E_1 和 E_2

采用稳态法时，要使温度稳定需要 1h 以上，为缩短达到稳态的时间，可先将加热电源开关放到"高"，约 20min 后再将加热电源开关放到"低"，然后，每隔 2min 读一下数字电压表上的温度示数，如在 10min 内，样品圆盘 B 上下表面温度示值 E_1、E_2 都不变时，即可认为达到稳定状态。记下稳态时的 E_1 和 E_2。

3. 测出散热盘 P 的温度示值 E 随时间的变化曲线

将样品 B 抽去，让发热体 C 的底面与散热盘 P 直接接触，使 P 的温度示值上升到高于稳态时的温度示值约 1mV(以铜-康铜热电偶为测温材料)，再将发热体 C 移开，盖上样品圆盘 B(或隔热圆盘)，让散热盘 P 自然冷却，每隔 30s 记一下散热盘 P 的温度示值 E，直到温度示值低于 E_2。样品圆盘 B 和散热盘 P 的几何尺寸，可用游标卡尺多次测量取平均值。散热盘的质量 m，可用天平测量。

【数据处理】

(1) 绘出温度示值 E 在大于 E_2 到小于 E_2 区间内随时间变化的 E-t 关系曲线，求出该曲线在 E_2 时的斜率 $\left(\dfrac{\mathrm{d}E}{\mathrm{d}t}\right)_{E_2}$。

(2) 求出待测样品的 λ (已知 $c_0 = 389\mathrm{J/kg \cdot K}$)。

【思考题】

(1) 如果用作图法测冷却速率 $\dfrac{\Delta T}{\Delta t}$ ，应该取哪一点的斜率？为什么？

(2) 什么是传热速率、散热速率、冷却速率，这三者在稳态测量时有何内在联系？

5.5　实验 5-5　声速的测量

　　声学测量是人们认识声波本质的一种实验手段。通过对声波的传播速度、衰减等声学量的准确测量，可以使我们了解材料和结构的许多物理性质和状态。声波的测量在定位、无损探伤、桩基检测、地质勘察、测距等领域的应用都有很重要的意义。本实验利用连续波方法来测定空气中的声速。

【实验目的】

(1) 了解声速测量仪的结构，掌握其使用方法。
(2) 利用驻波法和相位法测定声波的波长。
(3) 计算常温下的声速。

【实验仪器】

SVX-5 综合声速测定仪信号源、综合声速测试架、YB-4325 型双踪示波器、温度计。

【实验原理】

　　声波是一种在弹性介质中传播的机械波，振动频率在20Hz～20kHz的声波称为可闻声波，频率低于20Hz的声波称为次声波，频率高于20kHz的声波称为超声波。超声波具有波长短、易于定向发射等优点，所以在超声波段进行声速测量比较方便。

　　声速 v 、频率 f 和波长 λ 之间的关系为

$$v = f\lambda \tag{5-5-1}$$

　　可见，只要测得声波的频率 f 和波长 λ ，就可求得声速 v 。本实验中，频率 f 可以从综合声速测定仪信号源直接读出。为了确定声速，本实验的主要任务是对声波波长的测定。

　　声速测量实验装置如图 5-5-1 所示，其中 S_1 和 S_2 分别是发射端和接收端，用来发送和接收声波。它们是以压电陶瓷为敏感元件做成的共振式电声换能器，此换能器有一谐振频率，大小约为 35kHz。当外加电信号的频率等于此频率时，换能器具有最高的灵敏度。所以，实验时必须在此谐振频率下进行波长的测量。

　　压电陶瓷换能器根据它的工作方式，分为纵向振动换能器、径向振动换能器及弯曲振动换能器，本实验中所用为纵向振动换能器。当把电信号加在发射端 S_1 时，换能器生机械振动(逆向压电效应：由电信号转变为声信号)并在空气中激发出声波。当声波传递到接收端 S_2 表面时，激发起 S_2 端面的振动，又会在其电端产生相应的电信号输出(正向压电效应：由声信号转变为电信号)。通过示波器对电信号的观察和综合声速测试架的测量，利用下面两种方法均可以得到声波的波长。

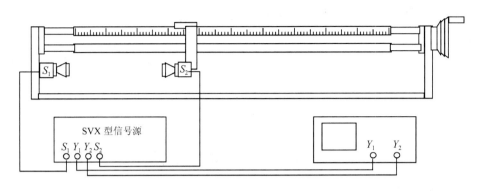

图 5-5-1　SVX-5 综合声速测定仪原理示意

1. 驻波法

在同一介质中两列频率、振动方向相同且振幅也相同的简谐波，在同一直线上沿相反方向传播时就叠加形成驻波。

本实验中，由发射端 S_1 发出的超声波传播到接收端 S_2，在 S_2 端面激发起振动的同时还能反射一部分超声波。接收的声波、反射的声波振幅虽有差异，但仍能满足驻波形成的条件。如果 S_1 和 S_2 两个端面平行，由 S_1 发出的超声波和由 S_2 反射的超声波在 S_1 和 S_2 之间的区域干涉而形成驻波。在示波器上观察到的接收端的信号实际上是这两个相干波在 S_2 处合成振动的情况。

设入射波的波动方程为：

$$y_1 = A\cos\left(\omega t - \frac{2\pi}{\lambda}x\right) \tag{5-5-2}$$

设反射波的波动方程为：

$$y_2 = A\cos\left(\omega t + \frac{2\pi}{\lambda}x\right) \tag{5-5-3}$$

两波叠加后，驻波的振动方程为：

$$y = y_1 + y_2 = \left(2A\cos\frac{2\pi}{\lambda}x\right)\cos\omega t \tag{5-5-4}$$

式(5-5-4)的右方是两个因子 $2A\cos\dfrac{2\pi}{\lambda}x$ 和 $\cos\omega t$ 的乘积。当 x 值给定时，后一因子 $\cos\omega t$ 表示质点做简谐振动。而前一因子 $2A\cos\dfrac{2\pi}{\lambda}x$ 决定质点振动的振幅。随着 x 的不同，各点有不同的振幅。当 $\left|\cos\dfrac{2\pi}{\lambda}x\right| = 1$ 时振幅最大，对应于驻波的波腹；当 $\left|\cos\dfrac{2\pi}{\lambda}x\right| = 0$ 时振幅最小，对应于驻波的波节。可以看出，任何相邻两波节或相邻两波腹之间的距离均为 $\dfrac{\lambda}{2}$。将这个信号输入示波器，就可以看到一组由声压信号产生的正弦波形。改变 S_1 和 S_2 之间的距离(L)，从示波器荧光屏上能够发现正弦波振幅会发生周期性的变化。正弦波出现相邻两次振幅最大的过程中，S_1 和 S_2 间距的改变量为 $\dfrac{\lambda}{2}$。为了测量声波的波长，可以在观察示波器上正弦波振幅的同时，转动鼓轮缓慢移动 S_2 以改变 S_1 和 S_2 之间的距离。正弦波振幅由最大变到最小再

变到最大的过程中，S_2 移动过的距离也为 $\frac{\lambda}{2}$。测出 S_2 移动的距离即可得波长。

2. 相位比较法

波是振动状态的传播，也可以说是相位的传播。对行波而言，沿传播方向上的任何一点，如果它和波源的相位差为 2π(或 2π 的整倍数)时，则此点和波源的距离就等于一个波长(或波长的整数倍)，即

$$l = n\lambda \quad (n \text{ 为正整数}) \tag{5-5-5}$$

而就本实验而言，S_1 和 S_2 之间的空气柱受换能器激励做受迫振动，发射端的波与接收端的波的相位不同，其相位差为：

$$\Delta\varphi = \varphi_1 - \varphi_2 = 2\pi\frac{l}{\lambda} \tag{5-5-6}$$

当两个在相互垂直方向上的简谐振动，如果频率比是常数，合成时会形成一些稳定的图形，这样的图形叫李萨如图形。如图 5-5-2 所示，图中给出了频率相同，相位差分别是 0，$\pi/4$，$\pi/2$，$3\pi/4$，π 时的李萨如图形。当 $\Delta\varphi = 0$ 时，轨迹为处于第一和第三象限的一条直线，$\Delta\varphi = \pi$ 时，轨迹为处于第二和第四象限的一条直线。

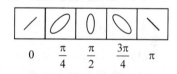

图 5-5-2　相位差与李萨如图形

把发射端 S_1 的电信号接到示波器的 Y_1 端，把接收端 S_2 的电信号接到示波器的 Y_2 端，则在示波器上可以观察到李萨如图形。改变 S_1 和 S_2 之间的距离 L，相当于改变了发射波和接收波之间的相位差，荧光屏上的图形也将如图 5-5-2 所示不断变化。显然，当 S_1、S_2 之间的距离改变半个波长时，相位差的改变量为 π。在相位差从 $0 \sim \pi$ 的变化过程中，李萨如图形从斜率为正的直线变为椭圆，再变到斜率为负的直线。因此，S_2 每移动半个波长，就会重复出现斜率符号相反的直线，测出 S_2 移动的距离可得声波的波长 λ。

【实验内容与步骤】

1. 仪器的连接与调试

按如图 5-5-1 所示连接综合声速测试架和声速测试仪信号源及双踪示波器。接通电源，信号源自动工作在连续波方式，选择介质为空气，预热 15min。调整两换能器平面使其互相平行。

2. 测定压电陶瓷换能器的谐振频率

为了得到较清晰的接收波形，应将外加的信号频率调节到换能器谐振频率点处，才能较好地进行声能与电能的相互转换，提高测量精度以得到较好的实验效果。

超声换能器工作状态的调节方法如下：S_2 的位置在 60～250mm。调节信号频率至 35kHz，向右移动 S_2 改变 S_1 和 S_2 之间的距离，使示波器上出现的接收端波形振幅最大，再微调信号频率使波形振幅最大，记录信号频率 f_1。如此重复，依次测定工作频率 f_2，f_3，…，f_5，求平均值 $\bar{f}$，即为压电陶瓷换能器的谐振频率，将信号源的频率调到 $\bar{f}$。

3. 用驻波法测量波长

(1) 为了保证测量范围在 60～250mm 之间，将 S_2 调到 60mm 位置。

(2) 向右移动 S_2 获得接收端波形振幅的第一极大值，记录 S_2 的位置为 x_1；继续沿同一方向移动 S_2，观察示波器上的波形，依次记下振幅最大时 S_2 的位置 x_2，x_3，…，x_{20}，填入表 5-5-1

中，用逐差法处理数据并求波长，记下室温。

(3) 由式(5-5-1)计算声速，将所得声速与声速理论值 $v_{理} \approx 331.45 + 0.61t(\mathrm{m/s})$ 进行比较，按式(5-5-7)求出百分差。

$$百分差 = \frac{|v - v_{理}|}{v_{理}} \times 100\% \tag{5-5-7}$$

表 5-5-1　驻波法测波长

序号位置/mm	1	2	3	4	5	6	7	8	9	10
x_i										
x_{10+i}										
$\Delta x_i = x_{10+i} - x_i$										
位置差的平均值 $\overline{\Delta x}$										
波长 λ										

4. 用相位法测量波长

(1) 为了保证测量范围在 60～250mm 之间，将 S_2 调到 60mm 位置。

(2) 按下示波器上的 x-y 键，向右移动 S_2。先记录下李萨如图形斜率为正的直线时 S_2 的位置 x_1；继续沿同一方向移动 S_2，观察示波器上的图形，依次记下李萨如图形为直线时 S_2 的位置 x_2、x_3、…、x_{20}，填入表 5-5-2 中，用逐差法处理数据并求波长。

(3) 由式(5-5-1)计算声速并求百分差。

表 5-5-2　相位法测波长

序号位置/mm	1	2	3	4	5	6	7	8	9	10
x_i										
x_{10+i}										
$\Delta x_i = x_{10+i} - x_i$										
位置差的平均值 $\overline{\Delta x}$										
波长 λ										

【实验 5-5 附录】空气中声速的推导

连续介质中弹性波的传播速度为：

$$v = \sqrt{\frac{K}{\rho}} \tag{5-5-8}$$

式中，K 是传播介质的体积模量，定义为压力改变与体积的相对改变之比的负值，即：

$$K = \frac{-\Delta p}{\Delta V / V} \tag{5-5-9}$$

体积模量与过程有关。在通常情况下，声波的传播过程可认为是绝热过程，对理想气体的绝热过程有：

$$pV^\gamma = C \,(常数)$$

式中，γ 为比热比，对理想的双原子气体(如空气)$\gamma = 1.4$，由上式得：

$$K = p\gamma \tag{5-5-10}$$

因此可得：

$$v = \sqrt{\frac{p\gamma}{\rho}}$$ (5-5-11)

再由理想气体状态方程可得式(5-5-13)。

$$pV = \frac{M}{\mu}RT$$ (5-5-12)

$$p = \frac{M}{V} \cdot \frac{RT}{\mu} = \rho \cdot \frac{RT}{\mu}$$ (5-5-13)

将式(5-5-13)代入式(5-5-11)可得在理想气体中的声速公式

$$v = \sqrt{\frac{\gamma RT}{\mu}}$$ (5-5-14)

式中，μ 为分子量；R 是摩尔气体常数，其值等于 8.3145J/(mol·K)。

声波在空气中的传播速度与温度有如下关系：

$$v = v_0 \sqrt{1 + \frac{t}{273.15}}$$ (5-5-15)

式中，v_0 是 0℃时干燥空气中的声速，$v_0=331.45$m/s。因此当空气温度为 t℃时，声波在空气中的传播速度的理论值为

$$v \approx 331.45 + 0.61t \text{(m/s)}$$ (5-5-16)

表 5-5-3　声波在几种介质中的速度

材　　料	声速/(m/s)	材料	声速/(m/s)
黄铜	4430	铝	6320
铜	4700	锌	4170
SUS	5970	银	3600
丙烯酸(类)树脂	2730	金	3240
水(20℃)	1480	锡	3320
甘油	1920	铁	5900
水玻璃	2350	—	—

5.6　实验 5-6　全息照相技术基础

全息照相在感光材料上记录的不是一幅图像，而是物体光波的振幅和相位，这个理论就是 1948 年由英国人(伽伯)D·Gabor 提出的"波面再现成像原理"。由于当时缺乏很强的相干光源，这种技术无法发展和推广，自 20 世纪 60 年代初随着激光的出现才蓬勃发展起来，成为一门新学科、新技术。由于全息照相与一般照相不同，具有它特异的性质，因此在现代光学史上占有十分重要的位置。仅以测试间距长度为例，用全息照相干涉计量方法可测量到 10^{-8}cm，而用千分尺及迈克尔逊干涉仪可分别测量到 10^{-3}cm 和 10^{-5}cm。同时它不再局限于一维的测量，而能进行三维的测量，它不仅能用来计量长度、位移、应力、应变，还可测量微小振动及进行频谱分析、信息储存及处理、遥感技术、医疗等，尤其是全息无损检测在工业上已得到广泛应用。另外，微波全息、红外全息及声全息也正在发展。

【实验目的】

(1) 了解全息照相的基本原理与基本特点。

(2) 学习全息照相的实验技术。

(3) 观察全息图的再观以加深对全息照相的理解。

【实验仪器】

全息平台、He-Ne 激光器、分束镜、扩束镜、全反镜、磁座支架、全息干板、被摄物、光电池及万用表等。

【实验原理】

全息照相与普通照相都是以感光材料作为记录介质，但二者的成像原理截然不同。

普通照相在物体和胶片之间必安置成像系统，不论是复杂的摄影镜头或者简单的针孔，其成像原理相同。物体的反射光波只有通过针孔的那一部分才能到达底片上，结果物体上的只能投影到底片上某一对应点，因而在感光材料上形成了物体的二维像。普通照相是一种只能检测到光的强度(振幅的平方)，因此只能是物体和底片之间对应点强度的记录。由于仅仅记录了与振幅有关的信息而丢失了相位部分的信息，所以普通照相失去了真实物体的立体感，只能获得平面像。

1. 全息照相的基本理论

光具有波动的特性，它的传播是三维的，通常用振幅和相位来描述其特性。任何物体外形的信息都是包含在由该物体反射(或透射)的光波的相位之中的，人们的眼睛之所以能够看到形状各异的物体，是因为来自物体反射(或透射)的特定波面——振幅和相位同时被人眼所接收，所以人们看到了真实的三维物体，这就是波面记录。若将已看到的物体拿走，人们同样能感觉到(或回想起)该物体的存在，这就是波面再现。激光全息照相就是应用此原理将景物的波面记录下来，然后在观察时再将原来的波面显示出来。虽然全息照相也使用仅对光强记录的介质(感光材料)，但它是应用干涉原理，将与物体光波有关的振幅和相位转换为强度的变化而记录在感光材料上。光波的振幅和相位，分别以干涉条纹的间距形式保存下来，经过暗室技术可以得到一幅全息图，或称为全息照片。通过全息图来显现原记录的物体影像过程称为再现。因此，全息照相是一个两步成像法，即全息照相分波前记录(或称全息记录)和波前再现两步。

(1) 波前记录(或称全息记录)：如图 5-6-1 所示，从激光器发出来的一束光，由分束镜将其分为两路，一路光经分束镜折射后至全反镜 M_1，由 M_1 反射到扩束镜 L_1，扩束后照射到被摄物体上，再由被摄物漫反射至屏面上，此光称为物光，用"O 光"表示。同时，另一路光由分束镜表面反射至全反镜 M_2，由 M_2 反射到扩束镜 L_2，经 L_2 直接均匀地照射到屏面上，此光称为参考光，用"R 光"表示。

由于物光与参考光在屏面(感光干板 H)上叠加而发生相互干涉，在曝光的时刻，感光干板上就记录了这种复杂而又细密的干涉条纹，经过显影、定影、漂白处理，就获得全息图。

在全息图的干涉条纹中，亮条纹与暗条纹之间亮暗程度的差异(反差)主要取决于这两束光的强度(振幅的平方)，而干涉条纹的疏密程度，则由这两束相干光的相位差(光程差)决定。

从光路分析，参考光到达感光干板的振幅和相位是由光路确定的，与被摄物体无关，而物光射到感光干板的振幅和相位却与物体表面各点的分布和漫反射性质有关，从不同物点射来的物光光程(相位)不同，因而物光与参考光相互干涉的结果和被摄物体有对应关系。

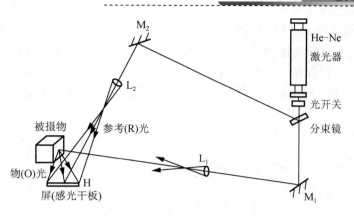

图 5-6-1　全息照相原理示意

物光可看做由物体上各点所发出的球面波的叠加。设其中一点 $(x_O，y_O，z_O)$ 发出的球面波为：

$$\widetilde{U}_O = A_O(P)\exp\big[i\varphi_O(P)\big] \tag{5-6-1}$$

令感光底片所在平面为 $z=0$，则 $P(x，y，0)$ 点的波前为：

$$U_O(x,y) = A_O(x,y)\exp\big[i\varphi_O(p)\big]$$

$$= \frac{a}{\sqrt{(x-x_O)^2+(y-y_O)^2+z_O^2}}\exp\bigg[i^2-\sqrt{(x-x_O)^2+(y-y_O)^2+z_O^2}\bigg] \tag{5-6-2}$$

设参考光为一束平面波，其传播方向在 yz 平面上，且与底片法线成 γ 角，底片上参考光波前可表示为：

$$\widetilde{U}_R(x,y) = \widetilde{U}_R = A_R\exp\big[i^2-\sin y\big]A_R\exp\big[i\varphi_R(y)\big] \tag{5-6-3}$$

此时，底片上总振幅分布为：

$$\widetilde{U}(x,y) = \widetilde{U}_O(x,y)+\widetilde{U}_R(x,y) \tag{5-6-4}$$

底片上的光强分布则为：

$$I(x,y) = \widetilde{U}(x,y)\widetilde{U}^*(x,y) \tag{5-6-5}$$

将式(5-6-2)、式(5-6-3)、式(5-6-4)代入式(5-6-5)，得：

$$I(x,y) = A_R^2 + A_O^2 + A_R A_O\exp\big[i(\varphi_O-\varphi_R)\big] + A_R A_O\exp\big[-i(\varphi_O-\varphi_R)\big] \tag{5-6-6}$$

式中，A_O^2 表示物光的光强，它在底片上的不同位置有不同的大小(比参考光强小得多)；A_R^2 表示参考光的光强，由于 A_R 是均匀分布，故 A_R^2 构成干板上均匀的背景。$2A_O A_R\cos(\varphi_O-\varphi_R)$ 是由两束光干涉产生的，表示两束相干光的实振幅和相对相位(相位差)的关系，作为干涉条纹，记录在干板上。

这样，把物光束的振幅和相位两种信息全部记录下来的照相，称全息照相。相片称全息图(H)。

记录全息图时，要适当控制干板的曝光量和显影时间，使显影后图片上各点的振幅、透射率和入射光强(曝光量)成线性关系。

(2) 波前再现：如图 5-6-2 所示，用一束与参考光相同的光作为再现光，它经过扩束后，照射全息图片。这时全息图上复杂而细密的干涉条纹，就相当一个特殊的光栅(透射率不均匀的障碍物)。当再现光通过它时，就产生衍射现象，重现原物光的波前，观察者迎着原物光的方向看去，透过全息图就可观看到物体不失真的三维立体像。

在全息图 H 被再现光照射的后面，如图 5-6-3 所示，有一系列的衍射光波。其中，零级衍射光波是沿再现光方向传播的，正一级衍射光波就是观察者迎着原物光方向，见到的虚像。而负一级衍射光波，则存在于全息图的另一侧与虚像共轭。成为一个实像。一般情况下，不希望共轭像出现，以免干扰虚像的观察，这一点在后边的数学推导中很容易证明。

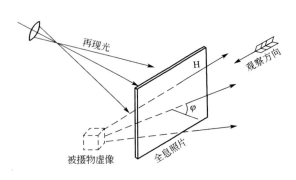

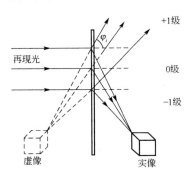

图 5-6-2　全息照片再现光路 　　　　图 5-6-3　全息再现原理

全息图上各点的振幅透射率与入射光强 $I(x, y)$ 的关系如下：

$$t(x, y) = t_0 + \beta |O + R|^2 \tag{5-6-7}$$

式中，t_0 为图片的灰雾度，β 为比例常数(对于负片 $\beta < O$)。

设照射到全息图上再现光的复振幅也为 R，则透过全息图的复振幅 $A(x, y)$ 为

$$A(x,y) = t(x,y)R(x,y) = t_0 R + \beta R|O + R|^2$$
$$= t_0 R + \beta R(|O|^2 + |R|^2) + \beta RR^*O + \beta RRO^* \tag{5-6-8}$$

式(5-6-8)证明，经全息图透射后的光包括三个不同分量，第一、二项表示强度衰减的直接透射光，第三项正比于 O，即除振幅大小改变外，原来的物光准确地再现了，波前发散形成物体(在原来位置上)的虚像，第四项是与物光共轭的光波，它表示在虚像相反的一侧会聚成一个共轭的实像。

2. 全息照相的基本条件

(1) 相干光源：①物光与参考光必须是相干光，激光具有较好的空间相干性和时间相干性。普通光源各发光中心相互独立，彼此互不相关，因此很难有稳定的相位差；而激光的发光中心，是相互关联的，可在较长的时间内保持稳定的相位差，即相干性好。②尽可能使物光与参考光的光程相等。

(2) 全息台的稳定性：在全息图上记录参考光和物光干涉条纹的过程中，若受到振动、空气流动和热变化等，若在曝光期间光程差发生变化，就要影响条纹的对比度。一般要求光程差的变化小于 1/10 波长。本实验拍摄全息图用的 He-Ne 激光器选用有较大的输出功率，用以缩短曝光时间。振动的影响主要来自地基的振动，一般全息照相都用减振台。减振台要求工作台面牢固，质量大，用气垫、海绵或沙箱等支撑起来。另外，仪器各部件之间要保持相对稳定。

(3) 记录介质的分辨率：要求有较高分辨本领的记录介质，一般要在 500~4000 条/毫米。干涉条纹越密，要求感光干板的分辨率越高。本实验采用全息 I 型干板，分辨率为 3000 条/毫米。

注意：II 型适用于氩离子激光器，III 型适用于红宝石脉冲激光器。

3. 全息照相的主要特点

(1) 全息照相是三维立体像。虽然全息图外貌并不能表现出所记录物体的任何特征，但由于同时记录了光波的全部信息，即振幅和相位，只要用适当的光照射，当观察者从不同的角度观察时，就可看到它的不同侧面极为逼真的三维图像。

(2) 全息图具有可分割性，打碎的全息图片仍能再现出被摄物体的像。因为任一小部分全息图所记录的干涉图像，都是由物体所有点漫反射来的物光与参考光相互干涉而形成的。这就是说全息图上任何一小部分都可能包含整个物体的信息，所以全息图的每一部分，不论大小，总能再现出原来物体的整个像，只是当全息图的面积缩小后，像的分辨率降低了。

(3) 在同一全息干板上，经多次曝光，可以选择多个像，而且每一个像又能不受其他像的干扰而单独显示出来。这是由于对不同物体采用不同角度入射的参考光，由于所得的干涉图样随物光和参考光之间的夹角大小而变化。因此相应的各种物体的再现像出现在不同的衍射方向上，所以在各个不同的地方组成了各个物体的独立图像。

(4) 全息图的亮度，随入射光强弱而变化。再现光强时，像的亮度就大，反之就暗。

(5) 所得的全息图易于复制。复制方法——接触法，即使原来透明部分变成不透明的，而原来不透明的部分变成透明的。复制后的照片，再现出来的像仍然和原来全息图片的像完全一样。

【实验内容与步骤】

1. 拍摄全息图(波前记录)

(1) 实验前要了解的内容。

① 实验台的位置；

② 冲洗设备；

③ 各光学元件支架的调整方法；

④ 感光干板的夹装方法；

⑤ 光开关的使用。

(2) 检查全息台水平及振动情况(可用迈克尔逊干涉法，参考附注 1)。

(3) 接通激光器，按图 5-6-1 安排光路，并仔细进行光路调节，注意如下要领：

① 力求物光与参考光的光程相等(即两光程差为零，最大不要超过 1cm)。光程测量用卷尺从分束镜面测起，分别量至屏中发生干涉处为止。

② 使物光与参考光的夹角 θ 适当，布置光路尽量取 45° 左右为宜，这样，当观察再现时，便于使衍射物光与零级透射光分开。

③ 调整物光扩束镜，使被摄物均匀照亮，挡住参考光，使被摄物漫反射的光，照到屏上最强；再挡住物光，调整参考光的扩束镜，使参考光均匀地照射到屏上；最后把屏架的角度(干板位置)调整适当。

④ 关上照明灯，用光电池分别测量底片处物光束和参考光束的强度，物光束应弱于参考光束，一般二者光强比在 1:2～1:10 范围内。

由于被摄物对射来的光发生漫反射，只有一小部分构成物光信息，所以需要足够的投射光照明物体，并且使被摄物离屏较近时，才能获得适当的光强比。

⑤ 要特别注意各光学元件应夹持牢固以保持相对稳定。

(4) 模拟上干板一次：关闭所有光源，将屏轻轻取下，在其位置再慢慢换入报废的干板，并且不能碰到全息台上任何地方。然后开灯观察干板位置是否合适，再取下报废干板。

(5) 上干板：拨准曝光定时器，关闭室内照明灯，使用曝光定时器挡住激光发射，将全息干板轻轻取出，用微潮湿的手指，辨别干板乳胶面，并使乳胶药面对准光束射来方向，慢慢插入屏架。静置几分钟，使整个系统稳定下来。

(6) 曝光：曝光时间应由激光功率、物体大小、漫反射性能、干板感光灵敏度等来决定，最佳时间由试拍而定。一般可取几秒至几分钟。将静置的曝光器启动，即刻曝光。

(7) 冲洗技术：冲洗温度以 18～20℃为宜，冲洗过程全部在暗绿灯下操作(因红光对此全息干板敏感)。将曝光后的干板，先放入 D-19 型显影液(附注 2)中，显影约 1min，当曝光部分呈灰黑色时即可取出。用清水漂一下再放入 F-5 型定影液(附注 3)中，定影 3～5min。取出用清水冲洗片刻后，吹干即得全息图。为提高衍射效率，可将定影后的全息图放入漂白液(附注 4)中，漂白至全息图透明为止，再水洗吹干。漂白液有毒，操作时要戴胶皮手套(避免手与漂白液直接接触)。

2. 观察全息图(波前再现)

① 漂白后的全息图，在白光下可由透射光或反射光中看到彩色衍射光，说明此片记录了干涉条纹。

② 如图 5-6-2 所示将与参考光相同的再现光进行扩束，再照到全息图上。把全息图药膜面向着再现光束，正立放入支架，适当转动全息图或改变观察角度，观察者迎着再现光，向全息图内看去，就可见到被摄物的三维立体虚像。当观察方向改变时，可看到物体不同的侧面，看到被摄物体的前后部分之间有相对位移。

如果不用再现光，也可将全息图放在记录时的位置，把被摄物拿走，挡住物光，即可看到在被摄位置有一个与被摄物完全相同的虚像。

【数据记录与处理】

将实验中所测得的全息照相数据填入表 5-6-1 中。

表 5-6-1　全息照相数据记录

参考光与物光在 H 的夹角 $Q\approx$					
参考光光程/cm			光程差≈		
物光光程/cm					
参考光光电流			光强比≈		
物光光电流					
曝光时间	第一次		全息干板	型号	
	第二次			有效期	
显影液温度/℃			显影时间		
定影时间			定影后水洗时间		
晾干时间			晾干方式		
所用激光的输出功率/MW					

注意：

(1) 绝对不能用眼睛直视激光光束，以免造成视网膜永久性损伤。

(2) 曝光过程中，切勿触及全息台，以免影响全息图质量。

(3) 感光干板是玻璃成分，易碎，应小心使用。

(4) 要保持各光学元件清洁，切勿用手、手帕、纸等擦拭。

(5) 全息图上的粗衍射图样，是灰尘粒子散射造成的，这些灰尘可能处于扩束镜头上，但这些环的存在，对全息图成像影响很小。

【思考题】

(1) 全息照相的主要特点是什么？

(2) 拍摄全息图必须具备什么基本条件？

(3) 全息图上记录的是些什么？"再现"是什么过程？

附注1：检验全息台的稳定情况用迈克尔逊干涉法，如图5-6-4所示。

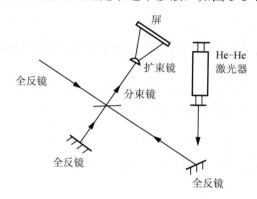

图 5-6-4 用迈克尔逊干涉法检验全息台的稳定性

附注2：D-19 显影液配制。

(1) 蒸馏水(约 50℃)500mL　　(2) 米吐尔 2g

(3) 无水亚硫酸钠 90g　　　　(4) 对苯二酚 8g

(5) 无水碳酸钠 48g　　　　　(6) 溴化钾 5g

按顺序加入，然后加蒸馏水至 1000mL。

附注3：F-5 定影液配制。

(1) 蒸馏水(约 50℃)600mL　　(2) 硫代硫酸钠 240g

(3) 无水亚硫酸钠 15g　　　　(4) 冰醋酸 13.5mL

(5) 硼酸(晶体)7.5g　　　　　(6) (铝)钾矾 15g

加蒸馏水至 1000mL。

附注4：漂白液。

(1) 蒸馏水 500mL　　　　　(2) 钾矾 20g

(3) 硫酸钠 25g　　　　　　(4) 溴化钾 20g

(5) 硫酸铜 40g　　　　　　(6) 浓硫酸 5mL

加蒸馏水至 1000mL。

各种漂白液。

(1) 氯化汞 25g　　　　　　(2) 溴化钾 25g

加蒸馏水至 1000mL。

5.7 实验 5-7 密立根油滴法测定电子电荷

密立根油滴实验在近代物理学的发展史上是一个十分重要的实验。它证明了任何带电体所带的电荷都是基本电荷的整数倍；明确了电荷的不连续性；并精确地测定了基本电荷的数值，为从实验上测定其他一些基本物理量提供了可能性。

由于密立根油滴实验设计巧妙、原理清楚、设备简单、结果准确，所以历来是一个著名而有启发性的物理实验。多少年来，在国内外许多院校的理化实验室里，这个实验为千千万万大学生(甚至中学生)重复着。通过对密立根油滴实验的设计思想和实验技巧的学习，可以提高学生的实验能力和素质。

【实验目的】

(1) 通过对带电油滴在重力场和静电场中运动的测量，验证电荷的不连续性，并测定电子的电荷 e。

(2) 通过实验时对仪器的调整、油滴的选择、耐心地跟踪和测量以及数据的处理等，培养学生严肃认真和一丝不苟的科学实验方法和态度。

【实验仪器】

MOD-9 型密立根油滴仪、计时器、实验用油、喷雾器等。

【实验原理】

用油滴法测量电子的电荷，具体又可以采用静态(平衡)测量法或动态(非平衡)测量法。前者的测量原理、实验操作和数据处理都较简单，常为非物理专业的物理实验所采用；后者则常为物理专业的物理实验所采用。

1. 静态(平衡)测量法

用喷雾器将油喷入两块相距为 d 的水平放置的平行极板之间。油在喷射撕裂成油滴时，一般都是带电的。设油滴的质量为 m，所带的电荷为 q，两极板间的电压为 U，则油滴在平行极板间将同时受到重力 mg 和静电力 qE 的作用，如图 5-7-1 所示。如果调节两极板间的电压 U，可使该两力达到平衡，这时可得：

$$mg = qE = q\frac{U}{d} \tag{5-7-1}$$

从式(5-7-1)可见，为了测出油滴所带的电荷 q，除了需测定 U 和 d 外，还需要测量油滴的质量 m。因 m 很小，需用如下特殊方法测定：平行极板不加电压时，油滴受重力作用而加速下降，由于空气阻力的作用，下降一段距离达到某一速度 v_g 后，阻力 f_r 与重力 mg 平衡，如图 5-7-2 所示(空气浮力忽略不计)，油滴将匀速下降。根据斯托克斯定律，油滴匀速下降时

$$f_r = 6\pi\alpha\eta v_g = mg \tag{5-7-2}$$

式中，η 为空气的黏滞系数；α 为油滴的半径(由于表面张力的原因，油滴总是呈小球状)。设油的密度为 ρ，则油滴的质量 m 可以用式(5-7-3)表示：

$$m = \frac{4}{3}\pi\alpha^3\rho \tag{5-7-3}$$

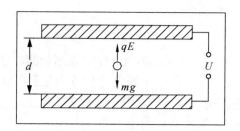

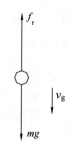

图 5-7-1　油滴在平行极板间的受力示意　　　图 5-7-2　油滴下降速度为 v_g 时受力平衡示意

由式(5-7-2)和式(5-7-3)，得到油滴的半径为：

$$\alpha = \sqrt{\frac{9\eta v}{g 2 \rho g}} \tag{5-7-4}$$

对于半径小到 10^{-6} m 的小球，空气的黏滞系数 η 应作如下修正：

$$\eta' = \frac{\eta}{1 + \dfrac{b}{p\alpha}}$$

这时斯托克斯定律应改为

$$f_r = \frac{6\pi\alpha\eta v_g}{1 + \dfrac{b}{p\alpha}}$$

式中，b 为修正常数；$b = 8.22 \times 10^{-2}$ m·Pa；p 为大气压强，单位为 Pa。
于是有：

$$\alpha = \sqrt{\frac{9\eta v_g}{2\rho g} \cdot \frac{1}{1 + \dfrac{b}{p\alpha}}} \tag{5-7-5}$$

式(5-7-5)根号中还包含油滴的半径 α，但因它处于修正项中，不需要十分精确，因此可用式(5-7-4)计算。将式(5-7-5)代入式(5-7-3)，得：

$$m = \frac{4}{3}\pi \left[\frac{9\eta v_g}{2\rho g} \cdot \frac{1}{1 + \dfrac{b}{p\alpha}} \right]^{\frac{3}{2}} \rho \tag{5-7-6}$$

至于油滴匀速下降的速度 v_g，可按下述方法计算出：当两极板间的电压 U 为零时，设油滴匀速下降的距离为 l，通过计时器装置测得其下降时间为 t_g，则：

$$v_g = \frac{l}{t_g} \tag{5-7-7}$$

将式(5-7-7)代入式(5-7-6)，式(5-7-6)式代入式(5-7-1)，得：

$$q = \frac{18\pi}{\sqrt{2\rho g}} \left[\frac{\eta l}{t_g \left(1 + \dfrac{b}{p\alpha}\right)} \right]^{\frac{3}{2}} \frac{d}{U} \tag{5-7-8}$$

式(5-7-8)是用平衡测量法测定油滴所带电荷的理论公式。

2. 动态(非平衡)测量法

平衡测量法是在静电力 qE 和重力 mg 达到平衡时导出公式(5-7-8)进行实验测量的。非平衡测量法则是在平行极板上加以适当的电压 U，但并不调节 U 使静电力和重力达到平衡，而是使油滴受静电力作用加速上升。由于空气阻力的作用，上升一段距离达到某一速度 v_e 后，空气阻力、重力与静电力达到平衡(空气浮力忽略不计)，油滴将以匀速上升，这时

$$6\pi\alpha\eta v_e = q\frac{U}{d} - mg$$

当去掉平行极板上所加的电压 U 后，油滴受重力作用而加速下降。当空气阻力和重力平衡时，有：

$$6\pi\alpha\eta v_g = mg$$

以上两式相除，得：

$$\frac{v_e}{v_g} = \frac{q\dfrac{U}{d} - mg}{mg}$$

得

$$q = mg\frac{d}{U}\left(\frac{v_g + v_e}{v_g}\right) \tag{5-7-9}$$

如果油滴所带的电荷从 q 变到 q'，油滴在电场中匀速上升的速度将由 v_e 变为 v'_e，而匀速下降的速度 v_g 不变，这时可得：

$$q' = mg\frac{d}{U}\left(\frac{v_g + v'_e}{v_g}\right)$$

电荷的变化量为：

$$q_i = q - q' = mg\frac{d}{U}\left(\frac{v_e - v'_e}{v_g}\right) \tag{5-7-10}$$

实验时取油滴匀速下降和匀速上升的距离相等，设都为 l。测出油滴匀速下降的时间为 t_g，匀速上升的时间为 t_e 和 t'_e，则

$$v_g = \frac{1}{t_g}, \quad v_e = \frac{1}{t_e}, \quad v'_e = \frac{1}{t'_e} \tag{5-7-11}$$

将式(5-7-6)油滴的质量 m 和式(5-7-11)代入式(5-7-9)和式(5-7-10)，得

$$q = \frac{18\pi}{\sqrt{2\rho g}}\left(\frac{\eta l}{1 + \dfrac{b}{p\alpha}}\right)\frac{d}{U}\left(\frac{1}{t_e} + \frac{1}{t_g}\right)\left(\frac{1}{t_g}\right)^{\frac{1}{2}}$$

$$q_i = \frac{18\pi}{\sqrt{2\rho g}}\left(\frac{\eta l}{1 + \dfrac{b}{p\alpha}}\right)\frac{d}{U}\left(\frac{1}{t_e} - \frac{1}{t'_e}\right)\left(\frac{1}{t_g}\right)^{\frac{1}{2}}$$

$$K = \frac{18\pi}{\sqrt{2\rho g}} \left(\frac{\eta l}{1 + \frac{b}{p\alpha}} \right)^{\frac{3}{2}} d$$

则

$$q = K \left(\frac{1}{t_e} - \frac{1}{t_g} \right) \left(\frac{1}{t_g} \right)^{\frac{1}{2}} \frac{1}{U} \tag{5-7-12}$$

$$q_i = K \left(\frac{1}{t_e} - \frac{1}{t_e'} \right) \left(\frac{1}{t_g} \right)^{\frac{1}{2}} \frac{1}{U} \tag{5-7-13}$$

从实验所测得的结果，可以分析出 q 与 q_i 只能为某一数值的整数倍，由此可以得出油滴所带电子的总数 n 和电子的改变数 i，从而得到一个电子的电荷为

$$e = \frac{q}{n} = \frac{q_i}{i} \tag{5-7-14}$$

从上讨论可见：

(1) 用平衡法测量，原理简单、直观，但需调整平衡电压；用非平衡法测量，在原理和数据处理方面较平衡法要繁一些，但它不需要调整平衡电压。

(2) 比较式(5-7-8)和式(5-7-12)，当调节电压 U 使油滴受力达到平衡时，$t_e \to \infty$，式(5-7-12)和式(5-7-8)相一致，可见平衡测量法是非平衡测量法的一个特殊情况。

【实验内容】

1. 调整仪器

将仪器放平稳，调节仪器底部左右两只调平螺钉，使水准泡指示水平，这时平行极板处于水平位置。先预热 10min，利用预热时间，调节监视器，使分划板刻线清晰。

将油从油雾室旁的喷雾口喷入(喷一次即可)，微调测量显微镜的调焦手轮。这时视场中出现大量清晰的油滴，如夜空繁星。如果视场太暗、油滴不够明亮，可略微调节监视器面板上的微调旋钮。

注意：调整仪器时，如果打开有机玻璃油雾室，必须先将平衡电压反向开关放在"0"位置。

2. 练习测量

练习控制油滴。用平衡法实验时，在平行极板上加工作(平衡)电压 250V 左右，驱走不需要的油滴，直到剩下几滴缓慢运动的为止。注视其中的某一滴，仔细调节平衡电压，使这滴油滴静止不动。然后去掉平衡电压，让它匀速下降，下降一段距离后再加上平衡电压和升降电压，使油滴上升。如此反复多次地进行练习，以掌握控制油滴的方法。

练习测量油滴运动的时间。任意选择几滴运动速度快慢不同的油滴，测出它们下降一段距离所需要的时间；或者加上一定的电压，测出它们上升一段距离所需要的时间。如此反复多练几次，以掌握测量油滴运动时间的方法。

练习选择油滴。要做好本实验，很重要的一点是选择合适的油滴。选的油滴体积不能太大，太大的油滴虽然比较亮，但一般带的电荷比较多，下降速度也比较快，时间不容易测准

确。油滴也不能选得太小，太小则布朗运动明显。通常可以选择平衡电压在 200V 以上，在 10s 左右匀速下降 1.5mm 的油滴，其大小和带电量都比较合适。

练习改变油滴的带电量。对 MOD-8B 型密立根油滴仪，可以改变油滴的带电量。按下汞灯按钮，低压汞灯亮，约 5s，油滴的运动速度发生改变，这时油滴的带电量已经改变了。

3. 正式测量

从式(5-7-15)可见，用平衡测量法实验时要测量的量有两个。一个是平衡电压 U，另一个是油滴匀速下降一段距离 l 所需要的时间 t_g。平衡电压必须经过仔细的调节，并将油滴置于分划板上某条横线附近，以便准确判断出这滴油滴是否平衡。

测量油滴匀速下降一段距离 l 所需要的时间 t_g 时，为了在按动停表时有所准备，应选让它下降一段距离后再测量时间。选定测量的一段距离 l，应该在平行极板之间的中央部分，即视场中分划板的中央部分。若太靠近上电极板，小孔附近有气流，电场也不均匀，会影响测量结果；太靠近下电极板，测量完时间 t_g 后，油滴容易丢失，影响测量。一般取 $l=0.200$cm 比较合适。

对同一滴油滴应进行 6～10 次测量，而且每次测量都要重新调整平衡电压。如果油滴逐渐变得模糊，要微调测量显微镜跟踪油滴，勿使丢失。

用同样方法分别为 4～5 滴油滴进行测量(对 MOD-8B 型密立根油滴仪，也可用改变油滴带电量的办法，反复对同一滴油滴进行实验)，求得电子电荷 e。

4. 数据处理(平衡测量法)

数据处理可根据式(5-7-8)进行：

$$q = \frac{18\pi}{\sqrt{2\rho g}} \left[\frac{\eta l}{t_g \left(1 + \dfrac{b}{p\alpha}\right)} \right]^{\frac{3}{2}} \frac{d}{U}$$

式中，$\alpha = \sqrt{\dfrac{9\eta l}{2\rho g t_g}}$；油的密度 $\rho = 981$kg·m^{-3}；重力加速度 $g = 9.80$m·s^{-2}；空气的黏滞系数 $\eta = 1.83 \times 10^{-5}$kg·m^{-1}·s^{-1}；油滴匀速下降的距离取 $l = 1.50 \times 10^{-3}$m；修正常数 $b = 8.22 \times 10^{-2}$ m·Pa 大气压强 $p = 1.01325 \times 10^5$Pa；平行极板距离 $d = 5.00 \times 10^{-3}$m。

将以上数据代入式(5-7-8)得：

$$q = \frac{1.43 \times 10^{-14}}{\left[t_g \left(1 + 0.02\sqrt{t_g}\right) \right]^{\frac{3}{2}}} \cdot \frac{1}{U} \tag{5-7-15}$$

显然，由于油的密度 ρ、空气的黏滞系数 η 都是温度的函数，重力加速度 g 和大气压强 p 又随实验地点和条件的变化而变化，因此，上式的计算是近似的。在一般条件下，这样的计算引起的误差约为 1%，但它带来的好处是使运算方便得多，对于学生的实验，这是可取的。

为了证明电荷的不连续性和所有电荷都是基本电荷 e 的整数倍，并得到基本电荷 e 值，应对实验测得的各个电荷 q 求最大公约数。这个最大公约数就是基本电荷 e 值，也就是电子的电荷值。但若学生实验操作不熟练，测量误差可能要大些，要求出 q 的最大公约数有时比较困难，通常用"倒过来验证"的办法进行数据处理。即用公认的电子电荷值 $e=1.60\times10^{-19}$ C 去除实验测得的电荷 q，得到一个接近于某一个整数的数值，这个整数就是油滴所带的基本电荷的数目 n。再用 n 去除实验测得的电荷，即得电子的电荷值 e。

用这种方法处理数据，只能是作为一种实验验证，而且仅在油滴带电荷比较少(少数几个电子)时可以采用。当 n 值较大时[这时的平衡电压 U 很低(100V 以下)，匀速下降 2mm 的时间很短(10s 以下)，带来误差的 0.5 个电子的电荷在分配给 n 个电子时，误差必然很小，其结果 e 值总是十分接近于 1.60×10^{-19} C。这也是实验中不宜选用带电荷比较多的油滴的原因。

油滴法实验也可用作图法处理数据，即以纵坐标表示电荷 q，横坐标表示所选用的油滴的序号，作图后所得结果如图 5-7-3 所示。这种方法必须对大量油滴测出大量数据，作为学生实验，是比较困难的。

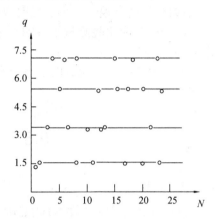

图 5-7-3　用作图法处理油滴实验数据

5. 计算机辅助实验

可以采用计算机辅助完成密立根油滴实验，使用方法如下：

(1) 课前预习：打开 CAI 课件，观看。操作顺序为用鼠标单击"开始"→"程序"→"密立根油滴实验.exe"。

(2) 记录实验数据：打开 millikan.exe，单击"油滴实验"选择"开始实验"，将油滴静止时的电压值，升、降距离 1.5mm 记录在相应的位置，并将该油滴编号，单击开始计时，同时将平衡电压开关放在"0"位置，记录油滴下降时间。

注意：选择适当的条件。电压值：200～300V，运动距离：1.5mm; 运动时间：10s 左右。

【数据记录与处理】

将实验中所得的数据填入表 5-7-1 中。

表 5-7-1　静态测量法

No.	U/V	t_g/s	$q/(\times10^{-19}$C)	n	$e/(\times10^{-19}$C)
1					
2					
3					
4					
5					
6					
7					
8					
9					
10					

【实验 5-7 附录】罗伯特·安德勒斯·密立根简介

Robert Andrews Millikan(1868—1953)

密立根教授是杰出的美国实验物理学家和教育家，他把毕生精力用于科学研究和教育事业上，是电子电荷的最先测定者。

密立根 1868 年 3 月 22 日生于美国伊利诺斯州的莫里森城。1895 年获得哥伦比亚大学哲学博士学位，之后到欧洲的柏林大学和哥廷根大学继续深造。1896—1921 年在芝加哥大学任物理学助理教授和教授。1921 年应聘担任加利福尼亚理工学院物理实验室主任，并任校务委员会主席，一直工作到 20 世纪 40 年代。

密立根从 1907 年开始进行测量电子电荷的实验。1909—1917 年他对带电油滴在相反的重力场和静电场中的运动进行了详细的研究。1913 年发表电子电荷测量结果 $e = (4.770 \pm 0.009) \times 10^{-10}$ 静电单位电荷，这一著名的"油滴实验"曾轰动整个科学界，使密立根名扬四海。

1916 年密立根又解决了光电效应的精确测量问题，证实了爱因斯坦公式 $E = h\nu - A$，第一次由光电效应实验测量了普朗克常量 h。密立根还从事宇宙射线的广泛研究，并取得了一定成果。

密立根教授由于测量电子电荷和研究光电效应的杰出成就，荣获了 1923 年度诺贝尔物理学奖金。

5.8　实验 5-8　温度传感器

【实验目的】

(1) 测定负温度系数(NTC)热敏电阻的电阻-温度特性，并利用直线拟合的数据处理方法，求其材料常数。

(2) 了解以热敏电阻为检测元件的温度传感器的电路结构及电路参数的选择。

(3) 学习运用线性电路和运放电路理论分析温度传感器电压-温度特性的基本方法。

(4) 掌握以迭代法为基础的温度传感器电路参数的数值计算技术。

(5) 训练温度传感器的实验研究能力。

【实验仪器】

TS-B3 型温度传感器技术综合实验仪、磁力搅拌电热器、数字万用表、铜电阻、ZX21 型电阻箱、水银温度计(0～100℃)、烧杯、变压器油。

【实验原理】

传感器是一种将非电量(物理或化学量)转换为与之有确定对应关系的电量并输出的一种装置。这种装置又称变换器或换能器。温度传感器是其中的一种。

温度传感器是把温度转换成电信号的传感器。温度传感器发展较早，应用也较广泛，常用的温度传感器主要有热电偶、热电阻(包括金属热电阻和半导体热敏电阻)、晶体管 PN 结传感器和集成温度传感器。本实验所用的温度传感器是热敏电阻。

热敏电阻是电阻值随着温度的变化而显著变化的一种半导体温度传感器。目前使用的热敏电阻大多属于陶瓷热敏电阻。热敏电阻有以下三类：

(1) 负温度系数(NTC)热敏电阻，它的阻值随温度的升高而呈指数减小。

(2) 正温度系数(PTC)热敏电阻，其阻值随温度升高显著地非线性增大。

(3) 临界温度电阻(CTR)热敏电阻，具有正或负的温度特性，它存在一临界温度，超过此温度，阻值会急剧变化。

MFⅡ型热敏电阻是一种具有负温度系数的热敏电阻，是由一种或一种以上的锰、钴、镍、铁等过渡金属氧化物按一定比例混合，采用陶瓷工艺制备而成的，它的导电原理类似于半导体。一般材料的半导体，其电阻率随温度的变化主要取决于载流子浓度随温度的变化，而迁移率的变化随温度的变化不大；但过渡金属氧化物则不同，载流子浓度与温度变化无关，而迁移率则随温度的升高而增加，所以，它的阻值随温度的增加而减小，是具有负温度系数的热敏电阻。在较小的温度范围内，其电阻-温度特性之间的关系近似地用式(5-8-1)表示

$$R_t = R_{25}e^{B_n\left(\frac{1}{T}-\frac{1}{298}\right)} \tag{5-8-1}$$

式中，R_t、R_{25}分别为温度为t、环境温度为25℃时热敏电阻的阻值；$T=273+t$；B_n为热敏电阻的材料常数。

下面对以这种热敏电阻作为检测元件的温度传感器的电路结构、工作原理、电压-温度特性的线性化、电路参数的选择和非线性误差等问题进行论述。

1. 电路结构及工作原理

电路结构如图 5-8-1 所示，它由含R_t的桥式电路及差分运算放大电路两个主要部分组成。当热敏电阻R_t所在环境温度变化时，差分放大器的输入信号及其输出电压U_o均要发生变化。传感器输出电压U_o随检测元件R_t环境温度变化的关系称温度传感器的电压-温度特性。为了定量分析这种电路的温度-电压特性，可用戴维南定理将电路等效变换成如图 5-8-2 所示的电路。图中：

$$R_{G1} = \frac{R_1 \cdot R_t}{R_1 + R_t}, \quad E_{s1} = \frac{R_t}{R_1 + R_t}U_a \tag{5-8-2}$$

它们均与温度有关，而R_{G2}，E_{s2}与温度无关。

$$R_{G2} = \frac{R_2 \cdot R_3}{R_2 + R_3}, \quad E_{s2} = \frac{R_3}{R_2 + R_3}U_a \tag{5-8-3}$$

根据电路理论中的叠加原理，差分运算放大器的输出电压U_o可表示为：

$$U_o = U_{o-} + U_{o+} \tag{5-8-4}$$

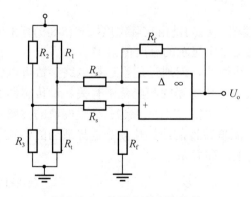

图 5-8-1　热敏电阻电路结构

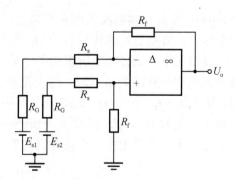

图 5-8-2　等效电路

其中，U_{o-}和U_{o+}分别为图中E_{s1}和E_{s2}单独作用时对电压的贡献。由运算放大器的理论可知：

$$U_{o-} = -\frac{R_f}{R_s + R_{G1}}E_{s1} \tag{5-8-5}$$

$$U_{o+} = -\left[\frac{R_f}{R_s + R_{G1}} + 1\right]U_{i+} \tag{5-8-6}$$

此处 U_{i+} 为 E_{s2} 单独作用时运算放大器同相输入端的对地电压。由于运算放大器的输入阻抗很大，所以有：

$$U_{i+} = -\frac{E_{s2} \cdot R_f}{R_s + R_{G2} + R_f} \tag{5-8-7}$$

把以上结果代入式(5-8-4)，并经整理得：

$$U_o = \frac{R_f}{R_s + R_{G1}}\left[\frac{R_{G1} + R_s + R_f}{R_s + R_{G2} + R_f}E_{s2} - E_{s1}\right] \tag{5-8-8}$$

由于式(5-8-8)中 R_{G1} 和 E_{s1} 与温度有关，所以该式就是温度传感器的电压-温度特性的数学表达式。只要电路参数和热敏元件的电阻-温度特性已知，式(5-8-8)所表达的输出电压与温度的函数关系就完全确定。

2. 电压-温度特性的线性化和电路参数的选择

MF II 型热敏电阻：热敏电阻元件电阻-温度曲线测定和 U_a(电桥的电源电压)、U_3(传感器的最大输出电压)及其他电路参数确定以后，传感器由式(5-8-8)所表达的电压-温度特性不是一条直线，而是一条如图 5-8-3 所示的"S"曲线。在此情况下若在传感器的输出端用刻度均匀的电压表头来显示温度值，就相当于只有上述的三个测量点在(U, t)平面上落在通过原点的一条直线上，但整个测温范围内是直线关系代替了式(5-8-8)所表达的曲线关系，除 t_1、t_2、t_3 三点外这一代替都会引起误差。在理论上这一误差可表示为

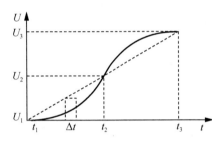

图 5-8-3　电压-温度特性及非线性误差

$$\Delta t = t - \left[t - \frac{t_3 - t_1}{U_3} \cdot U_o(t) + t_1\right] \tag{5-8-9}$$

式(5-8-9)中，t 是传感器探头所在环境处的实际温度值；$U_o(t)$ 是由实际温度按式(5-8-9)算出的输出电压值；方括号算式代表有均匀刻度特性的电压表头显示的温度值。

一般情况下，式(5-8-8)所表达的函数关系是非线性的，但通过适当选择电路参数可以使得这一关系和一直线关系近似。这一近似引起的误差与传感器的测温范围有关。设传感器的测温范围为 $t_1 \sim t_3$，则 $t_2 = (t_1 + t_3)/2$ 就是测温范围的中值温度。若对应于这三个温度值的传感器输出电压分别为 U_{o1}、U_{o2} 和 U_{o3}，所谓传感器电压-温度特性的线性化就是选择适当的参数使这三个点在电压温度坐标系中落在通过原点的直线上，即要求

$$U_{o1}=0, \quad U_{o2}=\frac{U_3}{2}, \quad U_{o3}= U_3 \tag{5-8-10}$$

在图 5-8-2 中，需要确定的传感器电路参数有七个：R_1、R_2、R_3、R_f、R_s 的值及电桥的电源电压 U_a 和传感器的最大输出电压 U_3。这些参数的选择和计算可按以下原则进行：

(1) 当温度为 t_1 时，电路参数效应使得 $U_o=U_{o1}=0$，这时电桥应工作于平衡状态，差分运算放大器电源电路参数应处于对称状态。即要求 $R_1=R_2=R_3=R_{t1}$(热敏电阻在 t_1 时的阻值)，通常可选取 $R_2=R_3=R_A$，$R_1=R_{t1}$，此处 R_A 为阻值最接近 R_{t1} 的电阻元件系列值。

(2) 为了尽量减小热敏电阻中流过的电流所引起的发热对测量结果的影响，U_a 的大小以

不使 R_t 中的电流大于 1mA 为宜。

(3) 传感器的最大输出电压值应与后面的显示仪表相匹配。例如，为了使测量仪表的指示与被测温度的数值一致，要求 U_3 在数字上与测温范围的数字一致。$U_3 = (t_3 - t_1) \times 50 \text{mV}/^\circ\text{C}$。所以若测温范围为 25～65℃时，$U_3 = 2000 \text{mV}$。

④ 最后两个参数 R_s、R_f 的值可按式(5-8-10)所表示的线性化条件的后两个关系式确定。

$$U_{o3} = U_3 = \frac{R_f}{R_s + R_{G13}} \left[\frac{R_{G13} + R_s + R_f}{R_s + R_{G2} + R_f} E_{s2} - E_{s13} \right] \tag{5-8-11}$$

$$U_{o2} = \frac{U_3}{2} = \frac{R_f}{R_s + R_{G12}} \left[\frac{R_{G12} + R_s + R_f}{R_s + R_{G2} + R_f} E_{s2} - E_{s12} \right] \tag{5-8-12}$$

式中，R_{G1i}、$E_{s1i}(i=1，2，3，\cdots)$ 是热敏电阻所处环境温度为 t_1 时按式(5-8-2)计算得到的 R_{G1}、E_{s1} 的值，当电桥各桥臂阻值、电源电压和热敏电阻的电阻-温度特性以及传感器最大输出电压 U_3 已知后，在式(5-8-11)和式(5-8-12)中，除 R_s、R_f 外其余各量均具有确定的数值，这样只要求解上述两式就可得到 R_s、R_f 的值。然而上述两式是以 R_s、R_f 为未知数的二元二次方程组，其解很难用解析的方法求得，必须用数值计算的方法。

3. 确定 R_s 和 R_f 的数值计算技术

如前所述，式(5-8-11)和式(5-8-12)是以 R_s 和 R_f 为未知数的二元二次方程组，每个方程式在(R_s、R_f)直角坐标系中对应着一条二次曲线，两条二次曲线交点的坐标值即为这个联立方程组的解，如图 5-8-4 所示。这个解可以利用迭代法求得。由于在 $R_s=0$ 处与式(5-8-12)对应的曲线对 R_f 轴的截距较式(5-8-11)对应的曲线的截距大(由数值计算结果可以证明)，因此为了使迭代运算收敛，首先令 $R_s=0$，代入式(5-8-12)，由式(5-8-11)求出一个 R_f 的值，然后把这一 R_f 值代入式(5-8-11)，并由式(5-8-11)求出一个新的 R_s 值，再代入式(5-8-12)……如此反复迭代，直到在一定的精度范围内可以认为相邻两次算出的 R_s 和 R_f 值相等为止。

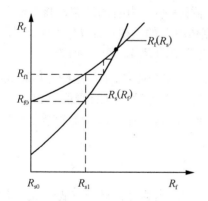

图 5-8-4　确定 R_s 和 R_f 的数值计算技术

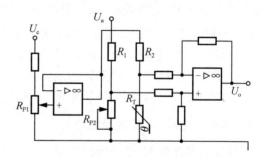

图 5-8-5　温度-电压变换电路原理

【实验内容与步骤】

1. 热敏电阻元件电阻-温度特性的测定

该项测量是设计温度传感器的基础，要求测量结果十分准确。测量时把热敏电阻固靠在 0～100℃水银温度计的头部后，将温度计及热敏元件放入盛有变压器油的烧杯内，并用磁力搅拌电加热器加热变压器油。在 25～65℃的温度范围内，从 25℃开始，每隔 5℃用数字万用表的电阻挡测量这些温度下热敏电阻的阻值，直到 65℃止。为了使测量结果更为准确，可在降温过程中测量。该项测定完成后，采用直线拟合方法处理实验数据，求出式(5-8-1)所表示的热敏电阻电阻-温度特性中材料常数 B_n 的实验值。

2. 选择和计算电路参数

首先根据实验测得的热敏电阻的电阻-温度特性和测温范围(25～65℃)，按前面所述并用迭代法计算电路参数 R_s 和 R_f 之后，按式(5-8-8)和式(5-8-1)计算以上测温范围情况下传感器电压-温度特性的理论值(TS-B3 系列中任一型号的温度传感技术实验仪配有具有以上功能的计算程序软件)。具体方法如下。

(1) 单击菜单栏中的"设置"，出现一个电路图和一个对话框。其基本参数是：U_a=3V、U_3=2V；温度-电阻参数：t_1=25℃、t_2=45℃、t_3=65℃，R_{t1}、R_{t2}、R_{t3} 分别为热敏电阻在 25℃、45℃、65℃时的阻值。

(2) 单击"计算"菜单，计算 R_s 和 R_f，在 R_{s0} 文本框中输入 0，按"计算"按钮，退出。

(3) 单击"输入"菜单，输入 25～65℃所测出的热敏电阻的阻值。

(4) 单击"输出"菜单，屏幕出现 25～65℃时的理论 $U(t)$值。

(5) 记录：记录 R_s、R_f 的数据和 25～65℃时所对应的理论 $U(t)$值。

3. 温度传感器的组装与测试

(1) 设置电阻:首先将 TS-B3 型温度传感综合技术实验仪后面板的开关 K_2 拨到断的位置，电源开关的位置为关。用数字万用表电阻挡的 R×20k 挡，分别调节设置在前面板上的电位器 R_1、R_2、R_3，使万用表上 R_1、R_2、R_3 的数值都为热敏电阻在 25℃时的阻值。然后调节 R_s 和 R_f 的值为计算结果值(R_s 和 R_f 在后面板上，各有两个，都要调)。

(2) 设置电压:打开电源开关，接通开关 K_2，用数字万用表电压 20V 挡测量 U_a，调节电位器 U_a 旋钮，使之为 3V。

(3) 零点调节:用 ZX21 型电阻箱代替热敏元件 R_T 接入热敏电阻的位置，将电阻箱的阻值调到热敏电阻 25℃时的阻值，用万用表的 2V 挡观测传感器的输出电压 U_o 是否为零，如果不为零(允许±1mV 的误差)，调节电位器 R_3(对应图 5-8-5 中的 R_{p1})，使 U_o 值为零。

(4) 量程校准:完成零点调节后，把代替热敏电阻的电阻箱阻值调至热敏电阻在 65℃的阻值，用数字万用表电压 20V 挡观测传感器输出电压 U_o 是否为设计时所要求的 2V。如果不是，再次调节"U_a调节"旋钮改变电桥电源电压 U_a，使 U_o=2V。在完成以上调节工作后，注意保持各电阻元件的阻值和"U_a调节"旋钮位置不变。

4. 传感器电压-温度特性的测定

把测温范围分成 10 个等间隔的子温区，加热变压器油，当温度计显示值低于 65℃约 5℃时停止加热(但不停止搅拌)。由于加热器余热，变压器油的温度会继续升高，当温度计示值高于 65℃的某一最高温度后，变压器油便处于降温状态。在降温过程中测量和记录下以上各子温区交界点温度对应的传感器输出电压 U_o 值。并与按式(5-8-8)计算得出的理论值列表进行比较。

【数据记录与处理】

(1) 根据实验数据在直角坐标上绘出 R_t 的电阻-温度特性曲线，并在同一坐标纸上绘出根

据实验求出的 B_n 值、由式(5-8-1)表示的特性曲线。

(2) 在同一直角坐标系中绘出温度传感器电压-温度特性的理论计算曲线和实验测定曲线。

(3) 实验结果的分析、讨论和评定。

将实验中所测得的数据填入表 5-8-1 中。

表 5-8-1　利用热敏元件测量传感器输出电压

$R_s=$_____，$R_f=$_____

温度/℃ 数据	25	30	35	40	45	50	55	60	65
热敏电阻/Ω									
U_o 理论值/mV									
U_o 实测值/mV									

【思考题】

(1) 用迭代法计算 R_s 和 R_f 时，若先给 R_f 赋值，计算结果将会如何发展？

(2) 在调节温度传感器的零点和量程时，为什么要先调节零点，后调节量程？

5.9　实验 5-9　光纤传感实验仪

【光纤传感实验仪的理论基础】

光纤传感器是 20 世纪 70 年代中期发展起来的一种新型传感器，它是伴随着光导纤维及通信技术发展应运而生的。

光纤是传光的纤维波导或光导纤维的简称。它是一种利用全反射原理，使光线和图像能够沿着弯曲路径传送到另一端的光学元件。通常，光纤是以高纯度的石英玻璃为主，掺少量杂质锗(Ge)、硼(B)、磷(P)等材料制成的细长圆柱形，直径为几微米到几百微米，实用的结构有两个同轴区，内区称为纤芯，外区称为包层，而且纤芯折射率 n_1 大于包层折射率 n_2；同时，在包层外面还有一层起支撑保护作用的套层。

光纤传感器的基本原理是将光源发出的光经过光纤送入调制区，在被测对象的作用下，使光的光学性质，如光强、相位、频率、偏振态、波长等发生变化，使它成为被调制的信号光，再经过光纤送入光探测器和一些电信号处理装置，最终获得被测对象的信息。

光纤传感器与传统的各类传感器相比有一系列独特的优点，如灵敏度高、抗电磁干扰、耐腐蚀、电绝缘性好、防爆、光路有可绕曲性，便于与计算机连接，结构简单、体积小、质量轻、耗电少等。在此基础上可以制造传感各种不同物理微扰(声、磁、温度、旋转等)的传感器。

光纤传感器按传感原理可分为功能型和非功能型。功能型光纤传感器是利用光纤本身的特性把光纤作为敏感元件，所以也称传感型光纤传感器或全光纤传感器。非功能型光纤传感器是利用其他敏感元件感受被测量的变化，光纤仅作为传输介质，传输来自远处或难以接近场所的光信号，所以也称传光型传感器或混合型传感器。

按照被测对象的不同，光纤传感器可以分为：温度传感器、流量传感器、速度传感器、位移传感器、压力传感器、磁场传感器、电流传感器、电压传感器、图像传感器和医用传感器。

光纤传感器按被调制的光波参数不同又可分为强度调制光纤传感器、相位调制光纤传感器、频率调制光纤传感器、偏振调制光纤传感器和波长(颜色)调制光纤传感器。强度调制是光纤传感器最早使用的调制方法，其特点是技术简单、可靠、价格低。人们平常使用的光纤传感实验仪就采用了强度型光纤传感的方式，下面就来简单讨论强度调制的基本传感原理。

强度调制光纤传感器一般由入射光源光纤、调制器件及接收光纤组成，其原理如图5-9-1所示。一恒定光源发出的光波I_{in}注入调制区，在外力场I_S的作用下，输出光波强度被调制，载有外力场信息的I_{out}的包络线与I_S形状一样，光电探测器的输出电流I_D(或电压)也同样被调制，通过检测输出电流I_D的变化实现了对待测量的测量。因此，光纤出射光场的场强分布对于这类传感器的分析和设计至关重要。

对于多模光纤来说，光纤端出射光场的场强分布由式(5-9-1)给出：

$$\Phi(r,\ z)=\frac{I_0}{\pi\sigma^2 a_0^2\left(1+\zeta\left(\frac{z}{a_0}\right)^{\frac{3}{2}}\tan\theta_c\right)^2}\cdot\exp\left(-\frac{r^2}{\sigma^2 a_0^2\left(1+\zeta\left(\frac{z}{a_0}\right)^{\frac{3}{2}}\tan\theta_c\right)^2}\right) \tag{5-9-1}$$

式中，I_0为由光源耦合入发送光纤中的光强；$\Phi(r,\ z)$为纤端出射光场中位置$(r,\ z)$处的光通量密度；σ为表征光纤折射率分布的相关参数，对于阶跃折射率光纤$\sigma=1$；a_0为光纤芯半径；ξ为与光源种类及光源和光纤的耦合情况有关的调制参数；θ_c为光纤的最大出射角。

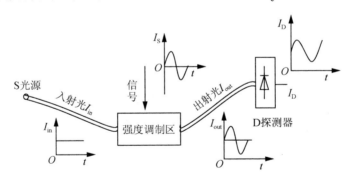

图 5-9-1　强度调制光纤传感原理

如果将同种光纤置于发送光纤端出射光场中作为探测接收器，则所接收到的光纤可表示为

$$I(r,\ z)=\iint\limits_S\Phi(r,\ z)\mathrm{d}S=\iint\limits_S\frac{I_0}{\pi\omega^2(z)}\cdot\exp\left(-\frac{r^2}{\omega^2(z)}\right)\mathrm{d}S \tag{5-9-2}$$

式中，$\omega(z)=\sigma a_0\left(1+\zeta(z/a_0)^{\frac{3}{2}}\tan\theta_c\right)$；$S$为接收光面面积，即纤芯面面积。

在纤端出射光场的远场区，为简便，可用接收光纤端面中心点处的光强来作为整个纤芯上的平均光强，在这种近视下，得到在接收光纤终端所探测到的光强公式为

$$I(r, z) = \frac{SI_0}{\pi \omega^2(z)} \cdot \exp\left(-\frac{r^2}{\omega^2(z)}\right) \tag{5-9-3}$$

目前纤端光场分布的公式大都是以实验数据为依据，以准高斯分布为原型构造而成的，需要由实验来验证和改善。光纤传感仪提供了一种便利的测量二维纤端光场分布的实验途径。

另外，在光纤传感器中，光源的选择必须与光纤传感器相容。半导体光源是利用 PN 结把电能转换成光能的半导体器件，它具有体积小、质量小、结构简单、使用方便、效率高和工作寿命长等优点，与光纤的特点相容，因此在光纤传感器和光纤通信中得到广泛应用。

其中发光二极管(light emitting diode，LED)，是目前比较常用的半导体光源。在下面介绍的实验 5-10 中将测量并绘制 LED 光源的光功率 P-电流 I 特性曲线；实验 5-11、实验 5-12、实验 5-13 分别具体讨论透射式强度调制、反射式强度调制、微弯式强度调制的基本传感原理。

【光纤传感实验仪结构】

1. 仪器构成

光纤传感实验仪是在光纤传感领域中的光纤透射技术、反射技术及微弯损耗技术等基本原理的基础上开发而成的。由光纤传感实验仪主机(图 5-9-2 为实验仪主机面板)、LED 光源、发射光纤、PIN 光电探测器、接收光纤、二维微位移调节架(图 5-9-4)、反射器、微弯变形器等组成实验系统。图 5-9-3(a)、图 5-9-3(b)和图 5-9-3(c)分别给出了本实验所用的三组光纤组件示意图。

图 5-9-2 光纤传感实验仪主机面板

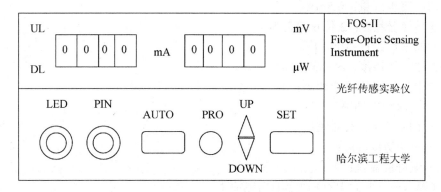

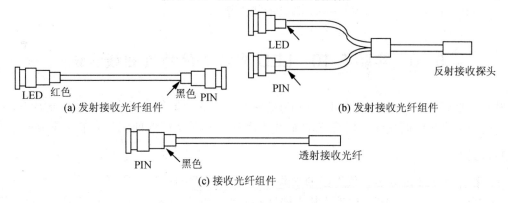

图 5-9-3 光纤组件示意

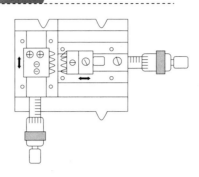

图 5-9-4　二维微位移调节架示意

2. 部分仪器功能

(1) 光纤传感实验仪主机：它为 LED 提供稳定的驱动电流，并且完成光电转换及放大，同时显示稳定的电信号输出。

(2) 二维微位移调节架：它是光纤探头的固定装置；实现微位移定量调节，最小分辨率为 0.01mm；用来放置和固定反射器和微弯变形器。

3. 仪器性能指标

(1) 输入电压：～220V/50Hz。

(2) 驱动电流的调节范围：0～100mA。

(3) 驱动电流步进量：0.5mA。

(4) A/D 转换器精度(12 位)：0.25‰。

(5) 放大器增益：1～1000 倍。

(6) 放大器非线性度：＜0.5‰。

图 5-9-2 中各装置的功能如下：

LED——光源输出插座；

PIN——光探测器输入插座；

AUTO——自动步进键；

PRO——编程控制键；

UP、DOWN——配合 PRO 设定输出电流上、下限；

SET——设置键；

UL、DL、mA、mV、μW ——仪器显示状态指示灯。

5.10　实验 5-10　LED 光源 *I-P* 特性曲线测试

发光二极管(light emitting diode，LED)是现在常用的半导体光源之一，它的输出光功率 P 随驱动电流 I 的变化而变化，研究它的输出光功率 P-电流 I 特性曲线具有非常重要的意义。

【实验目的】

(1) 了解"光纤传感实验仪"LED 光源及 PIN 探测器的结构和原理。

(2) 了解"光纤传感实验仪"的基本构造和原理，熟悉其各个部件，学习和掌握其正确使用方法。

(3) 掌握 $I\text{-}P$ 特性曲线的测量方法，熟悉 LED 光源的 $I\text{-}P$ 特性。

【实验仪器】

光纤传感仪主机、发射-接收光纤。

【实验原理】

1. LED 光源的结构及发光原理

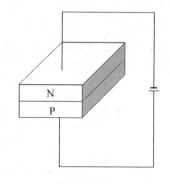

LED 光源是一种固态 PN 结器件，属于冷光源，其发光原理是电致发光。

LED 是由 P 型和 N 型两种半导体相接而形成的一个 PN 结，如图 5-10-1 所示，在平衡条件下，结面附近形成了从 N 区指向 P 区的内电场，从而阻止了 N 区的电子和 P 区的空穴越过分界面向对方扩散。当 LED 的 PN 结上加有正向电压时，外加电场将削弱内电场，使得空间电荷区变窄，载流子扩散运动加强，

图 5-10-1　发光二极管原理示意

在结面附近积累了大量的电子-空穴对，从而实现了电子与空穴复合发光。从能带理论角度分析：当电子与空穴复合时，电子由高能级向低能级跃迁，同时将多余的能量以光子的形式释放出来。发出光的波长由半导体的禁带宽度 E_g 决定，即

$$\lambda = \frac{hc}{E_g} \tag{5-10-1}$$

式中，c 为光速；h 为普朗克常量。

另外，LED 光源发出的光谱具有一定的宽度。这是因为：

(1) 在固体能带中的导带和价带都有一定的宽度，所以跃迁的起点和终点都有一定的宽度，导致了光谱具有一定宽度；

(2) 实际上半导体内的复合是复杂的，除了本征复合之外，还存在导带与杂质能级、价带与杂质能级及杂质能级之间的跃迁。

本实验仪所采用的 LED 光源中心波长为 $0.89\,\mu m$。

2. PIN 型光敏二极管的结构和工作原理

光敏二极管通常是在反向偏压下工作的光探测器。在光纤系统中，光探测器的作用是将光纤传来的光信号功率变换为电信号电流。

光敏二极管的基本结构是 PN 结，如图 5-10-2(a)所示，其基本工作原理是当光照到半导体 PN 结时，被吸收的光能转化成电能。这一转变过程是一个吸收过程，与前述 LED 的辐射过程相反。

当 PN 结受到能量大于禁带宽度 E_g 的光照射时，其价带中的电子在吸收光能后将跃迁到导带成为自由电子；与此同时，在价带中留下自由空穴。这些由光照产生的自由电子和自由空穴统称为光生载流子。在反向电压的作用下，光生载流子参与导电，从而形成电流。由于光电流是光生载流子参与导电形成的，而光生载流子的数目又直接取决于光照强度，因此，光电流必定随入射光的强度变化而变化，这种变化特性在入射光强很大的范围内保持线性关系，从而保证了光功率在很大范围内与电压有如下的线性关系：

$$P = KU \tag{5-10-2}$$

式中，P 为光功率；U 为 PN 结两端电压；K 为比例系数。因此，本实验直接测量 LED 光源的 $I\text{-}U$ 特性曲线。

通常，PN 结型光敏二极管的响应时间只能达到 10^{-7}s，对于光纤系统的光探测器，往往要求响应时间小于 10^{-8}s，所以本实验所采用的是 PIN 型光敏二极管。如图 5-10-2(b)所示，它与 PN 结相比，在 P 区和 N 区增加了一个约为 $10\,\mu\text{m}$ 的 I 区，I 区相对于 N 区和 P 区而言是高阻区，外加反向偏压大部分都落在 I 区，这样加宽了耗尽区，增大了光电转换的有效工作区域，从而缩短了响应时间，提高了灵敏度。

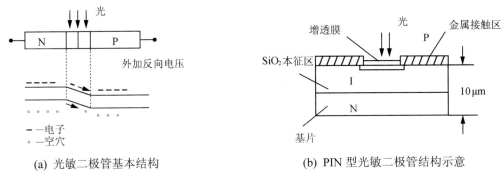

(a) 光敏二极管基本结构　　　　　　　(b) PIN 型光敏二极管结构示意

图 5-10-2　光敏二极管的结构与原理

【实验内容步骤】

(1) 将发射-接收光纤的光源端与 LED 光源的插座相连,探测器与 PIN 探测器的插座相连。

(2) 接通电源，调整电流调节键使 LED 驱动电流达到最小。

(3) 调整电流调节键，每隔 2.5mA，记录下经光电转换放大后的输出电压值(单位：mV)

【数据记录与处理】

(1) 把直接测量 I、U 数据填入表 5-10-1 中。

(2) 根据以上数据作 LED 光源的 $I\text{-}U$ 特性曲线。

表 5-10-1　测量在相应电流 I 下 LED 两端输出电压 U

次数(n)	1	2	3	4	5	6	7	8	9	10
I/mA										
U/mV										
次数($n+10$)	11	12	13	14	15	16	17	18	19	20
I/mA										
U/mV										

5.11　实验 5-11　光纤纤端光场径(轴)向分布的测试

光纤纤端光场的分布是分析和设计强度调制型光纤传感实验仪的基础，通过纤端光场分布的测量可以使我们从直观上对纤端光场场强分布的特点有所了解，并且对光纤传光特性有一定的定性和定量的掌握。同时，它的测量对光纤传感器的设计、使用方法等一些基本问题，具有重要意义。

【实验目的】

(1) 了解光纤传感实验仪的基本构造和原理,熟悉其各个部件,学习和掌握其正确使用方法。

(2) 定性了解光纤纤端光场的分布,掌握其测量方法、步骤及计算方法。

(3) 测量一种光纤的纤端光场分布,绘出纤端光场分布图。

【实验仪器】

光纤传感实验仪主机、接收光纤、发射光纤、准二维调节架。

【实验原理】

按照光纤传输的模式理论,在光纤中光功率按模式分布。叠加后的光纤端光场场强沿径向分布可近似由高斯型函数描写,称其为准高斯分布。另外沿光纤传输的光可以近似看作平面波,此平面波在纤端出射时,可等价为平面波场垂直入射到不透明屏的圆孔表面上,形成圆孔衍射。实际情况接近于两者的某种混合。为分析方便起见,做以下假设:

(1) 光纤端面的光场是由光强沿轴向均匀分布的平面波和光强沿径向为高斯分布的高斯光束两部分构成的。

(2) 纤端出射光场由准平面波场的圆孔衍射和在自由空间中传输的准高斯光束叠加而成。在以上假设下可推导出理论公式(5-11-1)(详细推导请参考文献[1])

$$I(\bar{r}, z) = I_0 \left\{ p^2 \frac{a_0^2}{r^2} J_1^2\left(\frac{kr}{z}a_0\right) + q^2 \frac{(2\pi\omega_0^2)^2}{\lambda^2(4z^2 + k^2\omega_0^4)} \cdot \exp\left(-\frac{2k^2\omega_0^2 r^2}{4z^2 + k^2\omega_0^4}\right) \right\} \tag{5-11-1}$$

式(5-11-1)表明,纤端出射光场场强分布是由不同权重下的高斯分布和平面波场的圆孔衍射分布叠加的结果。

纤端光场既不是纯粹的高斯光束,也不是纯粹的均匀分布的几何光束,为了更好地与实际情况符合,综合这两种近似情况,并引入无量纲调和参数 ξ ,可以给出如下结果:

$$\omega(z) = \sigma a_0 \left[1 + \xi\left(\frac{z}{a_0}\right)^{\frac{3}{2}} \tan\theta_c \right] \tag{5-11-2}$$

实际使用过程中,对于渐变折射率光纤有时取 $\sigma = 2^{-1/2}$;对于突变折射率分布的光纤通常取 $\sigma = 1$,对于芯径较粗的多模光纤而言,衍射效应基本上被平均化了,即取 $p \approx 0$, $q \approx 1$ 。因而对于大芯径多模光纤,为使用方便,式(5-11-1)通常取如下形式:

$$I(r, z) = \frac{I_0 S}{\pi\omega^2(z)} \cdot \exp\left[-\frac{r^2}{\omega^2(z)}\right] \tag{5-11-3}$$

最简单的透射式强度调制光纤传感原理如图 5-11-1 所示。发射光纤与接收光纤对准,调制处的光纤端面为平面,通常入射光纤不动,而接收光纤可以作纵(横)向位移,这样,使接收光纤只能收到发射光纤发出的部分光,从而实现光强被其位移调制。

当 z 固定时,得到的是横向位移传感特性函数,而当 r 取一定值时(如 $r=0$),则可得到纵向位移传感特性函数。

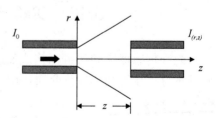

图 5-11-1 透射调制传感原理

【实验内容与步骤】

1. 光纤纤端光场径向分布的测试

(1) 将光源光纤卡在纵向微动调节架上,将探测光纤卡在横向微动调节架上,并使两光纤探头间距调到约 1mm。

(2) 接通电源,将 LED 驱动电流调到指定电流(35mA)。

(3) 调整横向微动调节旋钮和光纤卡具并观察电压输出使之输出最大,此时可认为入射光纤和出射光纤已对准。

(4) 调整纵向微动调节架,将探测光纤推进到与光源光纤即将接触的位置记录下螺旋测微器的读数,然后将纵向微动调节架向相反的方向旋转 1.0mm(两光纤探头的间距)停止。

(5) 沿某一方向旋转横向微动调节架,直至输出电压为零,再向相反的方向旋转一点,记录螺旋测微器的读数,继续向该方向旋转,每转过 5 个小格记录电压输出值,直至电压再次变为零。

(6) 将两光纤探头的间距调到 1.5mm,重复步骤(5)。

2. 光纤纤端光场轴向分布的测试

(1) 将光源光纤卡在纵向微动调节架上,将探测光纤卡在横向微动调节架上,并使两光纤探头间距调到约 1mm。

(2) 接通电源,将 LED 驱动电流调到指定电流(35mA)。

(3) 调整横向微动调节旋钮和光纤卡具并观察电压输出使之输出最大,此时可认为入射光纤和出射光纤已对准。

(4) 调整纵向微动调节架,将探测光纤推进到与光源光纤即将接触的位置记录下螺旋测微器的读数,然后将纵向微动调节架向相反的方向旋转,每旋过 5 个小格记录电压输出值,直至输出电压变为零。

【数据记录与处理】

(1) 在同一坐标纸上作出两光纤探头间距不同时的两条横向位移-电压实验特性曲线。

(2) 在坐标纸上作出纵向位移-电压实验特性曲线。

注:两光纤探头的间距可自行设定,也可根据需要测出多条实验曲线。还可以改变 LED 的驱动电流,然后再作曲线,以获得在不同驱动电流下的输出特性。或根据需要自行设计实验内容;数据表格自行设计。

5.12 实验 5-12 反射式光纤位移传感器

光纤传感器实验仪可以构成反射式光纤微位移传感器,这是一种非功能型光纤传感器,光纤本身只作为光的传输介质,用它可以测量多种可转换成位移的物理量。

【实验目的】

(1) 了解光纤传感实验仪的基本构造和原理,学习和掌握其正确使用方法。

(2) 了解一对光纤(一个发光、一个接收光)的反射接收特性曲线。

(3) 学习掌握最简单、最基本的光纤位移传感器的原理和使用方法。

【实验仪器】

光纤传感仪主机、反射接收光纤、准三维调节架。

【实验原理】

这种反射式强度调制的形式很多，它可由一根光纤或两根光纤组成，也可由传光束组成。通常所用的光纤是由单根光纤分成的两部分，即输入光纤和输出光纤，也可称为发送光纤和接收光纤。这种传感器的调制机理是输入光纤将光源的光射向被测物体表面，再从被测面反射到另一根输出光纤中，其光强的大小随被测表面与光纤间的距离而变化。

光纤探头 A 由两根光纤组成，如图 5-12-1(a)所示，一根用于发射光，一根用于接收反射镜反射的光，R 是反射镜。由光纤传感仪光源光纤的光照射到反射器上，其中一部分反射光由接收光纤传回到光纤传感实验仪的探测器上，通过检测反射光的强度变化，就能测出反射体的位移。

图 5-12-1(b)给出了反射式光纤调制原理，让光纤固定不动，在距光纤端面(光纤探头)z 的位置放有反光物体——平面反射镜，它垂直于输入和输出光纤轴移动，故在平面反射镜之后相距 z 处形成一个输入光纤的虚像。因此，确定调制器的响应等效于计算虚光纤与输出光纤之间的耦合。光纤传感实验仪接收到的反射光强为

$$I_A(z) = \frac{RSI_0}{\pi\omega^2(2z)} \cdot \exp\left[-\frac{r^2}{\omega^2(2z)}\right] \tag{5-12-1}$$

式中：

$$\omega(2z) = \sigma a_0 [1 + \zeta\left[\frac{2x}{a_0}\right]^{\frac{3}{2}} \tan\theta_c] \tag{5-12-2}$$

式(5-12-2)中，对于本系统设计采用的多模光纤，光纤芯半径 $a_0=0.1\text{mm}$，两光纤间距 $r\approx 0.34\text{mm}$，综合调制参数 $\zeta=0.026$，R 为反射器的反射系数。

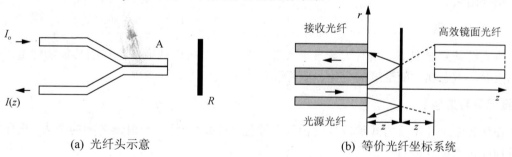

(a) 光纤头示意   (b) 等价光纤坐标系统

图 5-12-1　光纤反射式位移传感调制原理示意

【实验内容与步骤】

反射式光纤位移传感器的调制特性曲线的测量。

1. 实验步骤

将反射式光纤探头卡在纵向微动调节架上，对准反射器并使光纤探头与反射镜间距调到约 0.1mm。

接通电源，将 LED 驱动电流调到指定电流 40mA。

调整纵向微动调节架，将探测光纤推进到与反射镜表面即将接触的位置记录下螺旋测微器的读数，然后停止。

沿纵向向远离反射镜的方向转动微动调节架，每次调节 0.1mm 并记录螺旋测微器的读数和电压输出值，直至 5mm。

根据记录数据画出一条曲线。

2. 位移传感标定

由理论曲线图 5-12-2 可以看出，光纤位移传感器可工作在两个区域，即上升(前沿)和下降(后沿)区，前沿工作区的灵敏度高但动态范围小，而后沿工作区灵敏度低但动态范围较大，可视需要而定。在作为光纤传感器使用时，对传感器要进行标定。

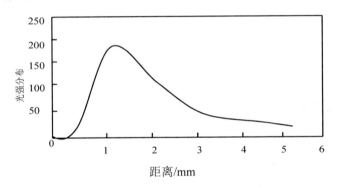

图 5-12-2　反射式调制理论特性曲线

标定方法是：根据调制特性曲线选择线性区，然后在选好的线性区间内给出标定曲线，测试步骤类似于调制特性曲线测试的实验内容。每隔 50 μm 记录下输出电压数值，作出光纤探头和反射镜间距与电压输出的特性曲线。于是，反射镜与光纤探头间的距离可由曲线的多项式拟合出来。

3. 实验扩展

将光纤传感器取下，自行设计一个实验，测量一个可以转换成位移的其他物理量。如长度的改变、双金属片随温度的变化、膜片随压力的变化等。

【数据记录与处理】

在坐标纸上作出反射式调制特性曲线，即位移(探测光纤与反射器之间的距离)-电压实验特性曲线，数据表格自行设计。

5.13　实验 5-13　微弯式光纤压力(位移)传感器

微弯式光纤传感器是根据光纤微弯变形引起纤芯或包层中传输的光载波强度变化的原理制成的全光纤型传感器。微弯式传感技术可分为亮场型和暗场型两种。前者是通过对纤芯中光强度的变化来实现信号能量的转换；而后者则检测包层中的光信号。本实验就是利用光纤微弯变形引起纤芯中传输的光波强度的变化来实现位移或压力的检测。

【实验目的】

(1) 了解光纤弯曲损耗的机理及其特性。

(2) 学习利用弯曲损耗测量位移的方法。

(3) 学习利用弯曲损耗测量压力的方法。

【实验仪器】

光纤传感实验仪主机、接收光纤、发射光纤、准三维调节架。

【实验原理】

由波动理论知道，波长为 λ 的电磁波在真空中的传播常数(又称平面波的波矢)为 $\beta = 2\pi/\lambda$，在纤芯与包层中的传播常数分别是：$\beta_1 = n_1 \cdot 2\pi/\lambda$、$\beta_2 = n_2 \cdot 2\pi/\lambda$。一个传播常数决定一种电磁场分布，称为一种模式。另外，在光纤中的这些模式又可分为：传导模、辐射模、泄漏模。其中传导模在光纤中传播时满足全反射条件；而那些不满足全反射条件的模式，其电磁场不限于光纤芯区而可向径向辐射至无穷远，则称为辐射模；此外，还有一些部分满足全反射条件，在沿传播方向有衰减的包层模。实际的光纤波导由于存在折射率不均匀或粗细不均等不完整性，使模式间相互耦合，即能量会从一个模式耦合到另一个模式中去。并且，一般模式间的耦合主要在相邻模式之间进行。

微弯式光纤传感器正是利用模式间的耦合原理设计的。当光纤发生弯曲时，由于其全反射条件被破坏，引起光纤模间的耦合即传导模(纤芯模)与包层模或辐射模发生耦合，从而造成光能的损耗，这就是微弯损耗。通过精确地把这种微弯损耗与引起微弯的器件的位置及压力等物理量联系起来可以构成各种功能的传感器。

图 5-13-1 是微弯式光纤传感器的原理结构。把光纤夹在两块具有周期性波纹的微弯板之间，即变形器中。其中波纹的周期间隔为 Λ。当变形器受力时，光纤的弯曲情况发生变化，由此产生的损耗也发生变化。

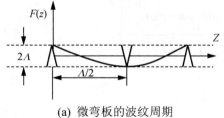

(a) 微弯板的波纹周期

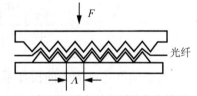

(b) 变形器受力时光纤的弯曲情况

图 5-13-1　微弯型光纤传感器原理结构示意

现在若给定了引起耦合的两个模的传播常数分别为 β 和 β'。理论和研究表明：当微弯器弯曲波长 Λ 与光纤中适当选择的两个模之间的传播常数相匹配，即 Λ 满足

$$\Delta\beta = |\beta - \beta'| = \frac{2\pi}{\Lambda} \tag{5-13-1}$$

时相位失配为零，模间耦合达到最佳。因此，波纹的最佳周期间隔决定于光纤的模式性能。变形器的位移改变了弯曲处的模振幅，从而产生强度调制。调制系数可写成：

$$Q = \frac{\mathrm{d}T}{\mathrm{d}x} \cdot \frac{\mathrm{d}x}{\mathrm{d}p} \tag{5-13-2}$$

式中，T 为光纤的传输系数；x 为波纹板的位移；p 为外物压力。

调制系数决定于两个参数：一是由光纤性能确定的 $\mathrm{d}T/\mathrm{d}x$，它是一个精确的光学参数；二是 $\mathrm{d}x/\mathrm{d}p$，它是由微弯传感器的机械设计确定。为使光纤传感器最佳化，必须使光学设计和机械设计最佳化，并把两者统一起来。如前所述，若产生光纤畸变的波纹周期 Λ 满足式(5-13-1)，即可获得最佳耦合，并以此决定做微弯传感器的最佳机械设计。

对于抛物线(或平方律或梯度)折射率分布的光纤有：

$$\Delta\beta = \frac{\sqrt{2\Delta}}{r} \tag{5-13-3}$$

式中，r 为光纤半径，Δ 为纤芯与包层之间的相对折射率差。根据式(5-13-1)和式(5-13-3)得到变形器波纹周期的最佳值为：

$$\Lambda_{\mathrm{c}} = \frac{2\pi r}{\sqrt{2\Delta}} \tag{5-13-4}$$

Λ_{c} 一般在毫米级的范围。对于阶跃折射率光纤：

$$\Delta\beta = \frac{\sqrt{2\Delta}}{r}\frac{m}{M} \tag{5-13-5}$$

式中，M 为总模式；m 为模式标号。

式(5-13-5)表明，高阶模比低阶模之间传播常数相差大，因此其相应的值 Λ 比 Λ_{c} 要小，变形器的齿可以做成正弦形也可以做成三角形。

在本实验中，我们用的变形器的齿是正弦形，所以近似地把光纤看成是正弦弯曲，其弯曲函数为：

$$f(z) = \begin{cases} A\sin\omega\cdot z, & 0 \leq z \leq L \\ 0, & z < 0, z > L \end{cases} \tag{5-13-6}$$

式中，L 是光纤产生微弯的区域；$\omega = 2\dfrac{\pi}{\Lambda}$ 是其弯曲频率；Λ 为弯曲波长。因为，模式间的耦合主要在相邻模式之间进行，所以要选择相邻的两个模式 β 和 β'，而且所用光纤的折射率分布满足抛物线(或平方律或梯度)。这时光纤由于弯曲产生的光能损耗系数为：

$$\alpha = \frac{A^2 L}{4}\left\{\frac{\sin\left[(\omega - \omega_{\mathrm{c}})\dfrac{L}{2}\right]}{(\omega - \omega_{\mathrm{c}})\dfrac{L}{2}} + \frac{\sin\left[(\omega + \omega_{\mathrm{c}})\dfrac{L}{2}\right]}{(\omega + \omega_{\mathrm{c}})\dfrac{L}{2}}\right\} \tag{5-13-7}$$

式中，A 为弯曲幅度；α 为光能损耗系数。

$$\omega_{\mathrm{c}} = \frac{2\pi}{\Lambda_{\mathrm{c}}} = \beta - \beta' = \Delta\beta \tag{5-13-8}$$

式中，ω_{c} 称为谐振频率；Λ_{c} 为谐振波长。

从式(5-13-7)可以看出，当 $\omega = \omega_{\mathrm{c}}$，即 $\Lambda_{\mathrm{c}} = \dfrac{2\pi r}{\sqrt{2\Delta}}$ 时，光能损耗最大；光能损耗 α 系数与弯曲幅度的平方成正比，与弯曲区的长度成正比。

对于通信光纤当 $r = 25\mu\mathrm{m}$，$\Delta \leq 0.01$ 时，$\Lambda_{\mathrm{c}} = 1.1\mathrm{mm}$。按式(5-13-4)得到的 Λ_{c} 一般太小，实用上可取奇数倍，即 3、5、7 等，同样可得到较高的灵敏度。

理论分析表明：光纤微弯时产生微弯损耗与位移呈正比且不是线性关系，但是在某一区域之间可近似认为它们满足线性关系。通过本实验可以获得位移-光强实验曲线，从而确定适合于光纤微弯位移传感器的工作区域。

【实验内容与步骤】

1. 微位移测量及微弯损耗特性研究

(1) 将微弯变形器嵌入三维微位移调节器上，被测光纤放置在微弯变形器中。

(2) 调节微动调节旋钮，使微弯器与光纤接触，记录此时的 PIN 探测信号经放大后的输出电压 P，同时记录当前螺旋测微器的位置 X。

(3) 调节微动调节旋钮，每旋进 $20\,\mu m$ 记录一次电压的输出值 U 及位置 X。

(4) 根据数据作出 U–X 曲线。

2. 自行设计利用光纤传感实验仪实现测量压力的方法

实验装置可利用光纤传感实验仪附带的微弯板，根据需要自行设计实验装置来实现压力的检测。

要实现压力的检测，只需将微弯板安装在您所设计的实验装置上，然后进行标定，经标定后的装置即可用于测量压力。

【实验 5-13 数据记录与处理】

在坐标纸上画出微弯测位移实验曲线，即位移-电压实验特性曲线，数据表格自行设计。

注意： 不要过力压迫光纤以免光纤被压断。

【实验 5-13 附录】光电效应和光纤传感实验虚拟实验管理系统软件介绍

随着计算机技术和多媒体技术的发展，虚拟实验走进课堂是实验教学现代化的必经之路。虚拟实验为实验教学注入新活力的同时，也必将带来实验模式的改革。物理虚拟实验是利用计算机及其相应的应用软件来模拟实验仪器、实验环境，以人机对话的方式实现实验过程，并借助计算机采集和处理实验数据，生成实验报告的新的实验教学手段。由于虚拟实验形式新颖、内容丰富、操作简单、处理数据方便，因此，不仅可以增强学生对物理实验的兴趣，而且可以大大提高物理实验教学水平，是物理实验教学改革的有力工具。

在虚拟实验中配有生动形象界面的实验教材(软件)是关键。光电效应虚拟实验管理系统操作软件是由中国科学院大恒新纪元科技股份有限公司、中国科学院成都分院成都世纪中科仪器有限公司以及天津商学院物理实验室共同研制成功的，该网络实验管理软件为学生实验操作及教师管理提供了有利的工具。

该软件包括普朗克常量、光电效应和光纤传感实验内容。对实验的相关理论进行了详细的讲解，同时对实验的历史背景和意义、现代应用等方面都作了介绍，使虚拟实验成为连接理论教学与实验教学，培养学生理论与实践相结合思维的一种崭新教学模式。

此虚拟软件所配套的生动形象的界面，可以使学生能够对实验的整体环境、所用仪器的整体结构建立起直观的认识。

实验中待测的物理量可以随机产生，以适应同时实验的不同学生和同一学生的不同次操作。在完成实验的同时，此系统将采集获得的实验数据自动记录存储、图形显示，形成实验报告及打印结果，并且对学生的实验报告进行数据库管理，可以存储、评阅、查看和打印，另外对实验误差也进行了模拟，以评价实验质量的优劣。

为了使实验报告更加客观真实地反映学生对实验内容的掌握程度，本系统提供了多种形式的题目，从而便于教师对学生实验报告做出合理的评价。另外，在讲台主机中配有教师签名软件。

此软件不仅在虚拟操作下可以完成多个实验的全部内容，而且在光电效应实验中提供了每五台 PC 共享一台实验仪，在实验过程中系统根据每台 PC 申请的先后顺序进行排队操作，即通过 PC 可以对实验仪器进行实时控制和操作，从而在实验教学中实现了真实实验和虚拟实验相结合，相得益彰。这样一方面解决了实验教学资源紧缺问题；另一方面，在同一个界面上实现理论与实验的互动学习，培养了学生的创新思维和能力，这正是该软件的独特魅力。

1. 软件的组成

本系统软件主要包括系统管理、资料查询、实验操作三大部分。

系统管理：主要是对该系统的用户进行管理，只有系统管理员拥有对该操作使用的权限。故此项仅供教师对学生进行各种信息的添加、修改、查询、删除等用。学生只有查询的权限，而不具备修改、删除等权限。单击"查询选择"按钮，则可进行分类查询，根据查询的分类填入空表中，单击"查询"按钮，将会显示符合条件的所有用户记录。

资料查询：在主界面下单击光电效应资料查询菜单，可以看到与实验相关的实验原理、实验内容、实验装置以及背景资料。

实验操作：它是本系统的重要部分，通过它可以完成实验的全部过程。

2. 软件基本操作方法

1) 系统的启动

开始进入计算机系统，单击桌面上" 实验系统服务器"图标(在服务器上)；或单击" 实验系统客户机"图标(在客户机上)，弹出一界面，输入用户名和相应的密码(在服务器上教师可输入密码进入系统，学生既可在服务器又可以在客户机上输入密码分别进入实验系统)，即可进入实验系统软件主界面。

2) 实验操作方法

(1) 光电效应实验。

① 虚拟测试。

本操作可以模拟光电效应实验的测试过程完成数据采集、数据存储、图形显示及生成实验报告功能。

a. 选择光电效应实验菜单中的虚拟实验，弹出对话框，单击"存储 1"按钮，按左上角的"⟹"键。此时系统开始采集数据，并在界面上显示扫描电压和电流。

当"存储 1"中数据采集完毕后，单击"存储 2"按钮重复上述操作过程，直到五个存储区数据都采集完毕。

b. 在光电效应实验菜单中选择"图形显示"选项，可观察实验曲线，如图 5-13-2 所示。

c. 在光电效应实验菜单中选择"生成实验报告"选项，弹出如下信息对话框，正确填写实验名称、姓名、学号、班级等学生信息，选择要加入的文本资料，单击"生成实验报告"按钮，弹出一个通用的保存对话框，输入要保存的路径即可，如图 15-13-3 所示。

d. 双击要插入图片的实验报告的文件名，即将该文件打开后再单击"插入图片"按钮。通过此过程系统可以将实验曲线自动插入到实验报告中。

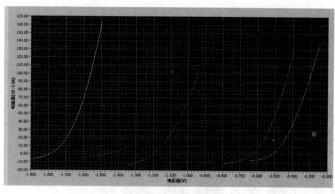

图 5-13-2　实验曲线

图 5-13-3　实验报告界面

② 实时测试。

本操作可通过界面进行实时光电效应实验，完成仪器的控制、数据采集、数据存储和图形显示功能。

测试前的准备：请参看实验光电效应法测定普朗克常量中的测试前准备的步骤，此过程主要针对光电效应实时测试实验。

a. 选择光电效应实验菜单中的实时测试，弹出如下对话框，正确填写对话框中的七项信息，单击"开始"按钮，如图 5-13-4 所示。

若前面已有人申请做实验，则显示"正在做实验，请稍后！"警告的对话框，如图 5-13-5 所示。

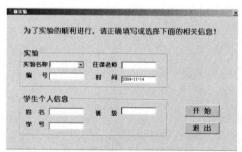

图 5-13-4　新实验界面

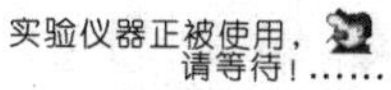

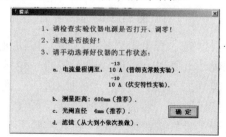

实验仪器正被使用，
请等待！……

图 5-13-5　警告界面

同时在服务器上显示如下排队信息，如图 5-13-6 所示。

若前面人做完实验则自动切入本机实验，并会弹出如图 5-13-7 所示的对话框。

图 5-13-6　服务器显示的界面

图 5-13-7　自动切入时的提示界面

提示是否已正确完成测试前的准备，严格按照上面的提示，对光电效应实验仪工作状态进行手动调整，操作完成单击"确定"按钮，便进入实验参数选择界面，如图 5-13-8 所示。

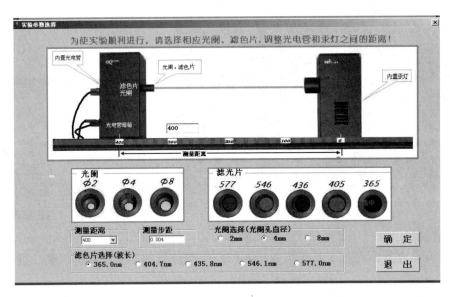

图 5-13-8　实验参数选择界面

正确选择参数，滤色片波长(从小到大)，光阑孔径，完成后单击"确定"按钮，弹出如图 5-13-9 所示的操作界面。

在操作界面上单击"确定"按钮——再单击"确定"按钮进行实验(这时注意实验仪是否已手动清零，右上角的红色数码管闪烁-1.998)，在界面上显示出当前的扫描电压和电流，每做完一个滤镜的实验，则有铃声提示并弹出如图 5-13-10 所示的界面。

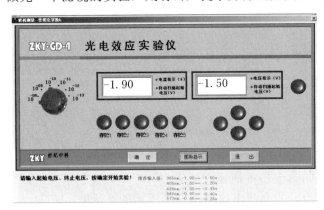

图 5-13-9　操作界面

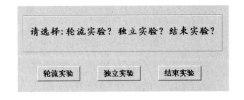

图 5-13-10　滤镜实验结束时的提示界面

根据提示若单击"轮流实验"按钮进入排队等待做实验，等待本组同学都做完后，再更换镜头，重复以上过程，进入新的一轮排队做实验，最后单击"结束实验"按钮退出。

若单击"独立实验"按钮则进入一人独立完成实验，即依次换滤镜，最后单击"结束实验"按钮退出。然后，其他排队等候实验的同学重复上述过程。注意，在此过程中若不单击"轮流实验"按钮或单击"独立实验"按钮则其他人只能等待不能做实验。

b. 在光电效应实验菜单中选择"图形显示"选项便进入图形显示界面：按左上角"➡"键可观察波形曲线图，并可进入 File\Print Windows...(或按 Ctrl+P 键)打印测得的波形曲线(图 5-13-11)。在图形中找到各种频率下的截止电压，退出此界面。

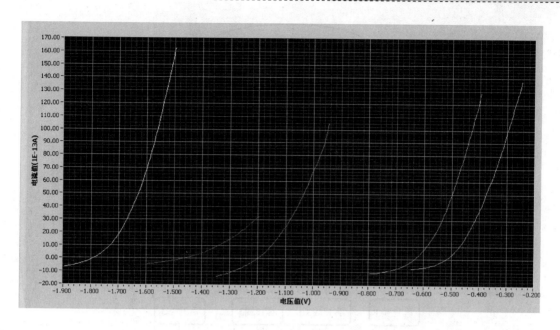

图 5-13-11　观察到的波形曲线

c. 选择光电效应实验菜单中的手工实验结果计算项，填入在上一步中测的截止电压，单击"计算"按钮，系统会根据输入参数进行计算并给出计算结果。

d. 选择光电效应实验菜单中的生成实验报告，弹出信息对话框(与上述虚拟实验相同)，正确填写实验名称、姓名、学号、班级等学生信息，选择要加入的文本资料，单击"生成实验报告"按钮，弹出一个通用的保存对话框，输入要保存的路径即可。

e. 单击"上传实验报告"按钮可将实验报告提交给教师。另外，本系统在学生实验报告中提供了多种形式的题目，学生打开实验报告后需根据教师的要求答完试题再单击"上传"按钮，即完成实验报告的提交(参看实验注意事项)。

(2) 光纤传感实验。

本操作可以模拟光纤传感实验的测试过程完成数据采集、数据存储和图形显示功能。

① 分别选择光纤传感实验菜单中的实验一至实验五，系统会弹出与实验内容相应的模拟真实实验环境的界面。

② 单击"AUTO"按钮便开始实验，在界面上会显示驱动电流和相应的输出电压。

③ 当完成实验后，单击"图形显示"按钮，可观察波形曲线，退出前一定要单击"输入信息"按钮，将个人信息输入到计算机内。

④ 在光纤传感实验菜单中选择生成实验报告，在弹出的对话框中正确填写实验名称、姓名、学号、班级等学生信息，选择要加入的文本资料，单击"确定"按钮，弹出一通用的保存对话框，输入要保存的路径即可。

⑤ 单击"上传实验报告"按钮可以将实验报告提交给教师，若学生检查自己的实验报告无误，单击"上传"按钮，即完成实验报告的提交。

3. 实验室服务器、客户端及设备分布图

实验室服务器、客户端及设备分布如图 5-13-12 所示。

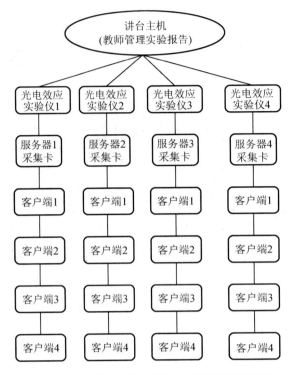

图 5-13-12　实验室服务器、客户端及设备分布

4. 实验操作注意事项

(1) 在每次开机后，使用本软件前要对每一组的服务器进行搜索，这样才能确保软件的正常使用。

(2) 实验软件登录密码：用户名：**1**　密　码：**1**。

(3) 只有在每组服务器实验软件登录后，相应的客户端机才能正常使用。

(4) 提交报告注意事项：单击"提交"按钮前必须先在 Windows 开始菜单中搜索讲台主机 192.168.0.1，双击该 IP 号，填入用户名和密码。另外，提交报告前要先双击打开要提交的报告(注意，只打开这一个 Word 文档)，单击"提交"按钮后，若提交成功则有信息显示。

(5) 在讲台主机的(D:\学生实验报告)文件夹里建立各班的分类文件夹，每班一个，学生输入班级名称时，要与所在班级的文件夹的名称一致，以便按班级管理学生实验报告。

(6) 虚拟实验报告里，在插入图片以前也要先双击要插入图片的文件，将该文件打开后再单击"插入"按钮。

注意：只能打开一个 Word 文档。

(7) 教师注意事项。

① 学生信息数据库。学生信息数据库在四台服务器上的目录为 E:\实验系统\main\student\student.mdb，进入后 student.mdb 数据库用户名数据库包含两个表：表 1 名称——学生信息 0，它记录做实验学生的各种信息；表 2 名称——password，它主要是教师填写用，以便更改进入系统服务器程序的密码。

注意：学生信息数据库里的学生的各项信息必须完全填满。

② 实验报告管理和教师签名。学生上传的实验报告存放在讲台主机(D:\学生实验报告\)目录下。签名软件放在讲台主机(D:\ 实验系统\main\教师签名\)文件夹中；教师签名所使用的姓名事先存放在讲台主机 中 D:\ 实验系统\main\student\student.mdb)的 teacher 表中，双击此表，打开后自行在表中添加教师的姓名，如图 5-13-13 所示。

图 5-13-13 教师签名界面

在软件运行后单击表格中的教师姓名，在右边的路径中找到要批改的报告的名称，双击打开，阅读完毕后先不要关闭，单击"签名"按钮，签名完毕，然后关闭报告。

5.14 实验 5-14 多普勒效应综合实验

【实验目的】

(1) 测量超声接收器运动速度与接收频率之间的关系，验证多普勒效应，并由 f-v 关系直线的斜率求声速。

(2) 利用多普勒效应测量物体运动过程中多个时间点的速度，由显示屏显示 V-t 关系图，或调阅有关测量数据，得出物体在运动过程中的速度变化情况，可研究：

① 匀加速直线运动，测量力、质量与加速度之间的关系，验证牛顿第二定律。

② 自由落体运动，并由 V-t 关系直线的斜率求重力加速度。

③ 简谐振动，测量简谐振动的周期等参数，并与理论值做比较。

【实验仪器】

多普勒效应综合实验仪。

【实验原理】

根据声波的多普勒效应公式，当声源与接收器之间有相对运动时，接收器接收到的频率 f 为

$$f = f_0 \frac{(u + V_1 \cos \alpha_1)}{(u - V_2 \cos \alpha_2)} \tag{5-14-1}$$

式中，f_0 为声源发射频率；u 为声速；V_1 为接收器运动速率；α_1 为声源与接收器连线和接收器运动方向之间的夹角；V_2 为声源运动速率；α_2 为声源与接收器连线和声源运动方向之间的夹角。

若声源保持不动，运动物体上的接收器沿声源与接收器连线方向以速度 V 运动，则从式(5-14-1)可得到接收器接收到的频率应为

$$f = f_0\left(1 + \frac{V}{u}\right) \tag{5-14-2}$$

当接收器向着声源运动时，V 取正，反之取负。

若 f_0 保持不变，以光电门测量物体的运动速度，并由仪器对接收器接收到的频率自动计数，根据式(5-14-2)，作 f-V 关系图可直观验证多普勒效应，且由实验点作直线，其斜率应为 $k = f_0/u$，由此可计算出声速 $u = f_0/k$。

由式(5-14-2)可得

$$V = u\left(\frac{f}{f_0} - 1\right) \tag{5-14-3}$$

若已知声速 u 及声源频率 f_0，通过设置使仪器以某种时间间隔对接收器接收到的频率 f 采样计数，由微处理器按式(5-14-3)计算出接收器运动速度，由显示屏显示 V-t 关系图，或调阅有关测量数据，即可得出物体在运动过程中的速度变化情况，进而对物体运动状况及规律进行研究。

【仪器介绍】

整套仪器由实验仪，超声发射/接收器、导轨、运动小车、支架、光电门、电磁铁、弹簧、滑轮、砝码等组成。实验仪内置微处理器，带有液晶显示屏，图 5-14-1 为实验仪的面板。实验仪采用菜单式操作，显示屏显示菜单及操作提示，用"▲"，"▼"，"◀"，"▶"键选择菜单或修改参数，单击"确认"键后仪器执行。

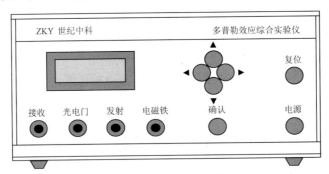

图 5-14-1　实验仪面板

验证多普勒效应时，仪器的安装如图 5-14-2 所示。导轨长 1.2m，两侧有安装槽，所有需固定的附件均安装在导轨上。

测量时先设置测量次数(选择范围 5～10)，然后使运动小车以不同的速度通过光电门(既可用砝码牵引，也可用手推动)，仪器自动记录小车通过光电门时的平均速度及与之对应的平均接收频率，完成测量次数后，仪器自动存储数据，根据测量数据作 f-V 图，并显示测量数据。

做小车水平方向的变速运动测量时，仪器的安装类似图 5-14-2，只是此时光电门不起作用。测量前设置采样次数(选择范围 8～150)及采样间隔(选择范围 50～100ms)，经确认后仪器

按设置自动测量，并将测量到的频率转换成速度。完成测量后仪器根据测量数据自动作 V-t 图，测量数据，或存储实验数据与曲线供后续研究。图 5-14-3 表示了采样数为 60、采样间隔为 80ms 时，对两根弹簧拉着的小车(小车及支架上留有弹簧挂钩孔)所做水平阻尼振动的一次测量及显示实例。

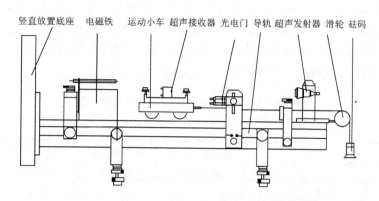

图 5-14-2　多普勒效应验证实验及测量小车水平运动安装示意

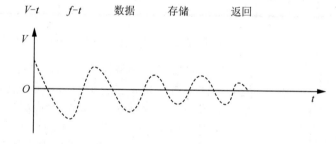

图 5-14-3　测量阻尼振动

　　为避免摩擦力对测量结果的影响，也可将导轨竖直放置，让垂直运动部件上下运动。在底座上装有超声发射器，在垂直运动部件上装有超声接收器做垂直运动测量，实验时随测量目的不同而需改变少量部件的安装位置，具体可见图 5-14-4 和图 5-14-5。

【实验内容与步骤】

　　1. 实验仪的预调节

　　实验仪开机后，首先要输入室温，这是因为计算物体运动速度时要代入声速，而声速是温度的函数。

　　第二个界面要求对超声发射器的驱动频率进行调谐。调谐时将所用的发射器和接收器接入实验仪，二者相向放置，用"▶"键调节发射器驱动频率，并以接收器谐振电流达到最大作为谐振的判据。在超声应用中，需要将发射器与接收器的频率匹配，并将驱动频率调到谐振频率，才能有效地发射与接收超声波。

　　2. 验证多普勒效应并由测量数据计算声速

　　将水平运动超声发射/接收器及光电门、电磁铁按实验仪上的标示接入实验仪。调谐后，在实验仪的工作模式选择界面中选择"多普勒效应验证实验"，按"确认"键进入测量界面。用"▶"键输入测量次数5，用"▼"键选择"开始测试"，再次按"确认"键使光电门释放，光电门与接收器处于工作准备状态。

将仪器按图 5-14-2 安置好，当光电门处于工作准备状态而小车以不同速度通过光电门后，显示屏会显示小车通过光电门时的平均速度与此时接收器接收到的平均频率，并可用"▼"键选择是否记录此次数据，按"确认"键后即可进入下一次测试。

完成测量次数后，显示屏会显示 f-V 关系与一组测量数据，若测量点成直线，符合式(5-14-2)所描述的规律，即直观验证了多普勒效应。用"▼"键翻阅数据并记入表 5-14-1 中，用作图法或线性回归法计算 f-V 关系直线的斜率 k，由 $u = f_0/k$ 计算声速 u 并与声速的理论值比较，声速理论值由 $u_0 = 331(1+t/273)^{1/2}$(m/s)计算，t 表示室温。

表 5-14-1 多普勒效应的验证与声速的测量

$f_0=$_____

测 量 数 据							直 线 斜 率 k/(1/m)	声速测量值 $u=f_0/k$/(m/s)	声速理论值 u_0/(m/s)	百 分 误 差 $(u-u_0)/u_0$
次数	1	2	3	4	5	6				
V_n/(m/s)										
f_n/Hz										

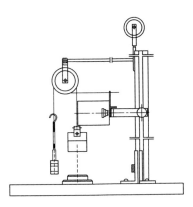

图 5-14-4 匀变速直线运动安装示意

3. 研究匀变速直线运动，验证牛顿第二定律

实验时仪器的安装如图 5-14-4 所示，质量为 M 的垂直运动部件与质量为 m 的砝码托及砝码悬挂于滑轮的两端，测量前砝码托吸在电磁铁上，测量时电磁铁释放砝码，系统在外力作用下加速运动。运动系统的总质量为 $M+m$，所受合外力为 $(M-n)g$(滑轮转动惯量与摩擦力忽略不计)。根据牛顿第二定律，系统的加速度应为

$$a = \frac{(M-m)g}{(M+m)} \tag{5-14-4}$$

用天平称量垂直运动部件、砝码托及砝码质量，每次取不同质量的砝码放于砝码托上，记录每次实验对应的 m。将垂直运动发射/接收器接入实验仪，在实验仪的工作模式选择界面中选择"频率调谐"调谐垂直运动发射/接收器的谐振频率，完成后回到工作模式选择界面，选择"变速运动测量实验"确认后进入测量设置界面。设置采样点总数 8，采样步距 50ms，用"▼"键选择"开始测试"，按"确认"键使电磁铁释放砝码托，同时实验仪按设置的参数自动采样。

采样结束后会以类似图 5-14-3 的界面显示 V-t 直线，用"▶"键选择"数据"，将显示的采样次数及相应速度记入表 5-14-2 中(为避免电磁铁剩磁的影响，第一组数据不记，t_n 为采样次数与采样步距的乘积)。由记录的 t，V 数据求得 V-t 直线的斜率即为此次实验的加速度 a。

在结果显示界面中用"▶"键选择返回，确认后重新回到测量设置界面。改变砝码质量，按以上程序进行新的测量。

以表 5-14-2 得出的加速度 a 为纵轴，$(M-m)/(M+m)$ 为横轴作图。若为其线性关系，符合式(5-14-4)所描述的规律，即验证了牛顿第二定律，且直线的斜率应为重力加速度。

表 5-14-2　匀变速直线运动的测量

n	2	3	4	5	6	7	8	加速度 $a/(\text{m/s}^2)$	m/kg	$\dfrac{M-m}{M+m}$
$t_n=0.1n(\text{s})$										
V_n										
$t_n=0.1n(\text{s})$										
V_n										
$t_n=0.1n(\text{s})$										
V_n										
$t_n=0.1n(\text{s})$										
V_n										

4. 研究自由落体运动，求自由落体的加速度

实验时仪器的安装如图 5-14-5 所示，将电磁铁移到导轨上方，测量前垂直运动部件吸在电磁铁上，测量时垂直运动部件自由下落一段距离后被细线拉住。

在实验仪的工作模式界面中选择"变速运动测量实验"，设置采样点总数 8，采样步距 50ms。选择"开始测试"，按"确认"键后电磁铁释放，接收器自由下落，实验仪按设置的参数自动采样。将测量数据记入表 5-14-3 中，由测量数据求得 $V-t$ 直线的斜率即为重力加速度 g。

为减小偶然误差，可作多次测量，将测量的平均值作为测量值，并将测量值与理论值比较，求百分误差。

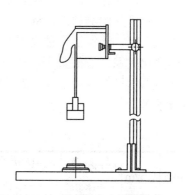

图 5-14-5　重力加速度测量安装示意

表 5-14-3　自由落体运动的测量

n	2	3	4	5	6	7	8	$g/(\text{m/s}^2)$	平均值 g	理论值 g_0	百分误差 $(g-g_0)/g_0$
$t_n=0.05n(\text{s})$											
V_n											
$t_n=0.05n(\text{s})$											
V_n											
$t_n=0.05n(\text{s})$											
V_n											
$t_n=0.05n(\text{s})$											
V_n											

5. 研究简谐振动

当质量为 m 的物体受到大小与位移成正比，而方向指向平衡位置的力的作用时，若以物体的运动方向为 x 轴，其运动方程为

$$m\frac{\mathrm{d}^2 x}{\mathrm{d}t^2} = -kx \qquad (5\text{-}14\text{-}5)$$

由式(5-14-5)描述的运动称为简谐振动，当初始条件为 $t=0$ 时，$x=-A_0$，$V=dx/dt=0$，则式(5-14-5)的解为

$$x = -A_0 \cos \omega_0 t \tag{5-14-6}$$

将式(5-14-6)对时间求导，可得速度方程

$$V = \omega_0 A_0 \sin \omega_0 t \tag{5-14-7}$$

由式(5-14-6)、式(5-14-7)可见物体作简谐振动时，位移和速度都随时间作周期性变化，式中 $\omega_0 = (k/m)^{1/2}$ 为振动的角频率。

测量时仪器的安装类似于图 5-14-5，将弹簧通过一段细线悬挂于电磁铁上方的挂钩孔中，垂直运动超声接收器的尾翼悬挂在弹簧上，若忽略空气阻力，根据胡克定律，作用力与位移成正比，悬挂在弹簧上的物体应作简谐振动，而式(5-14-5)中的 k 为弹簧的劲度系数。

实验时先称量垂直运动超声接收器的质量 M，测量接收器悬挂上之后弹簧的伸长量 Δx，记入表 5-14-4 中，就可计算 k 及 ω_0。

测量简谐振动时设置采样点总数为 150，采样步距为 100ms。

选择"开始测试"，将接收器从平衡位置下拉约 20cm，松手让接收器自由振荡，同时按"确认"键，让实验仪按设置的参数自动采样，采样结束后会显示如式(5-14-7)描述的速度随时间变化关系。查阅数据，记录第 1 次速度达到最大时的采样次数 N_{1max} 和第 11 次速度达到最大时的采样次数 N_{11max}，就可计算实际测量的运动周期 T 及角频率 ω，并可计算 ω_0 与 ω 的百分误差。

表 5-14-4　简谐振动的测量

M/kg	$\Delta x/m$	$k=mg/\Delta x$ ——kg/s^2	$\omega_0 =(k/m)^{1/2}$ ——rad/s	$N_{1\,max}$	$N_{11\,max}$	$T=0.01(N_{11max}-N_{1max})$ ——s	$\omega =2\pi/T$ ——rad/s	百分误差 $(\omega-\omega_0)/\omega_0$

【思考题】

(1) 怎样调节谐振电流？

(2) 验证多普勒效应的实验中，斜率 k 运用哪种方法进行求解？

5.15　实验 5-15　核磁共振(NMR)

核磁共振(nuclear magnetic resonance，NMR)是指原子核处于静磁场中时其核能级发生塞曼分裂，当这样的原子核系统受到一定频率的电磁波(射频场)作用时，在它们的塞曼能级之间产生共振跃迁的现象。

1939 年，核磁共振首次被拉比(I. I. Rabi)在高真空中的氢分子束实验中观察到并用于测量核磁矩，为此，他获得 1944 年的诺贝尔物理学奖。1946 年伯塞尔(E. M. Purcell)和布洛赫(F. Bloch)两个小组独立地用吸收法和感应法分别在石蜡和水这类一般状态的物质中观察到氢核(^{1}H，质子)的核磁共振，这项重大发明使他们分享了 1952 年诺贝尔物理学奖。20 世纪 50 年代初，奈特(W. D. Knight)、普罗克特(W. G. Proctor)和我国物理学家虞福春等发现了化学位移和自旋耦合，打开了测定分子化学结构的重要应用领域，促成了第一台商用连续波核

磁共振波谱仪于 1953 年问世。1964 年后，采用超导强磁场和脉冲傅里叶变换(PET)两项新技术，核磁共振波谱仪的灵敏度和分辨率提高了一两个数量级，使测量天然丰度低的稀核(如 ^{13}C 核)和旋磁比低的弱核(如 ^{15}N 核)成为可能，应用范围也从有机小分子扩展到生物大分子。1967 年后多重脉冲技术的应用导致固体高分辨率谱仪的出现。1977 年研制成人体核磁共振断层扫描仪(NMR-CT)，获得人体软组织的清晰图像。随后，还开拓了分子内和分子间化学交换过程如分子内重排、互变异构等动态过程的研究。目前正向多功能、综合性、高性能、多维化和专用化的方向发展，已被广泛用于固体物理学、分析化学、分子生物学、医药学与地质学等科学领域。

【实验目的】

(1) 了解核磁共振基本原理。
(2) 观察核磁共振稳态吸收信号及尾波信号。
(3) 学习用核磁共振法校准恒定磁场 B_0。
(4) 测量旋磁比 γ 和 g 因子。

【实验仪器】

核磁共振实验仪、待测样品等。

【实验原理】

核磁共振理论的严格描述必须用到量子力学，但也可以用比较容易接受的经典物理模型进行描述。现分别用经典力学观点和量子力学观点阐明核磁共振原理。

1. 核磁共振的经典观点

1) 核磁矩及其排列

许多原子核(并非全部)可被看成为很小的条形磁铁，有磁北极和磁南极。原子核以南北磁极连线为轴，以恒定角速率旋转，所以这些原子核具有不为零的角动量 $\vec{P}$ 和磁矩 $\vec{\mu}$。

通常，原子核的磁极可以指向任意方向，如无外界干扰，它们的指向是没有限制的。一般我们面对的总是数量巨大的原子核群，它们的总磁矩矢量平均值为零，即宏观上对外表现没有磁矩。但是当把这些原子核群放在外部磁场中时，原子核的磁矩要与外磁场相互作用，最终的结果是原子核群合成的宏观磁矩 $\vec{M}$ 不为零，并与外磁场保持平行。

2) 经典物理的矢量模型——拉莫尔进动

众所周知，如果陀螺不旋转，当它的轴线偏离竖直方向时，在重力作用下它就会倒下来。但如果陀螺本身作自转，它就不会倒下而是绕着重力方向作进动。可以想象，当核处于一个稳恒的外磁场 $\vec{B}_0$ 中时，由于核磁矩与外磁场的相互作用，原子核也会产生进动。如图 5-15-1 所示。由角动量定理可知，其力矩为

$$\vec{L} = \vec{\mu} \times \vec{B}_0 = \frac{\mathrm{d}\vec{P}}{\mathrm{d}t} \tag{5-15-1}$$

这个力矩 $\vec{L}$ 迫使角动量 $\vec{P}$ 的方向发生改变，围绕外磁场 $\vec{B}_0$ 的方向旋转。磁矩 $\vec{\mu}$ 的方向和自旋角动量 $\vec{P}$ 平

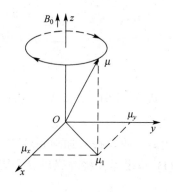

图 5-15-1　磁矩在恒定外磁场中的进动

行，大小成比例，关系为

$$\vec{\mu} = \gamma \vec{P} \tag{5-15-2}$$

式中，γ 称为旋磁比，其意义是单位磁感应强度下的共振频率。γ 的大小与原子核的性质有关，这是一个可测量的物理量，对于裸露的质子，$\gamma/2\pi = 42.577469\mathrm{MHz/T}$。但在原子或分子中，由于原子核受附近电子轨道的影响使核所处的磁场发生变化，导致在完全相同的外磁场下，不同化学结构的核磁共振频率不同。$\gamma/2\pi$ 的值将略有差别，这种差别是研究化学结构的重要信息，称为化学位移。由式(5-15-1)、式(5-15-2)，可以得到磁矩 $\vec{\mu}$ 的进动关系

$$\frac{\mathrm{d}\vec{\mu}}{\mathrm{d}t} = \vec{\mu} \times \gamma \vec{B}_0 \tag{5-15-3}$$

上式的矢量关系可用图 5-15-1 表示。式(5-15-3)为微观磁矩在外场中的运动方程，写成分量形式为：

$$\left. \begin{aligned} \frac{\mathrm{d}\mu_x}{\mathrm{d}t} &= \gamma(\mu_y B_{0z} - \mu_z B_{0y}) \\ \frac{\mathrm{d}\mu_y}{\mathrm{d}t} &= \gamma(\mu_z B_{0x} - \mu_x B_{0z}) \\ \frac{\mathrm{d}\mu_z}{\mathrm{d}t} &= \gamma(\mu_x B_{0y} - \mu_y B_{0x}) \end{aligned} \right\} \tag{5-15-4}$$

现在，我们来讨论磁矩 $\vec{\mu}$ 在静磁场 $\vec{B}_0$ 中的运动状况，设 $\vec{B}_0$ 沿 Z 方向，则式(5-15-4)为：

$$\frac{\mathrm{d}\mu_x}{\mathrm{d}t} = \gamma\mu_y B_{0z}, \quad \frac{\mathrm{d}\mu_y}{\mathrm{d}t} = -\gamma\mu_x B_{0z}, \quad \frac{\mathrm{d}\mu_z}{\mathrm{d}t} = 0 \tag{5-15-5}$$

由式(5-15-5)中第三式知 μ_z 为一常量。将第一式对 t 求导，并代入第二式中得：

$$\frac{\mathrm{d}^2\mu_x}{\mathrm{d}t^2} = \gamma B_{0z}\frac{\mathrm{d}\mu_y}{\mathrm{d}t} = -\gamma^2 B_{0z}{}^2\mu_x$$

即

$$\frac{\mathrm{d}^2\mu_x}{\mathrm{d}t^2} + \gamma^2 B_z^2\mu_x = 0$$

这显然是一个简谐振动方程，其解为：

$$\mu_x = \mu_0\sin(\omega_0 t + \varphi) \tag{5-15-6}$$

式中，ω_0 满足 $\omega_0^2 = \gamma^2 B_{0z}^2$，即 $\omega_0 = |\gamma B_{0z}|$，代入式(5-15-5)中 $\frac{\mathrm{d}\mu_y}{\mathrm{d}t} = -\gamma\mu_x B_{0z}$ 得：

$$\frac{\mathrm{d}\mu_y}{\mathrm{d}t} = -\omega_0\mu_x = -\omega_0\mu_0\sin(\omega_0 t + \varphi)$$

即

$$\mu_y = \mu_0\cos(\omega_0 t + \varphi) \tag{5-15-7}$$

由式(5-15-6)、式(5-15-7)得：

$$\mu_\perp = \sqrt{\mu_x{}^2 + \mu_y{}^2} = \mu_0(\text{常数}) \tag{5-15-8}$$

由此可见，在外加静磁场作用下，核磁矩 $\vec{\mu}$ 的运动特点如下。

(1) 总磁矩 $\vec{\mu}$ 绕静磁场 B_{0z} 作进动(如图 5-15-1 所示)，其进动角频率为

$$\omega_0 = |\gamma B_{0z}|$$

这就是拉莫尔频率。

(2) μ_z 是保持常数，$\vec{\mu}$ 在 $x-y$ 平面上投影的大小也是常数，其进动如图 5-15-1 所示，在上述推导中得出，磁矩 $\vec{\mu}$ 的进动频率 ω_0 与 $\vec{\mu}$ 和外磁场 $\vec{B}_{0z}$ 之间的夹角 θ 无关。

现在，我们来研究如果在和 $\vec{B}_{0z}$ 垂直的方向上($x-y$ 平面上)加一个射频场 $\vec{B}_1$ 且 $|\vec{B}_1| \ll |\vec{B}_{0z}|$。其角频率为 ω_0，为了方便地研究磁矩 $\vec{\mu}$ 的运动，以 $\vec{B}_{0z}$ 为轴，角速度为 ω_0 的旋转坐标系中来研究这一运动(图 5-15-2)，这样一来，$\vec{B}_1$ 是以恒定场出现，因此磁矩 $\vec{\mu}$ 在力矩 $\vec{\mu} \times \vec{B}_1$ 的作用下将开始绕着 $\vec{B}_1$ 进动，在图 5-15-2(a)中 $\vec{B}_1$ 对 $\vec{\mu}$ 产生的力矩 $\vec{\mu} \times \vec{B}_1$，使 $\vec{\mu}$ 和磁场 $\vec{B}_{0z}$ 之间的夹角 θ 加大，通常 $\vec{\mu}$ 在磁场 $\vec{B}_{0z}$ 中的能量为

$$E = \vec{\mu} \cdot \vec{B}_{0z} = -|\vec{\mu}| \cdot |\vec{B}_{0z}| \cos\theta = -\mu \cdot B_{0z} \cos\theta \tag{5-15-9}$$

(a) 能量增加   (b) 能量减少

图 5-15-2　旋转磁场 $\vec{B}$ 的频率与进动频率相同时 $\vec{\mu}$ 在磁场 $\vec{B}_0$ 中的能量变化

因此，θ 增大，意味着系统的能量增大，在图 5-15-2(b)中，$\vec{B}_1$ 对 $\vec{\mu}$ 产生的力矩 $\vec{\mu} \times \vec{B}_1$ 使 $\vec{\mu}$ 和磁场 $\vec{B}_{0z}$ 之间的夹角 θ 减小，这意味着系统的能量减小，也就是说，θ 的改变意味着磁势能 E 的改变，这个能量改变是以所加旋转磁场的能量变化为代价的，就是说，当 θ 增加时，核要从外磁场 $\vec{B}_1$ 中吸收能量，这样就会产生核磁共振现象，共振条件为

$$\omega = \omega_0 = \gamma |\vec{B}_0| \tag{5-15-10}$$

这个结论与量子力学得出的是一致的。

若外磁场 $\vec{B}_1$ 的旋转速度 $\omega \neq \omega_0$，则角度 θ 的变化不显著，平均起来，θ 角的变化为零，总的来看，核没有吸收磁场能量，故观察不到核磁共振现象。

3) Bloch 方程

上面讨论的是单个核的核磁共振。然而，实际研究的样品，不是单个磁矩，而是由这些磁矩构成的磁化矢量，另外，通常研究的系统也不是孤立的，而是与周围物质有一定的相互作用。只有考虑了这些问题，才能建立起核磁共振理论。

(1) 磁化强度矢量 $\vec{M}$。

它是单位体积中微观磁矩矢量和或核的磁化强度矢量和，以 $\vec{M}$ 表示：

$$\vec{M} = \sum_v \vec{\mu}_v$$

求和遍及单位体积，$\vec{M}$ 是一个宏观量，相当于单位体积中包含的磁矩，因此，它更适合于经典理论矢量模型。在外磁场 $\vec{B}$ 中它受到力矩 $\vec{M} \times \vec{B}$，因此有

$$\frac{\mathrm{d}\vec{M}}{\mathrm{d}t} = \gamma \vec{M} \times \vec{B} \tag{5-15-11}$$

由式(5-15-11)可以得到与式(5-15-6)、式(5-15-7)类似的静态解，它表明 $\vec{M}$ 围绕 $\vec{B}$ 作进动，进动角频率为 $\omega = \gamma B$。

假设稳恒外磁场 $\vec{B}_0$ 沿 Z 轴方向，现在我们沿 x 轴方向或 y 轴方向加一射频线偏振磁场。

$$\vec{B}_1 = 2B_1 \cos \omega t \cdot \vec{e} \tag{5-15-12}$$

$\vec{e}$ 为沿 x 轴或 y 轴的单位矢量，$2B_1$ 为振幅，这个线偏振场可以看作是左旋圆偏振场和右旋圆偏振场的叠加，在这个圆偏振场中，只有当圆偏振场的旋转方向与进动方向相同时才有作用，所以，对于 γ 为正的系统，起作用的是顺时针方向的圆偏振场，反之为逆时针方向的圆偏振场，这两个圆偏振场可用式(5-15-13)表示：

$$B_x = B_1 \cos \omega t, \quad B_y = \mp B_1 \sin \omega t$$

对 γ 为正的系统，则起作用的圆偏振场为

$$B_x = B_1 \cos \omega t, \quad B_y = -B_1 \sin \omega t \tag{5-15-13}$$

设 $\vec{M}_z$ 代表单位体积中总磁矩平行于 $\vec{B}_0$ 的分量，那么当旋转磁场 $\vec{B}_1$ 不存在且自旋系统与晶格处于热平衡时，有

$$\vec{M}_z = \vec{M}_0 = \chi_0 \vec{H}_0 = \frac{\chi_0 \vec{B}_0}{\mu_0} \tag{5-15-14}$$

式中，χ_0 为静磁化率；μ_0 是真空磁导率；$\vec{M}_0$ 是在热平衡状态时自旋系统的磁化强度矢量。

(2) 磁化强度矢量的平衡值。

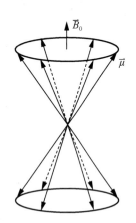

图 5-15-3　$I=1/2$ 的核系统热平衡核磁矩取向分布情况

以核自旋量子数 $I=1/2$ 的核为例。设 Z 方向有恒定外磁场 $\vec{B}_0$，由于空间量子化，磁矩 $\vec{\mu}$ 在空间只有两种不同的取向，对应于磁量子数 $m=\pm 1/2$ 两个状态，因此 $\vec{\mu}$ 只能分布在如图5-15-3所示的两个锥面上，沿上锥面分布的相应于能量较低的状态。即

$$E_{m=\frac{1}{2}} = -\vec{\mu} \cdot \vec{B}_0 = -m\gamma\hbar\vec{B}_0 = -\frac{1}{2}\gamma\hbar B_0$$

沿下锥面分布的，相对应于能量较高的状态。

$$E_{m=-\frac{1}{2}} = \vec{\mu} \cdot \vec{B}_0 = m\gamma\hbar\vec{B}_0 = \frac{1}{2}\gamma\hbar B_0$$

当磁矩系统处于热平衡时，位于上锥面的粒子总数 N_{10} 将多于位于下锥面粒子总数 N_{20} 根据玻耳兹曼能量分布定理可得 (考虑到 $\Delta E \ll KT$)

$$\frac{N_{20}}{N_{10}} = \exp\left(-\frac{\Delta E}{KT}\right) = \exp\left(-\frac{\gamma\hbar B_0}{KT}\right) = \exp\left(-\frac{\hbar\omega_0}{KT}\right) \approx 1 - \frac{\hbar\omega_0}{KT}$$

此外，核磁矩在锥面上的分布应是均匀的，而不是集中在某一侧面上。由此，可以得出结论，在热平衡时，单位体积中的磁化强度矢量 $\vec{M}$ 只有沿外磁场 Z 方向的分量 M_{z_0}。因 $M_{x_0} = M_{y_0} = 0$，M_{z_0} 就简写为 M_0，它沿着外场 $\vec{B}_0$ 的方向。

(3) 磁化强度矢量从不平衡趋向平衡的规律和弛豫时间 T_1、T_2。

必须指出，只考虑磁场对磁化强度的作用是不够的。即使式(5-15-11)中的 $\vec{B}$ 包括了静磁场 $\vec{B}_0$ 和射频场 $\vec{B}_1$，即 $\vec{B} = \vec{B}_0 + \vec{B}_1$，对核磁共振现象来说，式(5-15-11)仍是不完善的。因为假若只有磁场对磁化强度 $\vec{M}$ 的作用，则随着核自旋系统吸收射频场能量后，系统的热平衡被破坏，这将使上、下能级的粒子数之差趋于零。这样，系统将不再吸收射频场能量(系统饱和了)，也即不再发生核磁共振了。实际上还存在另一种作用，使核系统由非平衡态过渡到平衡态，相应的过程称作弛豫过程。这样才有可能使核系统连续地吸收射频场能量，产生持续的核磁共振并得以观察到。核系统由非平衡态过渡到平衡态的快慢可用弛豫时间来表征. 现在来考虑弛豫对 $\vec{M}$ 变化的影响，自旋系统吸收射频场能量后，处于高能态的核数目增大($\vec{M}_z < \vec{M}_0$，$\vec{M}_z$ 代表单位体积中总磁矩平行于 $\vec{B}_0$ 的分量，$\vec{M}_0$ 是在热平衡状态时自旋系统的磁化强度)，偏离了热平衡态。由于自旋与晶格的相互作用，晶格将吸收核的能量，使核跃迁到低能态而向热平衡态过渡，表征这个过渡的特征时间称为纵向弛豫时间，以 T_1 表示(T_1 反映了沿外加磁场方向上整个样品的磁矩恢复到平衡过程值时所需时间的大小)。考虑了纵向弛豫作用，假设 $\vec{M}_z$ 向平衡值($\vec{M}_z = \vec{M}_0$)过渡的速度与 $\vec{M}_z$ 偏离 $\vec{M}_0$ 的程度($\vec{M}_z - \vec{M}_0$)成正比，于是 $\vec{M}_z$ 的运动方程可写为

$$\frac{\mathrm{d} M_z}{\mathrm{d} t} = -\frac{M_z - M_0}{T_1} \tag{5-15-15}$$

此外，自旋与自旋间也存在相互作用。对每个核而言，都要受到邻近的其他核磁矩所产生的局部磁场的作用，而这个局部磁场对不同的核稍有不同。因而使每个核的进动角频率也不尽相同。假设某时刻所有的核磁矩在 xy 平面上的投影方向相同，由于各个核的进动角频率不同，经过一段时间 T_2 后，各个核磁矩在 xy 平面上的投影方向将变为无规则的分布，从而使 $\vec{M}_x$、$\vec{M}_y$ 趋向于零，T_2 称为横向弛豫时间。与 $\vec{M}_z$ 类似，假设 $\vec{M}_x$ 和 $\vec{M}_x$ 向零过渡的速度分别与 $\vec{M}_x$ 和 $\vec{M}_x$ 成正比，则运动方程可写为

$$\frac{\mathrm{d} M_x}{\mathrm{d} t} = -\frac{M_x}{T_2}, \quad \frac{\mathrm{d} M_y}{\mathrm{d} t} = -\frac{M_y}{T_2} \tag{5-15-16}$$

(4) 布洛赫(Bloch)方程式。

前面已经讨论过，在实验中，所观察到的现象是宏观物理量变化的反映，具体地说是样品中磁化强度矢量 $\vec{M}$ 变化的反映，因此研究核磁共振必须研究 $\vec{M}$ 在磁场 $\vec{B}$ 中的运动方程，1946 年 Bloch 建立并解出了这个方程，他不但成功地指出了核磁共振的条件，并且预言了核磁共振信号的曲线形状，他因此获得了诺贝尔物理学奖。

在前面分析了外场和弛豫作用对核磁化强度矢量 $\vec{M}$ 的作用，得到了以下两个运动方程：

$$\frac{\mathrm{d} \vec{M}}{\mathrm{d} t} = \gamma (\vec{M} \times \vec{B}) \tag{5-15-17}$$

$$\frac{\mathrm{d} \vec{M}}{\mathrm{d} t} = -\frac{M_x}{T_2} \vec{i} - \frac{M_y}{T_2} \vec{j} - \frac{(M_z - M_0)}{T_1} \vec{k} \tag{5-15-18}$$

式中，$\vec{i}$、$\vec{j}$、$\vec{k}$ 是 x、y、z 方向上的单位矢量。

当上述两种作用同时存在时，若假设各自的规律性不受另一因素的影响(实际上偶尔会有影响)那么就可以把式(5-15-17)、式(5-15-18)简单相加起来，这样就得到描述核磁共振现象的

基本运动方程。

$$\frac{\mathrm{d}\vec{M}}{\mathrm{d}t} = \gamma(\vec{M} \times \vec{B}) - \frac{M_x}{T_2}\vec{i} - \frac{M_y}{T_2}\vec{j} - \frac{(M_z - M_0)}{T_1}\vec{k} \tag{5-15-19}$$

这就是布洛赫方程式。

由于 $\vec{M} \times \vec{B}$ 的三个分量为：

$$(M_y B_z - M_z B_y)\vec{i}, \quad (M_z B_x - M_x B_z)\vec{j}, \quad (M_x B_y - M_y B_x)\vec{k}$$

这样式(5-15-19)可写为：

$$\left.\begin{aligned}
\frac{\mathrm{d}M_x}{\mathrm{d}t} &= \gamma(M_y B_0 + M_z B_1 \sin \omega t) - \frac{M_x}{T_2} \\
\frac{\mathrm{d}M_y}{\mathrm{d}t} &= \gamma(M_z B_1 \cos \omega t - M_x B_0) - \frac{M_y}{T_2} \\
\frac{\mathrm{d}M_z}{\mathrm{d}t} &= \gamma(-M_x B_1 \sin \omega t - M_y B_1 \cos \omega t) - \frac{M_z - M_0}{T_1}
\end{aligned}\right\} \tag{5-15-20}$$

在各种条件下求解式(5-15-22)，可以解释各种核磁共振现象，其稳态解为：

$$M_x = \frac{1}{2\mu_0}\chi_0\omega_0 T_2 \left[\frac{(2B_1\cos\omega t)(\omega_0 - \omega)T_2 + 2B_1\sin\omega t}{1 + (\omega - \omega_0)^2 T_2^2 + \gamma^2 B_1^2 T_1 T_2}\right] \tag{5-15-21}$$

$$M_y = \frac{1}{2\mu_0}\chi_0\omega_0 T_2 \left[\frac{(2B_1\cos\omega t) - (2B_1\sin\omega t)(\omega_0 - \omega)T_2}{1 + (\omega - \omega_0)^2 T_2^2 + \gamma^2 B_1^2 T_1 T_2}\right] \tag{5-15-22}$$

$$M_z = \frac{1}{\mu_0}\chi_0 B_0 \left[\frac{1 + (\omega_0 - \omega)^2 T_2^2}{1 + (\omega - \omega_0)^2 T_2^2 + \gamma^2 B_1^2 T_1 T_2}\right] \tag{5-15-23}$$

由于在实验中，实际加的射频场是 $B_x = 2B_1\cos\omega t$ 的线偏振场，所以从式(5-15-22)和式(5-15-23)中可求得高频磁化率 $\chi = \chi' - i\chi''$ 的实部 χ' 和 χ'' 虚部如下：

$$\chi' = \frac{1}{2\mu_0}\chi_0\omega_0 T_2 \left[\frac{(\omega_0 - \omega)T_2}{1 + (\omega - \omega_0)^2 T_2^2 + \gamma^2 B_1^2 T_1 T_2}\right]$$

$$\chi'' = \frac{1}{2\mu_0}\chi_0\omega_0 T_2 \left[\frac{1}{1 + (\omega - \omega_0)^2 T_2^2 + \gamma^2 B_1^2 T_1 T_2}\right]$$

若 $\gamma^2 B_1^2 T_1 T_2 \ll 1$，则：

$$\chi' = \frac{1}{2\mu_0}\chi_0\omega_0 T_2 \left[\frac{(\omega_0 - \omega)T_2}{1 + (\omega - \omega_0)^2 T_2^2}\right] \tag{5-15-24}$$

$$\chi'' = \frac{1}{2\mu_0}\chi_0\omega_0 T_2 \left[\frac{1}{1 + (\omega - \omega_0)^2 T_2^2}\right] \tag{5-15-25}$$

式(5-15-24)、式(5-15-25)随 ω 而变化的函数关系曲线如图 5-15-4(a)、(b)所示，其中，图 5-15-4(b)称为吸收曲线，图 5-15-4(a)称为色散曲线。在实验上，只要扫场很缓慢地通过共振区，则可满足上面的条件。

由此可见，布洛赫方程不但成功地指出核磁共振发生的条件，而且还指出核磁共振信号的波形。在实验中观察到的正是这样的信号图形。在实验中如果使用相敏检波器，也可以看到像图 5-15-4(b)那样的信号图形。

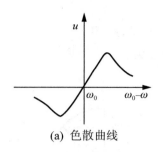

(a) 色散曲线

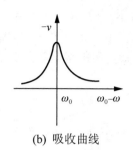

(b) 吸收曲线

图5-15-4 核磁共振时的色散信号和吸收信号

2. 核磁共振的量子力学观点

1) 单个核的磁共振

上面采用经典方法和矢量模型讨论了核磁共振原理，由于核是微观粒子，采用经典方法有相当的局限性，为了较为深入地了解，下面对核的运动规律做一些量子描述。

原子核有自旋角动量 $\vec{p}$，其数值是量子化的，在数值上

$$|\vec{p}| = \sqrt{I(I+1)}\hbar , \quad I=0,1/2,1,3/2$$

式中，$\hbar=h/2\pi$，h 为普朗克常量，I 为自旋量子数，其取值为整数或半整数，即 $0,1,2,\cdots$，或 $1/2,3/2,\cdots$，若原子质量数 A 为奇数，则自旋量子数 I 为半整数，如 ^{1}H(1/2)，^{15}N(1/2)，^{17}O(5/2)，^{19}F(1/2) 等；如 A 为偶数，原子序数 Z 为奇数，I 取值为整数，如 $^2_1$H(1)，$^{14}_7$N(1)，$^{10}_5$B(3) 等；当 A、Z 均为偶数时 I 则为零，如 $^{12}_6$C，$^{16}_8$O 等。

原子核放入外磁场 $\vec{B}_0$ 中，可取坐标轴 z 方向为 $\vec{B}_0$ 的方向。核的角动量在 $\vec{B}_0$ 方向的投影值由下式决定：

$$p_z = m\hbar , \quad m=I,I-1,\cdots,-I+1,-I$$

原子核的自旋运动必然产生一微观磁场，因此原子核具有自旋磁矩 $\vec{\mu}$，它与自旋角动量 $\vec{P}$ 的关系为

$$\left.\begin{array}{l} \vec{\mu} = \gamma\vec{P} \\ |\vec{\mu}| = \gamma|\vec{P}| = \gamma\sqrt{I(I+1)}\hbar \end{array}\right\} \tag{5-15-26}$$

式中，γ 为旋磁比。

$$\gamma = g\frac{e}{2m_p} \tag{5-15-27}$$

式中，e 为质子的电荷；m_p 为质子的质量；g 是一个无量纲的量，称"核 g 因子"，又称朗德因子。数值取决于原子核的结构，不同的原子核，g 的数值是不同的，符号可能为正，也可能为负，对于氢核来讲，$g=5.5851$。

可见，微观磁矩在空间的取向也是量子化的，用磁量子数 m 表征，$\vec{\mu}$ 在外磁场方向的投影为

$$\mu_z = \gamma m\hbar , \quad m=I,I-1,\cdots,-I+1,-I$$

图5-15-5(a)和(b)分别给出了 $I=1/2$ 和 $I=1$ 的两种情况,习惯上把 $(p_z)_{max} = I\hbar$ 和 $(\mu_z)_{max} = \gamma I\hbar$ 称作粒子的角动量和磁矩，分别用 p 和 μ 来表示。由此可见，微观磁矩在空间的取向是量子化的，称作空间量子化，因而，磁矩与外场的相互作用，也是不连续的，形成分立能级如

图 5-15-6 所示，由式(5-15-9)得

$$E = -\mu_z B_0 = -m\gamma\hbar B_0, \quad m = I, I-1, \cdots -I, \gamma < 0$$

由此可知，磁能级是等距分裂的，相邻能级间的能量差为

$$\Delta E = \gamma\hbar B_0 = \omega_0\hbar \tag{5-15-28}$$

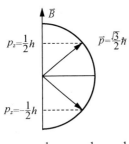 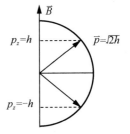

(a) $I = \dfrac{1}{2}$，$m = \dfrac{1}{2}$，$-\dfrac{1}{2}$

(b) $I = 1$，$m = 1$，0，-1

图 5-15-5　粒子角动量空间取向量子化

当垂直于恒定磁场 $\vec{B}_0$ 的平面上同时存在一个频率满足 $h\nu = \Delta E$ 的交变磁场 $\vec{B}_1$ 时，将发生共振跃迁，其选择定则是 $\Delta m = \pm 1$，即受激吸收与受激辐射只发生在相邻的子能级之间，根据爱因斯坦电磁辐射理论，受激吸收与受激跃迁的概率相等。若该能量等于两相邻能级的能量差 ΔE，则

$$h\nu = \hbar\omega_0 = \gamma\hbar B_0$$

或

$$\omega = \gamma B_0$$

此时处于低能级的粒子就有可能吸收能量，跃迁到高能级上去，发生核磁共振。

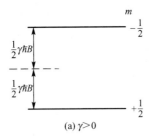 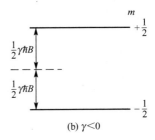

(a) $\gamma > 0$

(b) $\gamma < 0$

图 5-15-6　$I=1/2$ 的粒子在外磁场 $\vec{B}$ 中的能级分裂

2) 信号强度

实际样品是一个处于热平衡状态、包含大量具有相同磁矩的系统，它服从热力学统计规律，在热平衡时，上、下能级的粒子数遵从玻耳兹曼分布率。

$$\frac{N_{20}}{N_{10}} = \exp\left(-\frac{\Delta E}{KT}\right)$$

N_{20}、N_{10} 分别是上、下能级粒子数，一般情况下，$\Delta E \ll KT$，上式可近似为

$$\frac{N_{20}}{N_{10}} \approx 1 - \frac{\Delta E}{KT} \tag{5-15-29}$$

这个数值接近 1，例如 ^{1}H 核在室温 30℃下，当外磁场为 1T 时，ω 值为 42.5775MHz/T，$K=1.38066\times10^{-23}$J/K，将这些数值代入式(5-15-28)、式(5-15-29)得

$$\frac{\Delta E}{KT} \approx 7\times10^{-6}$$

$$\frac{N_{20}}{N_{10}} = 0.999993$$

上式说明，在室温下，每百万个低能级上的核比高能级上的核大约多出 7 个，也就是说，在低能级上参与核磁共振吸收的每一百万个核中只有约 7 个核的核磁共振吸收未被共振辐射所抵消，所以核磁共振是非常微弱的，同时上式还说明，磁场 B_0 越强，粒子差数就越大，核磁共振现象越明显；而温度越高，粒子差数就越小，对观察核磁共振信号越不利，此外，核磁共振还受样品均匀程度的影响，如果样品不均匀，样品内各部分的共振频率不同，对某个频率的电磁波，将只有极少数核参与共振，结果信号被噪声所湮没，难以观察到共振信号。

以上所讨论的是样品的理想状态，实际样品中，每一个核磁矩由于近邻处其他核磁矩或所加顺磁物质的磁矩所造成的局部磁场略有不同，它们的进动频率也完全不一样，如果使在 $t=0$ 时所有核磁矩在 $x-y$ 平面上的投影位置相同，由于不同的进动频率，经过时间 T_2 后，这些核磁矩在 $x-y$ 平面上的投影位置将均匀分布，完全无规则，T_2 称为横向弛豫时间，它给出了磁矩 $\overline{M}$ 在 x、y 方向上的分量变到零所需要的时间，T_2 起源于自旋粒子与邻近的自旋粒子之间的相互作用，这一过程由称为自旋-自旋弛豫过程。

3) 谱线宽度

实际的核磁共振吸收不只发生在由式(5-15-28)所决定的单一频率上，而是发生在一定的频率范围内，即谱线有一定的宽度，这说明能级是有一定宽度的，根据"测不准关系"可得：

$$\delta E \cdot \tau \approx \hbar$$

式中，δE 为能级宽度，τ 为能级寿命，由此产生的谱线宽度 $\delta\omega$ 为：

$$\delta\omega = \frac{\delta E}{\hbar} \approx \frac{1}{\tau}$$

上式表示，谱线宽度实质上归结为粒子在能级上的平均寿命，当射频场 B_1 不强时，吸收谱线半宽度为

$$\frac{\Delta\omega}{2} = \frac{1}{T_2}$$

4) 共振信号

要产生一个旋转磁场是比较复杂的，实际上仅用一个直的螺线管线圈就能产生所需的共振磁场，从原理上说，有了外部的静磁场 B_0 和合适的共振磁场 B_1，就已经产生共振了，但是如何才能观察到共振信号，这里还要做技术上的处理。

为了能够在示波器上观察到稳定的共振信号，必须使共振信号连续重复出现。为了可以固定共振磁场 B_1 的频率，在共振点附近连续反复改变静磁场的场强，使其扫过共振点，这种方法称为扫场法。这种方法需要在平行于静磁场的方向上叠加一个较弱的交变磁场，也就是说恒定磁场 B_0 被一低频交变磁场 B' 所调制，B' 简称为扫场。在磁场连续改变时，要求场强缓慢地通过共振点，当然，这个缓慢是相对原子核的弛豫时间而言的。

仔细地研究一下图 5-15-7 对如何能顺利地操作实验是很有好处的。图 5-15-7 给出了扫场频率为 50Hz 时，外磁场随时间的变化及相应的共振信号的关系。从图中可见，静磁场场强的变化范围是 $B = B_0 \pm B'$，要注意，实际扫场的振幅是很小的，在本实验中 $B'/B_0 \approx 10^{-4} \sim 10^{-2}$，那么样品所在处外加的实际磁场为 $B_0 \pm B'$，由于调制磁场的幅值不大，磁场的方向保持不变。因此，在调制场的作用下，只是磁场的幅值随调制磁场周期性地变化，则该磁矩的拉莫尔旋进角频率 ω_0 也相应地在一定范围内发生周期性的变化，即 $\omega_0' = \gamma(B_0 \pm B') = \omega_0 \pm \omega'$，这时只要将射频场的角频率 ω_1 调节到 ω_0' 的变化范围之内，同时调制场的峰-峰值大于共振场的范围，便能用示波器观察到共振吸收信号。因为只有与 ω' 相应的磁场范围被磁场 $B_0 \pm B'$ 扫过才能发生核磁共振，才能观察到共振吸收信号，而其他情况不满足共振条件，没有共振吸收信号，因而观察不到核磁共振现象。所以有一个捕捉范围。必须先要改变共振磁场 B_1 的频率 f，使 f 进入捕捉范围，这时就能在示波器上观察到共振信号。这时的共振信号的间隔很可能是不等的，比如图 5-15-7 所示，其共振信号发生在 B 与虚线的相交处，这时场强 B 是难以确定的。如果继续调整频率 f，使得共振信号的排列等间距，即共振点在扫场的过零处，即图 5-15-7 中的虚线 b。那么扫场就不参与共振，从而可确定固定磁场 B_0 的大小。

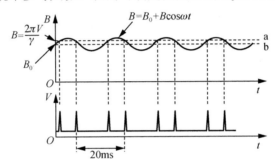

图 5-15-7　扫场、静磁场与共振信号的关系

本实验的扫场参数是频率为 50Hz、幅度为 $10^{-5} \sim 10^{-3}$ T，对固体样品聚四氟乙烯来说，这是一个变化很缓慢的磁场。其吸收信号如图 5-15-8(a)所示。而对液态水样品来说却是一个变化较快的磁场，其观察到的不再是单纯的吸收信号，将会产生拖尾现象，如图 5-15-8(b)所示。磁场越均匀，尾波中振荡次数越多。

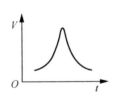

(a) 变化缓慢的磁场与吸收信号

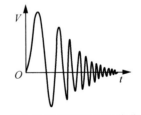

(b) 变化较快的磁场与吸收信号

图 5-15-8　吸收信号与磁场变化的关系

需要指出的是，上面所说的是连续法。这种方法会导致信号分辨率下降，而且不能测量弛豫时间，所以在实际应用中基本不用，但这并不影响对核磁共振原理的理解。另外一种探测方法是脉冲法，这种方法分辨率高，能测量弛豫时间，所以广泛应用于物理、化学、生物

等领域。

5) 探测器

探头由样品盒和电路盒组成，样品呈柱状，产生高频磁场的线圈绕在外边。线圈绕轴垂直于永久磁铁。这个线圈是自激振荡回路的一部分，它既作为发射线圈，也作为接收线圈。其原理如下：

一般来说，我们希望振荡器工作稳定，不受外界条件变化的影响。但在这里，希望振荡器对外界的变化敏感，可探知样品的状态变化。所以，电路盒中的振荡器不是工作在稳幅振荡状态，而是工作在刚刚起振的边缘状态，因此又称为边限振荡器。它的特点是电路参数的任何变化都会引起振荡幅度的明显变化。当发生共振时，样品要吸收磁场能量，导致线圈的品质因数 Q 值下降。Q 值的下降，引起振荡幅度的变化。检出振荡波形的包络线，这个变化就是共振信号，经放大后就可送到示波器观察。

【实验仪器】

(1) 实验装置。实验装置如图 5-15-9 所示，它由永久磁铁、扫场线圈、探头(含电路盒和样品盒)、数字频率计、示波器、可调变压器和 220V/6V 变压器组成。

(2) 永久磁铁：对永久磁铁要求有强的磁场和足够大的匀场区，本实验用的磁场强度约为 0.5T，中心区(5 mm^3)均匀性优于 10^{-5}。

(3) 扫场线圈：产生一个可变幅度的扫场。

(4) 探头(含电路盒和样品盒)：有两个探头，一个是掺有三氯化铁的水样品，一个是固体样品聚四氟乙烯。

(5) 可调变压器和 220 V/6 V 变压器：用来调节扫场线圈的电流，220V/6V 变压器还有隔离作用。

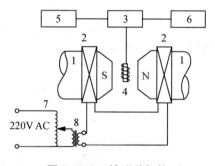

图 5-15-9　核磁共振仪

1. 永久磁铁；2. 扫场线圈；3. 电路盒；4. 振荡线圈及样品；5. 数字频率计；6. 示波器；7. 调压器；8.6V 变压器。

【实验内容与步骤】

(1) 记录下仪器的编号和样品盒的编号。本实验的静磁场场强大约在 0.57T，所以水的氢核共振频率为 24～25MHz。

(2) 接好线路后，调整扫场、共振频率、幅度和示波器参数，观察水的氢核和氟核样品的核磁共振信号，使之达到幅度最大和稳定，记录调整好后的参数(频率、最大振幅、调整旋钮的位置)和波形。绘制一张包含两个样品波形的图并把编号及调整好后的参数也记录在上面。

这一内容应该结合后面的实验内容一起做。

(3) 标定样品所处位置的磁场强度 B_0。将样品盒放在永久磁铁的中心区。观察掺有三氯化铁的水中质子的磁共振信号，测出样品在永久磁铁中心时质子的共振频率 f。对于温度为 25℃球形容器中水样品的质子，旋磁比：$\gamma / 2\pi =42.576375$MHz/T，从而由公式：$2\pi f=\gamma B$ 计算样品所处位置的磁场强度 B_0。由图 5-15-7 可知，外加总磁场为 $B = B_0 + B'\cos\omega t$。

这里的 B' 是扫场的幅度，ω 是扫场的圆频率。为了加宽捕捉范围，在开始调试时，可以把扫场的幅度加大，这样便于寻找共振频率。因为我们要确定的磁场是 B_0，因此必须让共振点发生在扫场过零处，即图 5-15-7 中扫场与虚线 b 的交点上。这时的共振信号为等分间隔，且间隔为 10ms。

在示波器上严格地分辨等分间隔是不容易的，这里给出一个方法，从图 5-15-7 可以看出，当共振点不在扫场过零处时，改变扫场幅度会导致共振信号成对地靠近或分开。只有当共振点恰巧在扫场过零处时，不论扫场幅度加大或减小，共振信号都不会移动。所以，可以在共振信号大致等间隔后用这种方法细调。

(4) 求氟核 ^{19}F 的旋磁 γ_F。观察并记录固态聚四氟乙烯样品中氟核的磁共振信号，测出样品处在与水样品相同磁场位置时的氟核的共振频率。因已测得 B_0，所以由以上公式可算得氟核的旋磁比 γ_F。

(5) 计算朗德因子 g。由旋磁比定义：$\gamma = g\dfrac{2\pi\mu_N}{h}$，可计算出氟核的 g 因子。这里 μ_N 是核磁子 $\mu_N =3.1524515\times 10^{-14}$MeV/T，$h$ 是普朗克常量，$\mu_N /h =7.6225914$MHz/T。

【注意事项】

(1) 由于扫场的信号从市电取出，频率为 50Hz。每当 50Hz 信号过零时，样品所处的磁场就是恒定磁场 B_0。所以应先加大扫场信号，让总磁场有较大幅度的变化范围，以利于找到磁共振信号。然后调整频率。

(2) 样品在磁场的位置很重要，应保证处在磁场的几何中心，除非有其他要求。

(3) 调节时要缓慢，否则 NMR 信号一闪而过。

(4) 请勿打开样品盒。

(5) 调节扫场幅度的可调变压器的调节范围为 0～100V。

【思考题】

(1) 本实验中有几个磁场？它们的相互方向有什么要求？

(2) 在医院的核磁共振成像宣传资料中，常常把拥有强磁场(1～1.5T)作为一个宣传的亮点。请问，磁场的强弱对探测结果有什么关系吗？为什么？

5.16　实验 5-16　脉冲核磁共振

【实验目的】

(1) 了解脉冲核磁共振的共振条件。

(2) 了解脉冲核磁共振捕捉范围以及差频现象。

(3) 了解脉宽与信号的关系(90°、180°、270°、360°脉冲)。

(4) 了解自旋回波，利用自旋回波测量横向弛豫时间 T_2。

(5) 利用计算机记录，测量 T_2，做傅里叶变换(FFT)。

(6) 了解匀场系统的作用。

【实验仪器】

PNMR-II 型脉冲核磁共振谱仪、待测样品等。

【实验原理】

有关核磁共振的基本原理参见 5.15 节的讨论，本节仅就脉冲核磁共振做简单介绍。

脉冲核磁共振是观察核磁共振的自发辐射过程。它的工作方式是：(1)先用射频脉冲将原子核从低能级跃迁至高能级；(2)再观察原子核从高能级跃迁至低能级时辐射的电磁波。

Bloch 根据经典理论力学和量子力学的概念推导出 Bloch 方程。Feynman、Vernon、Hellwarth 在推导二能级原子系统与电磁场作用时从基本的薛定谔方程出发得到与 Bloch 方程完全相同的结果，从而得出 Bloch 方程适用于一切能级跃迁理论，他们的理论称之为 FVH 表象。FVH 表象是简单而严格的理论。以下介绍半经典理论和弛豫时间的概念。

1. 半经典理论

原子核具有磁矩：

$$\vec{\mu} = \gamma \vec{P} \tag{5-16-1}$$

式中，γ 为旋磁比，是一个参数；$\vec{P}$ 表示自旋的角动量。

原子核在磁场中受到的力矩为：

$$\vec{L} = \vec{\mu} \times \vec{B} \tag{5-16-2}$$

并且产生附加能量为：

$$E = \vec{\mu} \cdot \vec{B} \tag{5-16-3}$$

根据力学原理 $\dfrac{\mathrm{d}\vec{P}}{\mathrm{d}t} = \vec{L}$ 和 $\vec{\mu} = \gamma \vec{P}$ 得：

$$\frac{\mathrm{d}\vec{\mu}}{\mathrm{d}t} = \vec{\mu} \times \gamma \vec{B} \tag{5-16-4}$$

其分量式为：

$$\left. \begin{aligned} \frac{\mathrm{d}\mu_x}{\mathrm{d}t} &= \gamma(B_y\mu_z - B_z\mu_y) \\ \frac{\mathrm{d}\mu_y}{\mathrm{d}t} &= \gamma(B_z\mu_x - B_x\mu_z) \\ \frac{\mathrm{d}\mu_z}{\mathrm{d}t} &= \gamma(B_x\mu_y - B_y\mu_x) \end{aligned} \right\} \tag{5-16-5}$$

2. 弛豫过程

弛豫过程是原子核的核磁矩与物质相互作用产生的。弛豫过程分为纵向弛豫过程和横向弛豫过程。

(1) 纵向弛豫：自旋与晶格热运动相互作用使得自旋无辐射的情况下按 $\exp\left(-\dfrac{t}{T_1}\right)$ 由高能级跃迁至低能级，T_1 称为纵向弛豫时间。

(2) 横向弛豫：核自旋与核自旋之间相互作用使得自发辐射信号按 $\exp\left(-\dfrac{t}{T_2}\right)$ 衰减，T_2 称为横向弛豫时间。

考虑到弛豫过程，式(5-16-5)改为

$$\left.\begin{aligned}
\frac{\mathrm{d}\mu_x}{\mathrm{d}t} &= \gamma(B_y\mu_z - B_z u_y) - \frac{\mu_x}{T_2} \\
\frac{\mathrm{d}\mu_y}{\mathrm{d}t} &= \gamma(B_z\mu_x - B_x\mu_z) - \frac{\mu_y}{T_2} \\
\frac{\mathrm{d}\mu_z}{\mathrm{d}t} &= \gamma(B_x\mu_y - B_y\mu_x) - \frac{\mu_z}{T_1}
\end{aligned}\right\} \tag{5-16-6}$$

宏观上我们所面对的总是大量微观粒子群，故引入磁化强度矢量 $\vec{M}$（详见 5.15 节）

$$\frac{\mathrm{d}\vec{M}}{\mathrm{d}t} = \gamma(\vec{M}\times\vec{B}) - \frac{Mx}{T_2}\vec{i} - \frac{My}{T_2}\vec{j} - \frac{M_2 - M_0}{T_1}\vec{k}$$

3. 脉冲激发过程工作原理

样品置于静磁场中，磁场平行 z 轴，射频场以角频率 $\omega_0 = \gamma B$ 加在样品上。射频场 B 分量为

$$\left.\begin{aligned}
B_x &= B_1\cos\omega_0 t \\
B_y &= B_1\sin\omega_0 t
\end{aligned}\right\} \tag{5-16-7}$$

式中，B_1 为射频场振幅。

如果脉冲作用时间远远小于弛豫时间，则弛豫过程可以不考虑，式(5-16-6)可改写为 $\dfrac{\mathrm{d}\vec{M}}{\mathrm{d}t} = \gamma(\vec{M}\times\vec{B})$，此时，对单个"裸核"，将式(5-16-7)代入式(5-16-5)得

$$\left.\begin{aligned}
\mu_x &= c\cos\omega_0 t - a\sin(\gamma B_1 t + \phi_0)\sin\omega_0 t \\
\mu_y &= a\sin(\gamma B_1 t + \phi_0)\cos\omega_0 t + c\sin\omega_0 t \\
\mu_z &= a\cos(\gamma B_1 t + \phi_0)
\end{aligned}\right\} \tag{5-16-8}$$

式中，$a^2 + c^2 = |\mu|^2$。

根据脉冲时间 t 可见将脉冲分为 $90°$ 脉冲、$180°$ 脉冲、$270°$ 脉冲、$360°$ 脉冲。以下介绍 $90°$ 脉冲、$180°$ 脉冲。其中 $270°$ 脉冲、$360°$ 脉冲很少使用所以不介绍。

1) $\gamma B_1 t = \dfrac{\pi}{4}$（称为 $90°$ 脉冲）

根据初始条件分为以下三种状态。

(1) 基态：$\mu_x = 0$，$\mu_y = 0$，$\mu_z = -1$，经过 $90°$ 脉冲后得到 $\mu_x = -\sin\omega_0 t$，$\mu_y = \cos\omega_0 t$，$\mu_z = 0$，因为对电磁辐射有贡献的是 B 的 x，y 方向，所以在基态经过 $90°$ 脉冲后可以得到最强的电磁辐射。注意最强的辐射不是完全在激发态，因为完全在激发态时虽然激发态能量最高但是和电磁场的耦合最弱。

(2) 激发态： $\mu_x = 0$，$\mu_y = 0$，$\mu_z = 1$，经过 90° 脉冲后得到 $\mu_x = \sin\omega_0 t$，$\mu_y = -\cos\omega_0 t$，$\mu_z = 0$，所以在激发态经过 90° 脉冲后也可以得到最强的电磁辐射。

(3) 辐射状态： $\mu_x = \sin\omega_0 t$，$\mu_y = -\cos\omega_0 t$，$\mu_z = 0$ 或 $\mu_x = -\sin\omega_0 t$，$\mu_y = \cos\omega_0 t$，$\mu_z = 0$，经过 90° 脉冲后得到 $\mu_x = 0$，$\mu_y = 0$，$\mu_z = -1$ 或 $\mu_x = 0$，$\mu_y = 0$，$\mu_z = 1$，因为对电磁辐射有贡献的是 B 的 x, y 分量，所以在 B 横向最强时经过 90° 脉冲后不管处于激发态还是基态辐射为零。

2) $\gamma B_1 t = \pi$（称为 180° 脉冲）

根据初始条件分为以下三种状态。

(1) 基态： $\mu_x = 0$，$\mu_y = 0$，$\mu_z = -1$，经过 180° 脉冲后得 $\mu_x = 0$，$\mu_y = 0$，$\mu_z = 1$。

(2) 激发态：基态跃迁至激发态。原子核在激发态下辐射为零。

(3) 任意状态：
$$\mu_x = c\cos\omega_0 t - a\sin\phi_0\sin\omega_0 t$$
$$\mu_y = a\sin\phi_0\cos\omega_0 t + c\sin\omega_0 t \quad \text{经过 180° 脉冲后得}$$
$$\mu_z = a\cos\phi_0$$

$$\left.\begin{aligned}\mu_x &= c\cos\omega_0 t - a\sin(\pi+\phi_0)\sin\omega_0 t\\ \mu_y &= a\sin(\pi+\phi_0)\cos\omega_0 t + c\sin\omega_0 t\\ \mu_z &= a\cos(\pi+\phi_0)\end{aligned}\right\} \quad (5\text{-}16\text{-}9a)$$

又可表达为

$$\left.\begin{aligned}\mu_x &= c\cos\omega_0 t + a\sin\phi_0\sin\omega_0 t\\ \mu_y &= -a\sin\phi_0\cos\omega_0 t + c\sin\omega_0 t\\ \mu_z &= -a\cos\phi_0\end{aligned}\right\} \quad (5\text{-}16\text{-}9b)$$

即沿着 X 轴方向翻转 180°。

4. 自由衰减过程(自发辐射)

不加射频场脉冲，由高灵敏放大器观察自由衰减过程。因为不加射频场 $B_1 = 0$，所以式(5-16-6)变为

$$\left.\begin{aligned}\frac{d\mu_x}{dt} &= -\gamma B_z\mu_y - \frac{\mu_x}{T_2}\\ \frac{d\mu_y}{dt} &= \gamma B_z\mu_x - \frac{\mu_y}{T_2}\\ \frac{d\mu_z}{dt} &= -\frac{\mu_z}{T_1}\end{aligned}\right\} \quad (5\text{-}16\text{-}10)$$

其方程解为：

$$\left.\begin{aligned}\mu_x &= a\exp\left(-\frac{t+t_0}{T_2}\right)\cos(\omega_0 t + \phi_0)\\ \mu_y &= a\exp\left(-\frac{t+t_0}{T_2}\right)\sin(\omega_0 t + \phi_0)\\ \mu_z &= \exp\left(-\frac{t+t_0}{T_1}\right) - 1\end{aligned}\right\} \quad (5\text{-}16\text{-}11)$$

【实验内容与步骤】

1. 90°脉冲观察自由衰减过程

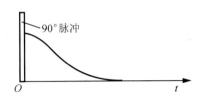

图 5-16-1　90°脉冲的自由衰减过程

在共振条件下($f = \gamma B_0$)样品上加 90° 射频脉冲，打开高灵敏度放大器即可观察自由衰减过程。时序图如图 5-16-1 所示，但必须注意两次观察的时间间隔必须远远大于弛豫时间，即 $\tau_0 \gg T_1$、T_2，一般 $\tau_0 > 10T_1$。

由于磁场的不均匀性，所以得到的波形为 $a \cdot f(t)\cos(\omega_0 t + \phi_0)$，式中，$f(t)$ 为衰减函数，即 $f(0)=1$，$f(\infty)=0$。函数的内容与磁场的分布有关。

2. $90° - 180°$ 测量 T_2 (自旋回波法)

因为磁场存在不均匀性，使得谱线出现不均匀加宽，μ 的横向分量表示为

$$\mu_x = \exp\left(-\frac{t+t_0}{T_2}\right)\int_{\infty}^{\infty} a(\Delta\omega)\cos[(\omega_0 + \Delta\omega)t]\mathrm{d}\Delta\omega$$

$$\mu_y = a\exp\left(-\frac{t+t_0}{T_2}\right)\int_{\infty}^{\infty} a(\Delta\omega)\sin[(\omega_0 + \Delta\omega)t]\mathrm{d}\Delta\omega$$

(5-16-12)

以至于自由衰减过程信号衰减速度远远快于 T_2。

为了精确测量 T_2 采用自旋回波法，其原理如下：

在 90°脉冲后经过 τ 时间后再加 180°脉冲，μ 的横向分量根据式(5-16-9a)得：

$$\left.\begin{array}{l}\mu_x = \exp\left(-\dfrac{t+t_0}{T_2}\right)\int_{\infty}^{\infty} a(\Delta\omega)\cos[(\omega_0 + \Delta\omega)\tau]\mathrm{d}\Delta\omega \\[4mm] \mu_y = a\exp\left(-\dfrac{t+t_0}{T_2}\right)\int_{\infty}^{\infty} a(\Delta\omega)\sin[(\omega_0 + \Delta\omega)\tau]\mathrm{d}\Delta\omega\end{array}\right\}$$

此为未加 180°脉冲时 τ 时刻 μ 的横向分量。加载 180°后得：

$$\mu_x = \exp\left(-\frac{t+t_0}{T_2}\right)\int_{\infty}^{\infty} a(\Delta\omega)\cos[(\omega_0 + \Delta\omega)\tau]\mathrm{d}\Delta\omega$$

$$\mu_y = a\exp\left(-\frac{t+t_0}{T_2}\right)\int_{\infty}^{\infty} a(\Delta\omega) - \sin[(\omega_0 + \Delta\omega)\tau]\mathrm{d}\Delta\omega$$

$$\mu_x = \exp\left(-\frac{t+t_0}{T_2}\right)\int_{\infty}^{\infty} a(\Delta\omega)\cos[(\omega_0 - \Delta\omega)(t - 2\tau)]\mathrm{d}\Delta\omega$$

$$\mu_y = a\exp\left(-\frac{t+t_0}{T_2}\right)\int_{\infty}^{\infty} a(\Delta\omega)\sin[(\omega_0 - \Delta\omega)(t - 2\tau)]\mathrm{d}\Delta\omega$$

(5-16-13)

此时，因为频谱增宽而导致相位散失，通过 180°脉冲后在 $t = 2\tau$ 时又重新聚合。工作时序图如图 5-16-2 所示。

3. $180° - 90$ 测量 T_1 (反转恢复法)

样品在基态经过180°脉冲后跃迁至激发态，在由激发态弛豫向基态弛豫过程。可以用以式(5-16-4)表达：

$$\mu_x = 0, \quad \mu_y = 0, \quad \mu_z = 1 - 2\exp\left(-\frac{t}{T_1}\right) \tag{5-16-14}$$

经过 τ 时刻再加90°脉冲。根据式(5-16-8)得

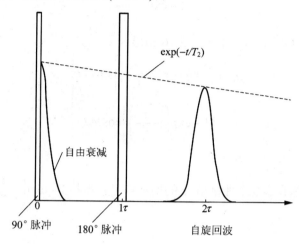

图 5-16-2　自旋回波法

$$\left.\begin{aligned}
\mu_x &= -\left[1 - 2\exp\left(-\frac{\tau}{T_1}\right)\right]\sin\omega_0 t \\
\mu_y &= \left[1 - 2\exp\left(-\frac{\tau}{T_1}\right)\right]\cos\omega_0 t \\
\mu_z &= 0
\end{aligned}\right\} \tag{5-16-15}$$

由式(5-16-14)可以看出：在 $\tau < T_1/\ln 2$ 时信号与射频脉冲的相位相反，在 $\tau > T_1/\ln 2$ 时信号与射频相脉冲位相同，在 $\tau = T_1/\ln 2$ 时信号为零。所以可以通过测量零信号时的 τ 即可得到 T_1，如图 5-16-3 所示。

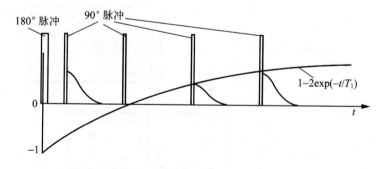

图 5-16-3　180°-90° 测量 T_1

4. 90°-90° 测量 T_1(饱和恢复法)

样品在基态经过90°脉冲后跃迁至激发态，在由激发态弛豫向基态弛豫过程。可以用式(5-16-16)表达：

$$\left.\begin{aligned}\mu_x &= f(t)\sin(\omega_0 t + \phi_0) \\ \mu_y &= f(t)\cos(\omega_0 t + \phi_0) \\ \mu_z &= 1 - \exp\left(-\frac{t}{T_1}\right)\end{aligned}\right\} \qquad (5\text{-}16\text{-}16)$$

经过时间 τ 后再加 $90°$ 脉冲。由公式(5-16-8)得:

$$\left.\begin{aligned}\mu_x &= -\left[1 - \exp\left(-\frac{\tau}{T_1}\right)\right]\sin\omega_0 t \\ \mu_y &= \left[1 - \exp\left(-\frac{\tau}{T_1}\right)\right]\cos\omega_0 t \\ \mu_z &= 0\end{aligned}\right\} \qquad (5\text{-}16\text{-}17)$$

由式(5-16-17)可以看出:第二脉冲随 τ 的增加信号强度按 $1 - \exp\left(-\dfrac{\tau}{T_1}\right)$ 增加,如图 5-16-4 所示。

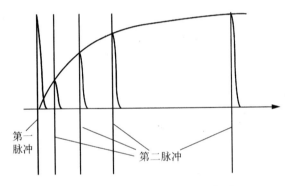

第一脉冲

第二脉冲

图 5-16-4　第二脉冲与 τ 的关系

【实验步骤】

1. 参照图 5-16-5 连接好仪器(详见实验 5-16 附录 1)

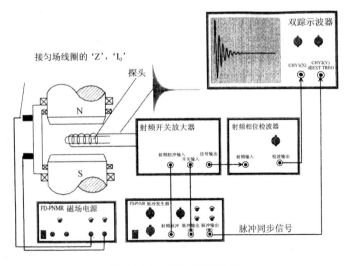

图 5-16-5　连接仪器示意

2. 放置并连接好匀场线圈

参照图 5-16-6 和图 5-16-7 连接匀场线圈并进行调节，具体调节如下：

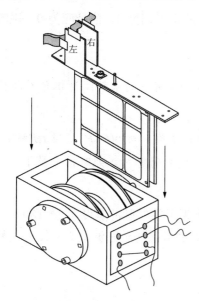

图 5-16-6　连接匀场线圈示意

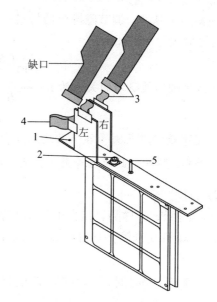

图 5-16-7　调节示意

(1) 调节螺钉"1"，使匀场板高度适中。

(2) 用 Q9 信号线连接"2"端至射频开关放大器后面板上的 L16 插座。

(3) 连接匀场连接线"3"，分左、右各一组，25 芯的一端接匀场电源，20 芯的一端接匀场板(如图 5-16-7 所示，注意缺口方向)。

(4) 连接对接线"4"(20 芯扁平电缆)

(5) 在样品管"5"内放置实验样品。

3. 信号调节

(1) 将示波器调节至观察 CH1 或 CH2 挡，同步调节至 EXT 挡，调节同步旋钮至脉冲同步。

(2) 将励磁电源的直流输出接至磁铁的 1A300 匝一组线圈中，也可以两组串联，但必须注意方向。

(3) 将装有 1%硫酸铜溶液的离心管放入探头，将均场板上的 Q9 接头(图 5-16-7)，接入开关放大器后面板的 L16 插座上。脉冲发生器的第一脉冲与第二脉冲一般置于 1ms 处，两个脉冲宽度电位器置于最大处，重复时间置于 1s 处，其他电位器置于最大。脉冲间隔可随意放置，只要在示波器能看见两个脉冲即可，在测量 T_2 时其可调。

(4) 将探头放入磁铁中央，调节励磁电源(注意：可能需要调换电流的方向)直至观察到信号。调节匹配电容至信号最大。(示波器灵敏度调节至噪声在 0.5~1div)。如果对样品过小可以先在"射频发生器"的射频输出端接一发射天线并与探头基本在一直线上，这时候可以观察到连续的模拟信号，调节匹配电容至信号最大，再调节励磁电源。

(5) 匀场一般只调 I_0 与 Z，待信号(尾波)出现后可调 I_0 细调，然后再调 Z，使现象更为明显(如环境温度变化太大，磁场可能漂移，此时可借用直流输出中的电流，借以调节磁场(一般不用)。

4. 实验观察

1) 自由衰减观察

观察第一脉冲，调节磁场至信号最大。先将第一脉冲宽度调至0，信号应为0。逐渐加大 t_1 至信号最大即90°脉冲。

注意：信号磁场随磁场的关系为 $I = \dfrac{\sin\left(\dfrac{B-B_0}{P}\right)}{\left(\dfrac{B-B_0}{P}\right)}$ (P 为与功率有关的系数)，所以信号随磁场的变化是经过几次峰谷值后达到最大。信号随 t_1 的关系为 $I = \sin(t_1 \cdot P)$，当 $t_1 P = 90°$ 时称为90°脉冲，此时信号最大。当 $t_1 P = 180°$ 时称为180°时脉冲，此时信号最小。

2) 自旋回波

(1) 更换长 T_2 样品。在自由衰减观察成功的基础上调节第二脉冲宽度 t_2 至180°脉冲，这时 $t_2 = 2t_1$。即可观察到自旋回波，如果自旋回波较小则调节磁场至回波最大。加大重复时间提高信号强度。

(2) 调节间隔时间 τ 即可得到 T_2 的指数衰减关系。

【实验 5-16 附录 1】 FD-PNMR-II 脉冲核磁共振使用说明书

(1) 脉冲核磁共振仪器。

框图如图 5-16-8 所示。各部分作用如下：

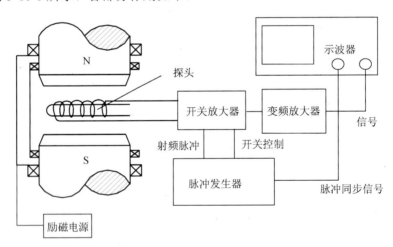

图 5-16-8　脉冲核磁共振仪器结构示意

脉冲发生器：产生脉冲序列同时调制射频信号得到射频脉冲。

开关放大器：将大功率射频脉冲加至探头，当脉冲结束后关闭脉冲通道并打开信号通道将来自探头的自由衰减信号放大300倍，如图 5-16-9 所示。

变频放大器：又称为相位检波器，将 20MHz 的信号通过混频将信号频率降低至 100Hz～20kHz，以便于示波器观察及计算机记录。变频放大器内具有带通滤波器，同时可以大幅度提高信噪比。

　　励磁电源：改变磁场强度至共振频率，同时作为"开关放大器"、"变频放大器"及附件的电源。

　　脉冲发生器：当调试时信号过小或调试无太大把握时，为了调节匹配需要，"射频发生器"提供与共振信号频率相同的模拟共振信号。

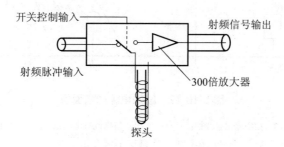

图 5-16-9　开关放大器结构示意

(2) 脉冲发生器(见图 5-16-10)。脉冲发生器所产生的脉冲如图 5-16-11 所示。

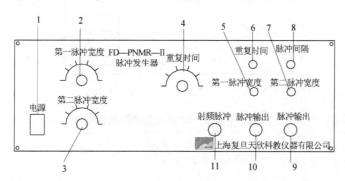

图 5-16-10　脉冲发生器前面板

1. 电源开关；　　　　　　　　　　2. 第一脉冲宽度调节范围；　　　　3. 第二脉冲宽度调节范围；

4. 重复时间及脉冲间隔时间调节电位器；　5. 第一脉冲时间(调节 t_1)；　　6. 重复时间(调节 τ_1)；

7. 第二脉冲时间(调节 t_2)；　　　　8. 脉冲间隔时间调节电位器；　　　9. 脉冲输出(接示波器同步端)；

10. 脉冲输出(接"开关放大器"的"开关输入")；　　　　　　11. 射频输出(主振输出，接"开关
　　　　　　　　　　　　　　　　　　　　　　　　　　　　　　放大器"的"射频脉冲输入")

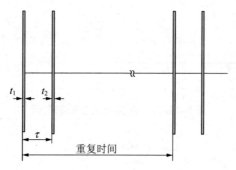

图 5-16-11　脉冲发生器所产生的脉冲示意

(3) 励磁电源。

前面板如图 5-16-12 所示，后面板如图 5-16-13 所示。

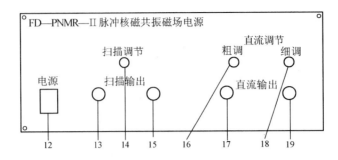

图 5-16-12　励磁电源的前面板

12．电源开关；　　　　13．扫描输出接线柱；　　14．扫描调节电位器；　　15．扫描输出接线柱；

16．直流电流调节电位器(粗调)顺时针旋转电流增加；　　17．直流输出；

18．直流电流调节电位器(细调)顺时针旋转电流增加；　　19．直流输出

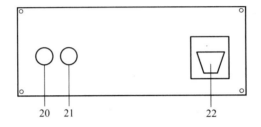

图 5-16-13　励磁电源的后面板

20．±12V 电源输出，供"开关放大器"或"变频放大器"电源；

21．±12V 电源输出，供"开关放大器"或"变频放大器"电源；

22．220V 电源输入

(4) 开关放大器。

前面板如图 5-16-14 所示，后面板如图 5-16-15 所示。

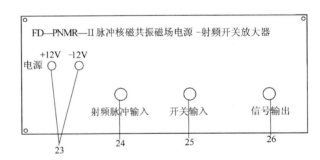

图 5-16-14　开关放大器的前面板

23．±12V 工作电源指示；

24．"射频脉冲输入"接"脉冲发生器"的"射频脉冲输出"；

25．"开关控制输入"接"脉冲发生器"的脉冲输出(10)；

26．信号输出：共振信号输出，因为放大器为宽带放大器所以噪声过大无法用示波器观察。为了提高信噪比，所以接"变频放大器"的"射频输入"以滤除噪声

(5) 射频相位检波器。

前面板如图 5-16-16 所示，后面板如图 5-16-17 所示。

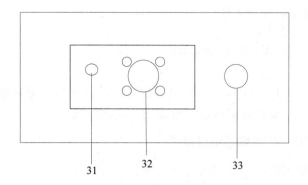

图 5-16-15 开关放大器的后面板示意

31. 匹配可变电容：调节电容量至探头与放大器匹配；   32. L16 座，接匀场板；   33. ±12V 工作电源输入

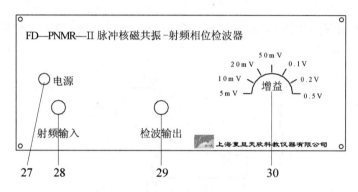

图 5-16-16 射频相位检波器前面板示意

27. 工作电源指示灯；

28. 射频输入：接"开关放大器"的"信号输出"；

29. 检波输出：将射频输入的共振信号与 20MHz 本振进行相位检波，得到 100Hz～20kHz 的音频信号。接示波器或计算机声卡 Line In；

30. 增益调节：检波器增益调节

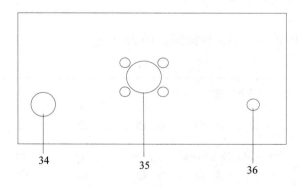

图 5-16-17 射频相位检波器后面板示意

34. ±12V 工作电源输入；35. L16 座，用于调试内部用；36. 接地接线柱

(6) 性能指标。

电源电压：$220 \times (1 \pm 10\%)$V

脉冲功率：0.3W

开关放大器关闭衰减：>-40dB

开关放大器增益：>20dB

开关放大器噪声：<1μV(带宽100kHz)

锁相放大器增益：>40dB

注意事项：严禁在未接开关输入的情况下打开开关放大器，尤其是射频脉冲已经接入。虽然已经加入保护装置但也存在射频脉冲烧坏器件的可能性。

【实验 5-16 附录 2】FD-YC 匀场系统说明书

为了提高磁场的均匀性，一般采用匀场系统。

匀场系统分为匀场线圈电源和匀场板两部分。下面分别介绍它们的用途及使用方法。

1. 匀场线圈电源

1) 原理图

匀场线圈电源原理图如图 5-16-18 所示：其正极输出为电源+12V ；负极输出为三极管集电极； R_P 为调节电流电位器。

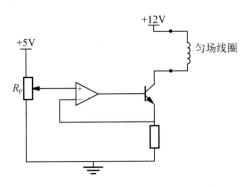

图 5-16-18   匀场线圈电源原理示意

整套匀场线圈电源提供了共九组可调节电源，分别控制 I_0，X，Y，Z，XY，XZ，YZ，$X^2+Y^2-Z^2$，X^2-Y^2，其中 I_0 具有微调功能。

2) 仪器结构

前面板如图 5-16-19 所示，后面板如图 5-16-20 所示。

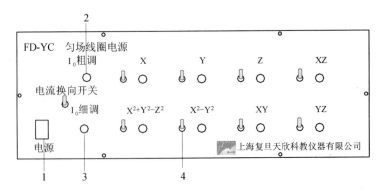

图 5-16-19   FD-YC 匀场线圈电源前面板

1. 电源开关；2. I_0 粗调旋钮；3. I_0 细调旋钮；4. 各组匀场线圈电源的电流换相开关

2. 匀场板

1) 示意图说明

匀场板结构如图 5-16-21 所示。

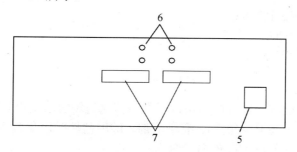

图 5-16-20　FD-YC 匀场线圈电源后面板

5. 电源插座；

6. 电流输出：它为 I_0 与 Z 的电流输出，输出电流为 500mA。红色接线柱为正极输出，接+12V 电源；黑色接线柱为负极输出，它与各组三极管的集电极相连；

7. 电流输出：它为 20 芯扁平线提供四组电流输出，它们分别为：X、Y、$X^2+Y^2-Z^2$、X^2-Y^2，输出电流为 500mA

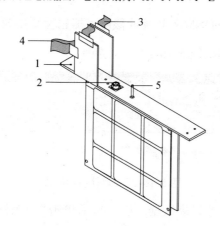

图 5-16-21　匀场板结构示意

1. 调节螺钉：用于调节匀场板在磁场中的高度，以便获得更佳的实验信号；

2. Q9 连接头：连接开关放大器后面板的 L16 座；

3. 电流连接线：左、右各一组，均连接接匀场线圈电源的电流输出(连线为扁平电缆线；20 芯或 25 芯，注意其缺口方向)；

4. 扁平电缆对接线：连接左右匀场板的连线(20 芯扁平电缆线)；

5. 样品管：内放置实验样品；如水(0.01%CuSO₄)和二甲苯

2) 磁铁线圈的使用

磁铁共有四组线圈：左、右磁极各两组线圈，两组 0.1A 及两组 1A，它们均可以作为 I_0、及 Z 调节线圈。I_0 调节即磁场强度调节，线圈的磁场方向相同。Z 方向调节两组线圈的磁场方向相反。具体连接示意图在磁铁上。匀场板包含 X、Y、$X^2+Y^2-Z^2$、X^2-Y^2 四组，I_0、Z 在磁铁的面板上，其余因为作用不大因而取消。其中 I_0、Z 的红与黑只能代表其产生磁场的方向(电流的流向，它可以通过"电流换向开关"转换)，具体接线方向根据调节结果而定。

3) 使用方法

将左右两块匀场板通过对接线连接，将匀场板小心放入磁场当中，将左右两根电流连接线插在匀场板上(注意缺口方向),接上电源即可调节磁场的均匀度,如果加大电流发现磁场均匀度降低而不提高,可以调换电流开关的方向。

3．性能指标

(1) 电源电压 220V±10%V;
(2) 单组输出电流 0.5A;
(3) 最大输出电压 8V。

4．注意事项

(1) 由于匀场板侧面与磁铁接触,所以尽量少移动匀场板以减少其磨损。
(2) 不要将匀场板与高温(>60℃)、有机溶剂、酸碱盐接触以免胶水脱胶,匀场板受损。
(3) 不要冲击、碰撞匀场板以免损坏变形。
(4) 本仪器的工作电压必须大于 200V,否则电源的负载能力将会下降。
(5) 实验完毕应将各电流调节旋钮调到最小。
(6) 盛有样品的玻璃管应放在不易损坏的地方。

【实验 5-16 附录 3】

FD-PNMR-II 脉冲核磁共振软件使用方法

运行 pnmra.exe 文件得到如图 5-16-22 所示界面。

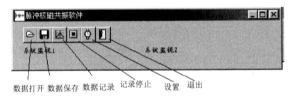

图 5-16-22　软件名称界面

单击"数据记录"按钮开始记录数据。记录 4s 后单击"记录停止"按钮,弹出如图 5-16-23 所示的界面。

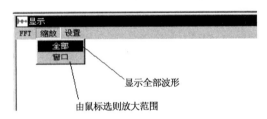

图 5-16-23　显示界面

这是可以单击"数据保存"按钮保存所记录的数据,或可以打开以前记录的数据。

"缩放"是将数据放大选择有用的数据。

"全部"是显示全部记录的信号。其中大部分是无用的信号。

"窗口"是采用鼠标选择有用的数据,如图 5-16-24 所示,即可得到如图 5-16-25 所示的放大后的图形。

多次放大后可以选择有用的数据段进行数据处理。这时选择"FFT"菜单下的"FID"选项，再将鼠标指向数据的起点处单击，如图 5-16-26 所示。单击后弹出如图 5-16-27 所示的界面。

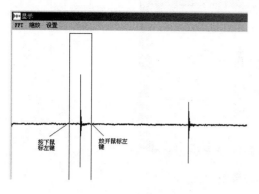

图 5-16-24　用鼠标选择

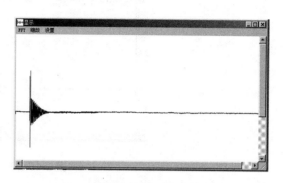

图 5-16-25　放大后图形

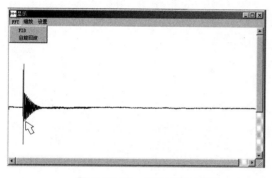

图 5-16-26　选择 FID 界面

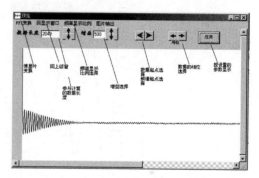

图 5-16-27　预览界面

因为起点还必须调整所以按数据起点选择，单击前进或后退 100 点。为了需要可以设置数据运算的长度及显示的增益。不管如何设置参数必须单击"应用"按钮后才有效，并且显示当前设置的结果。"相位"是微调起点的单击前进或后退一点。

单击"FFT 变换"按钮后即可得到频谱。因为显示的是实数谱(功率谱不会出现按此现象)，所以会因起点选择误差导致出现虚实混合现象，如图 5-16-28 所示。

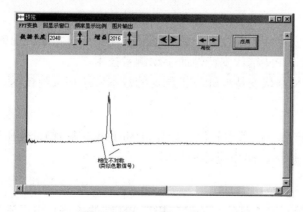

图 5-16-28　虚实混合现象

单击"相位"按钮可以矫正这种误差，如图 5-16-29 所示。所以选择起点时，必须如图 5-16-30 所示。

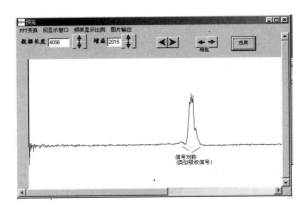

图 5-16-29   矫正误差

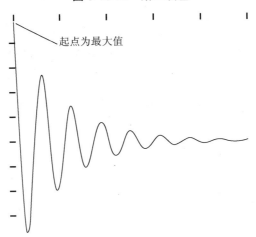

起点为最大值

图 5-16-30   选择起点

5.17   实验 5-17   PN 结伏安特性随温度变化的测定

【实验目的】

(1) 了解 PN 结伏安特性随温度变化的关系及其在测温技术中应用的基本知识。

(2) 训练常温环境下 PN 结伏安特性的手动测量技术。

(3) 学习和掌握 PN 结伏安特性计算机测定的基本方法和实验技术。

【实验仪器】

TS-B3 型温度传感综合技术实验仪、计算机(带 ISA 扩展槽)、变压器油、数字万用表、汞温度计(0～100℃)、烧杯、磁力搅拌加热器。

【实验原理】

根据半导体物理学的理论可知，流过三极管 PN 结的电流与电压满足以下关系：

$$I = I_0(T)\left[\exp\left(\frac{qv}{KT}\right) - 1\right]$$

式中，q 为电子电荷，K 为玻耳兹曼常数，T 是结温(绝对温度值)，$I_0(T)$ 是 PN 结的反向穿透电流，其值随温度的增加而增大，所以三极管 PN 结伏安特性随温度变化如图 5-17-1 所示。由图 5-17-1 所示可知，在某一确定的 R_c 和 V_c 状态下，PN 结的结电压随温度增加而减小，R_c 和 V_c 大于某一范围时，在 0～100℃ 的温区范围内，PN 结结电压的变化与温度变化成正比，所以 PN 结在测温技术也常作温度传感器的热敏探头。

PN 结伏安特性的测试电路原理如图 5-17-2 所示，在室温环境下可用手动方式测量，调节 W_1 使电压表读数从零慢慢增加，每增加 50mV 读取一次 I-U 转换电路的输出电压 V_0 值，这一电压读数除以 R_f 的阻值便得相应的结电流值。

而用手动方式完成一条伏安特性曲线的测试工作需要较长的时间，在温度不等于室温情况下，在这一时间内要求实验系统加热装置的加热温度稳定在某一确定温度值是较困难的，因此在此情况下应采用计算机对 PN 结伏安特性曲线进行自动测量。

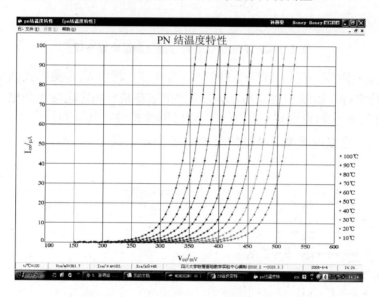

图 5-17-1　PN 结伏安特性曲线随温度变化

计算机自动测量的基本方法是：在程序作用下，当 PN 结的环境温度达到某一值时，计算机 CPU 不断给出一组从零逐渐变大的数字量,经数/模转换电路变换成一组从零逐渐增大的自动扫描电压，经过极性变换和分压后加在图 5-17-2 所示的 PN 结伏安特性测试电路的输入端，PN 结伏安特性测试电路的输出端的电压值(代表 PN 结结电流变化)经模/数转换后的数据被计算机采集后存入程序所确定的数据段中，并与代表扫描电压的数字量一起实时地显示在计算机屏幕上的 I-U 坐标系中。扫描过程完毕计算机系统又处于等待测试状态。当 PN 结所在环境温度到达另一测量温度值时，在程序作用下，计算机测量系统又重复以上过程。在根据测温范围和测温间隔所确定的所有测温点对应的伏安特性测量工作完成后，计算机测量系统停止工作，并把测量结果存于内存供实验操作人员打印输出。

为了构成一个能实现上述功能的自动测量系统，除了图 5-17-2 所示的 PN 结伏安特性测试电路外，还应为实验系统备制一个检测 PN 结所在环境温度的温度传感器、数模转换电路、模数转换电路和含应用程序的配套软件。

随 TS-B3 型温度传感综合技术实验仪主机配置的 MCS-2 型 AD/DA 转换接口板就具有模/数转换和数/模转换的功能。

测量系统中的温度传感器由 AD590 组成。AD590 是一种输出电流与温度成正比的集成温度传感器，其内部结构如图 5-17-3 所示，根据参考文献的推导，在电源的作用下，该电路总的工作电流 I_0 为

$$I_0=3k\ln8/q(R_6-R_5) \tag{5-17-1}$$

式中，k 为玻耳兹曼常数；q 为电子电荷量；T 为被测温度(绝对温度值)。在制作过程中精确

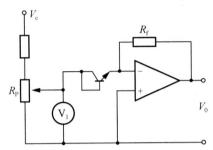

图 5-17-2　PN 结伏安特性曲线测试电路原理

控制 R_5 和 R_6 的阻值，可使式(5-17-1)变为：$I_0=K_0T$，其中 K_0 为测温灵敏度常数。不同温度下 AD590 的伏安特性如图 5-17-4 所示，从该图可知在某一确定温度下当电源电压大于某一值后，输出电流几乎不变(电源电压在 5～15V 之间变换时，其影响只有 0.2 μA /V)。AD590 温度-电流特性及由它组成的测温电路如图 5-17-5 所示。其中 R_{P1} 起调零作用，R_{P2} 起量程校准作用。

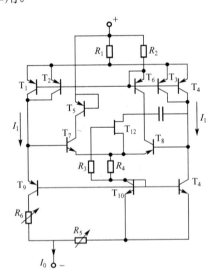

图 5-17-3　集成温度传感器 AD590 的原理

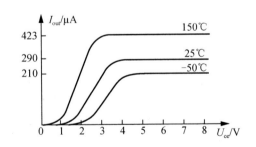

图 5-17-4　不同温度下 AD590 的伏安特性曲线

【实验内容与步骤】

1. 室温下 PN 结伏安特性的手动测定

测量前把被测 PN 结热敏元件的红、黑插头插入仪器前面板左侧的 PN 结伏安特性测试电路中标有"PN 结"标记的相应插孔中，并把测试电路中测定方式切换开关 K_1 置于"手动"状态，然后用一导线把仪器前面板右侧量程为 0～20V 的数字电压表与这一单元中 PN 结伏安

特性测试电路的输出端接通,用数字万用表的 2V 电压挡接到 PN 结的红色插头与测试电路的"地"端,调节仪器前面板上的"给定调节"旋钮,使 PN 结的电压 V_{PN} 从零慢慢增加,每增加 50mV 读取一次测试电路的输出电压,直到这一读数接近(但必须小于)5V 为止。

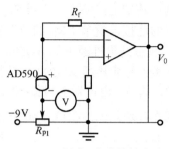

(a) AD590 温度-电流特性电路

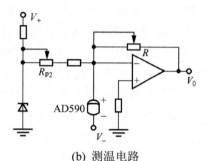

(b) 测温电路

图 5-17-5　AD590 的温度-电流特性及由其组成的测温电路

测量完毕后,在断电情况下,测量出测试电路输出端和 PN 结黑色插孔之间电阻的准确值 R_f 和实验室的温度值。根据测量结果,按以表 5-17-1 形式列出 PN 结在室温下的伏安特性:

表 5-17-1　测量 PN 结在不同温度下的伏安特性

测试温度=_____/℃,R_f=____/kΩ

V_{ce}/mV	50	100	150	200	250	300	350	400	450	500	550	600
V_{PN}/V												
$I_{ce}=V_{PN}/R_f$/(mV)												

2. PN 结伏安特性随温度变化的计算机自动测定

1) 准备工作

(1) 接口板及"PN 结温度特性"软件的安装。

把 MCS-2 型 AD/DA 转换接口板插入计算机的 ISA 扩展槽中,用两头带 D 形 9 针插头的电缆线接通仪器主机与计算机之间的通信,把随仪器配给的"PN 结温度特性"软件安装在计算机内,安装成功后该软件将被存入"程序"菜单中名为"PN 结温度特性"的文件中。

(2) AD590 温度传感器的组成及温度-电压变换特性的实验测定。

① AD590 集成温度传感器输出电流随温度变化特性曲线的测定。

把仪器前面板"AD590 温度特性测试"单元中的开关 K 置于"断",I-U 变换电路中的电位器 R_{P_2} 的阻值调为 10kΩ,I-U 变换电路的输出接至 20V 量程的数字电压表,然后把 AD590 的探头置于盛有变压器油的烧杯中,加热变压器油使其温度升至 75℃时停止加热,变压器油继续升温到某一最高点后,在降温过程中从 80℃开始每隔 5℃记录一次 I-U 转换的输出电压,直到接近室温为止。根据不同温度下所记录的电压值除以 10kΩ便得相应温度下 AD590 输出的电流值(μA)。最后在以电流为纵轴(μA),温度为横轴(℃)的坐标系中绘制 AD590 的温度-电流曲线。在上述测温范围内它几乎是一条直线,根据这一直线与电流轴的截距及斜率就可推断出在温度为 t℃时的电流值及温度每升高 1℃时电流的变化值。

② 温度-电压变换电路的组成。

为了组成一个测温范围为 0~100℃,在 t=100℃输出电压为 5000mV 的温度-电压变换电路，严格说来，应按 TS-B3 型温度传感综合技术实验仪前面板右侧所示的原理图把开关 K 置于"通"的状态后，先把 AD590 置于 0℃的温度环境中调节"R$_{P1}$ 调节"旋钮使其输出电压为 0mV，然后把 AD590 置于 100℃的温度环境中调节"R$_{P2}$ 调节"旋钮使其输出电压为 5000mV。

在实际中也可按以下方法进行调节：在完成第一项测量基础上，保持电位器 R$_{P2}$=10kΩ 不变，把开关 K 置于"通"状态，断开 AD590 与转换电路的连接，调节"R$_{P1}$ 调节"电位器使 I-U 变换电路的输出电压 $U=-I_0 10k\Omega$(其中 I_0 为根据第 1 项测量结果推断出的 AD590 在 0℃时的电流值)，在此后的测量过程中注意保持 R$_{P1}$ 这一状态不变。然后接通 AD590 与转换电路的连接，并记录下 AD590 探头所在环境的温度值，调节"R$_{P2}$ 调节"电位器的阻值(原为 10kΩ)，使转换电路的输出电压 $U=50t_r$(mV)，其中 t_r 为 AD590 所在环境的温度值(℃)(如 t_r=20℃，则调节 R$_{P2}$ 时应使 U=1000mV)，然后保持电位器 R$_{P2}$ 的这一状态不变。

③ 温度-电压变换特性的实验测定。

在完成 AD590 元件特性测试和温度-电压变换电路组装工作后，保持转换电路中 R_{P1} 和 R$_{P2}$ 的阻值不变，在降温过程中测量转换电路的温度-电压特性，并列表记录测量结果。

(3) 测量系统参数的设置与温度传感器特性的输入。

开启计算机，在"开始"菜单中选择"程序"，在"程序"的子菜单中打开"PN 结温度特性"文件，然后单击计算机屏幕上左上角"文件"栏，再单击"新建"命令，在计算机屏幕上将现出描绘 PN 结伏安特性的结电流-结电压的坐标系。此后再单击"设置"栏，计算机屏幕上将显示出有关利用计算机自动测试 PN 结伏安特性时的 AD/DA 转换通道的选择、测温范围、测温间隔的设置及测量过程中用作温度传感器的温度-电压转换特性的输入等有关窗口，供用户输入相关信息。输入完备后，单击"确定"按钮，然后再单击"运行"栏，计算机就按程序进入 PN 结伏安特性自动测试状态。

在测试过程中，计算机系统随时都在监测着测量系统中温度传感器温度-电压变换电路的输出电压，并把这一电压与已经输入到计算机内的温度-电压特性的有关测温点(由设定的测温范围和测温间隔确定)对应的电压值比较，当两者相等时，计算机系统通过数/模转换电路给出一个扫描电压，使加在 PN 结的电压从零逐渐升高，PN 结逐渐导通，电流从零逐渐变大，并经 I-U 转换电路转换成的电压值也从零逐渐升高；与此同时计算机系统通过模/数转换电路不断把代表 PN 结电流变化的这一电压值进行数据采集，扫描电压和 PN 结电流的变化过程实时地存入计算机内存的有关数据区内并显示在屏幕上。测量完毕，计算机屏幕上将显示出如图 5-17-1 所示的特性曲线。

(4) 计算机测量系统电流、电压坐标轴的校准调节。

为了使计算机屏幕上显示的 PN 结伏安特性曲线在定量关系上能反映真实情况，在正式测量前需要对计算机屏幕上特性曲线坐标轴的刻度和作为参数的温度值进行校准。关于作为参数的温度值的校准只要"设置"过程中输入的温度传感器的温度-电压变换关系是与测量过程中实际使用的温度传感器的特性一致，计算机屏幕上显示的 PN 结伏安特性曲线中的温度值的标定就是正确的，如果在测量过程中使用了另外的温度传感器，则需在"设置"过程中重新输入新的数据。以下仅就计算机屏幕上特性曲线坐标轴刻度的校准方法叙述如下：

① 关于电流坐标轴刻度的校准。

把仪器前面板的测量方式切换开关 K$_1$ 置于"手动"状态，在室温情况下调节"给定调节"旋钮，使 PN 结的结电压为 550mV，并打开"PN 结温度特性"程序，在"文件"栏中，选择

"新建"选项后，再单击"运行"栏，观察计算机屏幕右下角显示的温度传感器当前的温度值，然后单击屏幕上左上角的"停止"栏，再单击"设置"栏后把测温范围的起始温度设置成当前的温度值，最后单击"运行"栏，这样计算机的屏幕上应扫描出一条水平直线，在扫描过程中观察这一直线对应的电流值是否与手动测量时 PN 结 550mV 电压对应的电流值相等，若有偏差，调节仪器后面板"I_{cc} 轴定标"旋钮，使扫描点对应的电流值与其相等，然后在以后测量过程中保持"I_{cc} 轴定标"旋钮的状态不变。"关闭"原采的屏幕画面后，按以上步骤重新扫描出一条对电流轴已校准好的水平直线。

② 关于电压坐标轴刻度的校准。

把测定方式切换开关 K_1 置于"自动"状态，在"设置"状态不变的情况下，运行"PN 结温度特性"程序，这时计算机屏幕上将出现一条室温状态下的伏安特性曲线，观察这条曲线 550mV 电压对应的扫描点是否落在前面电流轴已校推好的水平直线上。若未落在这一直线上，调节仪器后面板的"V_{cc} 轴定标"旋钮(注意：不要错误地调节到"I_{cc} 轴定标"旋钮)使之落到这一直线上，调节完毕后在以后的实验过程中，注意保持"V_{cc} 轴定标"旋钮这一状态不变。

2) 测量

把 PN 结与温度传感器的热探头靠在一起，并共同置于盛有变压器油的烧杯中，利用磁力搅拌加热器加热变压器油，当计算机屏幕右下角显示的温度接近选定的测温范围的最高温度 t_1 时，停止加热，在停止加热后，刚结的温度还会继续上升，升高到某一最高点后，就会进行冷却，在降温过程中当降到 t_1 温度时，计算机就在 $t_1 \sim t_2$ 温区内按程序进行 PN 结不同温度下的伏安特性曲线的测定。

5.18　实验 5-18　用波尔共振仪研究受迫振动

振动是自然界最普遍的运动形式之一，是物理量随时间做周期性变化的运动。任何振动系统都要受到阻力的作用，此时的振动称为阻尼振动。阻尼振动的振幅要不断减小，为了得到振幅不衰减的振动，就要对振动系统施加周期性外力。这种周期性外力称作强迫力。在强迫力作用下的振动就称作受迫振动。在受迫振动中当强迫力的频率等于振动系统的固有频率时，振幅达到最大值，一般把这种振幅达到最大值的现象称作共振。

在机械制造和建筑工程等科技领域中由于受迫振动所导致的共振现象引起了工程技术人员的极大注意。共振有破坏作用，但也有许多实用价值。例如许多电声器件，就是运用共振原理设计制作的。此外，在微观科学中"共振"也是一种重要研究手段，例如可以利用核磁共振和顺磁共振研究物质结构等。

表征受迫振动性质用受迫振动的振幅-频率特性和相位-频率特性(简称幅频和相频特性)。

本实验中，利用波尔共振仪定量测定机械受迫振动的幅频特性和相频特性，并利用频闪方法来测定动态的物理量——相位差。

【实验目的】

(1) 掌握波尔共振仪的结构和使用方法。

(2) 利用波尔共振仪测定阻尼系数。

(3) 研究波尔共振仪中弹性摆轮做受迫振动时的幅频特性和相频特性。

(4) 研究不同阻尼力矩对受迫振动的影响，观察共振现象。

(5) 学习用频闪法测定运动物体的某些量(如相位差)。

【实验仪器】

ZKY-BG 型波尔共振仪、电气控制箱、闪光灯。

【实验原理】

1. 自由振动

当摆轮不受任何外力作用时，使其绕中心轴做定轴转动，根据定轴转动定律有

$$J \frac{\mathrm{d}^2\theta}{\mathrm{d}t^2} = -k\theta$$

式中，J 为摆轮的转动惯量；$-k\theta$ 为弹性力矩。令 $\omega_0^2 = \dfrac{k}{J}$（$\omega_0$ 为系统的固有频率），则方程的通解为：

$$\theta = \theta_m \cos(\omega_0 t + \varphi)$$

2. 阻尼振动

当振动系统受到阻力时，将做振幅不断减小的振动，这种振动称为阻尼振动。设其受到的阻尼力矩为 $-b\dfrac{\mathrm{d}\theta}{\mathrm{d}t}$，则其运动方程为：

$$J \frac{\mathrm{d}^2\theta}{\mathrm{d}t^2} = -k\theta - b\frac{\mathrm{d}\theta}{\mathrm{d}t}$$

令 $\omega_0^2 = \dfrac{k}{J}$，$2\beta = \dfrac{b}{J}$，则此方程的通解为：

$$\theta = \theta_m \mathrm{e}^{-\beta t} \cos(\omega_f t + \varphi)$$

式中，β 为阻尼系数，单位为 s^{-1}。其中 $\omega_f = \sqrt{\omega_0^2 - \beta^2}$。由方程可看出阻尼振动的振幅 $\theta_m \mathrm{e}^{-\beta t}$ 随时间按指数规律衰减。

3. 受迫振动

物体在周期性强迫力的持续作用下做受迫振动。如果强迫力是按简谐振动规律变化，那么稳定状态时的受迫振动也是简谐振动，此时，振幅保持恒定，振幅的大小与强迫力的频率和原振动系统无阻尼时的固有振动频率以及阻尼系数有关。在受迫振动状态下，系统除了受到强迫力的作用外，同时还受到恢复力和阻尼力的作用。所以在稳定状态时物体的位移、速度变化与强迫力变化不是同相位的，存在一个相位差。当强迫力频率与系统的固有频率相同时产生共振，此时振幅最大，相位差为 90°。

本实验采用摆轮在弹性力矩作用下自由摆动，在电磁阻尼力矩作用下作受迫振动来研究受迫振动特性，可直观地显示机械振动中的一些物理现象。

实验所采用的波尔共振仪的外形结构如图 5-18-4 所示。当摆轮受到周期性强迫力矩 $M = M_0 \cos\omega t$ 的作用，并在有空气阻尼和电磁阻尼的介质中运动时(阻尼力矩为 $-b\dfrac{\mathrm{d}\theta}{\mathrm{d}t}$)其运动方程为：

$$J \frac{\mathrm{d}^2\theta}{\mathrm{d}t^2} = -k\theta - b\frac{\mathrm{d}\theta}{\mathrm{d}t} + M_0 \cos\omega t \tag{5-18-1}$$

式中，M_0 为强迫力矩的幅值，ω 为强迫力的圆频率。令 $h = \dfrac{M_0}{J}$，则式(5-18-1)变为：

$$\frac{d^2\theta}{dt^2} + 2\beta\frac{d\theta}{dt} + \omega_0^2\theta = h\cos\omega t \tag{5-18-2}$$

此方程的通解为：

$$\theta = \theta_1 e^{-\beta t}\cos(\omega_f t + \varphi_1) + \theta_2\cos(\omega t + \varphi_2) \tag{5-18-3}$$

由式(5-18-3)可见，受迫振动可分成两部分：

第一部分，$\theta_1 e^{-\beta t}\cos(\omega_f t + \alpha)$ 表示阻尼振动，经过一定时间后衰减消失。

第二部分，说明强迫力矩对摆轮做功，向振动体传送能量，最后达到一个稳定的振动状态。

稳态时振幅为：

$$\theta_2 = \frac{h}{\sqrt{\left(\omega_0^2 - \omega^2\right)^2 + 4\beta^2\omega^2}} \tag{5-18-4}$$

稳态时强迫力与受迫振动之间的相位差 φ 为：

$$\varphi = \arctan^{-1}\frac{2\beta\omega}{\omega_0^2 - \omega^2} = \arctan^{-1}\frac{\beta T_0^2 T}{\pi\left(T^2 - T_0^2\right)} \tag{5-18-5}$$

由式(5-18-4)和式(5-18-5)可看出，振幅 θ_2 及相位差 φ 的数值取决于强迫力矩 M、角频率 ω、系统的固有角频率 ω_0 和阻尼系数 β 四个因素，而与振动起始状态无关。

由极值条件 $\dfrac{\partial}{\partial\omega}\left[\left(\omega_0^2 - \omega^2\right)^2 + 4\beta^2\omega^2\right] = 0$ 可得出，当强迫力的角频率 $\omega = \sqrt{\omega_0^2 - 2\beta^2}$ 时，θ 有极大值。若共振时圆频率和振幅分别用 ω_r、θ_r 表示，可得：

$$\omega_r = \sqrt{\omega_0^2 - 2\beta^2} \tag{5-18-6}$$

$$\theta_r = \frac{h}{2\beta\sqrt{\omega_0^2 - \beta^2}} \tag{5-18-7}$$

在弱阻尼即 $\beta \ll \omega_0$ 的情况下，有 $\omega_r = \omega_0$，即强迫力的圆频率等于振动系统的固有圆频率时，振幅达到最大值。把这种振幅达到最大值的现象称作共振。式(5-18-6)、式(5-18-7)表明，阻尼系数 β 越小，共振时角频率越接近于系统固有圆频率，振幅 θ_r 也越大。图 5-18-1 和图 5-18-2 表示出在不同 β 时受迫振动的幅频特性和相频特性。

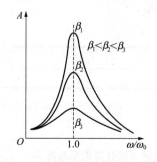

图 5-18-1　受迫振动幅频特性曲线

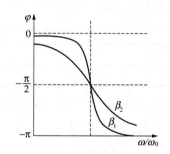

图 5-18-2　受迫振动相频特性曲线

【实验内容与步骤】

1. 测量自由振荡时摆轮的振幅与周期

按照实验 5-18 附录 1 波尔共振仪控制箱的使用方法步骤二测量自由振荡的振幅与周期的

关系。找到不同振幅时所对应的固有周期。

2. 测定阻尼系数 β

按照实验 5-18 附录1 波尔共振仪控制箱的使用方法步骤三测量阻尼振动，选择不同的阻尼系数，分别测出摆轮作阻尼振动时的振幅数值 θ_{m_1}，…，θ_{m_i}，… 利用公式

$$\ln \frac{\theta_{m_i}}{\theta_{m_{(i+n)}}} = \ln \frac{\theta_{m_0} e^{-\beta t_i}}{\theta_{m_0} e^{-\beta(t_i + nT)}}, \quad = n\beta T, \quad 得:$$

$$\beta = \frac{\ln \dfrac{\theta_{m_i}}{\theta_{m_{(i+n)}}}}{nT} \tag{5-18-8}$$

由式(5-18-8)求出 β 值，式中 n 为阻尼振动的周期数，θ_{m_i} 为 $t = t_i$ 时阻尼振动的振幅，$\theta_{m_{(i+n)}}$ 为 $t = t_i + nT$ 时阻尼振动的振幅，T 为阻尼振动周期的平均值。此值可由测出的 10 个摆轮振动周期值，然后取其平均值而得出。

进行本实验内容时，电动机电源必须切断，指针 F 放在 $0°$ 位置，摆轮的初始转角约为 $160°$。

3. 测定受迫振动的幅频特性和相频特性曲线

保持阻尼选择开关在原位置，改变电动机的转速，即改变强迫力矩频率 ω。当受迫振动稳定后，读取摆轮的振幅值，并利用闪光灯测定受迫振动位移与强迫力之间的相位差($\Delta\varphi$ 控制在 $10°$ 左右)。

强迫力矩的频率可从摆轮振动周期算出，也可以将周期选择开关指向"10"处直接测定强迫力矩的 10 个周期后算出，在达到稳定状态时，两者数值应相同。前者为 4 位有效数字，后者为 5 位有效数字。

在共振点附近由于曲线变化较大，因此测量数据要相对密集些，此时电动机转速极小变化会引起 $\Delta\varphi$ 很大改变。电动机转速旋钮上的读数(如 2.50)是一参考数值，建议在不同 ω 时都记下此值，以便实验中快速寻找要重新测量时参考。

【数据记录与处理】

(1) 测量自由振动时摆轮的振幅、周期，记录在表 5-18-1 中。

表 5-18-1 自由振动时摆轮的振幅、周期

θ_m /($°$)	T_0 /s

(2) 阻尼系数 β 的计算。将测量数据记录在表 5-18-2 中，利用公式(5-18-8)对所测量数据按逐差法处理，求出 β 值。

表 5-18-2 阻尼系数的测定根据自由振动时摆轮的振幅计算阻尼系数

振幅/($°$)				$\ln \dfrac{\theta_{m_i}}{\theta_{m_{(i+5)}}}$	$\ln \dfrac{\overline{\theta_{m_i}}}{\theta_{m_{(i+5)}}}$
i	θ_{m_i}	$i+5$	$\theta_{m_{i+5}}$		
1		$6°$			
2		7			

续表

	振幅/(°)			$\ln\dfrac{\theta_{m_i}}{\theta_{m(i+5)}}$	$\ln\dfrac{\overline{\theta}_{m_i}}{\theta_{m(i+5)}}$
i	θ_{m_i}	$i+5$	$\theta_{m_{i+5}}$		
3		8			
4		9			
5		10			

$10T=$_____s，$T=$_____s

$$\beta = \frac{\ln\dfrac{\theta_{m_i}}{\theta_{m(i+5)}}}{5T} \tag{5-18-9}$$

用公式(5-18-9)，求出 β 值。

(3) 测量受迫振动的幅频特性和相频特性。

方法见实验 5-18 附录 2 控制箱使用方法步骤 4。分别记录电动机转速钮处于某一值时，强迫力矩的周期 T 及摆轮相应的振幅 θ_m，并利用频闪法测量强迫力与受迫振动之间的相位差，测量 15 组数据左右，填到表 5-18-3 中，找到共振点。画出幅频特性曲线($\theta_m \sim \omega/\omega_0$)和相频特性曲线($\varphi \sim \omega/\omega_0$)。

表 5-18-3　幅频特性和相频特性测量数据记录表

阻尼开关位置为_____

电动机转速钮值	强迫力矩周期 T/s	振幅 θ_m/(°)	相位差 φ/(°)	摆轮固有周期 T_0/s	$\dfrac{\omega}{\omega_0}=\dfrac{T_0}{T}$

【注意事项】

(1) 先使电动机转速钮位于某一值时，再把电动机由"关"→"开"，周期由"1"→"10"，达到稳定状态时，再把"测量"由"关"→"开"。

(2) 对应不同振幅时的固有周期 T_0 可由表 5-18-1 查出。

(3) 电动机转速钮值分别取 10～15 个，在共振点附近数值要密集些。电动机转速刻度值只供参考用。但改变它就可以改变强迫力矩的周期。

(4) 在受迫振动达到稳定时再记录强迫力矩的周期 T，此时强迫力的周期与摆轮的周期应该相同。

(5) 实验中间不要按控制箱的"复位"按钮，否则数据会丢失。实验前先按"复位"按钮，并在启动时记下机号"00#"。

【思考题】

(1) 在自由振动的测量中，我们发现振幅逐渐减小，所以实际上有阻尼存在，分析一下都有哪些阻尼？

(2) 在实际生产和生活中，共振是一种很常见的现象，其既有害处也有益处，试各举例说明。

(3) 在研究受迫振动时，当电动机的转速钮值调整完后是否能马上测量受迫振动的振幅？如果不能，则应该什么时候开始记录数据？

【实验 5-18 附录 1】波尔共振仪结构

ZKY-BG 型波尔共振仪的结构简图如图 5-18-3 所示,由振动仪与电器控制箱两部分组成。振动仪部分如图 5-18-4 所示。由铜质圆形摆轮 A 安装在机架上,弹簧 B 的一端与摆轮 A 的轴相连, 另一端可固定在机架支柱上, 在弹簧弹性力的作用下, 摆轮可绕轴自由往复摆动。在摆轮的外围有一卷槽型缺口,其中一个长形凹槽 C 比其他凹槽 D 长出许多。在机架上对准长型缺口处有一个光电门 H。它与电气控制箱相连接,用来测量摆轮的振幅(角度值)和摆轮的振动周期。在机架下方有一对带有铁心的线圈 K,摆轮 A 恰巧嵌在铁心的空隙中。利用电磁感应原理,当线圈中通过直流电流后,摆轮受到一个电磁阻尼力的作用。改变电流的数值即可使阻尼大小相应变化。为使摆轮 A 做受迫振动。在电动机轴上装有偏心轮,通过连杆机构 E 带动摆轮 A,在电动机轴上装有带刻线的有机玻璃转盘 F,它随电动机一起转动。由它可以从角度读数盘 G 上读出相位差 φ。调节控制箱上的十圈电动机转速调节旋钮,可以精确改变加于电动机上的电压,使电动机的转速在实验范围(30r/min～45r/min)内连续可调,由于电路中采用特殊稳速装置,电动机采用惯性很小的带有测速发电机的特种电动机,所以转速极为稳定。电动机的有机玻璃转盘 F 上装有两个挡光片。在角度读数盘 G 中央上方 90°处也装有光电门(强迫力矩信号),并与控制箱相连,以测量强迫力矩的周期。

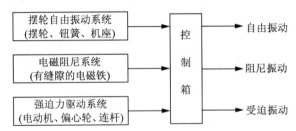

图 5-18-3 波尔共振仪的结构示意

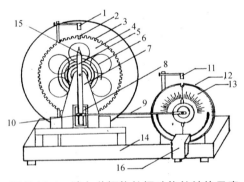

图 5-18-4 波尔共振仪的振动仪的结构示意

1. 光电门 H;2. 长凹槽 D;3. 短凹槽 D;4. 铜质摆轮 A;5. 摇杆 M;6. 蜗卷弹簧 B;7. 支撑架;8. 阻尼线圈 K;9. 连杆 E;10. 摇杆调节螺钉;11. 光电门;12. 角度盘 G;13. 有机玻璃转盘 F;14. 底座;15. 弹簧夹持螺钉 L;16. 闪光灯

受迫振动时摆轮与外力矩的相位差利用小型闪光灯来测量。闪光灯受摆轮信号光电门 H 控制,每当摆轮上长型凹槽 C 通过平衡位置时,光电门 H 接受光,引起闪光。闪光灯放置位置如图 5-18-4 所示搁置在底座上,切勿拿在手中直接照射刻度盘。在稳定情况时,由闪光灯照射下可以看到有机玻璃指针 F 好像一直"停在"某一刻度处,这一现象称为频闪现象,所以此数值可方便地直接读出，误差不大于 2°。

摆轮振幅是利用光电门 H 测出摆轮 A 转过圈上凹型缺口个数，并有数显装置直接显示出此值，精度为 2°。

波尔共振仪电气控制箱的前面板如图 5-18-5 所示。

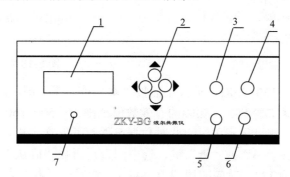

图 5-18-5　波尔共振仪前面板
1．液晶显示屏幕；2．方向控制键；3．确认按键；4．复位按键；
5．电源开关；6．闪光灯开关；7．强迫力周期调节电位器

电动机转速调节旋钮，是带有刻度的十圈电位器，调节此旋钮时可以精确改变电动机转速，即改变强迫力矩的周期。刻度仅供实验时作参考，以便大致确定强迫力矩周期值在多圈电位器上的相应位置。

可以通过软件控制阻尼线圈内直流电流的大小，达到改变摆轮系统的阻尼系数的目的。选择开关可分 4 挡，"阻尼 0"处阻尼电流为零，"阻尼 1"挡电流约为 280mA，"阻尼 2"挡电流约为 300 mA，"阻尼 3"挡电流最大，约为 320mA，阻尼电流由恒流源提供，实验时根据不同情况进行选择(可先选择在"2"处，若共振时振幅太小则可改用"1"，切不可放在"0"处)，振幅不大于 150°。

闪光灯开关用来控制闪光与否，当按下按钮时，当摆轮长缺口通过平衡位置时便产生闪光，由于频闪现象，可从相位差读数盘上看到刻度线似乎静止不动的读数(实际上有机玻璃 F 上刻度线一直在匀速转动)，从而读出相位差数值，为使闪光灯管不易损坏，采用按钮开关，仅在测量相位差时按下按钮。

电动机是否转动使用软件控制，在测定阻尼系数和摆轮固有频率 ω_0 与振幅关系时，必须将电动机关掉。

电气控制箱与闪光灯和波尔共振仪之间通过各种专用电缆相连接。不会产生接线错误之弊病。

【实验 5-18 附录 2】　波尔共振仪控制箱的使用方法

1．开机介绍

按下电源开关几秒后，屏幕上出现欢迎界面，其中 NO．0000X 为控制箱与主机相连的编号。过几秒后屏幕上显示如图 5-18-6 所示的"按键说明"字样。符号"◀"为向左移动；"▶"为向右移动；"▲"为向上移动；"▼"为向下移动。下文中的符号不重新介绍。

2．自由振荡

在如图 5-18-7 所示的状态按确认键，显示如图 5-18-8 所示的实验类型，默认选中项为自

由振荡，字体反白为选中(注意：做实验前必须先做自由振荡，其目的是测量摆轮的振幅和固有振动周期的关系)，再按“确认”键显示，如图 5-18-8 所示。

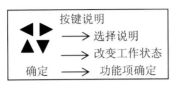

按键说明
◀ ▶ ⟶ 选择说明
▲▼ ⟶ 改变工作状态
确定 ⟶ 功能项确定

图 5-18-6 按键说明

实验步骤
自由振荡 阻尼振荡 强迫振荡

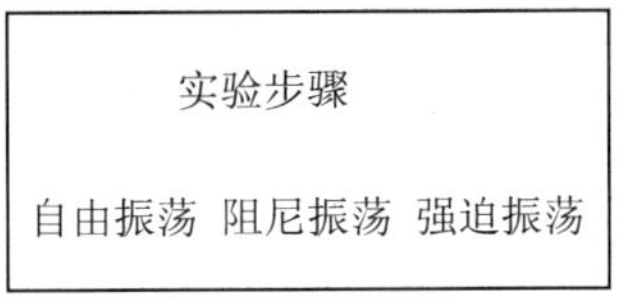

图 5-18-7 实验步骤

用手逆时针转动摆轮160°左右，放开手后按“▲”或“▼”键，测量状态由“关”变为“开”，控制箱开始记录实验数据，振幅的有效数值范围为：50～160(振幅小于 160 测量开，小于 50 测量自动关闭)。测量显示关时，此时数据已保存并发送主机。

查取实验数据，可按“◀”或“▶”键，选中回查，再按“确认”键如图 5-18-9 所示，表示第一次记录的振幅为 134，对应的周期为 1.442s，然后按“▲”或“▼”键查看所有记录的数据，回查完毕，按“确认”键，返回到图 5-18-8 状态，若进行多次测量可重复操作，自由振荡完成后，选中返回，按“确认”键回到前面图 5-18-7 进行其他实验。

周期 X 1 = 秒(摆轮)
阻尼 振幅
测量关 00 回查 返回

图 15-18-8 选择显示

周期 X 1 = 01.442 秒(摆轮)
阻尼 0 振幅 134
测量查 01 ↑↓ 按确定键返回

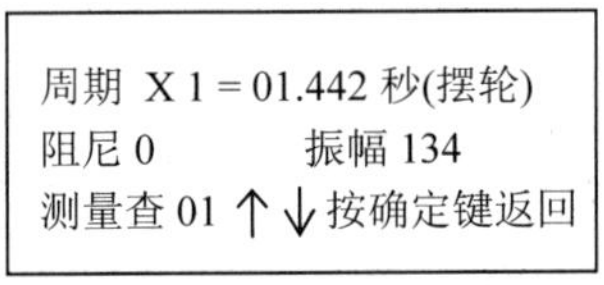

图 15-18-9 确认显示

3. 阻尼振荡

在图 5-18-7 状态下，根据实验要求，按“◀”键选中阻尼振荡，按“确认”键显示阻尼，如图 5-18-10。阻尼分三挡，阻尼 1 最小，根据自己实验要求选择阻尼挡，例如选择阻尼 1 挡，按“确认”键显示，如图 5-18-11 所示。用手转动摆轮 160°左右，放开手后按“▲”或“▼”键，测量由“关”变为“开”并记录数据，仪器记录十组数据后，测量自动关闭，此时振幅大小还在变化，但仪器已经停止记数。

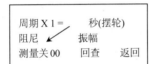

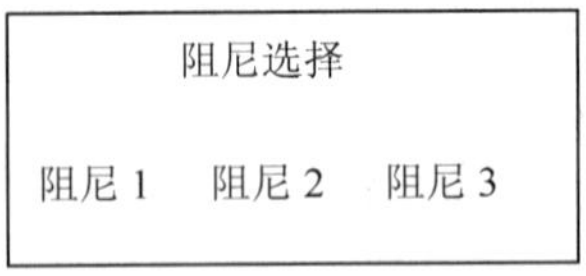

阻尼选择
阻尼 1 阻尼 2 阻尼 3

图 5-18-10 阻尼选择

10
周期 X = 秒（摆轮）
0
阻尼 1 振幅
测量关 00 回查 返回

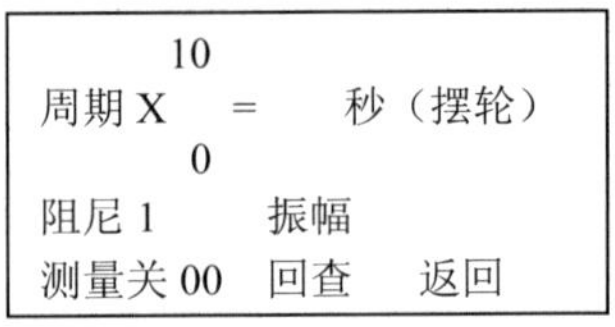

图 5-18-11 确认显示

阻尼振荡的回查同自由振荡类似，请参照上面操作。若改变阻尼挡测量，重复阻尼 1 的操作步骤即可。

4. 受迫振动

仪器在图 5-18-7 状态下，选中强迫振荡，按“确认”键显示，如图 5-18-12 所示(注意：在进行强迫振荡前必须选择阻尼挡，否则无法实验)。默认状态选中电动机。

按“▲”或“▼”键，电动机启动，但不能立即进行实验。当周期相同时，再开始测量。测量前应该先选中周期，按“▲”或“▼”键把周期由 1(见图 5-18-12)改为 10(见图 5-18-13)，

(目的是为了减少误差，若不改周期，测量无法打开)。待摆轮和电动机的周期稳定后，再选中测量，按下"▲"或"▼"键，测量打开并记录数据，如图 5-18-13 所示。可进行同一阻尼下不同振幅的多次测量，每次实验数据都进行保留。

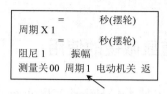

图 5-18-12　确认显示

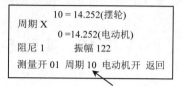

图 5-18-13　记录数据

测量相位时应把闪光灯放在电动机转盘前下方，按下闪光灯按钮，根据频闪现象来测量，仔细观察相位位置。

受迫振荡测量完毕，按"◀"或"▶"键，选中返回，按"确定"键，重新回到图 5-18-7 状态。

5. 关机

在图 5-18-7 状态下，按下复位按钮，此时，所做实验数据全部清除(注意：实验过程中不要误操作复位按钮，在实验过程中如果操作错误要清除数据，可按此按钮)，然后按下电源按钮，结束实验。

【实验 5-18 附录 3】ZKY-BG 型波尔共振仪调整方法

波尔共振仪各部分已经校正，请勿随意拆装改动，电气控制箱与主机有专门电缆相接，不会混淆，在使用前请务必清楚各开关与旋钮功能。

经过运输或实验后若发现仪器工作不正常可自行调整，具体步骤如下：

(1) 将角度盘指针 F 放在"0"处。

(2) 松开连杆上锁紧螺母，然后转动连杆 E，使摇杆 M 处于垂直位置，然后再将锁紧螺母固定。

(3) 此时摆轮上一条长形槽口(用白漆线标志)应基本上与指针对齐，若发现明显偏差，可将摆轮后面三只固定螺丝略松动，用手握住蜗卷弹簧 B 的内端固定处，另一手即可将摆轮转动，使白漆线对准尖头，然后再将三只螺钉旋紧。一般情况下，只要不改变弹簧 B 的长度，此项调整极少进行。

(4) 若弹簧 B 与摇杆 M 相连接处的外端夹紧螺钉 L 放松，此时弹簧 B 外圈即可任意移动(可缩短、放长)缩短距离不宜少于 6cm。在旋紧外端夹拧螺钉时，务必保持弹簧处于垂直面内，否则将明显影响实验结果。

将光电门 H 中心对准摆轮上白漆线(长狭缝)，并保持摆轮在光电门中间狭缝中自由摆动，此时可选择阻尼开关"1"或"2"处，打开电动机，此时摆轮将作受迫振动，待达到稳定状态时，打开闪光灯开关，此时将看到指针 F 在相位差度盘中有一似乎固定读数，两次读数值在调整良好时差 1°以内(在不大于 2°时实验即可进行)若发现相差较大，则可调整光电门位置。若相差超过 5°以上，必须重复上述步骤重新调整。

由于弹簧制作过程中存在一定问题，在相位测量过程中可能会出现指针 F 在相位差读数盘上两端重合较好，中间较差，或中间较好、二端较差现象。

【注意事项】

波尔共振仪各部分均是精确装配，不能随意乱动。控制箱功能与面板上旋钮、按键均较多，务必在弄清其功能后，按规则操作。

5.19 实验 5-19 扫描隧道显微镜的使用

1982 年国际商业机器公司苏黎世实验室 Gerd Binnig 博士和 Heinrich Erohrer 博士利用量子力学中的隧道效应研制出世界首台扫描隧道显微镜(STM)，使人类第一次能够实时地观察单个原子在物质表面的排列状态和与表面电子行为有关的物理化学性质，为纳米技术的发展提供了强有力的观察和实验工具，成为纳米技术发展历史上里程碑式的发明，并被国际科学界公认为 20 世纪 80 年代世界十大科技成就之一，其发明者在 1986 年被授予诺贝尔物理学奖。

STM 具有的独特优点主要有：具有原子级高分辨率；可实时地得到在实空间中表面的三维图像，可用于具有周期性或不具备周期性的表面结构研究；能够观察单个原子层的局部表面结构，而不是体相或整个表面的平均性质。因而可直接观察到表面缺陷、表面重构、表面吸附体的形态和位置，以及由吸附体引起的表面重构等；可以对单个的原子、分子进行加工；可在真空、大气、常温等不同环境下工作，甚至可将样品浸在水或其他液体中，不需要特别的制样技术，并且探测过程对样品无损伤；结合扫描隧道谱(STS)可以得到有关表面电子结构的信息。

【实验目的】

(1) 掌握扫描隧道显微镜的基本原理。

(2) 学习扫描探针的制备方法。

(3) 学会正确使用 STM.IPC-205B 型机测量标准石墨的表面形貌。

【实验原理】

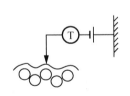

图 5-19-1　STM 工作原理

扫描隧道显微镜的基本工作原理是利用量子力学中的隧道效应，将原子线度的极细探针和被研究物质的表面作为两个电极。在样品和针尖之间加一定的电压，当样品与针尖的距离非常接近时，由于量子隧道效应，样品和针尖之间将产生隧道电流，如图 5-19-1 所示。

在低温低压条件下，隧道电流 I 可近似地表示为：

$$I \propto \exp(-2kd) \tag{5-19-1}$$

考虑到大多数 STM 实际的工作条件并非如此，常常采用如下经过修正的隧道电流表达式：

$$I = \frac{2\pi}{h^2} \sum_{\mu V} f(E_\mu)[1 - f(E_V + eV)] \left| M_{\mu V} \right|^2 \delta(E_\mu - E_V) \tag{5-19-2}$$

式中，$M_{\mu V}$ 为隧道矩阵元；$f(E_\mu)$ 为费米函数；V 势垒两边的偏压；E_μ 为状态 μ 的能量；μ、V 为针尖和样品表面的所有状态。$M_{\mu V}$ 还可具体表示为：

$$M_{\mu V} = \frac{h2}{2m} \int dS \cdot (\Psi_\mu^* \nabla \Psi_V - \Psi_V^* \nabla \Psi_\mu^V) \tag{5-19-3}$$

由式(5-19-2)可知：隧道电流 I 并非表面起伏的简单函数，它表征样品表面和针尖电子波函数的重叠程度。可将隧道电流 I 与针尖和样品表面之间距离 d 以及平均功函数 Φ 之间的关系表示为：

$$I \propto V_b \exp(-A\Phi^{1/2}d) \tag{5-19-4}$$

式中，V_b 为针尖与样品之间所加的偏压；Φ 为针尖与样品表面的平均功函数；A 为常数。

在真空条件下，A 近似为 1。由式(5-19-4)也可算出：隧道电流对样品的微观表面起伏特别敏感，当样品和针尖的距离减少 0.1nm 时，隧道电流将增加一个数量级。因此，利用电子反馈线路控制隧道电流的恒定，并利用压电陶瓷材料控制针尖在样品表面的扫描，则探针在垂直样品方向上高低的变化就反映出样品表面的起伏。

【实验仪器】

STM.IPC-208B 型机、高序定向石墨、稳压电源、探针制备材料及辅助工具等。

【实验内容与步骤】

本实验中，针尖与样品间间隙应具有较高的稳定性，即让它们保持较高的自锁能力，这就对 Z 高压运算放大器与反馈回路的稳定性提出了很高的要求：希望能在较大范围内选择感兴趣的区域进行精密扫描，同时又能在较大的范围内对探针的绝对和相对位置进行精确定位。这也是大范围快速扫描和纳米级加工的基本要求。

1. 扫描隧道显微镜扫描探针的制备

(1) 将清洁好的钨丝垂直浸入 10%浓度为的 NaOH 溶液中约 2mm。先用 10～15V 的电压腐蚀进行初加工，仔细观察液面附近的钨丝，当其出现明显的缩颈且当缩颈足够细时，切断电源(注意：不可使针尖断掉)。

(2) 维持原电极极性，将针尖浸入溶液，用 5V 左右的电压进行细加工，使缩颈逐渐变细，此时在液面附近可听到清晰的啪啪声，仔细倾听，一旦啪啪声停止，缩颈断掉时立即切断电源。

(3) 对针尖加几个直流脉冲电压，以得到稳定性好的针尖。做好的针尖必须经过酒精冲洗后才能使用。

2. 测量高序定向石墨001面的STM图像

1) 安置样品

手动调整测针座，使其上移，把石墨放在工作台的压簧下。载样平台上用于固定石墨的夹具采用弹簧片结构，可以对石墨的位置进行调整，同时又可以保证其牢靠性。

2) 逼近

逼近的目的是使 STM 针尖与石墨表面之间进入隧道状态，并确保探针与石墨表面之间不发生碰撞。可以先手动调整测针座，使 STM 探针距石墨表面 1mm 左右，再启动水平纵向与横向电动机，将石墨待测点移到探针下，罩上屏蔽外罩，启动垂直方向电动机，当针尖与石墨之间的距离达到了设置值，回路出现隧道电流时，电动机自动停止并带电自锁，至此镜体除压电陶瓷管外，都暂时停止工作。

3) 扫描

当与石墨表面间距达到有效作用距离时，STM 探针就会动作，系统会发出进车停止命令，避免样品与针尖发生破坏性碰撞，适当选择进车深度就可以进行扫描工作了。我们设置偏压

$U=50\text{mV}$，隧道电流 $I=\text{lnA}$，扫描时间约为几分钟，放大倍数从小向大直到信号足够大。

4) 收图

扫描完成后，先停止扫描，将所得图像进行存储，可多次重复以上步骤，以获取几组图样供选择。

5) 退针

收图结束后，按键进入粗逼近状态界面，放大倍数调到0，选退针。若欲换针尖或样品，需要退1mm左右，否则只需退0.02～0.03mm即可。

6) 关机

退出测试程序，关闭主机电源及总电源。

7) 图像处理

STM测量并不是直接输出数字结果，而都是得到形象化的二维灰阶图，这时需要利用机器提供的图像处理专用软件对图像进一步加工。

【注意事项】

(1) 实验过程中，安置样品时应注意避免损坏样品的表面，尤其不能在样品表面弄出划痕。

(2) 检验隧道状态。用调节旋钮使隧道电流 I 很快变化(如从0.5nA升至5nA)，观察Z电压的变化，若Z电压的变化较大，或者说观察到Z电压表表针位置的变化明显，则意味着针尖样品之间不是处在隧道状态而是欧姆接触，必须对针尖或样品重新进行处理。

(3) 在扫描过程中，应注意不能让探针与样品有任何接触，以免损坏探针。

【思考题】

(1) 如何判断STM的精度是否达到设计要求？

(2) STM有恒流和恒高度两种扫描模式，思考并比较其优缺点？

【实验5-19附录】STM.IPC-208B型机外观图

STM.IPC-208B型机外观如图5-19-2所示。

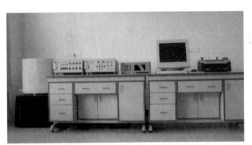

图5-19-2　STM.IPC-208B型机外观

5.20　实验5-20　原子力显微镜的使用

用显微镜STM工作时，需要监测针尖与样品之间隧道电流的变化，因此它只能直接观察导体和半导体类样品的表面结构。但现实世界中，许多研究对象并不导电，对于这些非导电材料，要想用STM进行研究，一般需要在其表面覆盖一层导电膜。但导电膜的存在往往掩盖了表面的结构细节,而这些细节可能正是人们关注的重点,即使对于导电样品,STM 观察的是对应于表面费米能级处的态密度,当表面存在非单一电子态时,STM 得到的并不是真实的表面形貌,而是表面形貌和表面电子性质的综合结果。为了弥补 STM 的这一不足,1986 年 Binnig、Quate 和 Gerber 发明了第一台原子力显微镜(AFM)。AFM 得到的是对应于表面总电子密度的形貌,因而对于导电样品,AFM 同时可以起到对 STM 观察结果的补充作用。

【实验目的】

(1) 原子力显微镜的基本原理。

(2) 掌握微悬臂针尖的制备方法。

(3) 学会正确使用 AFM.IPC-208B 型机观测 Ta_2O_5 薄膜的微观结构。

【实验原理】

原子力显微镜(AFM)的工作原理基于量子力学中的泡利不相容原理。原子核外的电子处于不同能级,每个能级只允许容纳一个电子。当两个原子彼此靠近时,电子云发生重叠,由于泡利不相容原理,原子之间产生了排斥力,使微悬臂弯曲,通过采集微悬臂的位移,即可得到物体表面的形貌。

常用的微悬臂位移检测,有电容检测、光学检测和 STM 检测三种方法,本实验所用仪器为 STM-AFM 合用机型,其位移检测采用 STM 法(相关理论分析参见 STM 实验)。

AFM.IPC-208B 型机采用一端固定,而另一端由装在弹性微悬臂上的探测针尖代替隧道探针,以探测微悬臂受力产生的微小形变代替探测微小的隧道电流,依靠采集微悬臂上探测针尖与样品表面原子间作用力的微弱变化来观察物质的表面结构。其工作原理如图 5-20-1 所示。

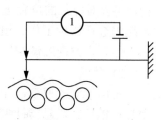

图 5-20-1　AFM 工作原理

【实验仪器】

AFM.IPC-208B 型机(图 5-20-2)、稳压电源、Ta_2O_5 薄膜、探针制备工具及材料等。

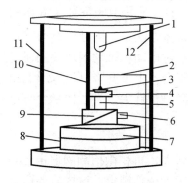

图 5-20-2　AFM.IPC-208B 型机

(图中序号 1~12 注释见本实验内容)

【实验内容与步骤】

Ta_2O_5 是一种新型的多功能薄膜,作为电学膜和光学膜已经得到了人们的广泛重视,尤其作为电学膜已经被用于声表面波器件、敏感器件、太阳能电池等很多领域。其特殊的光电性质吸引人们进一步去研究它的微观结构,揭开两者之间的紧密关系。

1. 微悬臂针尖的制备

将清洁好的钨丝倾斜的浸入浓度为 10% 的 NaOH 溶液中,注意这里只能用小电压腐蚀,用 5V 左右的电压进行细加工,保持较长较尖的针尖更好。

2. 仪器调节及测量分子形态结构的典型步骤

1) 安置样品

将 Ta_2O_5 薄膜牢固地安放在载样平台 4 上。载样平台上用于固定样品的夹具采用弹簧片 3,

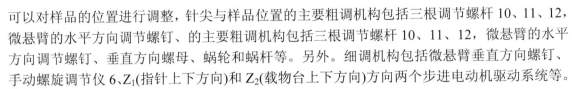

可以对样品的位置进行调整，针尖与样品位置的主要粗调机构包括三根调节螺杆 10、11、12，微悬臂的水平方向调节螺钉、的主要粗调机构包括三根调节螺杆 10、11、12，微悬臂的水平方向调节螺钉、垂直方向螺母、蜗轮和蜗杆等。另外。细调机构包括微悬臂垂直方向螺钉、手动螺旋调节仪 6、Z_1(指针上下方向)和 Z_2(载物台上下方向)方向两个步进电动机驱动系统等。

2) 粗逼近

采用 STM 检测法的 AFM 工作需要两次逼近达到纳米级的定位，定位机构采用粗逼近方法和微调。粗逼近的目的是使 STM 针尖与微悬臂间进入隧道状态，并确保 STM 探针与微悬臂、微悬臂针尖与样品不发生碰撞。两次逼近必须使用较慢的速度，并首先检查 Z_1、Z_2 两个方向，使 Z_1 方向位于高位，Z_2 方向位于低位，预留一定的调节空间。

(1) 扫描隧道显微镜(STM)的扫描探针与微悬臂铂片之间的粗逼近。探头 1 装好之后，先检查微悬臂铂片 2 与 STM 扫描探针的相对位置，此时探针针尖应该大致对准铂片的中心。通常采用手动调节三根调节螺杆 10、11、12，以及微悬臂上的水平方向调节螺钉和蜗杆，使上压电陶瓷接近微悬臂，两者之间的距离小于 1mm。

(2) 微悬臂针尖与样品之间的粗逼近。在载样平台 4 上固定样品时，应使需要扫描的区域大致对准微悬臂针尖 2。为实现这一目的，载样平台 4 上用于固定样品的夹具采用弹簧片结构，可以对样品的位置进行调整，同时又确保牢靠。另外，也可启动 X、Y 两个方向步进驱动系统来进行这项工作。粗逼近时候应首先调节微悬臂上的垂直方向粗调螺母，然后调节微悬臂上的垂直方向细调螺钉，使微悬臂上的针尖接近样品，两者之间的距离小于 1mm。

3) 微调

使用较慢的速度，让 STM 针尖与微悬臂铂片之间进入隧道状态，并确保 STM 的探针与微悬臂铂片、微悬臂针尖与样品之间均不发生碰撞。

(1) STM 扫描探针与微悬臂铂片之间的微调。即让带有偏压的微悬臂上铂片与 STM 探针之间产生隧道电流。该步是自动调节，方法是微悬臂不动，按键选择让 Z_1 方向步进电动机驱动传动机构，使 STM 扫描探针针尖以大于或等于每步 10nm 的速度向微悬臂移动，当针尖与微悬臂之间距离达到设置值时，因已进入隧道状态；电动机自动停止。

(2) 微悬臂针尖与样品位置的微调。即让微悬臂针尖与样品之间产生极其微弱的排斥力($10^{-8} \sim 10^{-6}$ N)，通过扫描时控制这种力的恒定，微悬臂将对应于针尖与样品表面原子间作用力的等势面，在垂直于样品表面方向上起伏运动，进行扫描。具体方法是：微悬臂不动，让载样平台 4 向上或向下运动从而接近或远离微悬臂。用 Z_2 方向步进电动机带动调速装置使滑块 6 产生又一个 Z 向运动，以大于或等于每步 10nm 的速度使平台作上下升降以进入或退出测量状态，也可通过手动螺旋调节仪 6 使载物台 4 接近或远离微悬臂针尖。当载样平台与微悬臂针尖之间的距离达到了设置值时，步进电动机自动停止。

4) 扫描

首先进行上扫描(STM)逼近，使上面的 STM 刚好达到临界状态，再稍微抬高阈值电压，使 STM 处于一种进入隧道很浅的状态。然后把 STM 扫描器的驱动全部锁定，这样只要微悬臂有任何动作都会通过 STM 系统反映出来。最后进行下扫描(AFM)逼近，当样品与微悬臂针尖间距达到有效作用距离时，微悬臂就会动作(上升)，系统会发出进车停止命令，避免样品与针尖发生破坏性的碰撞，适当选择进车深度就可以进行 AFM 扫描工作了。

5) 收图

扫描完成后，先停止扫描，再按键存入扫完的图。此时，可再次重复以上步骤，以获取几组图样供选择研究。

6) 退针

收图结束后，按键进入粗逼近状态界面，放大倍数调到 0，选退针。若欲换针尖或样品，需要退 1mm 左右，否则，只需退 0.02～0.03mm 即可。

7) 关机

退针后退出测试程序，关闭主机电源及总电源，至此本次实验全部结束。本实验在机械与电路的设计过程中，充分考虑到了系统的灵活性和多样性，在图 5-20-2 中去掉微悬臂 2，使 STM 探针直接接近样品表面，就可使系统工作于 STM 工作模式。

8) 图像处理

原子力显微镜(AFM)测量的结果并没有直接的数字输出，而都是得到形象化的二维灰阶图，利用机器配置的图像处理专用软件可对图像进一步加工。

【注意事项】

(1) 实验时，要注意环境的影响，空气的相对湿度不能超过 60%；实验过程中，各仪器设备的相对位置不要随意挪动，以免影响实验效果。

(2) 针尖和样品的更换，首先应确保针尖的长度在 3～3.5cm 范围之内。更换针尖前，一定要先将系统退出隧道状态后，再继续使针尖后退约 0.5mm，然后切断电源，换上长度合适的针尖并使其固定好后，才可再打开电源进行下一步工作。

(3) 要得到质量好的原子力显微镜(AFM)图，必须找到最佳条件。其主要是调节偏压、隧道电流、放大倍数及扫描时间，认真比较各种条件下扫出图的特点，找出信噪比高、信息量大的实验条件，即可开始正式收图。

【思考题】

(1) 原子力显微镜(AFM)与扫描隧道显微镜(STM)的工作原理有何异同？

(2) 在本实验中原子力显微镜(AFM)为何要有两次逼近？

(3) 若在实验中把原子力显微镜(AFM)转换成扫描隧道显微镜(STM)来使用应该如何处理？

5.21 实验 5-21 静态磁致伸缩系数的测量

磁致伸缩材料广泛应用于传感器、致动器等多种领域。磁致伸缩系数是磁致伸缩材料最基本的磁性参数之一。因此磁致伸缩系数的测量对于磁致伸缩材料的研究和应用是至关重要的。磁致伸缩系数分为静态磁致伸缩系数和动态磁致伸缩系数。本实验中测量材料的静态磁致伸缩系数。

【实验目的】

(1) 了解磁致伸缩效应。

(2) 掌握静态磁致伸缩系数的测量方法。

【实验仪器】

SDY2202 静态应变仪、磁致伸缩样品、应变片、变阻箱、直流电源、电磁铁等。

【实验原理】

1. 磁致伸缩效应

我们知道物质有热胀冷缩的现象。除了加热外，磁场和电场也会导致物体尺寸的伸长或缩短。铁磁性和亚铁磁性物质在外磁场作用下，其尺寸伸长(或缩短)，去掉外磁场后，其又恢复原来的长度，这种随自身磁化状态改变的弹性形变现象称为磁致伸缩(magnetostriction)或磁致伸缩效应。磁致伸缩效应可用磁致伸缩系数(或应变)λ 来描述，$\lambda = \lambda(l_H - l)/l_0$，$l_0$ 为原来的长度，l_H 为物质在外磁场作用下伸长(或缩短)后的长度。一般铁磁性物质的 λ 很小，约百万分之一，通常用 ppm 代表。1842 年，英国物理学家焦耳(James Prescott Joule)在观察铁棒磁化强度变化时发现铁棒本身长度发生了变化，这便是人们第一次发现的磁致伸缩效应。

磁致伸缩一般有以下三种形式：

(1) 沿着外磁场方向尺寸的相对变化($\Delta l / l$)称为纵向磁致伸缩。

(2) 垂直于外磁场方向尺寸的相对变化($\Delta l / l$)称为横向磁致伸缩。纵向或横向磁致伸缩称为线磁致伸缩，简称磁致伸缩，表示为 $\lambda = \Delta l / l$，它表现为材料在磁化过程中具有线度的伸长或缩短而维持体积不变。磁化时伸长的为正磁致伸缩，如铁的磁致伸缩；缩短的为负磁致伸缩，例如镍的磁致伸缩。

(3) 磁性材料被磁化时其体积的相对变化($\Delta V / V$)称为体积磁致伸缩。

早期人们主要将具有磁致伸缩效应的 Ni 基合金应用于制造电话听筒、扭矩计、磁致伸缩振荡器、水听器和扫描声纳等。如今，多种具有磁致伸缩效应的材料在微电子机械系统中扮演着重要角色，并广泛应用于声学传感器和发生器、致动器、线性电机、减震装置和扩音器等方面。

2. 静态磁致伸缩测量原理

采用电阻应变法测量样品的磁致伸缩，通过测量电阻的变化，间接计算出磁致伸缩系数 λ。测量时，首先要将电阻应变片粘贴在样品上。应变片是一种将长度转化为电阻变化的传感器，由形变电阻丝粘在两层绝缘纸片之间制成，电阻的相对变化与长度的相对变化成正比。本实验用的电阻应变片的灵敏系数为 2，电阻为 120Ω。

将粘有应变片的样品放在磁场中，在磁场的作用下样品被磁化，产生磁致伸缩 $\Delta L / L$，磁致伸缩引起应变片的电阻 R 发生变化，当 $\Delta L / L$ 较小(<0.01)时，电阻的相对变化 $\Delta R / R$ 可表示为

$$\Delta R / R = \eta \Delta L / L \tag{5-21-1}$$

其中 R 和 η 分别为应变片的阻值和灵敏系数；L 为样品的长度。

磁致伸缩引起的应变片的电阻变化是非常微小的，可用惠斯登电桥法实现检测，如图 5-21-1 所示。图中 R_1 为粘在样品上的应变片电阻，R_2 为相同应变片的电阻；r 是并联在 R_2 上的大电阻的电位器，用于调节电桥的平衡。电桥的一对顶点接直流电源 U，另一对顶点接检测仪表 G。如果考虑温度补偿问题，则将 R_2 粘在与样品形状大小相同的非磁性金属表面上，并且与样品并排放置在磁场中，使他们处于相同的环境。

用非平衡电桥来测量电阻的改变时，可以证明，电

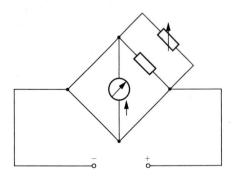

图 5-21-1　测量磁致伸缩的电路

阻的变化比较小，流经电流计 G 的电流强度正比于 ΔR_1。根据直流电桥理论，流经电桥中的电流为

$$I_g = \frac{U(R_1 R_4 - R_2 R_3)}{R_g(R_1 + R_2)(R_3 + R_4) + R_1 R_2(R_3 + R_4) + R_3 R_4(R_1 + R_2)} \tag{5-21-2}$$

磁化前调节电桥平衡，这时 $I_g = 0$，$R_1 = R_2 = R_3 = R_4 = R$。如果使 R_1 增大 ΔR，变为 $R + \Delta R$，则：

$$I_g = U \frac{\Delta R/R}{4(R + R_g) + (2R_g + 3R)\Delta R/R} \tag{5-21-3}$$

略去小量得到：

$$I_g = \frac{U}{4(R_g + R)} \frac{\Delta R}{R} \tag{5-21-4}$$

将式(5-21-4)代入式(5-21-1)，可得：

$$\lambda = \frac{\Delta L}{L} = \frac{1}{K} I_g \frac{4(R + R_g)}{U} \tag{5-21-5}$$

因为 $R_g \gg R$，式(5-21-4)中 R 可以忽略，桥路检测仪表两端的电压 V 应为：

$$V = I_g R_g = \frac{U}{4} \frac{\Delta R}{R} \tag{5-21-6}$$

由式(5-21-1)磁致伸缩应 λ 为：

$$\lambda = \frac{4}{K} \frac{V}{U} \tag{5-21-7}$$

又因为粘在样品上的应变片的应变与样品的磁致伸缩是一致的，只要有足够灵敏的检流计或数字电压表，就可以测出样品的磁致伸缩。

【实验内容与步骤】

(1) 粘应变片。

(2) 连接线路。

(3) 测量磁场。

利用霍尔效应实验仪测量磁场左边缘处磁感应强度(方法详见《利用霍尔效应测量磁场实验》)。由于该磁场为对称分布，我们认为右边缘处的磁场与左边缘处磁场相同，因此将待测样品放置于与霍尔元件中心对称的右边磁场位置。在许多场合，确定磁场效应的量是磁场强度 H，而不是磁感应强度 B。真空中，当磁场强度为 $(10^7/4\pi)\text{A} \cdot \text{m}^{-1}$ 时，相应的磁感应强度为 1T。

(4) 测量磁致伸缩系数。

先后将样品平行和垂直放置于磁场中，改变励磁电流，分别测出 $\lambda_\parallel$ 和 $\lambda_\perp$ 数值。

【实验数据及处理】

1. 数据表格

将测量数据记录入表 5-21-1 中。

表 5-21-1　磁场与磁致伸缩测量数据

I_M/A	$V1$/V	$-V2$/V	$V3$/V	$-V4$/V	B/T	H/A·m^{-1}	$\lambda_\parallel(\times 10^{-6})$	$\lambda_\perp(\times 10^{-6})$

2. 绘制磁致伸缩曲线($\lambda - H$)

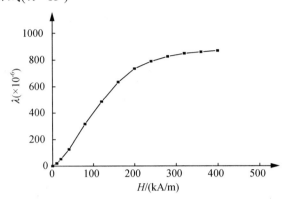

图 5-21-2　磁致伸缩随磁场变化的曲线

【实验 5-21 附录 1】SDY2202 型静态应变仪

SDY2202/2203 型静态应变仪主要用于试验应力分析及静力强度研究中测量结构及材料任意点变形的应力分析，由测量桥、校准桥、放大器、有源低通滤波器、A/D 数字显示、电源等部分组成。技术指标如表 5-21-2 所示。

表 5-21-2　SDY2202/2203 型静态应变仪技术指标

测量点数	10
平衡方式	手动
测量范围/εμ	0～±19999
基本误差(测量值)	±0.1%±2
分辨率/εμ	1
应变系数可调范围	1.8～2.6
零点漂移	≤±2
温度漂移	≤±1
灵敏度变化(测量值)	0.1%±2
应变片阻值范围	60～1000 Ω
桥压	2V
工作环境	温度：-10～+40℃，湿度：30%～85%
供电	AC220V
外形尺寸	285×105×290

仪器通电之前，先连接应变片，将连接应变片的电缆线的另一端焊接上接线端子，将接线端子接入仪器的后面板。首先确定测量方法，即单臂测量、半桥测量、全桥测量。

1) 单臂测量

连接方法是将后面板的"变换器"插头插好；A_0 与 B_0 之间连接补偿应变片，C_0 与 D_0 短接，10 个点(SDY2203 型为 20 个测点)的 A、B 间接测量应变片。

2) 半桥测量

连接方法是将后面板的"变换器"插头拔下；A_0 与 B_0 之间连接一个 $120\,\Omega$ 的线绕电阻，C_0 与 D_0 短接，10 个点(SDY2203 型为 20 个测点)的 A、B 之间接测量应变片，B、C 之间接测量应变片。

3) 全桥测量

连接方法是将后面板的"变换器"插头拔下；A_0、B_0、C_0、D_0 任意两点之间断开，10 个点(SDY2203 型为 20 个测点)的 A 点接桥路的电压正极，C 点接桥路的电压负极，B 点接桥路输出的正极，D 点接桥路输出的负极。

使用说明

(1) 打开电源，预热半小时，将"测量-校准"开关置于"校准"位置，根据应变片灵敏系数 K 值确定表头读数。用小螺丝刀调整 K 值调节电位器，使表头读数等于 $10000/K$。表 5-21-3 列出了几种应变片灵敏系数 K 所对应的校准值。

表 5-21-3　应变片灵敏系数所对应的标准值

K 值	1.80	1.85	1.95	2.00	2.05	2.15
表头读数	5556	5405	5128	5000	4878	4651
K 值	2.25	2.35	2.45	2.55	2.65	—
表头读数	4444	4255	4082	3922	3774	—

(2) 将功能选择置于"测量"位置，前面板通道选择的 10 个点与前面板的 10 个平衡电位器一一对应，并且与后面板的 10 个接线柱一一对应，调节平衡电位器，使各个点的表头读数为零。

(3) 当加入固定载荷后，可通过测量点转换开关的转动来读取并记录数字面板表的读数(微应变值 $\mu\varepsilon$)，测量点指示由红色灯泡对应的测量点示数和旋钮箭头指示共同表示。

5.22　实验 5-22　铁磁材料的磁滞回线和基本磁化曲线

【实验目的】

(1) 了解铁磁物质的磁化过程及相关磁学物理量。

(2) 了解示波器法显示磁滞回线的基本原理。

(3) 测定样品的基本磁化曲线。

(4) 测绘样品的磁滞回线。

【实验仪器】

DH4516 型磁滞回线实验仪、YB4325 型示波器等。

【实验原理】

1. 铁磁材料的磁滞现象

铁磁物质是一种性能特异，用途广泛的材料。铁、钴、镍及其众多合金以及含铁的氧化物(铁氧体)均属铁磁物质。其特征是在外磁场作用下能被强烈磁化，故磁导率 μ 很高。另一特征是磁滞，即磁化场作用停止后，铁磁质仍保留磁化状态，图 5-22-1 为铁磁物质磁感应强度 B 与磁化场强度 H 之间的关系曲线。

图中的原点 0 表示磁化之前铁磁物质处于磁中性状态，即 $B=H=0$，当磁场 H 从零开始增加时，磁感应强度 B 随之缓慢上升，如线段 0a 所示，继之 B 随 H 迅速增长，如 ab 所示，其后 B 的增长又趋缓慢，并当 H 增至 H_S 时，B 到达饱和值，0abs 称为起始磁化曲线，图 5-22-1 表明，当磁场从 H_S 逐渐减小至零，磁感应强度 B 并不沿起始磁化曲线恢复到 "0" 点，而是沿另一条新曲线 SR 下降，比较线段 OS 和 SR 可知，H 减小 B 相应也减小，但 B 的变化滞后于 H 的变化，这现象称为磁滞，磁滞的明显特征是当 $H=0$ 时，B 不为零，而保留剩磁 B_r。

当磁场反向从 0 逐渐变至 $-H_D$ 时，磁感应强度 B 消失，说明要消除剩磁，必须施加反向磁场，H_D 称为矫顽力，它的大小反映铁磁材料保持剩磁状态的能力，线段 RD 称为退磁曲线。

图 5-22-1 还表明，当磁场按 $H_S \to 0 \to H_D \to -H_S \to 0 \to H_D \to H_S$ 次序变化，相应的磁感应强度 B 则沿闭合曲线 SRDSR'D'S 变化，这条闭合曲线称为磁滞回线，所以，当铁磁材料处于交变磁场中时(如变压器中的铁心)，将沿磁滞回线反复被磁化→去磁→反向磁化→反向去磁。在此过程中要消耗额外的能量，并以热的形式从铁磁材料中释放，这种损耗称为磁滞损耗。可以证明，磁滞损耗与磁滞回线所围面积成正比。

应该说明，当初始态为 $H=B=0$ 的铁磁材料，在交变磁场强度由弱到强依次进行磁化，依次进行磁化，可以得到面积由小到大向外扩张的一簇磁滞回线，如图 5-22-2 所示。这些磁滞回线顶点的连线称为铁磁材料的基本磁化曲线，由此可近似确定其磁导率 $\mu = B/H$，因 B 与 H 的关系成非线性，故铁磁材料 μ 的不是常数，而是随 H 而变化，如图 5-22-3 所示。铁磁材料相对磁导率可高达数千乃至数万，这一特点是它用途广泛主要原因之一。

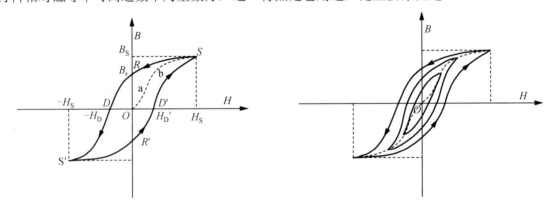

图 5-22-1 铁磁材料的起始磁化曲线和磁滞回线   图 5-22-2 同一铁磁材料的一簇磁滞回线

可以说磁化曲线和磁滞回线是铁磁材料分类和选用的主要依据，图 5-22-4 为常见的两种典型的磁滞回线。其中软磁材料磁滞回线狭长、矫顽力、剩磁和磁滞损耗均较小，是制造变压器、电动机、和交流磁铁的主要材料。而硬磁材料磁滞回线较宽，矫顽力大，剩磁强，可用来制造永磁体。

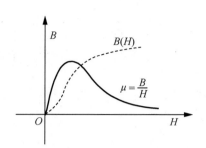

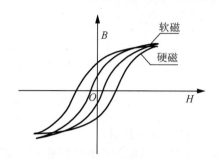

图 5-22-3　铁磁材料与 H 的关系　　　　图 5-22-4　不同材料的磁滞回线

2. 用示波器观察和测量磁滞回线的实验原理和线路

观察和测量磁滞回线和基本磁化曲线的线路如图 5-22-5 所示。

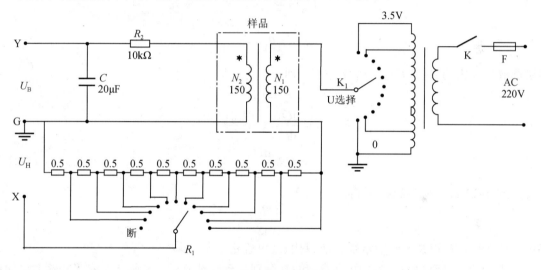

图 5-22-5　实验原理线路

待测样品 EI 型矽钢片，N_1 为励磁绕组，N_2 为用来测量磁感应强度 B 而设置的绕组。R_1 为励磁电流取样电阻，设通过 N_1 的交流励磁电流为 i，根据安培环路定律，样品的磁化场强为：

$$H = \frac{N_1 \cdot i}{L}$$

L 为样品的平均磁路长度，其中：

$$i = \frac{U_H}{R_1}$$

所以有：

$$H = \frac{N_1}{LR_1} \cdot U_H \tag{5-22-1}$$

式中，N_1、L、R_1 的均为已知常数，所以由 U_H 可确定 H。

在交变磁场下，样品的磁感应强度瞬时值 B 是测量绕组和 R_2C 电路给定的，根据法拉第电磁感应定律，由于样品中的磁通 φ 的变化，在测量线圈中产生的感生电动势的大小为：

$$\varepsilon_2 = N_2 \frac{\mathrm{d}\varphi}{\mathrm{d}t}$$

$$\varphi = \frac{1}{N_2} \int \varepsilon_2 \mathrm{d}t \qquad (5\text{-}22\text{-}2)$$

$$B = \frac{\varphi}{S} = \frac{1}{N_2 S} \int \varepsilon_2 \mathrm{d}t$$

式中，S 为样品的截面积。

如果忽略自感电动势和电路损耗，则回路方程为：

$$\varepsilon_2 = i_2 R_2 + U_B$$

式中，i_2 为感生电流，U_B 为积分电容 C 两端电压设在 Δt 时间内，i_2 向电容的 C 充电电量为 Q，则有：

$$U_B = \frac{Q}{C}$$

$$\varepsilon_2 = i_2 R_2 + \frac{Q}{C}$$

如果选取足够大的 R_2 和 C 使 $i_2 R_2 \gg Q/C$，则：

$$\varepsilon_2 = i_2 R_2$$

因为

$$i_2 = \frac{\mathrm{d}Q}{\mathrm{d}t} = C \frac{\mathrm{d}U_B}{\mathrm{d}t}$$

所以

$$\varepsilon_2 = CR_2 \frac{\mathrm{d}U_B}{\mathrm{d}t} \qquad (5\text{-}22\text{-}3)$$

由式(5-22-2)、式(5-22-3)可得：

$$B = \frac{CR_2}{N_2 S} U_B$$

式中，C、R_2、N_2 和 S 为已知常数。所以由 U_B 可确定 B_0。

综上所述，只要将图 5-2-5 中的 U_H 和 U_B 分别加到示波器的"X 输入"和"Y 输入"便可观察样品的 B-H 曲线，并可用示波器测出 U_H 和 U_B 值，进而根据公式计算出 B 和 H；用同样方法，还可求得饱和磁感应强度 B_S、剩磁 B_r、矫顽力 H_C、磁滞损耗 W_{BH} 以及磁导率 μ 等参数。

【实验内容与步骤】

1. 电路连接：选样品 1 按实验仪上所给的电路图连接线路，并令 $R_1 = 2.5\,\Omega$，"U 选择"置于 0 位。U_H 和 U_B 分别接示波器的"X 输入"和"Y 输入"，插孔为公共端。

2. 样品退磁：开启实验仪电源，对试样进行退磁，即顺时针方向转动"U 选择"旋钮，令 U 从 0 增至 3V。然后逆时针方向转动旋钮，将 U 从最大值降为 0。其目的是消除剩磁。确保样品处于磁中性状态，即 $B = H = 0$，如图 5-22-6 所示。

3. 观察磁滞回线：开启示波器电源，令光点位于坐标网格中心，令 $U = 2.4\text{V}$，并分别调节示波器 X 和 Y 轴的灵敏度，使显示屏上出现图形大小合适的磁滞回线(若图形顶部出现编织状的小环，如图 5-22-7 所示；这时可降低励磁电压 U 予以消除)。

4. 测绘基本磁化曲线：按步骤 2 对样品进行退磁，从 $U = 0$ 开始，逐档提高励磁电压，将在显示屏上得到面积由小到大一个套一个的一簇磁滞回线。记录下这些磁滞回线顶点的坐标，其连线就是样品的基本磁化曲线。数据表格见表 5-22-1。

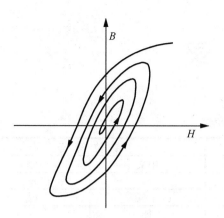

图 5-22-6　退磁示意

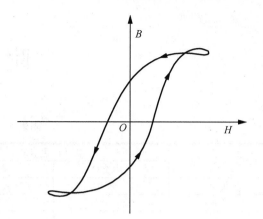

图 5-22-7　调节不当引起的畸变现象

表 5-22-1　基本磁化曲线测量数据表

U / V	U_H / mV	U_B / mV	H / A·m	B / T
0				
0.5				
0.9				
1.2				
1.5				
1.8				
2.1				
2.4				
2.7				
3.0				
3.5				

5．调节 U=3.5V，R_1=2.5Ω，测定样品 1 的一组 U_B、U_H 值(记录磁滞回线与坐标轴的 4 个交点以及 2 个顶点坐标)，将测量数据记入表 5-22-2 中。并根据已知条件：L=75mm，S =120mm², N_1=150 匝， N_2=150 匝， C = 20μF ， R_2 =10KΩ ，计算出相应的 B 和 H 的值。

6．根据得到的 B 和 H 的值作 B–H 曲线，根据曲线求得 B_s，B_r 和 H_c 等参数。

表 5-22-2　磁滞回线测量数据表

序号	U_H / mV	U_B / mV	H / A·m	B / T
1				
2				
3				
4				
5				
6				
B_s=	B_r=	H_c=		

【注意事项】

(1) 测量磁滞回线前，应对样品进行去磁处理。

(2) 示波器选择"X、Y"方式工作。

附　　录

附表 1　SI 基本单位

基 本 量	单 位 名 称		单 位 符 号	
	中文	英文	中文	SI
长度	米	meter	米	m
质量	千克(公斤)	kilogram	千克	kg
时间	秒	second	秒	s
电流	安培	ampere	安[培]	A
热力学温度	开尔文	kelvin	开[尔文]	K
物质的量	摩尔	mole	摩[尔]	mol
发光强度	坎德拉	candela	坎[德拉]	cd

附表 2　SI 导出单位

导 出 量	单 位 名 称	单 位 符 号	
		中文	SI
面积	平方米	米^2	m^2
体积	立方米	米^3	m^3
速率，速度	米每秒	米/秒	m/s
加速度	米每平方秒	米/秒^2	m/s^2
波数	每米	1/米	m^{-1}
密度	千克每立方米	千克/米^3	kg/m^3
比容(比体积)	立方米每千克	米^3/千克	m^3/kg
电流密度	安[培]每平方米	安/米^2	A/m^2
磁场强度	安[培]每米	安/米	A/m
[物质的量]浓度	摩[尔]每立方米	摩/米^3	mol/m^3
[光]亮度	坎[德拉]每平方米	坎/米^2	cd/m^2

附表 3　SI 中具有专门名称的导出单位

导 出 量	单位名称	单位符号		用 SI 导出单位表示	用 SI 基本单位表示
		中文	SI		
[平面]角	弧度	弧度	rad	—	—
立体角	球面度	球面度	sr	—	—
频率	赫[兹]	赫	Hz	—	s^{-1}
力	牛[顿]	牛	N	—	m·kg·s^{-2}
压力，应力	帕[斯卡]	帕	Pa	N/m^2	m^{-1}·kg·s^{-2}
能，功，热量	焦[耳]	焦	J	N·m	m^2·kg·s^{-2}
功率，辐射通量	瓦[特]	瓦	W	J/s	m^2·kg·s^{-3}
电荷，电量	库[仑]	库	C	—	s·A
电位差，电动势	伏[特]	伏	V	W/A	m^2·kg·s^{-3}·A^{-1}

导 出 量	单位名称	单位符号		用 SI 导出单位表示	用 SI 基本单位表示
		中文	SI		
电容	法[拉]	法	F	C/V	$m^{-2} \cdot kg^{-1} \cdot s^4 \cdot A^2$
电阻	欧[姆]	欧	Ω	V/A	$m^2 \cdot kg \cdot s^{-3} \cdot A^{-2}$
电导	西[门子]	西	S	A/V	$m^{-2} \cdot kg^{-1} \cdot s^3 \cdot A^2$
磁通量	韦[伯]	韦	wb	V·s	$m^2 \cdot kg \cdot s^{-2} \cdot A^{-1}$
磁通[量]密度	特[斯拉]	特	T	Wb/m²	$kg \cdot s^{-2} \cdot A^{-1}$
电感	亨[利]	亨	H	Wb/A	$m^2 \cdot kg \cdot s^{-2} \cdot A^{-2}$
摄氏温度	摄氏度	—	℃	—	K
光通量	流[明]	流	lm	cd·sr	$m^2 \cdot m^{-2} \cdot cd$
[光]照度	勒克斯	勒	lx	lm/m²	—
[放射性]活度	贝可[勒尔]	贝可	Bq	—	s^{-1}
吸收剂量，比授[予]能	戈[瑞]	戈	Gy	J/kg	$m^2 \cdot s^{-2}$
剂量当量	希[沃特]	希	Sy	J/kg	$m^2 \cdot s^{-2}$

附表 4　SI 中用导出单位表示的导出单位

导 出 量	单位名称	单位符号	
		中文	SI
[动力]黏度	帕[斯卡]秒	帕秒	Pa·s
力矩	牛[顿]米	牛·米	N·m
表面张力	牛[顿]每米	牛/米	N/m
角速度	弧度每秒	弧度/秒	rad/s
角加速度	弧度每平方秒	弧度/秒²	rad/s²
热通[量]密度辐[射]照度	瓦[特]每平方米	瓦/米²	W/m²
热容量，熵	焦[耳]每开[尔文]	焦/开	J/K
比热容，比熵	焦[耳]每千克开[尔文]	焦/千克开	J/(kg·K)
比内能	焦[耳]每千克	焦/千克	J/kg
热导率[导热系数]	瓦[特]每米开[尔文]	瓦/米开	W/(m·K)
能量密度	焦[耳]每立方米	焦/米³	J/m³
电场强度	伏[特]每米	伏/米	V/m
电荷[体]密度	库[仑]每立方米	库/米³	C/m³
电通[量]密度，电位移	库[仑]每平方米	库/米²	C/m²
介电常数，(电容率)	法[拉]每米	法/米	F/m
磁导率	亨[利]每米	亨/米	H/m
摩尔内能	焦[耳]每摩[尔]	焦/摩	J/mol
摩尔熵，摩尔热容	焦[耳]每摩[尔]开[尔文]	焦/摩开	J/(mol·K)
照射量	库[仑]每千克	库/千克	C/kg
吸收剂量率	戈[瑞]每秒	戈/秒	Gy/s
辐[射]强度	瓦[特]每球面度	瓦/球面度	W/sr
辐[射]亮度，辐射度	瓦[特]每平方米球面度	瓦/米²球面度	W/(m²·sr)

附表5 SI 词头

因数	词头名称	符号 中文	符号 SI	因数	词头名称	符号 中文	符号 SI
10^{24}	yotta	尧	Y	10^{-1}	deci	分	d
10^{21}	zetta	泽	Z	10^{-2}	centi	厘	c
10^{18}	exa	艾	E	10^{-3}	milli	毫	m
10^{15}	peta	拍	P	10^{-6}	micro	微	μ
10^{12}	tera	太	T	10^{-9}	nano	纳	n
10^{9}	giga	吉	G	10^{-12}	pico	皮	p
10^{6}	mega	兆	M	10^{-15}	femto	飞	f
10^{3}	kilo	千	k	10^{-18}	atto	阿	a
10^{2}	hecto	百	h	10^{-21}	zepto	仄	z
10^{1}	deca	十	da	10^{-24}	yocto	幺	y

附表6 基本物理常数

量	符号	数 值	单 位
真空中的光速	C	299 792 458	$m \cdot s^{-1}$
真空的磁导率	μ_0	1.25663706143592e-06	$N \cdot A^{-2}$
真空的介电常数	ε_0	8.854187817e-12	$F \cdot m^{-1}$
万有引力常数	G	6.67259e-11±8.5e-15	$m^3 \cdot kg^{-1} \cdot s^{-2}$
普朗克常数	h	6.6260755e-34±4.0e-40	$J \cdot s$
基本电荷	e	1.60217733e-19±4.9e-26	C
电子的静止质量	m_e	91093897e-31±5.4e-37	kg
电子荷质比	$-e/m_e$	-175881962000∓53000	$C \cdot kg^{-1}$
电子摩尔质量	M_e	5.48579903e-07±1.3e-14	$kg \cdot mol^{-1}$
经典电子半径	r_e	2.81794092e-15±3.8e-22	m
质子的质量	m_p	1.6726231e-27±1.0e-33	kg
质子摩尔质量	M_p	0.00100727647±1.2e-11	—
阿伏加德罗常数	N_A	6.0221367e+23±3.6e+17	mol^{-1}
精细结构常数	α	0.00729735308±3.3e-09	$kg \cdot mol^{-1}$
摩耳气体常数	R	8.31451±7.0e-05	$J \cdot mol^{-1} \cdot K^{-1}$
玻耳兹曼常数	k	1.380658e-23±1.2e-28	$J \cdot K^{-1}$
法拉第常数	F	96485.309±0.029	$C \cdot mol^{-1}$
电子伏特	eV	1.60217733e-19±4.9e-26	J
标准状态下理想气体的摩尔体积	V_m	0.0224141±1.9e-07	$m^3 \cdot mol^{-1}$
标准大气压	atm	101325	Pa
标准重力加速度	g_n	9.80665	$m \cdot s^{-2}$

附表7 在海平面上不同纬度处的重力加速度

纬度 φ 度(°)	重力加速度 g /(m·s⁻²)	纬度 φ 度(°)	重力加速度(g/m·s⁻²)
0.0	9.780 49	50.0	9.810 79
5.0	9.780 88	55.0	9.815 15
10.0	9.782 04	60.0	9.819 24
15.0	9.783 94	65.0	9.822 94

续表

纬度 φ 度(°)	重力加速度 g /(m·s^{-2})	纬度 φ 度(°)	重力加速度(g/m·s^{-2})
20.0	9.786 52	70.0	9.826 14
25.0	9.793 38	75.0	9.828 73
30.0	9.797 46	80.0	9.830 65
35.0	9.797 46	85.0	9.831 82
40.0	9.801 80	90.0	9.832 21
45.0	9.806 29	39.1	9.801 01

注：表中所列数值是根据公式 $g = 9.78049(1 + 0.005288\sin^2 2\varphi)$ 算出的。

附表8　20℃某些金属的杨氏弹性模量*

金　属	杨氏弹性模量(E/10^{11}N·m^2)	金　属	杨氏弹性模量(E/10^{11}N·m^2)
铝	0.69～0.70	镍	2.03
钨	4.07	铬	2.35～2.45
铁	1.86～2.06	合金钢	2.06～2.16
铜	1.03～1.27	碳钢	1.96～2.06
金	0.77	康钢	1.60
银	0.69～0.80	铸钢	1.72
锌	0.78	硬铝合金	0.71

*杨氏弹性模量的值与材料的结构、化学成分及其加工制造方法有关。因此，在某些情形下，实际材料可能与表中所列的平均值不同。

附表9　固体的线膨胀系数

物　　质	温度或温度范围/℃	α /10^{-6}(℃$^{-1}$)
铝	0～100	23.8
铜	0～100	17.1
铁	0～100	12.2
金	0～100	14.3
银	0～100	19.6
钢(0.05%C)	0～100	12.0
铅	0～100	29.2
锌	0～100	32.0
铂	0～100	9.1
钨	0～100	4.5
石英玻璃	0～100	0.59

附表10　标准大气压下不同温度时水的密度

温度 t /℃	密度 ρ /(kg·m^{-3})	温度 t /℃	密度 ρ /(kg·m^{-3})	温度 t /℃	密度 ρ /(kg·m^{-3})	温度 t /℃	密度 ρ /(kg·m^{-3})
0.0	999.87	13.0	999.40	26.0	996.81	39.0	992.62
1.0	999.93	14.0	999.27	27.0	996.54	40.0	992.24
2.0	999.97	15.0	999.13	28.0	996.26	41.0	991.86

续表

温度 $t/$ ℃	密度 $\rho/$ (kg·m^{-3})	温度 $t/$ ℃	密度 $\rho/$ (kg·m^{-3})	温度 $t/$ ℃	密度 $\rho/$ (kg·m^{-3})	温度 $t/$ ℃	密度 $\rho/$ (kg·m^{-3})
3.0	999.99	16.0	998.97	29.0	995.97	42.0	991.47
4.0	1000.00	17.0	998.90	30.0	995.68		
5.0	999.99	18.0	998.62	31.0	995.37	50.0	988.04
6.0	999.97	19.0	998.43	32.0	995.05	60.0	983.21
7.0	999.93	20.0	998.23	33.0	994.72	70.0	977.80
8.0	999.88	21.0	998.02	34.0	994.40	80.0	971.80
9.0	999.81	22.0	997.77	35.0	994.06	90.0	965.31
10.0	999.73	23.0	997.57	36.0	993.71	100.0	958.36
11.0	999.63	24.0	997.33	37.0	993.36		
12.0	999.52	25.0	997.07	38.0	992.99		

附表 11　在 20℃时一些固体和液体的密度

物　　质	密度 $\rho/$(kg·m^{-3})	物　　质	密度 $\rho/$(kg·m^{-3})
铝	2698.9	水晶玻璃	2900～3000
铜	8960	窗玻璃	2400～2700
铁	7874	冰(0℃)	800～920
银	10500	甲醛	792
金	19320	乙醇	789.4
钨	19300	乙醚	714
铂	21450	汽车用汽油	710～720
铅	11350	氟利昂-12	1329
锡	7298		
水银	13546.2	变压器油	840～890
钢	7600～7900	甘油	1260
石英	2500～2800	蜂蜜	1435

附表 12　液体的黏度

液体	温度 $t/$℃	黏度 $\eta/$(10^{-3}Pa·s)	液　　体	温度 $t/$℃	黏度 $\eta/$(10^{-3}Pa·s)
汞	−20	1.855	甘油	−20	134
	0	1.658		0	12.1
	20	1.554		20	1.50
	100	1.240		100	0.0129
乙醇	−20	2.780	蓖麻油	0	5.30
	0	1.780		10	2.42
	20	1.190		20	0.986
甲醇	0	0.814		30	0.451
	20	0.584		40	0.230
乙醚	0	0.296	变压器油	20	0.0198
	20	0.243	葵花籽油	20	0.0500
汽油	0	1.788	蜂蜜	20	6.50
	18	0.530		80	0.0100

附表 13　常用材料的导热系数($p = 1.01325 \times 10^5 Pa$)

物质	温度/K	导热系数/($W \cdot m^{-1} \cdot K^{-1}$)	物　质	温度/K	导热系数/($W \cdot m^{-1} \cdot K^{-1}$)
空气	300	0.0260	铜	273	400
氢气	300	0.0260	铝	273	238
氮气	300	0.0261	钨	273	170
氧气	300	0.0268	镍	273	90
二氧化碳	300	0.0166	铁	273	82
氦	300	0.1510	黄铜	273	120
氖	300	0.0491	康铜	273	22.0
水	273	0.561	不锈钢	273	14.0
	293	0.604	硼硅酸玻璃	273	1.0
	373	0.680	陶瓷	373	30.0
冰	273	2.2	石英	273	1.40
汞	273	8.4	云母	373	0.72
银	273	418	橡胶	298	0.16

附表 14　某些金属和合金的电阻率及其温度系数

金属和合金	电阻率/($10^{-6}\Omega \cdot m$)	温度系数/ K^{-1}	金属和合金	电阻率/($10^{-6}\Omega \cdot m$)	温度系数/ K^{-1}
铝	0.028	42×10^{-4}	锡	0.12	44×10^{-4}
铜	0.0172	43×10^{-4}	水银	0.958	10×10^{-4}
银	0.016	40×10^{-4}	武德合金	0.52	37×10^{-4}
金	0.024	40×10^{-4}	钢(0.10~0.15%C)	0.10~0.14	6×10^{-4}
铁	0.098	60×10^{-4}	康铜	0.47~0.51	$(-0.04 \sim +0.01) \times 10^{-3}$
铅	0.205	37×10^{-4}	铜锰镍合金	0.34~1.00	$(-0.03 \sim +0.02) \times 10^{-3}$
铂	0.105	39×10^{-4}			
钨	0.055	48×10^{-4}	镍铬合金	0.98~1.10	$(0.03 \sim 0.4) \times 10^{-3}$
锌	0.059	42×10^{-4}			

附表 15　在常温下某些物质的折射率

物　质	n_D	物　质	温度/K	n_D
熔凝石英	1.458 4	水	293	1.3330
冕牌玻璃 k_6	1.511 1	乙醇	293	1.3614
冕牌玻璃 k_8	1.515 9	甲醇	293	1.3288
冕牌玻璃 k_9	1.516 3	丙酮	293	1.3591
重冕玻璃 zk_8	1.615 2	二硫化碳	291	1.6255
火石玻璃 F_8	1.605 5	加拿大树胶	293	1.5300
重火石玻璃 ZF_1	1.647 5	苯	293	1.5011
重火石玻璃 ZF_6	1.755 0	n_D (288K、 $1.013\ 25 \times 10^5 Pa$)		
方解石(o 光)	1.658 4	氧	1.000 27	
方解石(e 光)	1.486 4	氮	1.000 30	
—	—	空气	1.000 29	

附表 16　常用光源的光谱线波长　　　　　　　　　　　　(10^{-9}m)

(H)氢	Na(钠)	He-Ne 激光
656.28	589.59	632.8
486.13	589.00	
434.05	568.83	
410.17	568.28	
397.01	557.58	
388.90		
Hg(汞)	Ar(氩)激光	红宝石 激光
690.75	528.70	694.3
623.44	514.53	693.4
607.26	501.72	510.0
579.07	496.51	360.0
576.96	487.99	
546.07	476.44	
491.60	472.69	
435.84	465.79	
410.84	457.94	
407.78	454.50	
404.66	437.07	

第 2 版后记

本书根据现行的"高等工业院校物理实验基本要求"以及国家质量技术监督局 1999 年发布的"JJF1059—1999 测量的不确定度评定与表示",为培养知识学习与实践能力并重的复合型人才,适应高校"十二五"规划的需要,在多年物理实验教学实践的基础上编写而成。本书共分 5 篇,实验项目总计 59 个。

本书由刘跃、张志津担任主编,其中实验 2-4、3-1、4-1、4-2、5-6、5-19、5-20 及电磁学实验基础知识由张志津编写,绪论、第 1 篇不确定度与数据处理基础、实验 2-2、2-10、3-7、3-9、4-9、4-10、5-4、5-15、5-16 由刘跃编写,实验 3-6、3-8、4-13、4-14、4-15、5-1、5-18 及附录由祝威编写,实验 2-3、4-12、5-3、5-9、5-10、5-11、5-12、5-13 由张丽芳编写,实验 2-7、3-3、4-3、4-5、4-11、5-5 由马巧云编写,实验 2-8、3-10、3-12、4-6、4-8、5-7、5-21、5-22 由周严编写,实验 2-6、2-9、3-2、3-11、5-2、5-14 由田雅丽编写,实验 2-1、2-5、3-4、3-5、4-4、4-7、5-8、5-17、力学及热学实验基础知识、光学实验基础知识由黄书彬编写,彩色插页由姚天伟提供。

需要特别指出的是,本书是在教研室全体教师的共同努力下完成的,吴梦吉老师、张学义老师、齐敏老师和张与鸿老师都曾为本书的建设做了许多工作,在此,全体参编人员对上述老师作出的贡献表示衷心的感谢。

在本书的编写过程中,得到了许多兄弟院校和天津商业大学教材科的大力支持和帮助,在此一并表示感谢。

由于编者水平有限,书中难免存在疏漏之处,敬请广大读者批评、指正。

编 者

2009 年 12 月

参 考 文 献

[1] 国际标准化组织. 测量不确定度表达指南[M]. 北京：中国计量出版社，1994.

[2] 国家质量技术监督局. 中华人民共和国国家计量技术规范：JJF1059——1999 测量不确定度评定与表示[S].

[3] 刘智敏. 现代不确定度方法与应用[M]. 北京：中国计量出版社，1997.

[4] Giacomo P. International Vocabulary of Basic and General Terms in Metrology. 2nd ed. Geneva: ISO, 1993. 中译本《国际通用计量学基本术语》(第 2 版)[M]. 鲁绍曾译. 北京：中国计量出版社，1993.

[5] 王惠棣. 物理实验(修订版)[M]. 天津：天津大学出版社，1997.

[6] 刘子臣. 大学基础物理实验(力学、热学及分子物理学分册)[M]. 天津：南开大学出版社，2001.

[7] 邬铭新. 基础物理实验[M]. 北京：北京航空航天大学出版社，1998.

[8] 龚镇雄. 普通物理实验指导(力学、热学和分子物理学分册)[M]. 北京：北京大学出版社，1990.

[9] 谢慧媛. 普通物理实验指导(电磁学)[M]. 北京：北京大学出版社，1989.

[10] 陈怀琳. 普通物理实验指导(光学)[M]. 北京：北京大学出版社，1990.

[11] 金重. 大学物理实验教程(工科)[M]. 天津：南开大学出版社，2000.

[12] 赵家风. 大学物理实验[M]. 北京：科学出版社，2000.

[13] 万纯娣. 普通物理实验(修订本)[M]. 南京：南京大学出版社，2000.

[14] 朱世国. 大学基础物理实验[M]. 成都：四川大学出版社，1998.

[15] 张存恕. 大学物理实验[M]. 成都：四川科学技术出版社，1986.

[16] 贾玉润. 大学物理实验[M]. 上海：复旦大学出版社，1987.

[17] 何圣静. 物理实验手册[M]. 北京：机械工业出版社，1989.

[18] 丁慎训. 物理实验教程(普通物理实验部分)[M]. 北京：清华大学出版社，1992.

[19] 白春礼. 扫描隧道显微技术及其应用[M]. 上海：上海科技出版社，1992.

[20] 杨学恒，王银峰. IPC-205 系列扫描隧道显微镜的研制及其应用[J]. 无损检测，2002，24(5).